计算机科学先进技术译丛

Kotlin 编程之美

[法] 皮埃尔-伊夫斯·索蒙特(Pierre-Yves Saumont) 著

关建峰 延志伟 耿光刚 译

机 械 工 业 出 版 社

作为Java开发人员，维护糟糕的遗留代码、解释晦涩的注释、反复编写相同的样板文件可能会让编程失去乐趣。本书讲述用Kotlin编写易于理解、易于维护、安全的程序的方法和技巧。在本书中，经验丰富的工程师皮埃尔-伊夫斯·索蒙特将以全新的、以函数式编程的视角来处理常见的编程挑战，并用示例深入讲解如何正确处理错误和数据、如何管理状态以及如何利用惰性。

本书内容包括编程功能、处理可选数据、安全处理错误和异常以及处理和共享状态突变等。本书的读者对象为中级Java或Kotlin开发人员、高等院校计算机相关专业学生以及对安全编程感兴趣的工程技术人员等。

图书在版编目（CIP）数据

Kotlin编程之美/(法)皮埃尔-伊夫斯·索蒙特（Pierre-Yves Saumont）著；关建峰，延志伟，耿光刚译．—北京：机械工业出版社，2020.7
（计算机科学先进技术译丛）
书名原文：The Joy of Kotlin
ISBN 978-7-111-65040-9

Ⅰ.①K…　Ⅱ.①皮…②关…③延…④耿…　Ⅲ.①JAVA语言－程序设计　Ⅳ.①TP312.8

中国版本图书馆CIP数据核字（2020）第041388号

机械工业出版社（北京市百万庄大街22号　邮政编码100037）
策划编辑：李培培　责任编辑：李培培
责任校对：张艳霞
责任印制：郜　敏
北京中兴印刷有限公司印刷
2020年4月第1版第1次印刷
184mm×260mm·25印张·619千字
0001—2500册
标准书号：ISBN 978-7-111-65040-9
定价：119.00元

电话服务	网络服务
客服电话：010-88361066	机　工　官　网：www.cmpbook.com
010-88379833	机　工　官　博：weibo.com/cmp1952
010-68326294	金　　书　　网：www.golden-book.com
封底无防伪标均为盗版	机工教育服务网：www.cmpedu.com

译 者 序

众多周知，当前信息领域新技术与新应用的不断涌现与蓬勃发展离不开软件开发人员夜以继日的辛勤工作，尤其是以 iOS 和 Android 为代表的智能终端操作系统的出现，催生了大量 App 应用软件。谷歌在发布 Android 系统之初，其平台上几乎所有的应用程序都采用 Java 语言开发。Java 可以在任何支持 JVM 的环境中运行，其面向对象、跨平台、分布式、多线程、安全可靠、简单易用、后向兼容等特点，使得其可以“一次编写，到处运行”。然而，Java 是 20 多年前设计的，从那时起编程思想发生了很大变化，但是大部分变化都无法直接引入到 Java 中，因为这些变化会破坏 Java 的兼容性。为此，出现了一些新的编程语言（如 Groovy、Scala 和 Clojure 等）来解决这些限制。这些编程语言在一定程度上与 Java 兼容，但却相对独立。而 Kotlin 则与 Java 深度集成，甚至可以在同一个项目中混合使用 Kotlin 和 Java 源代码。Kotlin 的设计增加了许多函数式编程的思想，使得其兼有面向对象和函数式编程的特点，从而变成了“理想的 Java”。2017 年 5 月，谷歌宣布将 Kotlin 作为 Android 的官方语言发布，使得 Kotlin 的开发人数不断增长。虽然从 Java 转到 Kotlin 需要一定的时间和金钱，但是 Kotlin 在安全性、简洁性、可扩展性、兼容性等方面的优势将有助于程序员写出更加安全可靠的代码。

皮埃尔-伊夫斯·索蒙特（Pierre-Yves Saumont）先生的这本《Kotlin 编程之美》讲述了 Kotlin 这一集成了面向对象编程和函数式编程特点的 JVM 语言。皮埃尔-伊夫斯·索蒙特是法国 ASN（Alcatel Submarine Networks）公司的研发工程师，一位经验丰富的 Java 开发人员，拥有 30 年设计和构建企业软件的经验，对 Java/Kotlin 有自己独特的见解。本书围绕抽象、不变性、引用透明性、状态共享、惰性等特征，讲述如何利用 Kotlin 编写更安全的程序，并提供了丰富的示例和练习，以便读者加深理解本书中的理论概念与实际应用。本书适用于有一定基础的 Java 或 Kotlin 开发人员、高等院校计算机相关专业学生以及对安全编程感兴趣的工程技术人员。

译者在从事多年互联网技术开发工作后，非常有幸能够翻译这么一本书籍。为了保质保量地完成翻译任务，译者查阅了大量书籍，并从网络上收集了大量有关 Kotlin 的资料。翻译过程充满艰辛与快乐，尤其是在这一快速发展的领域，会不断有新的概念和术语出现，而其中很多术语都缺少比较权威的中文翻译，并且由于中英文在表达上的差异，导致同一词汇在不同语境下的含义千差万别。每当遇到一些难以翻译的术语，都要反反复复、来来回回琢磨多遍，优中选优，力求译文忠于原文并符合中文表达习惯。

本书由关建峰、延志伟、耿光刚共同翻译，石钰瑗等进行了译文审核。在此还要感谢参与本书技术评审的戴斯达、张婉澂、张珍杰、赵航、蔡俊贤、许翔轩、常庆安、董效宇、李佳蔚、韩壮、熊万凌、李雪涛、吴一楠等。感谢我的妻子、家人对我工作的理解与关怀。

虽然在翻译中译者对译文反复推敲，力图传达作者原意，但由于学识有限，译文中难免会有错误和不当之处，敬请读者朋友指正。意见和建议请发往 kotlinjoy@163. com，译者将不胜感激。

关建峰
北京邮电大学

致　谢

我要感谢参与这本书的众人。首先，非常感谢我的策划编辑 Marina Michaels。除了您对手稿所做的出色工作外，我也非常高兴能与您一起工作。还要感谢我的评审编辑 Aleksandar Dragosavljevic。

非常感谢技术编辑 Joel Kotarski、Joshua White 和 Riccardo Terrell，技术校对 Alessandro Campeis 和 Brent Watson。你们的帮助使得这本书更加出彩。感谢所有的审稿人、MEAP 读者以及所有提供反馈和评论的人，谢谢！如果没有你们的帮助，这本书不会是今天这个样子。具体而言，我要感谢下面这些人，他们花了大量的时间对这本书进行了评审：Aleksei Slaikovskii、Alessandro Campeis、Andy Kirsch、Benjamin Goldberg、Bridger Howell、Conor Redmond、Dylan McNamee、Emmanuel Medina López、Fabio Falci Rodrigues、Federico Kircheis、Gergő Mihály Nagy、Gregor Raýman、Jason Lee、Jean-François Morin、Kent R. Spillner、Leanne Northrop、Mark Elston、Matthew Halverson、Matthew Proctor、Nuno Alexandre、Raffaella Ventaglio、Ronald Haring、Shiloh Morris、Vincent Theron 和 William E. Wheeler。

我还要感谢曼宁（Manning）的工作人员：Deirdre Hiam、Frances Buran、Keri Hales、David Novak、Melody Dolab 和 Nichole Beard。

前　言

虽然 Kotlin 诞生于 2011 年，但它已经是 Java 生态系统中最新的语言之一。在那之后，Kotlin 发布了一个运行在 JavaScript 虚拟机上的版本和一个编译为原生代码的版本。尽管这些版本之间有很大差异（因为 Java 版本依赖于 Java 标准库，而 Java 标准库在其他两个版本中不可用），但这也使得 Kotlin 成为了一种比 Java 更通用的语言。JetBrains 作为 Kotlin 的创建者正在努力使每个版本都达到相同的水平，但是这需要时间。

到目前为止，JVM（Java 虚拟机）版本是使用最多的版本，尤其是当谷歌决定采用 Kotlin 作为开发 Android 应用程序的官方语言时，这一版本得到了极大提升。被谷歌采用的一个主要原因是，Android 中可用的 Java 版本是 Java 6，而 Kotlin 提供了 Java 11 绝大部分的特性，甚至更多。Gradle 也采用 Kotlin 作为构建脚本的官方语言来替代 Groovy，Groovy 同样允许使用 Kotlin 所构建的内容。

Kotlin 主要针对 Java 程序员。也许将来有一天，程序员会把 Kotlin 作为主要语言来学习。但是现在，大多数程序员只会从 Java 过渡到 Kotlin。

编程语言的独特之处主要取决于其某些特定的基本概念，Java 在创建时考虑了几个强大的概念。Java 应该在任何支持 JVM 的环境中运行，其承诺“一次编写，到处运行”。尽管有些人可能持相反意见，但这一承诺已经实现。Kotlin 是一种可以在几乎所有的地方运行 Java 程序，还可以运行用其他语言编写并为 JVM 编译的程序语言。

Java 的另一个承诺是任何演变都不会破坏现有代码。虽然有例外，但大多数情况下是这样的。这不一定是个好事，它会导致其他语言中的众多改进无法被引入 Java，因为这些改进会破坏其兼容性。任何使用先前 Java 版本编译的程序都必须能够在新版本中运行，而不需要重新编译。这个承诺是否有用，使用者观点各异，但结果是，向后兼容性一直与 Java 的发展背道而驰。

Java 还应该通过使用检查型异常使程序更安全，从而迫使程序员考虑这些异常。对于很多程序员而言，这已经被证实为一种负担，会导致检查型异常被不断地包装成非检查型异常。

虽然 Java 是面向对象的编程语言，但是对于数字运算，它应该和大多数编程语言一样快。语言设计者决定，除了表示数字和布尔值的对象外，在拥有相应的非对象基本类型时，Java 也可以更快地计算。这会导致不能（现在仍然不能）将基本类型放入诸如 list、set 或者 map 等集合中。此外，当添加流时，设计者决定创建特定的基本类型版本——但不是所有基本类型，只是那些常用的类型。如果正在使用一些不支持的基本类型，则无法创建。

函数也是如此。Java 8 中添加了泛型函数，但是它们只允许操作对象，而不允许操作基本类型。因此，专门设计了一些特定的函数来处理整数、长整数、双精度数和布尔数（不幸的是，不是所有的基本类型都有，比如，没有针对 byte、short 和 float 等基本类型的函数）。更糟糕的是，需要额外的函数将一个基本类型转换为另一个基本类型，或者将基本类型转换为对象后再转换回来。

Java 是 20 多年前设计的，从那时起发生了很多变化，但是大部分变化都无法引入到 Java 中。因为这些变化会破坏其兼容性，或者它们的引入需要以牺牲可用性为代价来保持兼容性。

许多新的编程语言，如 Groovy、Scala 和 Clojure 等，自发布以来都已经解决了这些限制。这些编程语言在一定程度上与 Java 兼容，这意味着可以在基于这些语言的项目中使用现有的 Java 库，而 Java 程序员也可以使用基于这些语言开发的库。

Kotlin 不一样，它与 Java 深度集成，甚至可以在同一个项目中混合使用 Kotlin 和 Java 源代码。与其他 JVM 语言不同，Kotlin 看起来并不像是另外一种语言（尽管有些许差异）。相反，它看起来更像是 Java，甚至有人说 Kotlin 才是 Java 应有的样子，这意味着 Kotlin 解决了 Java 语言的大部分问题（但 Kotlin 还未解决 JVM 的局限性）。

更重要的是，Kotlin 的设计对许多函数式编程的技术更加友好。Kotlin 有可变引用和不可变引用，然而它更侧重于不可变引用。为了平稳过渡，Kotlin 支持传统的控制结构，但是它采用了大量的函数抽象来避免控制结构。

使用 Kotlin 的另一个好处是减少了对样板代码的需求，并使其最小化。可以使用 Kotlin 在一行代码中创建具有可选属性的类（加上 `equals`、`hashCode`、`toString` 和 `copy` 等函数），而用 Java 编写的相同的类大约需要 30 行（包括 getter、setter 和重载构造函数等）。

虽然出现了旨在克服 Java 在 JVM 环境限制的其他编程语言，但是 Kotlin 不一样，它在项目源代码级别与 Java 程序集成。在同一个项目中，可以用一个构建链来混合 Java 和 Kotlin 的源文件。这将改变游戏规则，尤其对团队编程而言，在 Java 环境中使用 Kotlin 并不比使用任何第三方库更麻烦。这也使得从 Java 到一种新编程语言的转换尽可能平稳，从而能够编写以下特性的程序。

- 更安全。
- 易于编写、测试和维护。
- 更具可扩展性。

预计很多读者是 Java 程序员，正在寻找解决日常问题的新方案。如果这样的话，读者可能会问为什么要使用 Kotlin？难道 Java 生态系统中还没有其他语言可以轻松地实现安全编程技术吗？

当然有，其中最著名的就是 Scala。这是一个很好的 Java 替代品，但是 Kotlin 有更强悍的功能。Scala 可以在库级与 Java 交互，这意味着 Java 程序可以使用 Scala 库（对象和函数），Scala 库也可以使用 Java 库（对象和方法）。但是，Scala 和 Java 程序必须作为单独的项目来构建，或者至少是分开的模块，然而 Kotlin 和 Java 类可以混合在同一个模块中。

请继续阅读以获取更多关于 Kotlin 的信息。

关于本书

谁应该读这本书

本书编写的目的不仅仅是帮助读者学习 Kotlin 编程语言，同时也告诉读者如何使用 Kotlin 编写更安全的程序。这并不意味着如果想写更安全的程序就只能使用 Kotlin，或者只有 Kotlin 才能编写更安全的程序。本书中所有例子之所以都用 Kotlin 是因为 Kotlin 是 JVM 生态系统中编写安全程序最友好的语言之一。

所有书中讲解的技术在许多环境中发展了很久，尽管其中大部分都来自函数式编程，但是，这本书不是介绍严格的函数式编程，而是实用安全编程。

本书中所有描述的技术已经在 Java 生态系统的产品中使用了多年，并且已被证实——与传统的命令式编程技术相比，这些技术可以有效地生成具有更少实现错误的程序。这些安全技术可以用任何语言实现，并且已经在 Java 中使用了很多年，但使用这些技术通常是通过努力克服 Java 限制来实现的。

这本书不适合零基础学习编程的人员阅读，它的目标读者对象是那些为了在专业环境中寻找更简单、更安全的方法来编写无错误程序的程序员。

将学到什么

如果读者是一个 Java 程序员，在这本书中会学到一些可能与之前所学不同的技术。这些技术中的大多数听起来都不熟悉，甚至与程序员通常认为的最佳实践相矛盾。但是，许多（尽管不是所有）最佳实践都来自于计算机拥有 640KB 内存、5MB 磁盘存储空间和单核处理器的时代。如今情况发生了翻天覆地的变化，一个简单的智能手机就是一台拥有 3GB 甚至更大内存、256GB 固态盘存储空间以及一个 8 核处理器的计算机。同样地，计算机也有许多 GB 的内存、许多 TB 的存储空间以及多核处理器。

这本书涵盖的技术包括以下内容。

- 进一步推动抽象。

- 支持不变性。
- 理解引用透明性。
- 封装状态突变共享。
- 抽象控制流和控制结构。
- 使用正确的类型。
- 处理惰性。
- 其他。

1. 进一步推动抽象

本书最重要的技术之一就是进一步推动抽象。尽管传统程序员认为过早的抽象和过早的优化一样有害，但进一步推动抽象有助于更好地理解要解决的问题，反过来，待解决的问题往往能够得到处理。

读者可能想知道进一步推动抽象到底意味着什么。简单地说，这意味着识别不同计算中的常见模式并抽象这些模式，以避免反复编写这些模式。

2. 支持不变性

不变性是一种只使用不可修改数据的技术。许多传统的程序员很难想象如何只使用不变的数据编写有用的程序。编程主要不就是以修改数据为基础吗？这就像认为会计的工作主要是修改账本一样。

从可变账本到不可变账本的转变发生在15世纪，从那时起，不变性原则就被公认为是会计安全的主要因素。在本书中，读者将看到，这个原则也适用于编程。

3. 理解引用透明性

引用透明性是一种支持编写确定性程序的技术，这意味着可以预测和推断程序的结果。当输入相同时，这些程序总是产生相同的结果。这并不意味着程序总是产生一样的结果，而是结果的变化只取决于输入的变化，而不取决于外部条件。

这样的程序不仅更安全（因为程序的行为已知），而且更容易组合、维护、更新和测试，而易于测试的程序通常更可靠。

4. 封装状态突变共享

不可变数据可以自动防止状态突变带来的意外共享。意外共享会导致并发和并行处理中诸如死锁、活锁、线程饥饿和数据过期等问题。但是，当状态必须共享时，无法状态共享（因为没有状态突变）就会成为问题，而这就是并发和并行编程所遇到的情况。

移除状态突变，就不可能意外地共享状态突变，因此程序就更安全。但是，并行和并发编程隐含着共享状态突变，否则并行或并发线程之间就不会有任何协作。这种共享状态突变的特定用例可以被抽象和封装，使得在没有风险的情况下重新使用。因为单个实现已经被完整测试，而不是像传统编程那样，每次使用时都得重新实现。

在本书中，读者将学习到如何提取和封装状态突变共享。这样，只需要写一次，就可以在任何需要的地方重新使用。

5. 抽象控制流和控制结构

在共享可变状态之后，程序中常见的第二个错误来源是控制结构。传统程序由诸如循环和条件测试等控制结构组成，这些结构很容易被打乱，以至于语言设计师们试图尽可能多地抽象细节。最好的例子之一就是大多数编程语言中的for each循环（尽管在Java中仍然简单称之为 for)。

另一个常见问题是 while 和 do while（或 repeat until）的正确使用，尤其是确定测试条件的位置。还有一个问题是在集合上使用循环时的并发修改，在此过程中，尽管使用的是单个线程，可能也会遇到共享可变状态的问题，抽象控制结构有可能完全消除这些问题。

6. 使用正确的类型

在传统编程中，一般类型（如 int 和 String）用于表示数量，而不考虑单位。因此，很容易弄乱这些类型，例如，将英里和加仑相加，或将美元与分钟相加。即使所使用的编程语言没有提供真正的值类型，使用值类型也可以以非常低的成本完全消除这类问题。

7. 处理惰性

大多数常见的编程语言都很严格（*strict*），也就是说传递给方法或函数的参数在处理之前要先计算。这似乎很合理，但其实不是。与之相反，惰性是一种只在使用元素时才进行计算的技术。编程本质上建立在惰性基础之上。

例如，在 if…else 结构中，需要对条件进行严格评估，这意味着在测试之前要对使用这个结构的条件进行计算，但是若分支被惰性计算，这意味着只执行与条件对应的分支。这种惰性完全是隐性的，并且无法控制，而使用显性的惰性有助于编写更高效的程序。

关于读者

本书是为具有一定 Java 编程经验的读者编写的，假定了读者对参数化类型（泛型）有一定了解。本书大量使用了参数化类型的技术，包括参数化函数调用或型变，这在 Java 中并不常用（尽管它是一种很强大的技术）。如果还不知道这些技巧，不要担心，本书将会解释它们的含义及需要它们的原因。

本书是如何组织的：路线图

本书应按顺序阅读，因为每一章都是建立在前几章所学概念的基础上的。虽然这里使用了“阅读”这个词，但本书只包含理论内容的章节很少，读者可以有更多的阅读之外的收获。

要从这本书中得到最大收获，可以在计算机前阅读它，边读边解每一道练习题。每一章都包含了一些练习，并提供了必要的说明和提示，有助于读者找到解决方案。每个练习都附带一个建议的解决方案和测试，可以使用这些解决方案来验证自己的解决方案是否正确。

注：所有代码都可以从 GitHub 上免费下载（http://github.com/pysaumont/fpinkotlin）。该代码提供了将程序导入 IntelliJ（推荐）或使用 Gradle 4 编译和运行所需的所有组件。如果使用 Gradle，可以使用任何文本编辑器编辑代码。Kotlin 理应可以用于 Eclipse，但不能保证这一点。IntelliJ 是一个非常优秀的 IDE，可以从 Jetbrains 网站上免费下载（https://www.jetbrains.com/idea/download）。

完成习题

这些习题对学习和理解这本书的内容是必不可少的。请注意，不要期望仅通过阅读文本来理解本书中的大部分概念。做习题是学习过程中最重要的部分，所以建议读者不要跳过任何习题。

有些习题可能看起来相当难，读者可能想看看建议的解决方案。这样做完全没有问题，但是应该在不看解决方案的情况下进行练习。如果只阅读解决方案，可能会在以后试图解决更高级的习题时遇到麻烦。

这种方法不需要太多单调乏味的输入，因为几乎没有要复制的内容。大多数习题主要是为函数编写实现、为函数编写环境和函数签名等。任何一个习题的解决方案都不超过十几行，大多数都在四五行左右。一旦完成了一个习题（即编译实现时），只需运行相应的测试来验证它是否正确即可。

需要注意的一件重要事情是，每一个习题都是独立的，与该章的其余部分无关。因此，在一个章节中创建的代码会从一个习题复制到下一个习题。这是必要的，因为每一个习题都是建立在前一个习题的基础上构建的，尽管可以使用相同的类，但实现不同。因此，在完成前面的习题之前，不应该看后面的习题，因为会看到未解习题的答案。

学习本书中的技术

本书中描述的技术并不比传统技术更难掌握，它们只是有些不同而已。可以用传统的技术来解决同样的问题，但从一种技术转换到另一种技术有时效率很低。

学习新技术就像学习一门外语。正如很难在短时间内用一种语言思考并将其翻译成另一种语言一样，在基于状态突变和控制流的传统编程中，不能将代码转换为处理不可变数据的函数。而且，就像必须学会用一门新的语言思考一样，也必须学会用不同的方式思考。这不仅是通过阅读获得的，同时还需要动手编程。所以必须练习！

这就是为什么本书不期望读者仅仅通过阅读就能理解这本书的内容，以及提供这么多的习题的原因。必须做习题才能完全掌握这些概念。并不是因为每一个主题都很复杂以至于不能单靠阅读来理解。如果读者只通过阅读而不做练习就能理解这些概念，那可能并不需要这本书。

综上所述，练习是充分掌握本书内容的关键，希望读者在阅读之前尝试解决每一个习题。如果找不到解决方法，那就再试一次，而不是直接使用本书提供的解决方案。

如果读者有一些理解上的困难，可以在论坛上提问。在论坛上提问和获得答案不仅有助于自己，也会帮助回答问题的人（以及有同样问题的其他人）。大家都是通过回答问题（虽然大部分是自己的问题）来学习的，而不是通过提问。

关于代码

这本书包含了许多源代码的例子，包括编号的清单和普通文本。在这两种情况下，源代码都是以 `fixed-width font like this` 这样的等宽字体呈现的，以将其与普通文本分开。

在很多情况下，原始代码已经重新调整了格式。本书添加了换行符并重新缩进以适应书中可用的页面空间。许多清单都有代码注释，以突出显示其中的重要概念。

读者可以直接下载代码，也可以使用 Git 进行复制。习题的代码被整理到各个模块中，模块的名称代表章节标题而不是编号。因此，IntelliJ 将按字母顺序对它们进行排序，不是按它们在书中出现的顺序进行排序。

为了帮助读者找出每个章节对应的模块，在代码的 README 文件中提供了章节名与模块名的对应列表（http://github.com/pysaumont/fpinkotlin）。

本书中所有清单的源代码也可从曼宁的官方网站下载（https://www.manning.com/books/the-joy-of-kotlin）。

关于 LiveBook

购买《Kotlin 编程之美》可以免费访问曼宁出版社运营的私人网络论坛，读者可以在那里对本书发表评论，提出技术问题，并从作者和其他用户那里获得帮助。若要进入论坛，请访问 https://livebook.manning.com/#!/book/the-joy-of-kotlin/discussion。同时，也可以在 https://livebook.manning.com/#!/discussio 上了解更多曼宁论坛和守则信息。

曼宁承诺为大家提供一个读者之间、读者与作者之间可以进行有意义对话的平台。作者对论坛的贡献是自愿和无偿的，因此可能没时间关注每一个问题，建议读者试着问作者一些有挑战性的问题，来激发作者的交流兴趣。在本书的版权期限内，论坛和以前讨论的存档均可以在出版商的网站上访问。

关 于 作 者

皮埃尔-伊夫斯·索蒙特（Pierre-Yves Saumont）是一位经验丰富的Java开发人员，拥有30年设计和构建企业软件的经验，他是ASN（Alcatel Submarine Networks）的研发工程师。

关于封面插图

《Kotlin 编程之美》封面所用插图是《1700 年中国鞑靼地区女子的习惯》(Habit of a Lady in Chinese Tartary)。这幅插图取自 Thomas Jefferys 于 1757 ~ 1772 年在伦敦出版的《古代与现代不同民族服饰合集》(四卷)。扉页上显示，这些作品均为手工着色铜版雕刻，并采用阿拉伯胶粘合。

Thomas Jefferys (1719—1771) 被称为“乔治三世的地理学家”。他是一位英国地图绘制者，是那个时代主要的地图供应商。他为政府和其他官方机构刻印地图，并制作了大量的商业地图和地图册，尤其是在北美。作为一名地图绘制者，他的作品展现了各地的服饰习俗(这些习俗在这个系列中得到了精彩的展示) 激发了人们对相关主题的兴趣。在 18 世纪末，对遥远土地和旅游的迷恋是一种新的潮流，像这样的收藏品很受欢迎，旅行者和向往旅行的人有机会借此了解其他国家的风土人情。

Jefferys 的画卷中绘画的多样性生动地反映了大约 200 年前世界各国的独特个性。从那时起，着装规范发生了变化。不同地区和国家之间着装的差异在当时是如此丰富，然而现在这些差异已经逐渐消失。如今，要区分不同大陆上的居民往往很困难。也许可以试着乐观地看待这个事实：我们用文化和视觉的多样性来换取更为多样的个人生活，或是更为多样且有趣的智能化和技术化生活。

Jefferys 的画带我们回到了三个世纪前丰富多样的地域生活。在一个很难区分两本计算机书籍的时代，曼宁将这样的插图作为封面，以赞美计算机行业的发明创造能力和首创精神。

目　　录

译者序
致　谢
前　言
关于本书
关于作者
关于封面插图
第 1 章　让程序更安全 …… 1
1.1　编程陷阱 …… 2
1.1.1　安全的处理作用 …… 4
1.1.2　用引用透明性使程序更安全 …… 4
1.2　安全编程的好处 …… 5
1.2.1　使用替换模型对程序进行推理 …… 6
1.2.2　应用安全原则的简单示例 …… 7
1.2.3　将抽象推向极限 …… 10
1.3　本章小结 …… 10
第 2 章　Kotlin 中的函数式编程：概述 …… 11
2.1　Kotlin 中的字段和变量 …… 11
2.1.1　省略类型以简化 …… 11
2.1.2　使用可变字段 …… 12
2.1.3　理解延迟（惰性）初始化 …… 12
2.2　Kotlin 中的类和接口 …… 13
2.2.1　使代码更加简洁 …… 14
2.2.2　实现接口或扩展类 …… 15
2.2.3　实例化一个类 …… 15
2.2.4　重载属性构造函数 …… 15
2.2.5　创建 equals 和 hashCode 方法 …… 16
2.2.6　解构数据对象 …… 17

2.2.7 在 Kotlin 中实现静态成员 …… 18
2.2.8 使用单例模式 …… 18
2.2.9 防止工具类实例化 …… 19
2.3 Kotlin 没有原语 …… 19
2.4 Kotlin 的两种集合类型 …… 19
2.5 Kotlin 的包 …… 21
2.6 Kotlin 的可见性 …… 21
2.7 Kotlin 中的函数 …… 22
2.7.1 函数声明 …… 22
2.7.2 使用局部函数 …… 23
2.7.3 覆盖函数 …… 24
2.7.4 使用扩展函数 …… 24
2.7.5 使用 lamdba 表达式 …… 24
2.8 Kotlin 中的 null …… 26
2.8.1 处理可空类型 …… 26
2.8.2 Elvis 和默认值 …… 27
2.9 程序流程和控制结构 …… 27
2.9.1 使用条件选择器 …… 27
2.9.2 使用多条件选择器 …… 28
2.9.3 使用循环 …… 29
2.10 Kotlin 的非检查型异常 …… 30
2.11 自动关闭资源 …… 30
2.12 Kotlin 的智能转换 …… 31
2.13 相等性 vs 一致性 …… 32
2.14 字符串插值 …… 33
2.15 多行字符串 …… 33
2.16 型变：参数化类型和子类型 …… 33
2.16.1 为什么型变是一个潜在的问题 …… 34
2.16.2 何时使用协变以及何时使用逆变 …… 35
2.16.3 声明端型变与使用端型变 …… 35
2.17 本章小结 …… 36
第 3 章 用函数编程 …… 38
3.1 函数是什么 …… 39
3.1.1 理解两个函数集之间的关系 …… 39
3.1.2 Kotlin 中反函数概述 …… 40
3.1.3 处理偏函数 …… 40
3.1.4 理解函数复合 …… 41
3.1.5 使用多参数函数 …… 41
3.1.6 柯里化函数 …… 42

3.1.7　使用偏应用函数 …… 42
3.1.8　没有作用的函数 …… 43
3.2　Kotlin 中的函数 …… 43
3.2.1　将函数理解为数据 …… 43
3.2.2　将数据理解为函数 …… 43
3.2.3　将对象构造函数用作函数 …… 43
3.2.4　使用 Kotlin 的 fun 函数 …… 44
3.2.5　使用对象表示法和函数表示法 …… 46
3.2.6　使用值函数 …… 47
3.2.7　使用函数引用 …… 48
3.2.8　复合函数 …… 49
3.2.9　重用函数 …… 50
3.3　高级函数特征 …… 50
3.3.1　处理多参数函数 …… 51
3.3.2　应用柯里化函数 …… 51
3.3.3　实现高阶函数 …… 51
3.3.4　创建多态高阶函数 …… 52
3.3.5　使用匿名函数 …… 54
3.3.6　定义局部函数 …… 55
3.3.7　实现闭包 …… 56
3.3.8　应用偏函数和自动柯里化 …… 57
3.3.9　切换偏应用函数的参数 …… 60
3.3.10　声明单位函数 …… 61
3.3.11　使用正确的类型 …… 61
3.4　本章小结 …… 66
第 4 章　递归、尾递归和记忆化 …… 67
4.1　共递归与递归 …… 67
4.1.1　实现共递归 …… 67
4.1.2　实现递归 …… 69
4.1.3　区分递归函数和共递归函数 …… 69
4.1.4　选择递归或尾递归 …… 70
4.2　尾调用消除 …… 72
4.2.1　使用尾调用消除 …… 72
4.2.2　从循环切换到共递归 …… 73
4.2.3　使用递归值函数 …… 76
4.3　递归函数和列表 …… 78
4.3.1　使用双递归函数 …… 79
4.3.2　对列表抽象递归 …… 82
4.3.3　反转列表 …… 84

4.3.4 构建共递归列表 …… 85
4.3.5 严格的后果 …… 88
4.4 记忆化 …… 88
4.4.1 在基于循环的编程中使用记忆化 …… 89
4.4.2 在递归函数中使用记忆化 …… 89
4.4.3 使用隐式记忆化 …… 90
4.4.4 使用自动记忆化 …… 92
4.4.5 实现多参数函数的记忆化 …… 94
4.5 记忆函数纯吗？ …… 95
4.6 本章小结 …… 96
第5章 用列表处理数据 …… 97
5.1 如何对数据集合进行分类 …… 97
5.2 不同类型的列表 …… 98
5.3 相对期望列表性能 …… 99
5.3.1 用时间来交换内存空间和复杂性 …… 99
5.3.2 避免就地更新 …… 100
5.4 Kotlin 有哪些可用列表 …… 101
5.4.1 使用持久数据结构 …… 101
5.4.2 实现不可变的、持久的单链表 …… 102
5.5 列表操作中的数据共享 …… 104
5.6 更多列表操作 …… 106
5.6.1 标注的益处 …… 107
5.6.2 连接列表 …… 109
5.6.3 从列表末尾删除 …… 110
5.6.4 使用递归对具有高阶函数（HOFs）的列表进行折叠 …… 111
5.6.5 使用型变 …… 111
5.6.6 创建 foldRight 的一个栈安全递归版本 …… 119
5.6.7 映射和过滤列表 …… 120
5.7 本章小结 …… 122
第6章 处理可选数据 …… 123
6.1 空指针问题 …… 124
6.2 Kotlin 如何处理空引用 …… 125
6.3 空引用的替代方法 …… 126
6.4 使用 Option 类型 …… 128
6.4.1 从一个 Option 中获取值 …… 130
6.4.2 将函数应用于可选值 …… 131
6.4.3 处理 Option 组合 …… 132
6.4.4 Option 用例 …… 133
6.4.5 其他组合选项的方法 …… 136

6.4.6　用 Option 组合 List …… 138
6.4.7　何时使用 Option …… 140
6.5　本章小结 …… 141
第 7 章　处理错误和异常 …… 142
7.1　数据缺失的问题 …… 142
7.2　Either 类型 …… 144
7.3　Result 类型 …… 146
7.4　Result 模式 …… 148
7.5　高级 Result 处理 …… 153
7.5.1　应用断言 …… 153
7.6　映射 Failure …… 154
7.7　添加工厂函数 …… 155
7.8　应用作用 …… 156
7.9　高级结果组合 …… 158
7.10　本章小结 …… 161
第 8 章　高级列表处理 …… 162
8.1　长度问题 …… 162
8.2　性能问题 …… 163
8.3　记忆化的好处 …… 163
8.3.1　处理记忆化的缺点 …… 163
8.3.2　评估性能改进 …… 165
8.4　List 和 Result 组成 …… 165
8.4.1　处理 List 返回 Result …… 165
8.4.2　从 List <Result> 转换为 Result <List> …… 167
8.5　常见列表抽象 …… 169
8.5.1　压缩和解压缩列表 …… 169
8.5.2　通过索引访问元素 …… 171
8.5.3　列表分裂 …… 176
8.5.4　搜索子列表 …… 179
8.5.5　处理列表的其他函数 …… 180
8.6　列表的自动并行处理 …… 184
8.6.1　并不是所有的计算都可以并行化 …… 184
8.6.2　将列表分解为子列表 …… 184
8.6.3　并行处理子列表 …… 186
8.7　本章小结 …… 188
第 9 章　与惰性配合 …… 189
9.1　严格 vs 惰性 …… 190
9.2　Kotlin 和严格 …… 191
9.3　Kotlin 和惰性 …… 192

9.4 惰性的实现 …… 193
9.4.1 组合惰性值 …… 195
9.4.2 提升函数 …… 198
9.4.3 映射和 flatMapping 惰性 …… 200
9.4.4 用列表组成惰性 …… 202
9.4.5 处理异常 …… 203
9.5 深层次的惰性构成 …… 205
9.5.1 惰性应用作用 …… 205
9.5.2 不能没有惰性 …… 207
9.5.3 创建一个惰性列表数据结构 …… 207
9.6 处理流 …… 210
9.6.1 折叠流 …… 214
9.6.2 跟踪计算和函数应用 …… 217
9.6.3 将流应用于具体问题 …… 219
9.7 本章小结 …… 221
第 10 章 使用树处理更多的数据 …… 222
10.1 二叉树 …… 222
10.2 了解平衡和不平衡的树 …… 223
10.3 树的大小、高度和深度 …… 224
10.4 空树和递归定义 …… 224
10.5 多叶树 …… 224
10.6 有序二叉树或二叉搜索树 …… 225
10.7 插入顺序和树的结构 …… 226
10.8 递归和非递归树遍历顺序 …… 227
10.8.1 递归遍历树 …… 227
10.8.2 非递归遍历树 …… 227
10.9 实现二叉搜索树 …… 229
10.9.1 理解型变和树 …… 230
10.9.2 Tree 类中的抽象函数 …… 231
10.9.3 重载操作符 …… 231
10.9.4 树中递归 …… 231
10.9.5 从树中移除元素 …… 234
10.9.6 合并任意树 …… 235
10.10 关于折叠树 …… 239
10.10.1 双函数折叠 …… 240
10.10.2 单函数折叠 …… 241
10.10.3 如何选择折叠实现 …… 242
10.11 映射树 …… 244
10.12 平衡树 …… 244

10.12.1 旋转树 …… 245
10.12.2 使用 Day-Stout-Warren 算法 …… 247
10.12.3 自动平衡树 …… 249
10.13 本章小结 …… 250
第11章 用高级树解决问题 …… 251
11.1 自平衡树的性能更好，栈更安全 …… 251
11.1.1 了解基本的红黑树结构 …… 252
11.1.2 向红黑树中添加元素 …… 254
11.1.3 从红黑树中移除元素 …… 258
11.2 一个红黑树的用例：Map …… 258
11.2.1 实现 Map …… 258
11.2.2 扩展 Map …… 260
11.2.3 使用具有不可比较键的 Map …… 261
11.3 实现功能优先级队列 …… 263
11.3.1 查看优先级队列访问协议 …… 263
11.3.2 探索优先级队列用例 …… 264
11.3.3 查看实现需求 …… 264
11.3.4 左倾堆数据结构 …… 264
11.3.5 实现左倾堆 …… 265
11.3.6 实现类似队列的接口 …… 267
11.4 元素和有序列表 …… 268
11.5 不可比较元素的优先级队列 …… 270
11.6 本章小结 …… 272
第12章 函数式输入/输出 …… 273
12.1 作用在环境中是什么意思 …… 273
12.1.1 处理作用 …… 274
12.1.2 实现作用 …… 274
12.2 读取数据 …… 277
12.2.1 从控制台读取数据 …… 277
12.2.2 从文件中读取数据 …… 281
12.3 输入测试 …… 282
12.4 全函数式输入/输出 …… 283
12.4.1 使输入/输出全函数式 …… 283
12.4.2 实现纯函数式的输入/输出 …… 283
12.4.3 结合输入/输出 …… 284
12.4.4 用 IO 处理输入 …… 285
12.4.5 扩展 IO 类型 …… 288
12.4.6 使 IO 类型堆栈安全 …… 290
12.5 本章小结 …… 294

第 13 章　与参与者共享可变状态 …… 295
13.1　角色模型 …… 296
13.1.1　理解异步消息传递 …… 296
13.1.2　并行化处理 …… 296
13.1.3　处理角色状态突变 …… 297
13.2　角色框架的实现 …… 297
13.2.1　理解局限性 …… 298
13.2.2　设计角色框架接口 …… 298
13.3　AbstractActor 的实现 …… 299
13.4　让角色投入工作 …… 300
13.4.1　实现乒乓球例子 …… 301
13.4.2　并行运行计算 …… 303
13.4.3　重排结果 …… 306
13.4.4　优化性能 …… 308
13.5　本章小结 …… 314
第 14 章　函数式地解决常见问题 …… 315
14.1　断言和数据验证 …… 316
14.2　函数和作用重试 …… 319
14.3　从文件中读取属性 …… 322
14.3.1　加载属性文件 …… 322
14.3.2　以字符串形式读取属性 …… 323
14.3.3　生成更好的错误消息 …… 324
14.3.4　将属性作为列表读取 …… 326
14.3.5　读取枚举值 …… 328
14.3.6　读取任意类型的属性 …… 329
14.4　转换命令式风格的程序：XML 阅读器 …… 331
14.4.1　第 1 步：命令式风格的解决方案 …… 331
14.4.2　第 2 步：将命令式风格的代码转换为函数式 …… 333
14.4.3　第 3 步：将程序转换得更函数式 …… 336
14.4.4　第 4 步：修复参数类型问题 …… 339
14.4.5　第 5 步：使元素处理函数成为参数 …… 340
14.4.6　第 6 步：对元素名称进行错误处理 …… 340
14.4.7　第 7 步：对先前命令式代码的额外改进 …… 342
14.5　本章小结 …… 344
附录 …… 345
附录 A　将 Kotlin 与 Java 结合 …… 345
A.1　创建和管理混合项目 …… 345
A.1.1　利用 Gradle 创建一个简单的项目 …… 346
A.1.2　将 Gradle 项目导入 IntelliJ …… 347

A.1.3 为项目增加依赖 …… 348
A.1.4 创建多模块项目 …… 348
A.1.5 为多模块项目增加依赖 …… 349
A.2 Java 库方法和 Kotlin 代码 …… 350
A.2.1 使用 Java 基本类型 …… 350
A.2.2 使用 Java 数值对象类型 …… 351
A.2.3 对 null 值快速失败 …… 351
A.2.4 使用 Kotlin 和 Java 的字符串类型 …… 352
A.2.5 实现其他类型的转换 …… 352
A.2.6 使用 Java 可变参数 …… 352
A.2.7 在 Java 中指定可空性 …… 353
A.2.8 调用 getter 方法和 setter 方法 …… 354
A.2.9 使用保留字获取 Java 属性 …… 355
A.2.10 调用检查型异常 …… 355
A.3 SAM 接口 …… 355
A.4 Kotlin 函数和 Java 代码 …… 356
A.4.1 转换 Kotlin 属性 …… 356
A.4.2 使用 Kotlin 公共字段 …… 356
A.4.3 静态字段 …… 357
A.4.4 将 Kotlin 函数作为 Java 方法调用 …… 357
A.4.5 将 Kotlin 的类型转换为 Java 类型 …… 359
A.4.6 函数类型 …… 360
A.5 混合 Kotlin/Java 项目的特定问题 …… 360
A.6 小结 …… 361
附录 B Kotlin 中基于属性的测试 …… 362
B.1 为何使用基于属性的测试 …… 362
B.1.1 编写接口 …… 363
B.1.2 编写测试程序 …… 363
B.2 什么是基于属性的测试 …… 364
B.3 抽象及基于属性的测试 …… 365
B.4 基于属性的单元测试的依赖 …… 366
B.5 编写基于属性的测试程序 …… 367
B.5.1 创建自定义生成器 …… 369
B.5.2 使用自定义生成器 …… 370
B.5.3 通过更进一步抽象来简化代码 …… 373
B.6 小结 …… 376

第1章 让程序更安全

在本章中

- 识别编程陷阱。
- 关注有副作用的问题。
- 引用透明性如何使程序更安全。
- 使用替代模型推理程序。
- 充分利用抽象概念。

编程是一项"危险"的活动。业余的程序员可能会对此感到惊讶——以为坐在屏幕和键盘前是安全的，认为自己面临的风险最多是坐太长时间导致的背部疼痛，阅读屏幕上的小字导致的视力问题，甚至是输入过多的代码导致的手腕肌腱炎。但对于（或想成为）专业程序员而言，其所面对的现实往往比上述情况更糟糕。

实际上，编程的主要风险是潜伏在程序中的错误。如果这些错误在错误的时间出现，可能会造成很大的损失。还记得千年虫危机吗？1960～1990年期间编写的许多程序仅使用两位数来表示日期中的年份，因为程序员没想到自己的程序会使用到下个世纪。很多仍在20世纪90年代使用的程序将2000年处理成了1900年。以2017年的美元汇率计算，该错误导致的损失估计为4170亿美元[⊖]。

不过，就单个程序中发生的错误而言，其代价可能会大得多。1996年6月4日，法国阿丽亚娜5号火箭首次飞行，在36s后坠毁。这次事故是由于导航系统中的一个错误造成的，仅仅一个整数的算术溢出就导致了3.7亿美元的损失[⊖]。

如果要为这样的灾难负责，你会做何感想？如果每天都在写这种永远无法确定明天是否还会正常运作的程序，你会有什么感受？这就是大多数程序员所做的：编写不确定的程序，使用相同的输入数据运行这些程序，每次都可能产生不同的结果。用户意识到了这一点，当一个程序不能按预期工作时，就会再次尝试，就好像相同的程序可能会在下一次产生不同的

⊖ Federal Reserve Bank of Minneapolis Community Development Project. " Consumer Price Index (estimate) 1800-" https://www.minneapolisfed.org/community/teaching-aids/cpi-calculator-information/consumer-price-index-1800.

⊖ Rapport de la commission d'enquête Ariane 501 Echec du vol Ariane 501 http://www.astrosurf.com/luxorion/astronautique-accident-ariane-v501.htm.

效果一样。程序有时会这样，因为没有人知道这些程序的输出依赖于什么。

随着人工智能的发展，软件可靠性问题变得更加重要。如果程序即将做出可能危及生命的决策，比如控制飞机或自动驾驶汽车，那么最好确定一下该程序是否能够按预期工作。

编写更安全的程序需要什么？有些人会回答：需要更好的程序员。但是，优秀的程序员就如同好司机——在程序员中，90% 的人认同他们中只有 10% 的人足够优秀，但同时 90% 的程序员认为自己就是那 10% 的一部分。

程序员最需要的品质是承认自己的局限性，大部分人只是普通程序员。普通程序员先花 20% 的时间写有错误的程序，然后花 40% 的时间重构代码以此来获得没有明显错误的程序。最后，又花 40% 的时间调试已经投入到产品中的代码，这是因为错误分为两类：明显和不明显的。请放心，不明显的错误变得明显只是一个时间问题。不过问题仍然存在：错误要多久会变得明显？会造成多大的损害？

那么，对这些问题我们该怎么办？编程工具、技术或规范永远无法保证程序完全没有错误。但是，很多编程练习可以消除某些类别的错误并保证剩余的错误只出现在程序的隔离（不安全）区域。这将产生巨大的差异，因为这样使错误搜寻变得更容易、更有效。练习倾向于编写非常简单以至于显然没有错误的程序，而不是编写复杂但有不明显错误的程序[⊖]。

本章的其余部分会简要介绍不变性、引用透明性、替代模型等概念，并提出一些有助于程序安全的建议，这些概念会在后续章节反复使用。

1.1 编程陷阱

编程通常被视为是一种描述某些过程如何执行的方式，这种描述通常包括使程序模型中的状态发生突变以解决问题的操作，以及关于此类突变结果的决策。这是每个人（即使不是程序员）都能理解和实践的东西。

如果要完成一些复杂的任务，则需将其分为几个步骤。首先，执行第一步，检查结果。根据这次检查的结果，继续下一步或其他操作。例如，一个用于添加两个正值 a 和 b 的程序可由以下伪代码表示。

- if b=0，返回 a 的值。
- else 递增 a 和递减 b。
- 使用新的 a 和 b 值重新开始。

这个伪代码中包含大多数语言的传统指令：测试条件、改变变量、分支和返回值。这段代码可以通过图 1-1 所示的流程图表示。

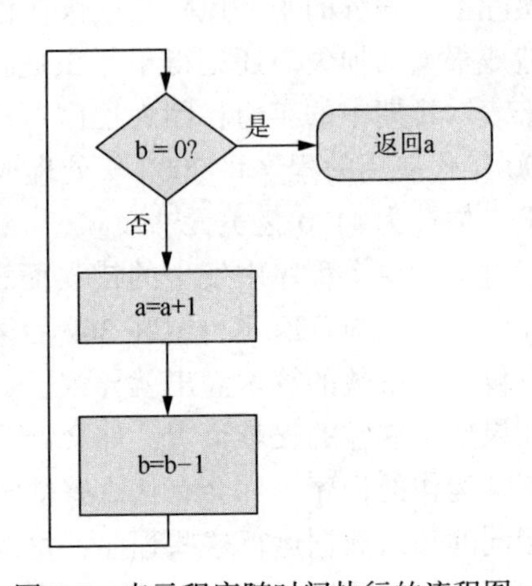

图 1-1　表示程序随时间执行的流程图。各种不同的值被转换，状态被改变，直到获得结果

可以明显地看到这段程序是如何出错

⊖ “……构建软件设计有两种方法：一种方法是使其简单到没有明显的缺陷，另一种方法是使其复杂到没有明显的缺陷。第一种方法要困难得多”，详见 C. A. R. Hoare，“The Emperor's Old Clothes，” Communications of the ACM 24（February 1981）：75-83。

的。更改流程图上的任何数据，或者更改任何箭头的起始或终点，将得到一个隐含错误的程序。如果足够“幸运”，就可以获得一个根本不能运行或不会终止的程序。之所以幸运，是因为能够立即发现需要修复的问题。图 1-2 显示了有关这些问题的三个例子。

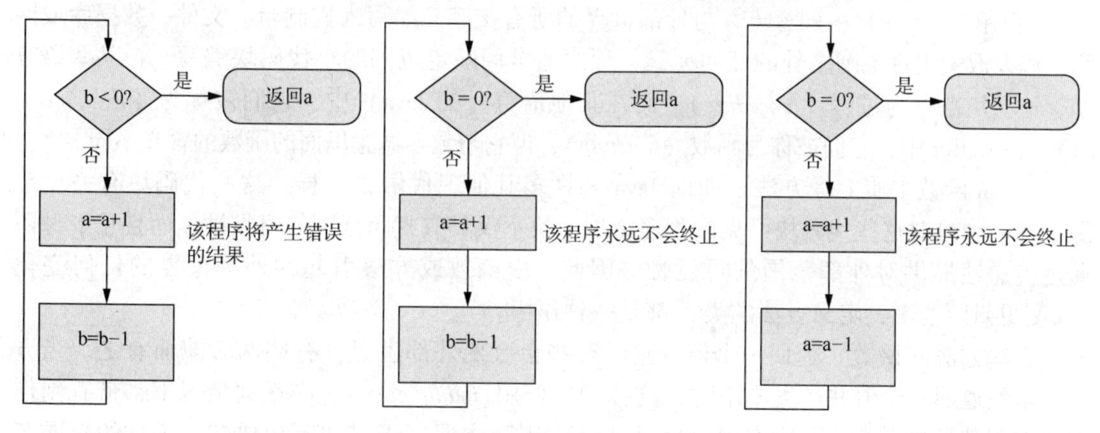

图 1-2　同一程序的三个错误版本

第一个程序会产生错误的结果，第二个和第三个程序永远不会终止。但请注意，有些编程语言可能不允许编写这样的示例，即那些不可以改变引用、不允许使用分支或循环的语言。读者可能认为要做的就是用这样的一种编程语言，实际上也可以，只不过这样的编程语言很少，而且在专业环境中可能不允许使用。

有解决方案吗？有。可以避免使用可变引用、分支（如果语言允许）和循环。编程者需要做的就是按规范编程。

不要使用像突变和循环这样的危险特征。如果最终需要可变引用或者循环，就写一些可以一次性抽象出状态突变的组件，将一劳永逸地解决问题（一些外部语言提供了这个属性，但可能无法在指定环境中使用）。这种解决方案同样适用于循环。在这种情况下，大多数现代编程语言都提供循环的抽象以及更传统的循环用法。同样，这是一个规范问题。只使用好的部分。更多关于这方面的内容在第 4 章和第 5 章介绍。

另一个常见的错误是 null 引用。正如将在第 6 章中所看到的，使用 Kotlin 可以清楚地分离允许空引用和不允许空引用的代码。但最终，完全根除空引用的使用取决于编程者。

许多错误都是由那些需要依赖外部环境才能正确执行的程序引起的。但是，对外部世界的依赖在某种程度上通常是必要的。将此依赖性限制在程序的特定区域将会使问题更容易被发现和处理，尽管它不能完全消除这种类型的错误。

本书将介绍几种使程序更安全的技巧。

- 避免可变引用（变量）并在无法避免突变时抽象单例。
- 避免控制结构。
- 将作用（即与外界的交互）限制在代码中的特定区域，这意味着程序不会打印到控制台或任何设备，也不向文件、数据库、网络或在这些限制区域之外发生的事情进行写入。
- 没有异常抛出。抛出异常是分支的现代形式（GOTO），它导致了所谓的面条式代码（*spaghetti code*），这意味着能够知道分支从哪里开始，但是无法追踪它的去向。在第 7

章中，将学习如何避免抛出异常。

1.1.1 安全的处理作用

“作用”（*effect*）一词意味着与外部世界的所有交互，如写入控制台、文件、数据库或网络，以及改变组件范围之外的任何元素。程序通常用限定范围的小代码块编写。在某些语言中，这些块被称为过程（*procedure*）；而在其他语言（如 Java）中，它们被称为方法（*method*）。在 Kotlin 中，它们被称为函数（*function*），但它与数学概念里面的函数的含义不同。

Kotlin 函数本质上是方法，如同 Java 和许多其他现代语言一样。这些代码块有一个范围，即一个只对这些代码块可见的程序区域。块不仅具有封闭范围的可见性，而且它本身还通过传递性提供对外部范围的可见性。因此，由函数或方法引起的外部世界的任何变化（如变更封闭范围、定义方法的类）都是一种作用。

有些方法（函数）返回一个值。它们有些会改变外部世界，有些两者兼而有之。当方法或函数返回一个值并产生作用时，这称为副作用（*side effect*）。在任何情况下，带有副作用的编程都是错误的。在医学中，术语“副作用”主要用于描述不想要的、不良的次要产物。在编程中，副作用是在程序外部可以观察到的，并且附加在程序返回的结果之外。

如果程序没有返回结果，则不能将其可观察到的作用称为副作用，而是称为主要作用。这个程序仍然可以具有副（次级）作用，尽管这通常也被认为是不良做法，没有遵循所谓的“单一责任”原则。

安全程序是通过组合函数来构建的，这些函数接受一个参数并返回一个值，仅此而已。使用者并不关心函数内部发生的事情，因为理论上从来没有发生任何事情。有些语言只提供这样不产生作用的函数：用这些语言编写的程序除了返回值之外没有任何可观察的作用。但是，这个返回值实际上可以是一个新的程序，可以运行它来进行作用评估。这种技术可以用于任何语言，但它通常被认为是低效的（这是有争议的）。一种安全的替代方法是将作用评估与其余代码明确地分开，甚至尽可能地抽象作用评估。第 7 章、第 11 章和第 12 章将介绍相关的技术。

1.1.2 用引用透明性使程序更安全

没有副作用（不会改变外部世界中的任何东西）并不足以使程序安全且具有确定性。程序也不应该受外部世界影响——程序的输出应仅取决于其参数。这意味着程序不应该从控制台、文件、远程 URL、数据库甚至系统中读取数据。

既不会改变也不依赖于外部世界的代码被认为是引用透明的（*referentially transparent*）。引用透明的代码有几个有趣的属性。

- 独立性。可以在任何环境中使用它，只需提供一个有效的参数即可。
- 确定性。总是为同一个参数返回相同的值。它可能会返回错误的结果，但至少对于相同的参数，结果永远不会改变。
- 永远不会抛出任何异常。可能会抛出错误，如内存不足错误（OOME）或堆栈溢出错误（SOE），但这些错误意味着代码存在 bug。这不是程序员或 API 用户应该处理的情况——除了应用程序崩溃（这通常不会自动发生）并最终修复 bug 之外。
- 不会创建导致其他代码意外失败的条件。不会改变参数或其他外部数据，例如，导致调用者发现自己有过期数据或并发访问异常。

■ 不依赖于任何外部设备来工作。因为某些外部设备（无论是数据库、文件系统还是网络）不可用、速度太慢或损坏而挂起。

图 1-3 说明了引用透明程序与引用不透明程序之间的区别。

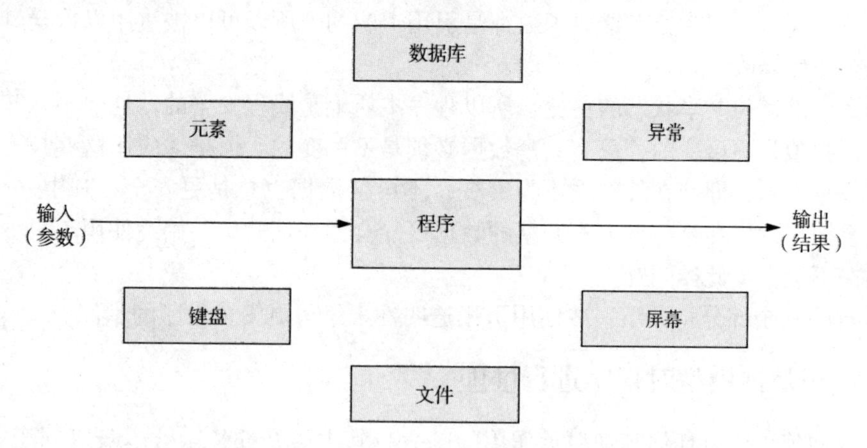

引用透明程序除了将参数作为输入并输出结果之外不会干扰外部世界。程序结果仅取决于其参数

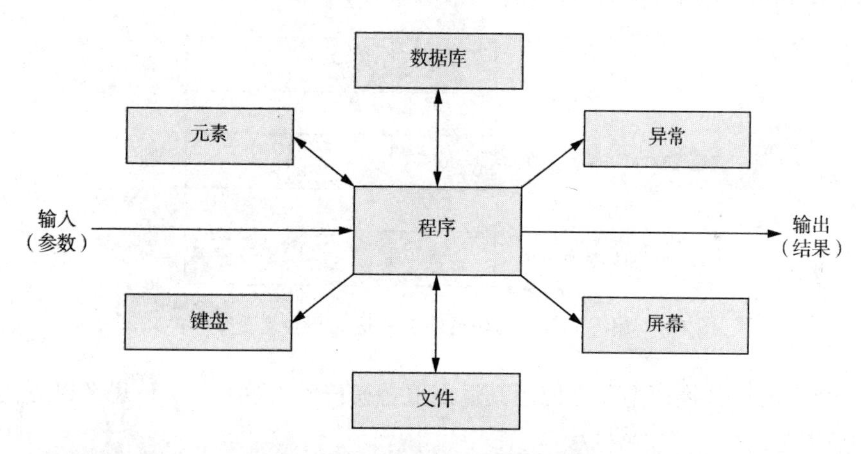

引用不透明程序可以从外部世界中的元素读取数据或将数据写入外部世界中的元素，记录到文件，变异外部对象，从键盘读取，打印到屏幕等。程序结果是不可预测的

图 1-3　引用透明程序与引用不透明程序的对比

1.2　安全编程的好处

根据前文，可以得出使用引用透明性带来的诸多好处。

■ 由于其确定性，程序将更容易推理分析。特定的输入总会给出相同的输出。在许多情况下，读者也许能够证明程序是正确的而不用对其进行大范围测试，但是仍然无法确定它是否会在意外情况下中断。

■ 程序将更容易测试。因为没有副作用，所以不需要模拟程序组件与外部隔离时进行的测试。

■ 程序将更加模块化。因为程序由只有输入和输出的函数构建，所以没有要处理的副作用、没有需要捕获的异常、没有要处理的环境突变、没有共享的可变状态、也没有并发修改。

- 程序的组合和重组更容易。要编写程序，首先要编写所需的各种基本函数，然后将这些函数组合到更高层的函数中，重复该过程，直到拥有与要构建的程序相对应的一个函数。同时，因为所有这些函数都是引用透明的，所以可以被重用以构建其他程序而无须任何修改。
- 因为可以避免共享状态的突变，所以程序本质上是线程安全的。这并不意味着所有数据都必须是不可变的，只有共享数据必须是不可变的。但是，应用这些技术的程序员很快意识到，即使在外部看不见突变，不可变数据也总是更安全。其中一个原因是，在重构之后，在某一点上不共享的数据可能会意外地共享。始终使用不可变数据可以确保不会发生此类问题。

在本章的其余部分将介绍一些使用引用透明性来编写更安全程序的示例。

1.2.1 使用替换模型对程序进行推理

只有返回值而没有任何其他可见作用的函数，其主要好处是函数本身等同于其返回值。这样的函数没什么作用，它只有一个仅依赖于传入参数的返回值。因此，总是可以用返回值替换函数调用或任何引用透明的表达式，如图 1-4 所示。

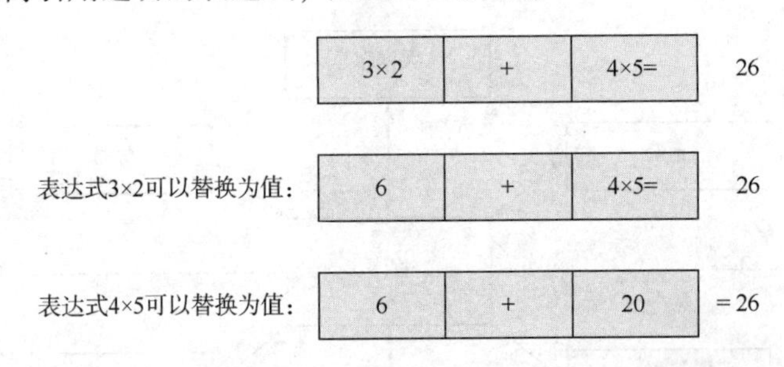

图 1-4 用等值替换引用透明的表达式不会改变整体含义

应用于函数时，替换模型允许使用其返回值替换任何函数调用。请思考以下代码。

```
fun main(args: Array<String>) {
    val x = add(mult(2, 3), mult(4, 5))
    println(x)
}
fun add(a: Int, b: Int): Int {
    log(String.format("Returning ${a + b} as the result of $a + $b"))
    return a + b
}
fun mult(a: Int, b: Int) = a * b
fun log(m: String) {
    println(m)
}
```

用它们各自的返回值替换 `mult(2,3)` 和 `mult(4,5)` 不会改变程序的含义：

```
val x = add(6, 20)
```

相反，用返回值替换对 `add` 函数的调用将会改变程序的含义，因为将不再执行对 `log`

的调用，所以不会进行日志记录。这点可能重要也可能不重要，但不管怎么说，它都改变了程序的运行结果。

1.2.2　应用安全原则的简单示例

以用信用卡购买甜甜圈为例，介绍如何将不安全的程序转换为更安全的程序。

清单 1-1　具有副作用的 Kotlin 程序

```
fun buyDonut(creditCard: CreditCard): Donut {
    val donut = Donut()
    creditCard.charge(donut.price)      ◄── 信用卡扣款为副作用
    return donut                        ◄── 返回甜甜圈实例
}
```

在此代码中，对信用卡扣款是一种副作用。信用卡扣款可能包括致电银行、核实信用卡是否有效和授权以及注册交易。该函数返回一个甜甜圈实例。

这种代码的问题在于测试。运行程序的测试将涉及联系银行并使用某种模拟账户注册交易，或者需要创建一个模拟信用卡来查看调用 charge 函数带来的作用，并在测试后验证模拟的状态。

如果希望能够在不联系银行或使用模拟的情况下测试程序，则应去除副作用。但是，由于仍然想要对信用卡扣款，唯一的解决方案是将此操作添加到返回值。buyDonut 函数必须返回甜甜圈实例和付款操作的表示。要表示付款，可以使用 Payment 类，如下清单所示：

清单 1-2　Payment 类

```
class Payment(valcreditCard: CreditCard, val amount: Int)
```

此类包含代表付款的必要数据，其中包括信用卡和收费金额。因为 buyDonut 函数必须同时返回 Donut 和 Payment，所以可以为此创建一个特定的类，如 Purchase。

```
class Purchase(val donut: Donut, val payment: Payment)
```

通常需要一个这样的类来保存两个（或更多）不同类型的值。因此，为了使程序更安全，必须用一个返回这些作用的表示形式来代替副作用。

除了创建特定的 Purchase 类之外，可以使用一个通用的类，即 Pair。Pair 类由其包含的两种类型（在本例中为 Donut 和 Payment）实现参数化。Kotlin 提供 Pair 类以及 Triple 类，其中 Triple 可以表示三个值。这样的类在 Java 之类的语言中很有用，因为定义 Purchase 类意味着编写构造函数 getter，可能还有 equals 和 hashcode 方法，以及 toString。不过这在 Kotlin 中没那么有用，因为 Kotlin 只需一行代码即可获得相同的结果：

```
data class Purchase(val donut: Donut, val payment: Payment)
```

Purchase 类已经不需要显式的构造函数和 getter。通过在类定义前面添加 data 关键字，Kotlin 还提供了 equals、hashCode、toString 和 copy 的实现。只不过必须使用默认的实现方式。如果所有属性相等，则两个数据类的实例将相等。也可以使用自己的实现覆盖这些函数。

```
fun buyDonut(creditCard: CreditCard): Purchase {
    val donut = Donut()
    val payment = Payment(creditCard, Donut.price)
    return Purchase(donut, payment)
}
```

现在就不用再考虑信用卡的扣款方式了。这为构建应用程序的方式增加了一些自由，可以立即处理付款，也可以将其存储以供日后处理，甚至可以将同一张卡的存储、付款合并，并在一次操作中处理它们。这可以通过最小化银行信用卡的服务费来节省一些钱。

清单 1-3 中的 combine 函数用于组合付款。如果信用卡不匹配，则抛出异常。这与之前提到的“安全的程序不会抛出异常”并不矛盾。在这里，尝试将两个付款操作与两个不同的信用卡结合起来被认为是一个错误，因此这会使应用程序崩溃（这是不现实的，第 7 章会学习如何处理这种情况而不抛出异常）。

清单 1-3　合并多笔付款

```
package com.fpinkotlin.introduction.listing03
class Payment(valcreditCard: CreditCard, val amount: Int) {
    fun combine(payment: Payment): Payment =
      if (creditCard == payment.creditCard)
          Payment(creditCard, amount + payment.amount)
      else
          throw IllegalStateException("Cards don't match.")
}
```

在这种情况下，当一次购买几个甜甜圈时，combine 函数的效率不高。为此，可以使用 buyDonuts (n: Int, creditCard: CreditCard) 替换 buyDonut 函数，如清单 1-4 所示，但需要定义一个新的 Purchase 类。或者，如果选择使用 Pair <Donut, Payment>，则必须将其替换为 Pair <List <Donut>, Payment>。

清单 1-4　一次购买多个甜甜圈

```
package com.fpinkotlin.introduction.listing05
data class Purchase(val donuts: List<Donut>, val payment: Payment)
fun buyDonuts(quantity: Int = 1, creditCard: CreditCard): Purchase =
          Purchase(List(quantity) {
              Donut()
          }, Payment(creditCard, Donut.price * quantity))
```

这里的 List (quantity) {Donut()} 创建了一个 quantity 列表，这个列表连续地将函数 {Donut()} 应用于值 0 到 quantity-1。{Donut()} 函数等效于 {index -> Donut {}} 或 {_ -> Donut {}}。

如果只有一个参数，则可以省略 parameter -> 部分并替换为 it。因此，代码被简化为 {Donut()}。如果不清楚，请不要担心，下一章中将详细介绍。

另请注意，quantity 参数的默认值为 1。可以使用以下语法调用 buyDonuts 函数，而无须指定数量。

```
buyDonuts(creditCard = cc)
```

在 Java 中，必须使用第二个实现来重载该方法，例如

```
public static Purchase buyDonuts(CreditCard creditCard) {
  return buyDonuts(1, creditCard);
}
public static Purchase buyDonuts(int quantity,
                                 CreditCard creditCard) {
```

```
    return new Purchase(Collections.nCopies(quantity, new Donut()),
                        new Payment(creditCard, Donut.price * quantity));
}
```

现在就可以在不使用模拟的情况下测试程序了。例如，这是对 `buyDonuts` 方法的测试：

```
import org.junit.Assert.assertEquals
import org.junit.Test
class DonutShopKtTest {
    @ Test
    funtestBuyDonuts() {
        val creditCard = CreditCard()
        val purchase = buyDonuts(5, creditCard)
        assertEquals(Donut.price * 5, purchase.payment.amount)
        assertEquals(creditCard, purchase.payment.creditCard)
    }
}
```

重构代码的另一个好处是程序更容易组合。如果同一个人用最初版本的程序进行了多次购买，则每次购买商品时都必须联系银行（并支付相应的费用）。但是，对于新版本，可以选择每次购买时立即对卡扣款，或者对同一张卡所有付款进行分组，并一次性扣除费用。要进行分组，需使用 Kotlin 的 `List` 类中的其他功能。

- `groupBy (f: (A) -> B): Map<B, List<A>>`——将从 A 到 B 的函数作为参数，返回键和值对的映射，键为 B 类型，值为 `List <A>`，将付款按信用卡进行分组。
- `values: List<A>`——Map 的实例函数，将映射中的所有值放入列表返回。
- `map (f: (A) -> B): List<B>`——List 的实例函数，将 A 到 B 的函数作为参数，并将其应用于 A 类型列表的所有元素，返回 B 类型的列表。
- `reduce (f: (A, A) -> A): A`—List 的一个函数，它使用一个操作（由函数 `f: (A, A) -> A` 表示）将列表减少为单个值。比如，该操作可以是添加。在这种情况下，它将意味着一个函数，如 `f(a,b) = a + b`。

通过这些函数，现在可以创建一个新函数，它可以按信用卡对付款操作进行分组，如下所示。

清单 1-5　按信用卡对付款操作分组

将List<Payment>更改为Map<CreditCard, List<Payment>>，其中每个列表包含特定信用卡的所有付款操作

```
package com.fpinkotlin.introduction.listing05;
class Payment(val creditCard: CreditCard, val amount: Int) {
    fun combine(payment: Payment): Payment =
        if (creditCard == payment.creditCard)
            Payment(creditCard, amount + payment.amount)
        else
            throw IllegalStateException("Cards don't match.")
    companion object {
        fun groupByCard(payments: List<Payment>): List<Payment> =
            payments.groupBy { it.creditCard }
                    .values
                    .map { it.reduce(Payment::combine) }
    }
}
```

将Map <CreditCard, List <Payment >> 更改为List <List <Payment >>

将每个List <Payment>简化为单个的Payment，得出List <Payment>的总体结果

请注意在 groupByCard 函数的最后一行使用了函数引用。函数引用类似于 Java 中的方法引用。如果感觉这个例子不清楚，那本书的意义正在于此！当读完本书时，读者将成为编写这些代码的专家。

1.2.3 将抽象推向极限

前面提到，纯函数（*pure function*）没有副作用。通过纯函数，可以编写出更安全、更容易测试的程序。可以使用 fun 关键字或以值函数的形式声明这些函数，例如，清单 1-5 中方法 groupBy、map 或 reduce 的参数。值函数（*value function*）与 fun 函数不同，可以由程序操纵。在大多数情况下，可以将值函数用作其他函数的参数或其他函数的返回值。读者将在后面的章节中了解如何完成此操作。

但这里最重要的概念是抽象（*abstraction*）。例如，reduce 函数将一个操作作为其参数，并使用该操作将列表简化为单个值。这里的操作有两个类型相同的操作数。除此之外，它可以是任何操作。

考虑一个整数列表，可以编写 sum 函数来计算元素的总和，然后可以编写 product 函数来计算元素的乘积，或者编写 min 或 max 函数来计算列表的最小值或最大值。或者，也可以对所有这些计算使用 reduce 函数，这就是抽象。抽象 reduce 函数中所有操作通用的部分，并将变量部分（操作）作为参数传递。

更进一步的话，reduce 函数是一个更通用函数的特例，可能产生与列表元素不同类型的结果。例如，它可以应用于字符列表以生成 String。这需要从给定值（可能是空字符串）开始。在第 3 章和第 5 章中将学习如何使用此函数，称为 fold。

reduce 函数不适用于空列表。想想一个整数列表——如果想计算总和，需要有一个起始的元素。如果列表为空，应该返回什么？结果应该是 0，但这仅适用于总和，而不适用于乘积。

同样，再考虑一下 groupByCard 函数。它看起来像一个业务函数，只能用于按信用卡分组付款操作。但事实并非如此。可以使用此函数按任何属性对任何列表的元素进行分组。然后应该抽象此函数并将其放入 List 类中，以便轻松地重用（在 Kotlin 的 List 类中定义）。

将抽象推向极限使程序更安全，因为抽象部分只会被写入一次。因此，一旦经过全面测试，就不会有因重新实现产生新错误的风险。

本书的其余部分将介绍更多关于抽象的内容。例如，学习如何抽象循环，这样就不需要再次编写循环，并且学习如何以一种方式抽象并行化，这种方式可以通过在 List 类中选择一个函数来从串行处理切换到并行处理。

1.3 本章小结

- 将有返回值的函数和作用（与外部世界交互）完全分离，以使程序更安全。
- 函数更易于分析和测试，因为它们的结果是确定性的，并且不依赖于外部状态。
- 将抽象提升到更高水平可提高安全性、可维护性、可测试性和可重用性。
- 应用诸如不变性和引用透明性等安全原则可以防止程序意外共享可变状态，这是多线程环境中错误的一个巨大来源。

第 2 章

Kotlin 中的函数式编程：概述

在本章中

- 声明和初始化字段和变量。
- Kotlin 的类和接口。
- Kotlin 的两种集合类型。
- 函数（和控制结构）。
- 处理空值。

这一章将简要介绍 Kotlin 语言。本书假设读者对 Java 有一点了解，目的在于强调两种语言之间的差异，而不是教读者 Kotlin，读者可以找其他书籍来学习 Kotlin。如果需要深入了解 Kotlin，建议阅读 Dmitry Jemerov 和 Svetlana Isakova 的《*Kotlin in Action*》（曼宁出版社，2017 版）。

本章给出了对 Kotlin 的初步介绍，包括 Kotlin 语言一些令人惊叹的特性，以及它与 Java 的异同。而在接下来的章节，将逐一介绍安全编程环境下 Kotlin 的每个特征。其余部分会概述 Kotlin 最重要的优点。当然，所列出来的不是全部优点，后面的章节还会展示更多。

2.1 Kotlin 中的字段和变量

在 Kotlin 中，使用以下语法声明和初始化字段：

```
val name: String = "Mickey"
```

Kotlin 与 Java 的区别如下所述。

- `val` 关键字先出现，意味着 `name` 引用是不可变的（对应于 Java 中的 `final`）。
- 类型（`String`）在名称的后面出现，由冒号分隔（`:`）。
- 该行末尾没有分号（`;`）。分号不是强制性的，因为换行与分号具有相同的含义。只有在同一行放多个指令时才会使用分号，但不推荐这么做。

2.1.1 省略类型以简化

前面的示例可以简化为：

```
val name = "Mickey"
```

在这里，Kotlin 通过初始值来猜测类型。这称为类型推断（*type inference*），它允许在许多情况下省略类型。但是，有些地方类型推断不起作用。例如，当类型不明确或者字段未初始化时。在这些情况下，必须指定类型。

通常，明智的做法是指定类型。这样可以检查由 Kotlin 推断的类型是否为预想的类型。但是，情况并非永远如此！

2.1.2 使用可变字段

第 2.1 节开头说过，val 意味着引用是不可变的。这是否意味着所有引用总是不可变的？并不是，但应该尽可能地使用 val。如果引用不能改变，一旦初始化就不会被随意更改。出于同样的原因，应该尽快初始化引用（尽管 Kotlin 通常会阻止使用未初始化的引用，但其与 Java 不同，Java 自动设置未初始化引用为 null，并允许使用）。

要使用可变引用，需要将 val 替换为 var，如本例所示。如下代码允许后续更改值：

```
var name = "Mickey"
...
name = "Donald"
```

但请记住，应该尽可能避免使用 var。因为当引用不能可变时，对程序进行推理会比较容易。

2.1.3 理解延迟（惰性）初始化[⊖]

有时候，读者会想要使用 var 来延迟初始化后不会改变的引用的初始化。延迟初始化的原因各不相同。一个常见的情况是，初始化时代价太高，所以如果这个值从来没有用过，就不希望为其执行初始化。

解决方案通常是使用 var 引用并将其设置为 null，直到它被初始化为一个有意义的值，并且这个值几乎永远不会改变。这很麻烦，因为 Kotlin 区分可空和不可空类型。不可空的类型更安全，因为没有 NullPointerException 的风险。当一个值在声明时未知，并且在初始化后永远不会改变，这种情况下使用 var 就非常不合适。这会迫使使用可空的值而不是非可空的，例如：

```
var name: String? = null
...
name = getName()
```

这里的引用是 String?，一个可空的类型。它也可以是不可空的 String 类型，并使用特定值来表示未初始化的引用，例如：

```
var name: String = "NOT_INITIALIZED_YET"
...
name = getValue()
```

或者，如果 name 永远不能为空，则可以使用空字符串来表示一个非初始化引用。在任何情况下，即使值在初始化后永远不会改变，var 的使用也是强制性的。但 Kotlin 提供了更

⊖ 译者注：lazy initialization 一词在文中有两种翻译。“惰性初始化”对应于使用 by lazy{}初始化，只能用于 val 声明的不可变变量；“延迟初始化”对应于使用 latelnit 初始化，只能用于 var 声明的可变变量。

好的解决方案：

```
val name: String by lazy {getName()}
```

这样，当第一次使用 name 引用时，getName() 函数只会被调用一次。此外，还可以使用函数引用代替 lambda 表达式：

```
val name: String by lazy(::getName)
```

首次使用 name 引用即意味着它将被取消引用，这样就可以使用它指向的值。请看以下示例：

```
fun main(args: Array<String>) {
    val name: String by lazy {getName()}
    println("hey1")
    val name2: String by lazy {name}
    println("hey2")

    println(name)
    println(name2)
    println(name)
    println(name2)
    }
fun getName(): String {
    println("computing name...")
    return "Mickey"
}
```

运行此程序将打印出：

```
hey1
hey2
computing name...
Mickey
Mickey
Mickey
Mickey
```

惰性初始化不能用于可变引用。如果一定需要一个惰性可变引用，可以使用 lateinit 关键字，虽然没有自动按需初始化，但它也有相同的效果：

```
lateinit var name: String
...
name = getName()
```

这种结构避免使用可空类型。但是，与 by lazy 相比，它绝对没有任何好处，除非在外部进行初始化时，如在处理属性时使用依赖注入框架。请注意，应该始终首选基于构造函数的依赖注入，因为它允许使用不可变属性。读者将会在第 9 章中看到有更多关于惰性的知识。

2.2　Kotlin 中的类和接口

Kotlin 中类的创建语法与 Java 中的类略有不同。name 属性为 String 的 Person 类可以在 Kotlin 中声明为：

```
class Person constructor(name: String) {
```

```
    val name: String
    init {
        this.name = name
    }
}
```

这相当于以下 Java 代码：

```
public final class Person {
    private final String name;
    public Person(String name) {
        this.name = name;
    }
    public StringgetName() {
        return name;
    }
}
```

可以看到，Kotlin 版本更紧凑。请注意一些特殊性。

- 默认情况下，Kotlin 类是公共的，所以不需要 `public` 这个词。要使类非公共，可以使用 `private`、`protected` 或 `internal` 修饰符。`internal` 修饰符意味着只能从定义它的模块内部访问该类。在 Kotlin 中，没有等价于 Java 的“package-private”（缺少修饰符时的情况）的修饰符。与 Java 不同，`protected` 仅限于扩展类，并且不包含同一个包中的类。
- 默认情况下，Kotlin 类是 `final`，因此等效的 Java 类需要使用 `final` 修饰符声明。在 Java 中，大多数类应该被声明为 `final`，但程序员经常忘记这样做。Kotlin 通过默认使类或为 `final` 解决了这个问题。要使 Kotlin 类不为 `final`，请使用 `open` 修饰符。这样为扩展而开放的类采用了独特的设计，使得程序更加安全。
- 构造函数在类名后声明，可以在 `init` 块中实现它。该块可以访问构造函数参数。
- 不需要访问器，它们会在编译代码时生成。
- 与 Java 不同，Kotlin 不需要在具有类名称的文件中定义公共类。可以根据需要命名文件。此外，可以在同一文件中定义多个公共类。不过，将每个公共类放在具有类名称的单独文件中可以使查找更容易。

2.2.1 使代码更加简洁

Kotlin 代码可以进一步简化。首先，因为 `init` 块是单行的，所以可以与 `name` 属性声明组合，如下所示：

```
class Person constructor(name: String) {
    val name: String = name
}
```

然后，可以像如下所示来组合构造函数声明、属性声明和属性初始化：

```
class Person constructor(val name: String) {
}
```

现在，因为块是空的，所以可以将其删除。也可以删除单词 constructor（无论块是否为空）：

```
class Person (val name: String)
```

此外，可以为同一个类创建多个属性：

```
class Person(val name: String, val registered: Instant)
```

正如所见到的，Kotlin 删除了大部分样板代码，生成了更易于阅读的简洁代码。请记住，代码只写一次但是可能会读很多次。当代码更易读时，它也更容易维护。

2.2.2　实现接口或扩展类

如果希望类实现一个或多个接口，或者扩展另一个类，则在类声明后列出：

```
class Person(val name: String,
             val registered: Instant) :Serializable, Comparable<Person> {
    override fun compareTo(other: Person): Int {
        ...
    }
}
```

使用相同的语法扩展一个类，其区别在于扩展类名后面跟着圆括号括起来的参数名：

```
class Member(name: String, registered: Instant):Person(name, registered)
```

但请记住，默认情况下，类是 `final` 的。要编译此示例，必须将扩展类声明为 `open`，这意味着开放扩展（*open for extension*）：

```
open class Person(val name: String, val registered: Instant)
```

一个好的编程习惯是只允许对专门为它设计的类进行扩展。正如所看到的，与 Java 不同，Kotlin 试图阻止扩展类（如果它不是为扩展而设计）来强制执行此原则。

2.2.3　实例化一个类

在创建类的实例时，Kotlin 会让程序员免于重复输入。例如，Kotlin 不会写成这样：

```
final Person person = new Person("Bob", Instant.now());
```

而是可以使用构造函数作为一个函数：

```
val person = Person("Bob", Instant.now())
```

这是有道理的，因为 `Person` 构造函数将所有一系列可能的 <字符串，实例> 对映射到一系列可能的人。接下来看看 Kotlin 如何处理这些构造函数的重载。

2.2.4　重载属性构造函数

有时，属性是可选的，并且具有默认值。在前面的示例中，可以确定注册日期默认为创建实例的日期。在 Java 中，必须编写两个构造函数，如下面的清单所示。

清单 2-1　具有可选属性的典型 Java 对象

```
public final class Person {
    private final String name;
    private final Instant registered;
    public Person(String name, Instant registered) {
        this.name = name;
        this.registered = registered;
    }
    public Person(String name) {
        this(name, Instant.now());
```

```
    }
    public String getName() {
        return name;
    }
    public Instant getRegistered() {
        return registered;
    }
}
```

在 Kotlin 中，可以通过在属性名称后指示默认值来获得相同的结果：

```
class Person(val name: String, val registered: Instant = Instant.now())
```

还可以以更传统的方式覆盖构造函数：

```
class Person(val name: String, val registered: Instant = Instant.now()) {
        constructor(name: Name) : this(name.toString()) {
        //可以加入构造函数实现
        }
}
```

与在 Java 中一样，如果不声明构造函数，则会自动生成不带参数的构造函数。

1. 私有构造函数和属性

与在 Java 中一样，可以将构造函数设置为私有以防止外部代码实例化：

```
class Person private constructor(val name: String)
```

但是，与 Java 不同，不需要私有构造函数来阻止仅包含静态成员的实用程序类的实例化。Kotlin 将静态成员放在任何类之外的包级别。

2. 访问器和属性

在 Java 中，直接公开对象属性被认为是不好的做法。相反，可以通过获取和设置属性值的方法使这些属性可见。这些方法可以方便地称为 *getter* 和 *setter*，并称为存取器（*accessor*）。以下示例调用访问器以获取一个人的名字：

```
val person = Person("Bob")
...
println(person.name) //调用访问器
```

虽然看起来这段代码正在直接访问 `name` 字段，但其实使用的是已经生成的 *getter*。它与字段具有相同的名称，不需要后跟括号。

读者可能会注意到，与 Java 相比，Kotlin 可以更轻松地调用 `System.out` 的 `println` 方法。虽然这并不重要，因为程序可能永远不会打印到控制台，但值得注意。

2.2.5 创建 equals 和 hashCode 方法

如果 `Person` 类表示数据，则可能需要 `hashCode` 和 `equals` 方法。用 Java 编写这些方法既烦琐又容易出错。幸运的是，一个好的 Java IDE（如 IntelliJ）会自动生成它们。以下清单显示了使用此功能时 IntelliJ 生成的内容。

清单 2-2 IntelliJ 生成的 Java 数据对象

```
public final class Person {
    private final String name;
    private final Instant registered;
```

```
    public Person(String name, Instant registered) {
        this.name = name;
        this.registered = registered;
    }
    public Person(String name) {
        this(name, Instant.now());
    }
    public String getName() {
        return name;
    }
    public Instant getRegistered() {
        return registered;
    }
    @ Override
    public boolean equals(Object o) {
        if (this == o) return true;
        if (o == null ||getClass() ! = o.getClass()) return false;
        Person person = (Person) o;
        Return Objects.equals(name,person.name) &&
                Objects.equals(registered, person.registered);
    }
    @ Override
    public int hashCode() {
        return Objects.hash(name, registered);
    }
}
```

让 IDE 静态生成此代码可以节省一些烦琐的输入，但是仍然需要使用这段可怕的代码，这段代码不会提高可读性。更糟糕的是，必须维护它！如果稍后添加一个新属性，该属性若是 hashCode 和 equals 方法的一部分，则需要删除这两个方法并重新生成它们。Kotlin 使这更加简单：

```
data class Person(val name: String, val registered: Instant = Instant.now())
```

这就像在类定义前添加单词 *data* 一样简单。编译代码时会生成 hashCode 和 equals 函数。虽然可以将它们用作常规函数，但它们是不可见的。此外，Kotlin 还生成一个 toString 函数，显示一个有用的（可读的）结果和一个 copy 函数，允许复制一个对象，同时复制其所有属性。Kotlin 还会生成其他 componentN 函数，让程序员可以访问该类的每个属性，正如下一节所示。

2.2.6　解构数据对象

在具有 *n* 个属性的每个数据类中，component1 函数到 componentN 函数是自动定义的。这使得可以按照在类中定义的顺序访问属性。此功能的主要用途是对对象进行解构（*destructure*），从而可以更轻松地访问其属性：

```
data class Person(val name: String, val registered: Instant = Instant.now())
fun show(persons: List<Person>) {
```

```
    for ((name, date) in persons)
        println(name + "'s registration date: " + date)
}
fun main(args: Array<String>) {
    val persons = listOf(Person("Mike"), Person("Paul"))
    show(persons)
}
```

show 函数相当于：

```
fun show(persons: List<Person>) {
    for (person in persons)
        println(person.component1()
            + "'s registration date: " + person.component2())
}
```

正如所看到的，解构通过避免每次使用这些属性时都取消引用对象属性，使代码更清晰、更简洁。

2.2.7 在 Kotlin 中实现静态成员

在 Kotlin 中，类没有静态成员。要获得相同的效果，必须使用伴生对象（*companion object*）的特殊构造：

```
data class Person(val name: String,
                  val registered: Instant = Instant.now()) {
    companion object {
        fun create(xml: String): Person {
            TODO("Write an implementation creating " +
                "a Person from an xml string")
        }
    }
}
```

可以像在 Java 中使用静态方法一样，在封闭类上调用 create 函数：

```
Person.create(someXmlString)
```

也可以在伴生对象上显式调用它，但这有点多余：

```
Person.Companion.create(someXmlString)
```

另一方面，如果使用 Java 代码中的此函数，则需要在伴生对象上调用它。为了能够在类上调用它，必须使用@ JvmStatic 来注释 Kotlin 函数。有关从 Java 代码调用 Kotlin 函数更多的信息（反之亦然）请参阅附录 A。

顺便说一句，可以看到 Kotlin 提供了 TODO 函数，使代码更加一致。此方法在运行时抛出异常，提醒应该完成的工作！

2.2.8 使用单例模式

通常需要为一个给定类创建单个实例，这样的实例称为单例（*singleton*）。单例模式保证了只有一个类实例。在 Java 中，这是一个有争议的模式，因为很难保证只能创建一个实例。在 Kotlin 中，通过将 *class* 替换为 *object*，可以轻松创建单例：

```
object MyWindowAdapter: WindowAdapter() {
```

```
    override fun windowClosed(e: WindowEvent?) {
        TODO("not implemented")
    }
}
```

对象不能有构造函数。如果它具有属性，那么必须初始化或抽象。

2.2.9　防止工具类实例化

在 Java 中，创建仅包含静态方法的工具类是常见的用法。在这种情况下，通常希望禁止类实例化。Java 的解决方案是创建一个私有构造函数。Kotlin 也可以这样做，但没什么用，因为 Kotlin 可以在包级别的类之外创建函数。为此，可以创建一个任意名称的文件，并以包声明开头。然后，可以定义函数，而无需将它们放入类中：

```
package com.acme.util
fun create(xml: String): Person {
  ...
}
```

可以使用全名调用函数：

```
val person = com.acme.util.create(someXmlString)
```

或者，也可以导入包，然后简化地调用：

```
import com.acme.util.*
val person = create(someXmlString)
```

因为 Kotlin 只在 JVM 上运行，必须得寻求一个在 Java 代码中调用包级别函数的方法。这在附录 A 中进行了描述。

2.3　Kotlin 没有原语

Kotlin 没有原语（primitive，也称为基元，通常表示基本数据类型，以下简称为基本类型），至少程序员级别没有。相反，它使用 Java 原语来加快计算速度。但是，作为程序员，只用操纵对象。整数的对象类不同于 Java 中整数的对象表示。Kotlin 使用 `Int` 类而不是 `Integer`。其他数字和布尔类型与 Java 中的名称相同。此外，与在 Java 中一样，可以在数字中使用下画线。

- Long 类型后面有一个 L，`floats` 后面有一个 F。
- 通过使用小数点（例如 `2.0` 或 `.9`）来区分 Double 类型。
- 十六进制值必须以 0x 为前缀，例如
  `0xBE_24_1C_D3`
- 二进制文字以 0b 为前缀：
  `0b01101101_11001010_10010011_11110100`

原语的缺失使得编程变得更加简单，避免了像 Java 那样需要特定的函数类，同时允许数值和布尔值的集合，而无须依赖装箱/拆箱。

2.4　Kotlin 的两种集合类型

尽管 Kotlin 增加了更多的特性，它的集合是基于 Java 集合的。最重要的方面是 Kotlin 有

两种类型的集合：可变类型和不可变类型。以下将尝试使用特定函数创建集合，此代码段创建了一个包含整数 1、2 和 3 的不可变列表：

```
val list = listOf(1, 2, 3)
```

默认情况下，Kotlin 集合是不可变的。

注：事实上，Kotlin 不可变集合并不是真正不可变的。它们只是不能“改变”的集合。因此，有些人更喜欢将它们称为只读集合（*read-only collections*）。当然，这也不合适，因为它们不是只读的。第 5 章将介绍如何创建真正的不可变集合。

`listOf` 函数是一个包级别函数，这意味着它不是类或接口的一部分。它在 `kotlin.collections` 包中定义，因此可以使用以下语法导入它：

```
import kotlin.collections.listOf
```

不需要显式导入。事实上，此包中的所有函数都是隐式导入的，就像使用以下导入方法一样：

```
import kotlin.collections.*
```

许多其他包也会自动导入。此机制类似于在 Java 中自动导入 `java.lang` 包。

注意，不可变并不意味着不能对这些列表进行任何操作，例如：

```
val list1 = listOf(1, 2, 3)
val list2 = list1 + 4
val list3 = list1 + list2
println(list1)
println(list2)
println(list3)
```

此代码创建一个包含整数 1、2 和 3 的列表。然后，它通过向第一个元素添加元素来创建新列表。最后，它再次创建另一个新列表，连接两个现有列表。结果显示，没有一个列表被修改：

```
[1, 2, 3]
[1, 2, 3, 4]
[1, 2, 3, 1, 2, 3, 4]
```

如果需要可变集合，则必须指定它们：

```
val list1 = mutableListOf(1, 2, 3)
val list2 = list1.add(4)
val list3 = list1.addAll(list1)
println(list1)
println(list2)
println(list3)
```

结果完全不同：

```
[1, 2, 3, 4, 1, 2, 3, 4]
true
true
```

在这里，所有操作都在第一个列表上进行，然后累积。由于类型推断，在将参数的结果（`Boolean` 类型）分配给引用时没有发生错误。这些引用由 Kotlin 自动生成 `Boolean` 值。这是明确写出期望类型的一个很好的理由。它会阻止编译以下代码：

```
val list1: List<Int> = mutableListOf(1, 2, 3)
```

```
val list2: List<Int> = list1.add(1) // <-
Compile error
val list3: List<Int> = list1.addAll(list2) //
<--Compile error
println(list1)
println(list2)
println(list3)
```

+运算符是一个名为 plus 的中缀（*infix*）扩展函数，Kotlin 在 List 扩展的 Collection 接口中声明。它被翻译成一个静态函数，从其参数创建一个新列表。可以对可变列表使用+运算符，并且将获得与不可变列表相同的结果，使列表保持不变。

如果了解通常使用数据共享实现不可变持久数据结构，可能会对 Kotlin 的不可变列表不共享数据感到失望（它们共享元素，但不共享列表数据）。向列表添加元素意味着构建一个全新的列表。第 5 章将介绍如何创建自己实现数据共享的不可变列表，这样可以节省内存空间并在某些操作上获得更好的性能。

2.5　Kotlin 的包

前面讲解了可以在包级别声明函数，这与 Java 使用包的方式有很大的不同。Kotlin 包的另一个特点是它们不必与存储它们的目录结构相对应。

同样，不需要在文件中用相同的名称定义类，包含目录结构中的包组织都不是强制的。包只是标识符。没有子包（*subpackage*）的概念（包含包的包）。文件名是无关紧要的（只要它们具有 . kt 扩展名）。这就是说，采用 Java 中基于包/目录一致的约定是个好主意，原因有两个。

- 如果需要混合 Java 和 Kotlin 文件，则必须将 Java 文件放入与包名匹配的目录中，对 Kotlin 文件也应该做同样的事情。
- 即使只创建 Kotlin 源文件，查找源文件也会容易得多。只需要查看包（通常由 import 指示）并将其转换为文件路径。

2.6　Kotlin 的可见性

Kotlin 的可见性与 Java 中的可见性略有不同，其函数和属性可以在包级别定义，而不仅仅在类中定义。默认情况下，包级别定义的所有元素都是 *public*。如果一个元素被声明为 *private*，则只能对同一个文件可见。

元素也可以声明为 *internal*，这意味着它只能对同一个模块可见。模块（*module*）是一组编译在一起的文件，例如：

- Maven 项目。
- Gradle 源集。
- IntelliJ 模块。
- Eclipse 项目。
- 使用单个 Ant 任务编译的一组文件。

模块旨在打包到单个 jar 文件中。一个模块可以包括多个包，单个包可以分布在多个模块上。

默认情况下，类和接口具有公共可见性。它们还可能受以下可见性修饰符之一的影响。

- private。
- protected。
- internal。
- public。

一个 private 元素只能对定义它的类可见。在 Java 中，*inner* 类的私有成员（在另一个类中定义的类）在外部类中是不可见的。对于 Kotlin 来说，情况正好相反：外部类的私有成员对内部类可见。

类构造函数默认是公共的，但可以为这些构造函数指定可见性级别，如下所示：

```
class Person private constructor (val name: String,
                                  val registered: Instant)
```

与 Java 不同，Kotlin 没有包私有（*package private*）可见性（Java 中的默认可见性）。另一方面，internal 是 Kotlin 特有的，可以从同一模块中的任何代码访问 internal 元素（请注意，Gradle 测试源集中的代码可以访问相应主源集的内部元素）。

2.7 Kotlin 中的函数

Kotlin 中的函数等同于 Java 中的方法，这与数学或函数式编程中函数的含义不同。

注：在 Kotlin 中，“函数（*function*）”一词甚至用于指代非纯函数或根本不是函数的任何东西。在下一章中，将介绍纯函数是什么。在本章的其余部分，将使用 Kotlin 意义上的函数（等同于 Java 方法）。

2.7.1 函数声明

与 Kotlin 属性一样，可以在包级别、类或对象中声明 Kotlin 函数。函数由关键字 fun 引入，如以下示例所示：

```
fun add(a: Int, b: Int): Int {
  return a + b
}
```

当函数体可以表示为单行时，用大括号分隔的块可以用以下语法替换：

```
fun add(a: Int, b: Int): Int = a + b
```

这称为表达式语法（*expression syntax*）。使用此语法时，如果可以从主体推断出返回类型，则可以将其省略：

```
fun add(a: Int, b: Int) = a + b
```

请注意，混合使用这两种语法可能会产生意外结果。以下示例不会报错：

```
fun add(a: Int, b: Int) = {
    a + b
}
```

但是，返回类型可能不是所期望的。下一章会解释这一点。在这样的示例中，使用显式返回类型会使编译器警告错误（尽管在此示例中不能使用 return）。

2.7.2　使用局部函数

函数可以在类和对象中定义。此外，它们也可以在其他函数内声明。以下代码展示了一个稍微复杂的函数，它返回整数的除数个数。目前，读者无须了解此函数的工作原理。接下来的章节中将讨论这个问题。但需要注意的是 sumOfPrimes 函数定义包含了 isPrime 函数的定义：

```
fun sumOfPrimes(limit: Int): Long {
    val seq: Sequence<Long> = sequenceOf(2L) +
            generateSequence(3L, {
                it+2
            }).takeWhile{
                it < limit
            }
    fun isPrime(n: Long): Boolean =
            seq.takeWhile {
                it * it <=n
            }.all {
                n % it! =0L
            }
    return seq.filter(::isPrime).sum()
}
```

isPrime 函数不能在 sumOfPrimes 函数之外定义，因为 seq 变量会被“覆盖”。这种结构称为闭包（*closure*）。正如将在下一章中学到的，闭包会导致被覆盖的变量成为函数参数的一部分。此代码可以等效为：

```
fun sumOfPrimes(limit: Int): Long {
    valseq: Sequence<Long> = sequenceOf(2L) +
            generateSequence(3L, {
                it+2
            }).takeWhile{
                it < limit
            }
    return seq.filter {
        x->isPrime(x, seq)
    }.sum()
}
fun isPrime(n: Long, seq: Sequence<Long>): Boolean =
        seq.takeWhile {
            it * it <=n
        }.all {
            n % it! =0L
        }
```

使用闭包可以用函数引用（相当于 Java 方法引用）代替 lambda 表达式，来调用 isPrime 函数。另一方面，它使得 isPrime 函数在 sumOfPrimes 函数之外不可用。

这里的 isPrime 函数以（n：Long，seq：Sequence <Long>）作为参数，它在 sumOfPrimes 之外可能是无用的。在这种情况下，最好将 isPrime 声明为局部函数，允许使用闭包和函数引用。

2.7.3 覆盖函数

扩展类或实现接口时，通常会覆盖函数。与 Java 不同，在 Kotlin 中覆盖必须使用 override 关键字显式指定：

```
override fun toString() = …
```

这是 Kotlin 比 Java 更冗长的罕见情况之一。但是，这样可以防止代码无意中覆盖函数，从而使程序更安全（在 Java 中，使用@ Override 注释可以获得相同的效果）。

2.7.4 使用扩展函数

扩展函数（*extension function*）是可以在对象上调用的函数，就好像它们是对应类的实例函数一样，Kotlin 经常使用这种机制。假设要定义如下所示的一个 length 函数，该函数给出列表的长度：

```
fun <T> length(list: List<T>) = list.size
```

当然，这只是一个例子。Kotlin 允许将此功能定义为：

```
fun <T> List<T>.length() = this.size
```

在此示例中，length 是一个扩展函数，因为它通过添加一个可以与实例函数一样使用的函数来扩展 List 接口：

```
fun <T> List<T>.length() = this.size
valints = listOf(1, 2, 3, 4, 5, 6, 7)
vallistLength = ints.length()
```

与可以使用属性语法调用的 size 函数不同，在调用 length()时必须使用括号。另外，这些扩展函数不能在 Java 代码中以实例方法调用，它们必须作为静态方法调用。使用 Kotlin，甚至可以将函数添加到参数化类中，例如：

```
fun List<Int>.product(): Int = this.fold(1) {a, b-> a * b}
valints = listOf(1, 2, 3, 4, 5, 6, 7)
val product = ints.product()
```

正如上述代码所示，扩展函数就像 Java 中的静态函数一样。但是，它们可以在实例，而不是类上调用，从而链接函数调用而不是将函数嵌套。

2.7.5 使用 lamdba 表达式

与 Java 类似，lambda 是匿名函数，意味着函数实现不是通过名称引用的。但是，Kotlin 的 lambda 语法与 Java 语法略有不同。lambda 函数包含在花括号之间，如下例所示：

```
fun triple(list: List<Int>):List<Int> = list.map({a-> a * 3})
```

当 lambda 是函数的最后一个参数时，它可以放在括号之外：

```
fun triple(list: List<Int>):List<Int> = list.map {a-> a * 3}
fun product(list: List<Int>):Int = list.fold(1) {a, b-> a * b}
```

在 map 的示例中，lambda 不仅是最后一个参数，而且是唯一的参数，因此可以删除括号。正如第二个示例展示的那样，lambda 的参数不需要放在括号之间。事实上，并不能在它们周围加上括号，因为它会改变它的含义。下列代码无法编译：

```
fun List<Int>.product(): Int = this.fold(1) {(a, b)-> a * b}
```

1. lambda 的参数类型

Kotlin 能够推断 lambda 的参数类型，但它通常不会尽最大努力去推断。这样做是为了加快编译速度。当推断出正确的类型可能需要花费太多时间时，Kotlin 会放弃，由编程者指定参数类型。可以通过这样指定：

```
fun List<Int>.product():Int = this.fold(1) {a: Int, b: Int-> a*b}
```

虽然可能经常依赖类型推断来避免指定类型，但读者很快就会意识到类型的指定还有另一种好处。指定了类型后，如果代码未编译，编译器（或 IDE）会提示推断的类型与指定的类型有何不同。

2. 多行 lambda 表达式

lambda 的实现可以分布在多行中，如下例所示：

```
fun List<Int>.product(): Int = this.fold(1) {a, b->
        val result = a * b
        result
}
```

lambda 返回的值是最后一行表达式的值。可以使用 `return` 关键字，但也可以省略。

3. lambda 的简化语法

Kotlin 为单个参数的 lambda 提供了一个简化语法。此参数隐式命名为 `it`。之前的 `map` 示例可以编写为：

```
fun triple(list: List<Int>): List<Int> = list.map {it * 3}
```

但是，使用这种语法不一定明智。当 lambda 没有嵌套时，使用它通常是一个很好的简化；否则，可能很难猜到 `it` 是什么！无论如何，推荐做法是把 lambda 表达式写成几行：

```
fun triple(list: List<Int>): List<Int> = list.map {
  it * 3
}
fun triple(list: List<Int>): List<Int> = list.map {a->
  a * 3
}
```

在箭头（->）之后拆分线条可以清楚显示正在使用的语法。

4. 闭包中的 lambda

与 Java 一样，Kotlin 允许在封闭范围中用 lambda 表达式覆盖变量：

```
val multiplier = 3
fun multiplyAll(list: List<Int>): List<Int> = list.map {it * multiplier}
```

请注意，闭包通常应使用函数参数替换，这样可以使代码更安全。举个例子：

```
fun multiplyAll(list: List<Int>, multiplier:int):
      List<Int> = list.map {it * multiplier}
      list.map {it * multiplier}
```

只有在接近狭窄范围时才应使用闭包（例如，定义在其他函数内部的函数中）。在这种情况下，覆盖参数或覆盖封闭函数的临时结果可能是安全的。与 Java 不同，Kotlin 允许覆盖可变变量。但是，如果想编写更安全的程序，请避免在任何情况下使用可变引用。

2.8 Kotlin 中的 null

Kotlin 以特定方式处理空引用。正如将在第 6 章中看到的，空引用是计算机程序中最常见的错误来源之一。Kotlin 试图通过强制处理空引用来解决该问题。

Kotlin 区分可空和不可空类型。以整数为例，为了表示 -2147483648 ~ 2147483647 范围内的整数，Kotlin 使用 `Int` 类型。对此类型的引用可以在此范围内有任何值，但不能包含其他值。特别是，它不能具有 `null`，因为 `null` 不在该范围内。另一方面，Kotlin 的 `Int?` 类型可以取此范围内的任何值加 `null`。

`Int` 被认为是不可空类型，而 `Int?` 是一个可空类型。Kotlin 对所有类型都使用这种机制，它有两个版本：可空（后缀为"?"）和不可空。有意思的是任何不可空类型是对应可空类型的子类型，以下代码是正确的：

```
val x: Int = 3
val y: Int? = x
```

但并不等同于：

```
val x: Int? = 3
val y: Int = x
```

2.8.1 处理可空类型

使用不可空类型时，不能抛出 `NullPointerException` 异常。相反，如果使用可空类型，则可以获得 `NullPointerException`。Kotlin 会强迫程序处理异常或承担全部责任。以下代码将无法编译：

```
val s: String? = someFunctionReturningAStringThatCanBeNull()
val l = s.length
```

点运算符"."，也称为解引用（*dereferencing*）运算符，不能在这里使用，因为它可能导致 NPE（`NullPointerException`）。作为替代，可以这样做：

```
val s: String? = someFunctionReturningAStringThatCanBeNull()
val l = if (s != null) s.length else null
```

通过安全调用（*safe call*）运算符"?."，Kotlin 简化了这个用例：

```
val s: String? = someFunctionReturningAStringThatCanBeNull()
val l = s?.length
```

注意，Kotlin 将 l 的类型推断为 `int?`。但是，在链接调用时，此语法更实用：

```
val city: City? = map[companyName]?.manager?.address?.city
```

在这种情况下，companyName 可能不在 map 中，或者它可能没有 `manager`，或者 `manager` 可能没有 `address`，或者 `city` 可能会丢失。虽然通过嵌套 `if … else` 构造可以安全处理可空类型，但 Kotlin 语法更方便。它比同等的 Java 解决方案更紧凑：

```
City city = Optional.ofNullable(map.get(companyName))
                    .flatMap(Company::getManager)
                    .flatMap(Employee::getAddress)
                    .flatMap(Address::getCity)
                    .getOrElse(null);
```

正如上文所提到的，使用 Kotlin 可以抛出所有 NPE 异常：

```
val city: City? =map [companyName]!! .manager!! .address!! .city
```

使用此语法，如果任何内容为 null（除了 city），NPE 就会被抛出。

2.8.2　Elvis 和默认值

有时会使用特定的默认值而不是 null，这是 Java 的 Optional.getOrElse()方法允许的。但是 Elvis 可以做到这一点：

```
val city: City=map[company]? .manager? .address? .city ?: City.UNKOWN
```

这里，如果任何内容为 null，则使用特殊的默认值。此默认值由?：提供，称为埃尔维斯运算符（*Elvis operator*）。如果想知道为什么叫 Elvis[⊖]，将屏幕向右旋转 90°（或者，如果读者足够年轻，可以将头部向左旋转 90°）。

2.9　程序流程和控制结构

控制结构（*control structure*）是控制程序流程的元素。这些是命令式编程的基础：程序表达如何进行计算。正如将在接下来的章节中看到的那样，请尽可能地避免使用它们，因为控制结构是程序错误的主要来源。可以看到，通过完全避免使用控制结构能够编写更安全的程序。

首先，可以忽略控制流的概念，并用表达式和函数替换控制结构。与一些专门用于提升安全编程的语言不同，Kotlin 具有控制结构（如 Java）和可用于替换这些结构的函数。但是，其中一些控制结构实际上与它们的 Java 版本不同。

2.9.1　使用条件选择器

在 Java 中，if … else 构造是一个控制结构。它测试一个条件并指示程序流执行两个指令块中的一个，具体选择取决于条件是否成立。这是一个简单的 Java 示例：

```
int a =…
int b =…
if (a < b) {
  System.println("a is smaller than b");
} else {
  System.println("a is not smaller than b");
}
```

在 Kotlin 中，if … else 结构是一个可以被赋值的表达式。它具有与 Java 相同的形式，但如果条件成立则返回第一个块中的值。否则，则返回第二个块中的值：

```
val a: Int =…
val b: Int =…
val s = if (a < b) {  "a is smaller than b"
} else {
```

⊖　译者注：中文昵称为“猫王”。

```
  "a is not smaller than b"
}
println(s)
```

与 Java 一样，如果块只有一行，则可以省略花括号：

```
val a: Int = …
val b: Int = …
val s = if (a < b)
          "a is smaller than b"
        else
          "a is not smaller than b"
println(s)
```

尽管在 Java 中通常不推荐这种做法，但在 Kotlin 中并不是这样。如果省略括号，则不能包含没有对应的 else 子句的 if。错误地将一行添加到分支而不添加花括号将无法编译。但是，当 if … else 表达式的分支包含多行时，它们必须括起来（就像在 Java 中一样）。在这种情况下，不应使用 return 关键字：

```
val a: Int = 6
val b: Int = 5
val percent = if (b ! =0) {
                  val temp = a/b
                  temp * 100
              } else {
                  0
              }
```

这里，第一个分支有两行，所以它被包含在一个块中。块的值是块的最后一行表达式的值。分隔第二个块的大括号不是强制性的，因为它只有一行。为了保持一致性和可读性，程序员通常对两个分支使用大括号，即使其中只有一个需要大括号。

可以在 if 块中添加作用，使此功能更像 Java 控件结构。但要尽可能避免这种做法。在前一章中，有提到作用应仅用于程序被分隔出的“非安全”的部分。在这部分之外，应该只使用没有副作用的 if … else 函数作为表达式。

2.9.2 使用多条件选择器

当有两个以上的条件分支时，Java 使用 switch… case 结构。这可以测试整数值、枚举或字符串：

```
// Java 代码
String country = …
String capital;
switch(country) {
  case "Australia":
    capital = "Canberra";
    break;
  case "Bolivia":
    capital = "Sucre";
    break;
```

```
  case "Brazil":
    capital = "Brasilia";
    break;
  default:
    capital = "Unknown";
}
```

Kotlin 使用的是 when 结构，它不是一个控制结构，而是一个表达式：

```
val country = …
val capital = when (country) {
    "Australia"-> "Canberra"
    "Bolivia"   -> "Sucre"
    "Brazil"    -> "Brasilia"
    else        -> "Unknown"
}
```

可以使用多行块来代替每个箭头右侧的值。在这种情况下，返回的值将是块的最后一行。不必在每个 case 结束时使用 break。与 if … then 表达式一样，不应在这些块中使用作用。

需要注意的一点是，Kotlin 中的 when 必须是全面的，即必须处理所有可能的情况。如果使用枚举，则可以为枚举的每个可能值创建一个 case。如果稍后在枚举中添加新值，但没有为处理该值更新 when 代码，则代码将不能编译（else 是处理所有情况的最简单方法）。还可以使用具有不同语法的 when 结构：

```
val capital = when {
    tired                          -> "Check for yourself"
    country == "Australia"         -> "Canberra"
    country == "Bolivia"           -> "Sucre"
    country == "Brazil"            -> "Brasília"
    else                           -> "Unknown"
}
```

如果不是所有条件都依赖于相同的参数，那么使用 when 结构就很有用。在前面的示例中，tired 是在其他位置初始化的布尔值。如果该值为 true，则返回相应箭头右侧的值。条件按其列出的顺序进行测试。第一个条件决定了表达式的值。

2.9.3　使用循环

Java 使用以下几种循环。

- 索引循环，在一个数据范围内迭代。
- 在一组值的集合内迭代的循环。
- 只要条件成立就一直迭代的循环。

Kotlin 也有类似的控制结构。Kotlin 中的 while 循环与 Java 中的类似。它是一个控制结构，如果希望程序描述应该“如何（*how*）”完成，则会使用它。这与责任有关。如果对事情的描述不准确，即使意图是正确的，写出的程序也会出错。这就是为什么要将控制结构换成说明应该“做什么（*what*）”的函数（而不是应该怎么做）。

索引循环也存在于 Kotlin 中，尽管索引循环实际上是对索引集合的迭代：

```
for(i in 0 until 10 step 2) {
    println(i)
}
```

这相当于：

```
val range = 0 until 10 step 2
for (i in range)println(i)
```

这种控制结构迭代一系列索引。Kotlin 提供三种主要功能来创建范围。until 使用默认步长为 1 或显式步长构建升序范围，包括起始值，但不包括结束值。until 和 step 是 Int 中的函数，其使用如下所示：

```
for (i in 0.until(10).step(2))println(i)
```

与许多其他函数一样，它们也可以与中缀表示法一起使用：

```
for (i in 0 until 10 step 2)println(i)
```

用于创建范围的另外两个有用的函数是 .. 运算符（两个连续的点），类似于 until 但包括上限；以及 downTo 用于表示下行范围。为了更安全地编程，不应该使用带有 for 循环的范围，而应该使用抽象了迭代的特殊函数，如 fold。读者将在第 4 章中了解更多相关信息。

2.10 Kotlin 的非检查型异常

与 Java 不同，Kotlin 没有检查型异常，所有异常都非检查型异常。这与大多数 Java 程序员所做的一致：将检查型异常包装到非检查型异常中。除此之外，Kotlin 和 Java 之间的主要区别在于 try…catch…finally 结构是一个会返回值的表达式。可以像这样使用：

```
val num: Int = try {
    args[0].toInt()
} catch (e: Exception) {
    0
} finally {
    //始终执行此块中的代码
}
```

正如已经在 if … else 中看到的那样，每个块返回的值是对块的最后一行求值的结果。不同的是，对于 try … catch …finally，括号是强制性的（*mandatory*）。如果没有异常，返回的值是 try 块的最后一行的计算结果，或者是 catch 块最后一行的计算结果。

2.11 自动关闭资源

如果资源实现了 Closable 或 AutoClosable，Kotlin 能够像 Java 中使用 *try with resource* 结构一样自动关闭这些资源。与 Java 的主要区别在于，为实现这一目标，Kotlin 提供了 use 函数：

```
File("myFile.txt").inputStream()
                  .use{
                    it.bufferedReader()
                      .lineSequence()
```

```
            .forEach(::println)
    }
```

这段代码只是自动处理可关闭资源的一个示例，除此之外没有太大意义，因为 lineSequence 函数返回一个 Sequence，它是一个惰性（*lazy*）结构，惰性意味着代码执行（读取文件行）仅在使用行时才会发生。

除了 use 函数块之外，输入流必须自动关闭，否则序列会无效。这样会强制立即应用作用（println\），而这与安全编程原则相矛盾。下面的代码可以编译，但它会在运行时抛出一个 IOException：Stream Closed：

```
val lines: Sequence<String> = File("myFile.txt")
        .inputStream()
        .use {
            it.bufferedReader()
              .lineSequence()
        }
lines.forEach(::println)
```

解决方案是在退出块之前强制流执行：

```
val lines: List<String> = File("myFile.txt")
        .inputStream()
        .use {
            it.bufferedReader()
              .lineSequence()
              .toList()
        }
lines.forEach(::println)
```

这里的主要问题是，整个文件必须保存在内存中。另外，如果要把文件作为一系列行处理，Kotlin 的 forEachLine 函数提供了一种更简单的方法：

```
File("myFile.txt").forEachLine {println(it)}
```

还可以使用 useLines，它返回一个 Sequence。前面的例子可以等价为：

```
File("myFile.txt").useLines{it.forEach(::println)}
```

2.12　Kotlin 的智能转换

在 Java 中，有时需要将引用转换为某些给定类型。因为如果引用的对象类型不正确，这可能会产生 ClassCastException 异常，所以必须首先使用运算符 instanceof 检查类型：

```
Object payload = message.getPayload();
int length = -1;
if (payload intanceof String) {
    String stringPayload = (String) payload;
    length = stringPayload.length();
}
```

这样的代码很笨拙。在真正的面向对象编程中，检查类型和类型转换通常被认为是不良做法。这可能也是为什么类型转换的使用没有太多简化的原因。但是，Kotlin 有一种称为智能转换（*smart cast*）的特殊技术。以下是在同一示例中使用智能转换的方法：

```
val payload: Any = message.payload
val length: Int = if (payload is String)
    payload.length
else
    -1
```

这被称为智能转换，是因为在 if 函数的第一个分支中，Kotlin 知道 payload 是 String 类型，因此它会自动执行转换。还可以使用 when 函数进行智能转换：

```
val result: Int = when (payload) {
        is String     -> payload.length
        is Int        -> payload
        else          -> -1
}
```

也可以使用 as 运算符以正常但不安全的方式进行转换：

```
val result: String = payload as String
```

如果对象的类型不正确，则会抛出 ClassCastException 异常。Kotlin 为这些类型的强制转换提供了另一种安全的语法：

```
val result: String?  = payload as? String
```

如果强制转换未成功，则将结果置为 null 而不是异常。如果想在 Kotlin 中编写更安全的程序，应该像避免使用可空类型一样，避免使用 as? 运算符。

2.13 相等性 vs 一致性

Java 中的一个经典陷阱是“相等”（enquality）和“一致”（identity）之间可能存在混淆。由于存在基本类型、字符串中断以及 Integers 的处理方式等，这个问题变得更加棘手：

```
// Java 代码
int a = 2;
System.out.println(a == 2);// true
Integer b = Integer.valueOf(1);
System.out.println(b == Integer.valueOf(1)); // true
System.out.println(b == new Integer(1)); // false
System.out.println(b.equals(new Integer(1))); // true
Integer c = Integer.valueOf(512);
System.out.println(c == Integer.valueOf(512)); // false
System.out.println(c.equals(Integer.valueOf(512))); // true
String s = "Hello";
System.out.println(s == "Hello"); // true
String s2 = "Hello, World!".substring(0, 5);
System.out.println(s2 == "Hello"); // false
System.out.println(s2.equals("Hello")); // true
```

真是一团糟！如果想知道为什么整数 b 和 c 的表现不同，那是因为 Java 为低值（本例中的 Integer）返回一个缓存的整数共享版本。valueOf(1)总是返回相同的对象，而每次调用 Integer.valueOf（512）返回一个新的对象。在 Java 中测试相等性时，为了安全，始终使用 equals 测试对象的相等性，使用 == 测试基本类型的相等性。== 符号用于测试基本类型的相等性和对象的一致性。

Kotlin 更简单。使用 === 测试一致性（也称为引用相等，*referential equality*）。测试相等性（有时称为结构相等，*structural equality*）使用 ==，这是 equals 的简写。测试相等性（==）比测试一致性（===）更简单，这将避免许多错误。可以通过将第一个 = 替换为！来对 == 和 === 取反。

2.14　字符串插值

Kotlin 提供了比 Java 更简单的语法，用于将值与字符串混合。前面的例子使用 + 运算符来构造参数化字符串，这有点不切实际。Java 中更好的形式是使用 String.format()方法，例如：

```
// Java 代码
System.out.println(String.format("% s's registration date: % s", name, date));
```

Kotlin 使这更加简单：

```
println("$name's registration date: $date")
```

或者也可以使用表达式，前提是它们用大括号括起来：

```
println("$name's registration date: $
{date.atZone(ZoneId.of("America/Los_Angeles"))}")
```

这种称为字符串插值（*string interpolation*）的技术使字符串的处理更容易、可读性更强。

2.15　多行字符串

通过使用带有 trimMargin 函数的三引号字符串（"""），Kotlin 可以轻松地格式化多行字符串：

```
println("""This is the first line
          |and this is the second one.""".trimMargin())
```

此代码将打印出来

```
This is the first line
and this is the second one.
```

trimMargin 函数将可选参数（一个字符串）用作边距限制。正如示例所示，默认值为 | 。

2.16　型变：参数化类型和子类型

型变（*variance*）描述了参数化类型与子类型之间的关系。协变（*covariance*）意味着如果红色（Red）是颜色（Color）的子类型，则 Matcher<Red>被视 Matcher<Color>的子类型。在这种情况下，Matcher<T>被认为是 T 的协变量。相反，Matcher <Color>被认为是 Matcher <Red>的子类型，那么 Matcher<T>被认为是 T 的逆变（*contravariant*）。

在 Kotlin 中，可以使用关键字 in 和 out 来指示型变，这些关键字比协变和逆变更短且更容易理解（没有关键字意味着不变。）

考虑一个 List <String>，由于 String 是 Any 的子类型，因此很明显 List <String> 也可以被视为 List <Any>。Java 不处理型变，因此对于这种情况必须使用通配符。

2.16.1 为什么型变是一个潜在的问题

String 的实例是 Any 的实例，因此可以写为：

```
val s = "A String"
val a: Any = s
```

这是因为 Any 是 String 的父级。如果 MutableList <Any>是 MutableList <String>的父级，则可以写为：

```
val ls = mutableListOf("A String")
val la:MutableList<Any> = ls  // <-编译错误
la.add(42)
```

如果编译了此代码，则可以将 Int 插入到字符串列表中。使用不可变列表时，不会产生问题。将 Int 元素添加到不可变字符串列表会生成 List <Any>类型的新列表，而不更改原始列表的类型：

```
val ls = listOf("A String")
val la = ls + 42 //<-Kotlin 将变量'la'类型推断类型为'List<Any>'
```

在 Java 中，类型是不变的（*invariant*），这意味着如果 A 是 B 的父类型，则 List <A>既不是 List <B>的父类型也不是 List <B>的子类型。List <A>和 List <B>在编译时是两种不同的类型（在运行时是相同的类型）。不变类型存在的问题是无法编写如下代码：

```
fun <T> addAll(list1: MutableList<T>,
               list2:MutableList<T>) {
  for (elem in list2) list1.add(elem)
}
val ls = mutableListOf("A String")
val la:MutableList<Any> = mutableListOf()
addAll(la, ls)  // <-不会编译
```

每个 String 类型的 elem 都会被添加到 List <Any>，这是完全有效的，但 Kotlin 不能使 MutableList <Any>和 MutableList <String>都符合 MutableList <T>。为了解决这个问题，需要专门告诉编译器可以将 MutableList <Any>如同 MutableList <String>的超类型一样使用，因为它只能被读取（out）而无法被写入（in）。可以使用限定符 out，如下面的代码所示：

```
fun <T> addAll(list1: MutableList<T>,
               list2:MutableList<out T>) {// <-使 T 协变
for (elem in list2) list1.add(elem)
}
val ls = mutableListOf("A String")
val la:MutableList<Any> = mutableListOf()
addAll(la, ls)  // <-没有错误了
```

在这里，out 关键字用于表示 list2 是 T 上的协变。同样的，逆变用关键字 in 表示。所

以问题的另一个解决方案是使 list1 成为一个 in 类型（既传入类型 T 又返回类型 T）。

2.16.2　何时使用协变以及何时使用逆变

Kotlin 中的表示协变和逆变的词分别为 out 和 in。假设有以下接口：

```
interface Bag<T> {
  fun get(): T
}
```

由于此接口只有一个函数返回 T（并且没有函数将 T 作为其参数），可以安全地将 Bag<T>分配给任何 Bag<V>引用，其中 V 是 T 的超类型。但是，必须使用 out 关键字表示使类型参数协变的意图：

```
open class MyClassParent
class MyClass:MyClassParent()
interface Bag<out T> {
  fun get(): T
}
class BagImpl : Bag<MyClass> {
  override fun get(): MyClass = MyClass()
}
val bag: Bag<MyClassParent>  = BagImpl()
```

注： 如果类型参数可以具有 out 型变而编程者没有指定它，那么一个好的 IDE（如 IntelliJ）会警告编程者可以使它协变。

相反，如果接口只有 T 作为参数而且不会返回 T 的函数，则可以使用关键字 in 来使类型参数逆变：

```
open class MyClassParent
class MyClass:MyClassParent()
interface Bag<in T> {
  fun use(t: T): Boolean
}
class BagImpl : Bag<MyClassParent> {
  override fun use(t:MyClassParent): Boolean = true
}
val bag: Bag<MyClass> = BagImpl()
```

如果既未指定 in 也未指定 out，则类型不变。如果记住在类型仅作为输出（返回值）时使用协变，和类型仅作为输入（参数）时使用逆变，则 out 和 in 的选择很简单。

2.16.3　声明端型变与使用端型变

尽管声明端型变（declaration-site variance）可能很有用，但是其无法使用的情况也很多。如果 Bag 接口传入并返回类型 T，则它不能使用型变：

```
interface Bag<T> {
  fun get(): T
  fun use(t: T): Boolean
}
```

参数 T 不能变，因为对于 get 方法它是协变，而对于 use 方法它是逆变。在这种情况下，不能使用声明端型变。但是仍然可以声明一个使用端型变（use-site variance）。考虑以下的 useBag 函数：

```
open classMyClassParent
class MyClass:MyClassParent()
interface Bag<T> {
  fun get(): T
  fun use(t: T): Boolean
}
class BagImpl : Bag<MyClassParent> {
  override fun get():MyClassParent =  MyClassParent()
  override fun use(t:MyClassParent): Boolean = true
}
fun useBag(bag: Bag<MyClass>): Boolean {
  //执行一些与 bag 相关的操作
  return true
}
val bag3 = useBag(BagImpl()) //编译错误
```

这里会得到一个编译错误，因为 useBag 想要一个 Bag<MyClass>类型的参数，而现有的只是一个 Bag<MyClassParent>。为了解决这个问题，需要为 T 指定逆变。但这不能在 Bag <T>接口声明中完成，因为它会与 get (t: T) 函数冲突，其中 T 处于 out 的位置。解决方案是限制使用端的类型：

```
fun useBag(bag: Bag<in MyClass>): Boolean {
  //执行一些与 bag 相关的操作
  return true
}
```

反之亦然：

```
fun createBag(): Bag<out MyClassParent> =BagImpl2()
class BagImpl2 : Bag<MyClass> {
  override fun use(t: MyClass): Boolean = true
  override fun get(): MyClass =MyClass()
}
```

可以将 in MyClass 和 out MyClassParent 看作限制类型：in MyClass 是 MyClass 的子类型，只能在 in 位置使用；而 out MyClassParent 是 MyClassParent 的子类型，只能在 out 位置使用，编译器会检查这些限制。可以说 in MyClass 和 out MyClassParent 是 MyClass 和 MyClassParent 的类型投影。

正如前文所说的，本章只是对 Kotlin 的概述。在接下来的章节中，本书将从安全程序的角度讨论 Kotlin 的其他细节。另外，如果想深入研究 Kotlin 语言，建议阅读由 Kotlin 开发团队成员 Dmitry Jemerov 和 Svetlana Isakova 编写的《*Kotlin in Action*》（曼宁出版社，2017 版）。

2.17 本章小结

- 字段和变量具有不同的语法和不同的可见性。
- 类和接口尤其是数据类可以节省大多数样板代码。这使得可以在一行中创建一个具有属性、访问器、构造函数、equals、hashCode、toString 和 copy 函数（以及更多）的 Java 对象的等效项。

- 可以在类、对象甚至局部其他函数中定义包级别函数（替换 Java 静态方法）。
- 使用扩展函数可以向现有类添加函数，并且可以像实例函数一样调用它们。
- 在 Kotlin 中，条件控制结构可以用能被执行的表达式替换。
- Kotlin 具有循环控制结构，但几乎总能用函数替换它们。
- Kotlin 区分可空类型和不可空类型，并为安全地组合空值提供运算符。

第3章 用函数编程

在本章中

- 理解并表示函数。
- 使用 lambda 表达式。
- 使用高阶、柯里化函数。
- 使用正确的类型。

第1章介绍了安全编程的一个最重要的技术是明确划分程序中只依赖输入的部分和需要依赖外界状态的部分。对于由子程序（*subprogram*，指过程、方法或函数）组成的程序，这样的区分也同样适用于这些子程序。在 Java 中，这些子程序被称为方法（*method*），但在 Kotlin 中被称为函数（*function*），这样或许更合适，因为函数是一个有着精准定义的数学术语（通常包含数学运算）。在 Kotlin 中，当这些函数的输出只与输入参数有关，且没有副作用时，可以将其比作数学函数。这类函数通常被编程人员称为纯函数（*pure function*）。为了更安全地编写程序，必须做到以下两点。

- 在计算时使用纯函数。
- 使用纯作用（*pure effect*）使得计算的结果对外部可用。

为了确保函数在给定相同参数的情况下始终返回相同的结果，纯函数是必要的。否则，程序将是不确定的（*nondeterministic*），这意味着将无法检查程序是否正确。纯作用可能看起来不那么重要，但是如果想一想，非纯作用（*impure effect*）是包含计算的，而且这些计算部分不容易测试，应该将它们放在单独的（纯）函数中。

对于一些想要编写更安全程序的程序员来说，明确区分纯函数和纯作用并不是最终目的。纯函数很容易测试，但纯作用却并非如此。这有可能改变吗？有，通过不同的方式处理作用即可。这就是纯函数式编程所做的事情。在纯函数式编程中，一切都是函数。值是函数，函数是函数，作用是函数。函数式编程人员不使用作用生效，而是以非计算形式返回等效于预期效果的数据。在这样的编程范例中，一切都是函数，一切都是数据，因为数据和函数之间没有区别。

为什么不直接使用纯函数式编程呢？尽管这是可能的，但如果不使用专门为此设计的编程语言，有时会很困难。像 Java 和 Kotlin 这样的语言为采用一些函数式编程技术提供了许多工具，但对于函数式作用的支持却是有限的。第 12 章中会介绍如何函数式地处理作用，因为这个技巧在所有类型的编程中都会使用（只是通常编程人员并没有意识到）。尽管这是可以做（或有时应该去做）的事，但可能不应一直这样处理作用。

本章将学习如何使用纯函数来计算以及使用函数的柯里化版本。也许本章中的某些代码会难以理解，这是意料之中的，因为如果不使用其他函数结构，如 `List`、`Option` 等，就很难引入函数。保持耐心，所有没解释的部分都会在后续章节进行介绍。

3.1　函数是什么

本节将更加深入地介绍函数。函数（*function*）根本上是一个数学概念。它表示了一个源集（*domain*，函数定义域）和一个目标集（*codomain*，函数值域）之间的关系。定义域和值域可以相同。例如，一个函数的定义域和值域可以是相同的整数集合。

3.1.1　理解两个函数集之间的关系

一个函数必须满足的一个条件：定义域中的所有元素必须有且只有一个对应的值域中的元素，如图 3-1 所示。这有一些有意思的推论。

- 定义域中的元素不可以没有对应的值域中的值。
- 值域中不可以有两个元素对应到定义域中的同一个元素。
- 值域中的元素可以没有对应的定义域中的元素。
- 值域中的元素可以对应到定义域中多于一个的元素。

注： 定义域元素对应的值域中的元素被称为象（*image*）。

图 3-1 展示了一个函数。例如，可以定义函数为

```
f(x) = x + 1
```

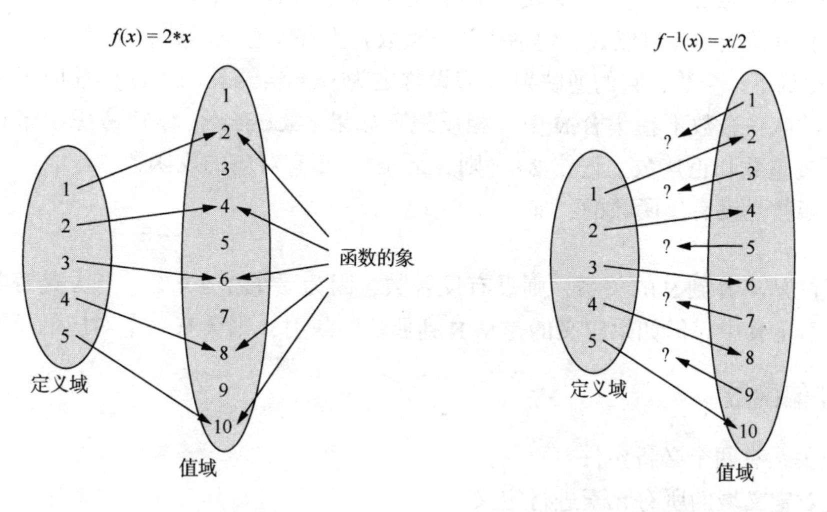

图 3-1　函数定义域中的所有元素必须在值域中有且仅有一个对应的元素

其中，x 是一个正整数。这个函数表达了每个正整数和输出之间的关系。可以任意命名这个函数，但最好起一个便于记忆的名字，例如：

successor(x) = x+1

这似乎是一个好主意，但不应该盲目地相信一个函数名，毕竟也可以按如下方式定义函数：

predecessor(x) = x+1

这不会发生错误，因为函数名称与函数定义之间不存在强制关系。但是，使用这样一个名字并不是一个好主意。实际上，为函数指定的名称不是函数的一部分，只是为了方便引用它。

注意现在讨论的是一个函数是什么（函数的定义），而不是它会做什么。一个函数什么也不会做。successor 函数不会对它的自变量 x 加 1。读者可以对一个整数加 1 得出下一个数，但 successor 函数并不会这样做。successor 仅表示了一个整数和后续值之间的递增关系：

successor(x)

这个表达式仅仅只是等效于 x+1，这意味着每当遇到 successor(x)，可以将它替换为（x+1)。注意，分隔表达式所使用的圆括号在表达式被单独使用时并不需要，但在某些情况下可能需要。

3.1.2 Kotlin 中反函数概述

一个函数不一定有对应的反函数（也称为逆函数）。如果 $f(x)$ 是一个从 A 到 B 的函数（即 A 是定义域，B 是值域），记其反函数为 $f^{-1}(x)$，其定义域为 B，值域为 A。如果将函数的类型表示为 A->B,则反函数（如果存在）的类型为 B->A。

注：Kotlin 会使用稍有不同的语法来表示函数的类型，圆括号中的为原始类型，如：(A)->B 和 (B)->A。从现在开始，都将使用 Kotlin 语法。

反函数与一般函数相同，都要满足“源值对应一个且仅一个目标值”的条件。因此，successor(x) 在集合 **N**（自然数，包括 0 和正整数）上并没有反函数。通过 successor(x) 的表达式能够得到下一个数，它的逆映射（假设称之为 predecessor(x)）理应表示前一个数的值，但 0 的前一个数不在集合 **N** 中。相反地，如果 successor(X) 考虑了带符号的整数集合（包括负整数和正整数，记作 **Z**)，则 successor 有对应的反函数。

一些简单函数是没有反函数的，如：

$f(x) = (2 * x)$

如果定义的是从 **N** 到 **N** 的关系，则没有反函数，因为 $f'(x) = x/2$，当 x 是奇数时，所得的 $f'(x)$ 并不在 **N** 中。但如果定义的是从 **N** 到偶数的映射，则会有一个对应的反函数。

3.1.3 处理偏函数

一个函数关系有两个必备条件：

- 必须是对定义域的所有元素进行定义。
- 定义域中的任何元素都不能和值域中的多个元素对应。

不满足第一个条件但满足第二个条件的关系通常被称为偏函数（*partial function*)。同样的，非偏函数有时被称为全函数（*total function*)。严格来说，真正的函数总是全函数，而偏函数不是函数。但是，了解大多程序员都使用的词汇还是有用的。

predecessor (*x*) 是一个 **N** 上（正整数集合加上 0）的偏函数，但却是一个在正整数集合 **N**∗ 上的全函数，并且它的值域为 **N**。偏函数在编程中是值得重视的，因为许多错误就是由于将它当作全函数使用造成的。例如，关系式 $f(x) = 1/x$ 是一个从 **N** 到 **Q**（有理数集合）的偏函数，因为它没有对 0 进行定义。但它却是一个从 **N**∗ 到 **Q** 的全函数，也可以是一个从 **N** 到（**Q** 和错误值）的全函数。通过向值域添加元素（错误条件），可以将偏函数转换为一个全函数。但为了这样做，这个函数必须要有一种方法去返回错误。在本书的后续部分将说明将偏函数转换为全函数是安全编程的一个重要部分。

3.1.4　理解函数复合

函数是可以合成其他函数的基础构件。函数 f 和 g 的复合记为 $f \circ g$，读作 *f round g*。如果 $f(x) = x * 2$ 并且 $g(x) = x + 1$，那么：

$$f \circ g\ (x) = f(g(x)) = f(x+1) = (x+1) * 2$$

两个符号 $f \circ g(x)$ 和 $f(g(x))$ 是等价的。但将复合写作 $f(g(x))$ 意味着将 x 作为自变量。而使用 $f \circ g$ 这个符号，则可以不用自变量占位符来表达一个函数的合成。如果给这个函数赋值 5，会得到如下结果：

$$f \circ g\ (5) = f(g(5)) = f(5+1) = 6 * 2 = 12$$

有趣的是，可以看到 $f \circ g$ 和 $g \circ f$ 一般是不同的，有时是相同的。例如：

$$g \circ f\ (5) = g(f(5)) = g(5 * 2) = 10 + 1 = 11$$

函数赋值的方向和书写的方向是相反的。如果写作 $f \circ g$，是先对 g 赋值，再给 f 赋值。

3.1.5　使用多参数函数

直到目前所讲的都是一个自变量的函数。那是否有多个自变量的函数呢？简单地说，并没有多个自变量的函数。还记得函数的定义吗？函数是一个源集和一个目标集之间的关系。并不是两个或多个源集之间的关系。函数并不能有多个自变量。但是两个集合相乘会得到一个集合，如果将这个生成的集合作为函数自变量，则函数可看作拥有多个自变量。考虑如下的函数：

$$f(x, y) = x + y$$

可以表示为 **N**×**N** 和 **N** 之间的函数关系。它只有一个自变量，即 **N**×**N** 中的一个元素。**N**×**N** 是所有可能的整数对的集合。这个集合的每个元素都是一个整数对，而“一对”是元组（*tuple*）概念的特例，元组用于表示几个元素的组合。“一对”（*pair*）是两个元素组成的元组。

通常，括号标注的就是一个元组，因此 (3, 5) 是一个元组，也是一个 **N**×**N** 的元素。上面的函数 f 可以被应用于此元组：

$$f((3, 5)) = 3 + 5 = 8$$

这种情况下可以简化为一个括号：

$$f(3, 5) = 3 + 5 = 8$$

然而，它仍是一个元组的函数，而不是两个参数的函数。

3.1.6 柯里化函数

元组的函数可以用不同的方式来考虑。函数 f(3, 5)可以被认为是从一个 **N** 映射到一组 **N**。因此，前述的例子可以被写为：

$f(x)(y) = x + y$

这个情况下，可以写作：

$f(x) = g$

这表示将函数 f 作用到自变量 x 上的结果是一个新的函数 g。再将函数 g 作用到 y：

$g(y) = x + y$

当应用 g 时，x 不再是变量而是一个常量（*constant*）。x 并不依赖于自变量或其他量。如果将上述做法应用到(3, 5)上，可得如下结果：

$f(3)(5) = g(5) = 3 + 5 = 8$

这里唯一不同的就是 f 的值域是一组函数而不是一组数值。给 f 赋值一个整数的结果是一个函数。将得到的函数再赋值一个整数的结果是一个整数。

f(x)(y)是函数 f(x, y)的柯里化形式。将这种对于元组函数的变形称作柯里化（*currying*），这是以数学家 Haskell Curry 的名字命名的，尽管发明这种变形的人并不是他。

3.1.7 使用偏应用函数

加法函数的柯里化形式看起来可能不自然，那么它是否对应着真实世界中的某些事物呢？使用柯里化时，两个自变量是分开考虑的。先考虑其中的一个自变量并将函数应用于该自变量，得到一个新的函数。这个新函数本身就是有用的，还是说它仅仅是所有运算中的一个步骤？

在加法的情况下，柯里化似乎没什么用。而且从两个自变量中的任何一个开始都不会有什么不同。虽然中间函数是不同的，但并不影响结果。

为了更好地理解柯里化的用处，读者可以想象在国外旅行时，使用手持计算器（或是智能手机）计算一种货币到另一种货币的转换。是倾向于每次计算价格时手动输入汇率还是更倾向于将汇率保存在内存中呢？哪种方法更不容易出错呢？由此，考虑一对值的函数：

f(rate, price) = price/100 * (100 + rate)

这个函数似乎和如下的函数相等：

g(price, rate) = price/100 * (100 + rate)

考虑上面两个函数的柯里化：

f(rate)(price) g(price)(rate)

已知 f 和 g 是函数，那 f (rate) 和 g (price) 是什么呢？可以确定的是，是 f 作用于 rate 和 g 作用于 price 的结果。但这些结果的类型是什么呢？

f (rate) 表示的是一个 rate 与一个 price 的对应关系。如果 rate = 9，则该函数对每一个 price 应用 9% 的税率，并返回一个新的 price。可以将这个结果函数命名为 apply9percentTax (price)，这是一个有用的工具，因为税率并不会经常更改。

另一方面，g (price) 也表示的是一个 rate 与一个 price 的对应关系。如果 price 是 $ 100，这是一个将 $ 100 应用于自变量税额的新函数。这个函数一般作用不大，尽管这取决于需要解决的问题。如果问题是计算在可变利率的情况下固定金额将增长多少，这个版本将更有用。

像 *f*(rate)和 *g*(price)这样的函数有时被称为 *f*(rate, price) 和 *g*(price, rate)的偏应用函数。偏应用函数会对自变量计算产生很大的影响，这将会在 3.2.4 节中介绍。

3.1.8　没有作用的函数

请记住，纯函数只返回值，而不执行其他操作。纯函数不会改变外部世界的任何元素(外部是相对于函数本身的)，它们不会改变它们的参数，如果发生错误，它们也不会显现(或者抛出异常或其他任何东西)。但是，它们可以返回异常或其他任何东西，如一条错误消息。但必须是使用返回，而不是抛出，不记录日志，也不打印。纯函数将在 3.2.4 节中进行更详细地介绍。

3.2　Kotlin 中的函数

第 1 章中使用的 Kotlin 所称的函数，实际上是方法。在许多语言中，方法在某种程度上是一种表示函数的手段。如第 2 章所讨论的，Kotlin 调用方法函数并使用关键字 fun 来引入函数。但对于这些函数，需要考虑两个问题。数据和函数本质上是一回事。事实上，任何一段数据都是一个函数，而任何函数都是一段数据。

3.2.1　将函数理解为数据

函数也拥有类型，就像任何其他数据一样（如 String 或 Int），并且可以将这些类型分配给引用。数据类型也可以作为参数传递给其他函数，也可以被函数返回，这很快就会在后续内容中看到。函数也可以被存储在列表（list）或映射（map）这样的数据结构中，甚至是被存储在数据库中。但被声明为 fun 的函数（等同 Java 中的方法）是不能以这样的方式操作的。Kotlin 拥有所有必要的机制，可以将任何这样的方法转换为真正的函数。

3.2.2　将数据理解为函数

还记得函数（*function*）的定义吗？函数是源集和目标集之间必须满足某些特殊条件的一个关系。现在，设想一个函数，它将所有可能元素的集合作为其源集，并将整数 5 作为其目标集。不论如何，这是个符合定义的函数。这是一种特殊类型的函数，其结果并不依赖于自变量，它被称为常函数（*constant function*）。不需要指定任何参数来调用它，也不需要给它指定一个特殊的名称。这里就称它为 5 吧。这是纯粹的理论，但记住它对以后会有用。

3.2.3　将对象构造函数用作函数

实际上，对象的构造函数是一个函数。与使用特殊语法创建对象的 Java 不同，Kotlin 使用函数语法（但这不是一个使对象函数化的语法，Java 的对象实际上也是函数）。在 Kotlin 中，可以通过使用类的名称后面括号中写入构造函数的参数列表来获取对象的实例，如下所示：

```
val person = Person ("Elvis")
```

这带来了一个重要的问题。之前提到过，对于同一个参数，一个纯函数总应该返回一个相同的值。读者可能想知道构造函数是否为纯函数。考虑如下的例子：

```
val elvis = Person("Elvis")
val theKing = Person("Elvis")
```

两个对象由相同的参数创建，所以应该返回相同的值。

```
val elvis = Person("Elvis")
val theKing = Person("Elvis")

println(elvis == theKing) // 返回值应该为"true"
```

只有在相应地定义了 equals 函数时，等式的测试才返回 true。如果 Person 是数据类，则会符合这种情况（详见第 2 章）：

```
data class Person(val name: String)
```

否则，将取决于“相等”是如何定义的。

3.2.4 使用 Kotlin 的 fun 函数

前面提到过纯函数。Kotlin 中无论使用哪种方式声明函数，用关键字 fun 声明的函数并不能保证是真正的函数。程序员所称的函数很少是真正的函数，这促使程序员创造了一个表达式来表示真正的函数，称之为纯函数（*pure function*，其他的函数是非纯函数，*impure function*）。在本节将会解释什么使一个函数成为纯函数的，并给出一些纯函数的示例。

函数或方法成为纯函数的条件如下所述。

- 不能改变函数之外的任何事物。内部的改变对外部是不可见的。
- 不能改变其参数。
- 不能抛出错误或异常。
- 始终返回一个值。
- 当以同样的参数调用时，始终返回同样的结果。

下面展示一个纯函数和非纯函数的例子，如下列清单所示。

清单 3-1 纯函数和非纯函数

```
class FunFunctions {

    var percent1 = 5
    private var percent2 = 9
    val percent3 = 13

    fun add(a: Int, b: Int): Int = a + b
    fun mult(a: Int, b: Int?): Int = 5
    fun div(a: Int, b: Int): Int = a/b
    fun div(a: Double, b: Double): Double = a/b
    fun applyTax1(a: Int): Int = a/100 * (100 + percent1)
    fun applyTax2(a: Int): Int = a/100 * (100 + percent2)
    fun applyTax3(a: Int): Int = a/100 * (100 + percent3)
    fun append(i: Int, list:MutableList<Int>): List<Int> {
            list.add(i)
            return list
```

```
    }
        fun append2(i: Int, list: List<Int>) = list + i
    }
```

可以分辨出上面这些函数或方法哪个是纯函数吗？在看后面的答案前请先思考几分钟。想一想纯函数的所有条件和所有函数内部所做的处理。要记得，重要的是从外部看得见的东西。别忘了考虑特殊情况：

```
fun add(a: Int, b: Int): Int = a + b
```

第一个函数 add 是一个纯函数，因为它返回的值总是仅依赖于它的参数。它不改变它的参数，也不对外界产生作用。这个函数在 a + b 之和超过整型 Int 最大值时会引起一个错误。但它不会抛出异常，而是会给出一个错误的结果（一个负值）。这就是另一个问题了。当这个函数每次以相同的参数调用时，结果也会是相同的。但这并不意味着结果是准确的。

准确

准确一词本身并没什么意义。它通常意味着一件事是符合预期的。要判断函数执行的结果是否准确，必须了解执行者的意图。通常情况下，只能通过函数名称来确定意图，但这也可能会造成误解。

```
fun mult(a: Int, b: Int?): Int = 5
```

第二个函数是一个纯函数。事实是这个函数的返回值与参数无关，正如函数名与函数的返回值无关一样。此函数是常量。

作用于 Int 的 div 不是纯函数，因为如果除数为 0 将抛出异常：

```
fun div(a: Int, b: Int): Int = a/b
```

要使 div 是一个纯函数，可以测试第二个参数并在其为 null 时返回一个值。第二个参数必须是 Int，所以很难找到一个有意义的值进行测试，不过这是另外的问题了。作用于浮点数的 div 函数是一个纯函数，因为除数为 0.0 时不会抛出异常，而是返回 Infinity，以下是一个 Double 的实例：

```
fun div(a: Double, b:Double): Double = a/b
```

Infinity 对于加法是吸收的，意思是任何数加上 Infinity 都会返回 Infinity。但它对于乘法却并不是完全吸收的，因为当无穷乘上 0.0 时得到的结果为 NaN（Not a Number，非数）。尽管名为 NaN，但它实际上是一个 Double 实例。考虑以下的代码段：

```
val percent1 = 5
fun applyTax1(a: Int): Int = a/100 * (100 + percent1)
```

applyTax1 这个方法似乎并不是一个纯函数，因为它的结果依赖于 percent1 的值。percent1 是公共的，可以在两次函数调用之间被修改。因此，两个参数相同的函数调用也会返回不同值：percent1 可以被看作一个隐式的参数，但是它并不与显式参数同时计算。如果在函数内部只使用了一次 percent1 的值，这不是问题；但是如果读取它两次，它可能会在两个读取操作之间发生更改。如果需要使用这个值两次，则必须读取一次后将值保存在局部变量中。这意味着 applyTax1 方法是 (a, percent1) 的纯函数，而不是 a 的纯函数。

在本例中，可以将类本身视为附加的隐式参数，因为它的所有属性对于函数内部都是可以访问的，这是很重要的一个概念。通过添加一个封闭类类型的参数，所有实例方法或函数可以被替换为非实例的方法或函数。applyTax1 函数可以在 FunFunctions 之外（甚至内部）重写为：

```
fun applyTax1(ff: FunFunctions, a: Int): Int = a/100 * (100 + ff.percent1)
```

可以从类内部调用此函数，为参数传递this的引用即可，如applyTax1 (this, a)。如果可以引用FunFunctions实例，也可以从外部调用它，因为它是公共（public）的。这里，applyTax1是（this, a）的纯函数：

```
private var percent2 = 9
fun applyTax2(a: Int): Int = a/100 * (100 + percent2)
```

函数applyTax2的结果依赖于percent2，该值是可变的（使用var声明）。如果percent2被修改，则applyTax2的结果也会改变。然而，实际上没有任何代码来改变此变量，因此applyTax2是一个纯函数。但这是不安全的，当这个函数加上其他改变了percent2的函数时会变为非纯函数。因此，除非确定需要改变，否则最好把所有值都设为不可变的。默认情况下，总是使用关键字val：

```
val percent3 = 13
fun applyTax3(a: Int): Int = a/100 * (100 + percent3)
```

函数applyTax3对于a是纯函数，因为不同于applyTax1，它使用了不可变的percent3。

```
fun append1(i: Int, list:MutableList<Int>): List<Int> {
    list.add(i)
    return list
}
```

函数append1在返回参数前对参数进行了改变，并且这种改变是对函数外部可见的，所以这是一个非纯函数。

```
fun append2(i: Int, list: List<Int>) = list + i
```

函数append2看似对其参数加上了一个元素，但情况却并非如此。表达式list + i生成了一个新的（不可变的）列表，其中包含与原始列表相同的元素及后添加的元素。因此什么都没有改变，append2是一个纯函数。

3.2.5 使用对象表示法和函数表示法

可以看到，在实例函数访问类属性时，可视为将封闭类的实例作为其隐式参数，这样就可以将不访问封闭类实例的函数安全地移出类。这些被移出的函数可以放在伴生对象中（大致相当于Java静态方法），或者放在任何类之外的包级别上。如果将访问封闭实例的函数的隐式参数（封闭实例）变为显式的，也可以将其放在伴生对象中或在包级别。考虑第1章中的Payment类：

```
class Payment(valcreditCard: CreditCard, val amount: Int) {
    fun combine(payment: Payment): Payment =
        if (creditCard == payment.creditCard)
            Payment(creditCard, amount + payment.amount)
        else
            throw IllegalStateException("Cards don't match.")

    companion object {
        fun groupByCard(payments: List<Payment>): List<Payment> =
```

```
        payments.groupBy {it.creditCard}
            .values
            .map {it.reduce(Payment::combine)}
    }
}
```

函数 combine 访问封闭类的 creditCard 和 amount 字段。因此，它不能放在类之外或伴生对象中。此函数将封闭类作为隐式参数，也可以将此参数设置为显式，这样就能在包级别或伴生对象中定义函数：

```
fun combine(payment1: Payment, payment2: Payment): Payment =
        if (payment1.creditCard == payment2.creditCard)
            Payment(payment1.creditCard, payment1.amount + payment2.amount)
        else
            throw IllegalStateException("Cards don't match.")
```

在伴生对象或包级别声明上声明函数，可以确保没有不需要的对封闭类的访问。但是，这改变了函数的使用方式。如果在类内部使用该函数，可以通过传递 this 引用来调用函数：

```
val newPayment = Combine(this,Other Payment)
```

这没什么区别，但当需要复合函数调用时，就会发生变化。如果需要合并多个付款项，则实例函数编写为：

```
fun combine(payment: Payment): Payment =
        if (creditCard == payment.creditCard)
            Payment(creditCard, amount + payment.amount)
        else
            throw IllegalStateException("Cards don't match.")
```

可以用对象表示法：

```
val newPayment = payment1.combine(payment2).combine(payment2)
```

下面的写法更易读：

```
import …Payment.Companion.combine
val newPayment = combine(combine(payment1, payment2), payment3)
```

如果信用卡不匹配，此示例将抛出异常。在第 7 章将介绍如何从函数上处理错误。

3.2.6　使用值函数

之前提过函数可以被当作数据使用，不过是在没有用关键字 fun 声明的情况下。Kotlin 允许将函数看作数据。Kotlin 有函数类型，并且函数可以同其他数据类型一样被分配给相应类型的引用。考虑如下的函数：

```
fun double(x: Int): Int = x * 2
```

同样的函数也可以声明如下：

```
val double: (Int)-> Int = {x-> x * 2}
```

这个 double 函数的类型为 (Int) -> Int。箭头的左边是被封闭在一对括号里的参数类型，箭头右边则指明了函数的返回类型。函数的定义出现在等号后面，在大括号之间，采用 lambda 表达式的形式。

在前面的这个示例中，lambda 由给定参数的名称、箭头和表达式组成，表达式计算后的值将是函数返回的结果。这里的表达式很简单，所以它可以写在一行上。如果表达式更复杂，可以写在几行上。在这种情况下，结果将是最后一行的计算值，如下例所示：

```
val doubleThenIncrement: (Int)-> Int = {x->
    val double = x * 2
    double + 1
}
```

最后一行不应该有 return 语句。

元组式的函数也是同样的。如下是一个表示整数加法的函数：

```
val add: (Int, Int)-> Int = {x, y-> x + y}
```

可以看到，在表示函数的类型时，参数被放在括号之间。相反，lambda 表达式中的参数没有加括号。

当参数并不是一个元组时（或更准确地说，当它是一个仅有单个元素的元组时），可以使用特殊的 it 来命名：

```
val double: (Int)-> Int = {it * 2}
```

这简化了语法，但有时也会使得代码的可读性变差，特别是当多个函数是嵌套执行时。

注：在这个例子中，double 并不是函数的名称，函数没有名称，在这里，它被赋给相应类型的引用，这样就可以像操作任何其他数据那样操作它。就像写

```
val number: Int = 5
```

时，并不会将 number 当作是 5 的名称一样。

读者也许会对 Kotlin 有两种函数感到奇怪。函数是值，那为什么还要使用关键字 fun 来定义函数呢？

正如 3.2.4 节开始提到的，用 fun 定义的函数并不是真正的函数，可以称它们为方法、子程序、过程等。它们可以表示纯函数（对于给定的自变量总是返回相同的值并且不对外界产生作用），但不可以将它们看作是数据。

为什么要使用它们？因为 fun 函数更有效率。它们是经过优化的。每当只是为了传入参数然后得到返回值这样的目的使用函数时，就需要用到 fun 定义的函数版本。这绝对不是强制的，不过这很明智。

另一方面，每次要将函数用作数据（例如，将其传递给另一个函数——这是很快会在后面看到的一种参数），或将其作为另一个函数的返回值，或将其存储在一个变量、一个 map 或任何其他数据结构中时，都将使用该函数类型的表达式。

如果想要从一种形式转换为另一种形式，很简单，只需将 fun 函数转换为表达式类型即可，因为不能在运行时创建 fun 函数。

3.2.7 使用函数引用

Kotlin 提供了与 Java 方法引用相同的功能。但是，在 Kotlin 中，方法称为函数，因此方法引用在 Kotlin 中称为函数引用。下面是在 lambda 表达式中使用 fun 函数的示例：

```
fun double(n: Int): Int = n * 2
val multiplyBy2: (Int)-> Int = {n-> double(n)}
```

同样也可以写作：

```
val multiplyBy2: (Int)-> Int = {double(it)}
```

使用函数的引用来简化语法：

```
val multiplyBy2: (Int)-> Int = ::double
```

这里，double 函数在与 mutliplyBy2 函数相同的对象、类或包上被调用。如果它是另一个类的实例函数，则可以使用以下语法，前提是这个类实例是可以引用的：

```
class MyClass {
  fun double(n: Int): Int = n * 2
}

val foo = MyClass()
val mutliplyBy2: (Int)-> Int = foo::double
```

或者，如果在另一个包中定义了 double，则必须将其导入：

```
import other.package.double
val mutliplyBy2: (Int)-> Int = ::double
```

对于在类的伴生对象中定义的函数（有点类似于 Java 静态方法），可以导入它，也可以使用以下语法：

```
val mutliplyBy2: (Int)-> Int = (MyClass)::double
```

上面是下面写法的简化

```
val mutliplyBy2: (Int)-> Int = MyClass.Companion::double
```

别忘了 . Companion 和括号。否则会得到一个完全不同的结果：

```
class MyClass {
      companion object {
            fun double(n: Int): Int = n * 2
      }
}

val mutliplyBy2:(MyClass, Int)-> Int = MyClass::double
```

在这种情况下，函数 multiplyBy2 的类型并不是 (Int) -> Int，而是 (MyClass, Int) -> Int。

3.2.8　复合函数

如果使用的是 fun 函数，复合它们看起来是简单的：

```
fun square(n: Int) = n * n
fun triple(n: Int) = n * 3
println(square(triple(2)))

36
```

但这其实并不是真正函数的复合。这个例子只复合了函数的应用。函数复合是一个在函数上的二元运算，就如同加法是一个在数值上进行的二元运算一样，因此，可以使用另一个函数以编程方式来复合函数。

【练习 3-1】

编写 compose 函数（用 fun 声明），实现类型为 Int 到 Int 的函数复合。

注：每个练习后都会有解答，但读者应该首先尝试自己解决这个练习，不要查看答案。解答中的代码会上传到该书的网站上。这个练习很简单，但是有些练习较难，所以读者很难

克制自己不作弊。要记得，越努力钻研，学到的就越多。

提示

compose 函数将接受两个类型为（Int）->Int 的函数作为其参数，并返回相同类型的函数。可以用 fun 来声明 compose 函数，但参数必须是数值。因此可以将用 fun 声明的函数 myFunc 变型为一个值函数（val），并在其名称前加上::。

答案

这是一个使用了 lambda 表达式的解法：

```
fun compose(f: (Int)-> Int, g: (Int)-> Int): (Int)-> Int = {x-> f(g(x))}
```

或者，也可以被简化为：

```
fun compose(f: (Int)-> Int, g: (Int)-> Int): (Int)-> Int = {f(g(it))}
```

可以使用这个函数来合成 square 和 triple：

```
val squareOfTriple = compose(::square, ::triple)
println(squareOfTriple(2))


36
```

现在可以看到 compose 函数有多强大了。但仍有两大问题。第一个问题是函数只能取整数（Int）参数并返回整数。这里先来解决这个问题。

3.2.9 重用函数

要使函数更具可重用性，可以使用类型参数将其更改为多态函数。

【练习 3-2】

通过使用类型参数让 compose 函数变成多态函数。

提示

在关键字 fun 和函数名称之间声明类型参数。然后，用正确的参数替换 Int 类型，注意执行的顺序。记住，定义的是 $f \circ g$，这意味着必须首先执行 g，然后将 f 应用于上一步的结果。还要指定返回类型。如果类型不匹配，它将不会编译。

解答

练习并不在于编写函数的实现。它的实现与之前的非多态版本相同。关键是要找到正确的函数签名：

```
fun <T, U, V> compose(f: (U)-> V, g: (T)-> U): (T)-> V = {f(g(it))}
```

在这里，可以看到具有参数化类型的强类型体系的优势。使用类型参数不仅可以定义适用于任何类型（前提是类型匹配）的 compose 函数。而且，与 Int 版本不同，它不会出错。如果改变 f 和 g 的位置，程序就不能编译了。

3.3 高级函数特征

到目前为止，已经介绍了如何创建、使用和编写函数。但还没有回答一个基本问题：为什么需要表示为数据的函数？难道不能只使用 fun 版本？在回答这个问题之前，需要考虑多参数（*multi-argument*）的函数。

3.3.1　处理多参数函数

在 3.1.5 节中曾说过，没有多个参数的函数，只有由多个元素组成的元组的函数。元组的元素基数可以是任意多个，一些还有特定的名称：pair、triplet、quartet 等。还存在其他可能的名称，有些人更喜欢将它们称为 tuple2、tuple3、tuple4 等。Kotlin 具有预定义的 `Pair` 和 `Triple`。但之前也说过，元组的元素可以逐个应用，每次将函数应用一个元素可以返回一个新的函数（除最后一个）。

现在尝试定义一个用于两个整数相加的函数。将函数作用于第一个整数，这将返回一个函数。类型如下：

```
(Int)-> (Int)-> Int
```

在此语法中，`(Int)` 是参数的类型，`(Int) -> Int` 是返回值的类型。要记住 `->` 符号是如何关联的，可以将其看作在返回值周围有括号，因此它等同于：

```
(Int)-> ((Int)-> Int)
```

参数的类型是 `Int`，返回的类型是一个函数，这个函数接收一个 `Int` 类型的参数，并返回一个 `Int` 类型的值。

【练习 3-3】

写一个将两个 `Int` 值相加的函数。

答案

这个函数将会接收一个 `Int` 作为参数，并返回一个从 `Int` 到 `Int` 的函数，所以类型是 `(Int) -> (Int) -> Int`。将其命名为 add。使用 lambda 表达式来实现。如下所示：

```
val add: (Int)-> (Int)-> Int = {a-> {b-> a + b}}
```

如果倾向于使用更短的类型名称，那么也可以创建一个别名：

```
typealias IntBinOp = (Int)-> (Int)-> Int

val add:IntBinOp = {a-> {b-> a + b}}
val mult: IntBinOp = {a-> {b-> a * b}}
```

这里，类型别名 `IntBinOp` 代表整数二元运算（*Integer Binary Operator*）。参数的数量并不受限制，可以根据需要定义函数的参数个数。正如在本章的第一部分中所说的，诸如 `add` 函数或 `mult` 函数之类的函数被认为是等效的元组函数的柯里化形式。

3.3.2　应用柯里化函数

前面已经展示了如何编写柯里化函数类型以及如何实现它们。但是，该如何应用它们呢？其实，就像应用任何其他函数一样应用它们即可。将函数应用于第一个参数，然后将结果应用于下一个参数，依此类推，直到最后一个参数。

例如，可以将 `add` 函数应用于 `3` 和 `5`：

```
println(add(3)(5))

8
```

3.3.3　实现高阶函数

在 3.2.8 节中，编写了一个用于复合函数的 `fun` 函数。这个函数接收两个函数组成的元组作为其参数并返回一个函数。但其实可以使用值函数来代替 fun 函数（实际上是一种方法）。这种特殊类型的函数以函数为参数并返回函数，称之为高阶函数（*higher-order function*，*HOF*）。

【练习 3-4】

写一个复合两个函数的值函数，如复合前面的 square 和 triple。

答案

如果按照正确的步骤进行，这个练习是很简单的。首先，写出类型。此函数将作用在两个参数上，因此它可以是一个柯里化函数。这两个参数和返回类型都是从 Int 到 Int 的函数：

```
(Int)-> Int
```

可以将该类型称为 T。创建一个函数，它接收类型为 T 的参数（第一个参数），并返回一个从 T（第二个参数）到 T（返回值）的函数。由此，函数的类型如下：

```
(T)-> (T)-> T
```

如果用对应的值来替换 T，将得到实际的类型：

```
((Int)-> Int)-> ((Int)-> Int)-> (Int)-> Int
```

这里的主要问题是代码的长度，现在来添加函数的实现，这比写出类型简单得多：

```
x-> {y-> {z-> x(y(z))}}}
```

完整代码如下所示：

```
val compose: ((Int)-> Int)-> ((Int)-> Int)-> (Int)-> Int = {x-> {y-> {z-> x(y(z))}}}
```

还可以利用类型推断来省略对返回值的指定，但这样需要指定每个返回值的类型：

```
val compose:{x:(Int)->Int->{y:(Int)->Int-> {z:Int->x(y(z))}}}
```

也可以使用别名：

```
typealias IntUnaryOp = (Int)-> Int
val compose: (IntUnaryOp)-> (IntUnaryOp)-> IntUnaryOp = {x-> {y-> {z-> x(y(z))}}}
```

使用 square 和 triple 来测试代码：

```
typealias IntUnaryOp = (Int)-> Int
val compose: (IntUnaryOp)-> (IntUnaryOp)-> IntUnaryOp = {x-> {y-> {z-> x(y(z))}}}
val square:IntUnaryOp = {it * it}
val triple:IntUnaryOp = {it * 3}
val squareOfTriple = compose(square)(triple)
```

从第一个参数开始，该参数提供了应用于第二个参数的新函数。结果是一个函数，它是两个函数参数的复合。假设对此新函数赋值，如 2，程序首先将 2 传入 triple，然后将 square 应用于返回值（这与函数复合的定义相对应）：

```
println(squareOfTriple(2))
36
```

注意参数的顺序：先应用 triple，再将 square 应用于 triple 的返回值。

3.3.4 创建多态高阶函数

前面的 compose 函数已经满足要求了，但它只能复合从 Int 到 Int 的函数。多态的 compose 函数还可以复合不同类型的函数，前提是一个函数的返回类型与另一个的参数类型相同。

【练习 3-5】（难）

编写一个多态版本的 compose 函数。

提示

由于 Kotlin 中缺少多态属性，在此练习中将面临问题。在 Kotlin 中，可以创建多态类、接口和函数，但不能定义多态属性。解决方法是将函数存储在函数、类或接口中，而不是存储在属性中。

答案

第一步似乎是【练习 3-2】的示例程序“类型参数化”：

```
val <T, U, V>higherCompose: ((U)-> V)-> ((T)-> U)-> (T)-> V=
    {f->
        {g->
            {x-> f(g(x))}
        }
    }
```

但这是不可能的，因为 Kotlin 不允许独立的参数化属性。若要参数化，必须在定义类型参数的范围内创建属性。只有用 fun 声明的类、接口和函数才能定义类型参数，因此需要选择其一在里面定义属性。最实际的方法是使用一个 fun 函数：

```
fun <T, U, V>higherCompose(): ((U)-> V)-> ((T)-> U)-> (T)-> V=
    {f->
        {g->
            {x-> f(g(x))}
        }
    }
```

名为 higherCompose()的 fun 函数不接受任何参数，并且始终返回相同的值。这是个常函数。从这个角度来看，它被定义为一个 fun 函数这一事实是无关紧要的。它不是用于复合函数的函数。它作用一个 fun 函数，只是返回了由值函数复合的值函数。在这种情况下，必须指明参数类型：

```
fun <T, U, V>higherCompose() =
    {f: (U)-> V->
        {g: (T)-> U->
            {x: T-> f(g(x))}
        }
    }
```

现在，可以使用这个函数来复合 triple 和 square：

```
val squareOfTriple=higherCompose()(square)(triple)
```

但这并不能编译通过，因为会产生如下错误：

```
Error:(79, 24)Kotlin: Type inference failed:
    Not enough information to infer parameter T in fun <T, U, V>
    higherCompose(): ((U)-> V)-> ((T)-> U)-> (T)-> V
Please specify it explicitly.
```

编译器表明无法推断 T、U 和 V 类型参数的实际类型。如果读者认为通过（(Int)-> Int）类型足以来推断 T、U 和 V 的类型，那是因为人比 Kotlin 更聪明。

这个问题需要通过告诉编译器 T、U 和 V 的真实类型来解决。可以在函数名称后面插入类型信息：

```
val squareOfTriple=higherCompose<Int, Int, Int>()(square)(triple)
```

【练习 3-6】（简单）

以另一种方式编写复合函数 higherAndThen，使 higherCompose (f, g) 等价于 higherAndThen (g, f)。

答案

```
fun <T, U, V>higherAndThen(): ((T)-> U)-> ((U)-> V)-> (T)-> V =
        {f: (T)-> U->
            {g: (U)-> V->
                {x: T-> g(f(x))}
            }
        }
```

测试函数参数

如果对参数的顺序有任何疑问，应该使用不同类型的函数来测试这些高阶函数。使用从 Int 到 Int 的函数进行测试将是模棱两可的，因为可以按两种顺序复合函数，这很难检测到错误。下面是一个使用不同类型函数的测试：

```
fun testHigherCompose() {

    val f: (Double)-> Int = {a-> (a * 3).toInt()}
    val g: (Long)-> Double = {a-> a + 2.0}

    assertEquals(Integer.valueOf(9), f(g(1L)))
    assertEquals(Integer.valueOf(9),
          higherCompose<Long, Double, Int>()(f)(g)(1L))
}
```

3.3.5 使用匿名函数

到目前为止使用的都是命名函数。其实在通常情况下，不会为函数定义名称，而是将它们用作匿名函数。现在来看一个例子：

```
val f: (Double)-> Double = {Math.PI/2-it}
val sin: (Double)-> Double = Math::sin
val cos: Double = compose(f, sin)(2.0)
```

也可以使用如下的匿名函数：

```
val cosValue: Double =
      compose({x: Double-> Math.PI/2-x}, Math::sin)(2.0)
```

这里，使用的是在包级别用 fun 定义的 compose 函数。同样也适用于高阶函数：

```
val cos = higherCompose<Double, Double, Double>()
              ({x: Double-> Math.PI/2-x})(Math::sin)

valcosValue = cos(2.0)
```

cos 函数中的两个参数包含在不同的括号中。与 compose 函数不同，higherCompose 是以柯里化形式定义的，即一次传入一个参数。还要注意，lambda 表达式可以放在括号之外：

```
val cos = higherCompose<Double, Double, Double>()()
              {x: Double-> Math.PI/2-x}(Math::sin)
```

除了由于篇幅受限而导致的断行，最后一种格式可能看起来有点别扭，但它是 Kotlin 推荐的。

1. 何时使用匿名函数以及何时使用命名函数

除了不能使用匿名函数的特殊情况外，匿名值函数和命名值函数之间的选择是任意的。(用 fun 声明的函数总是需要命名)。通常，只使用一次的函数被定义为匿名实例。使用一次意味着要编写一次，但这并不表明它只被实例化一次。

下面的示例将定义一个 fun 函数来计算一个 Double 值的余弦。函数的实现使用了两个匿名函数，因为使用了 lambda 表达式和函数引用：

```
fun cos(arg: Double) = compose({x-> Math.PI/2-x}, Math::sin)(arg)
```

不要担心匿名函数的创建。Kotlin 不会每次调用函数时都创建新对象。实例化这样对象的成本是很低的。相反，决定是使用匿名函数还是命名函数时，应该只考虑代码的清晰度和可维护性。如果更关心性能和可重用性，应该尽可能多地使用函数引用。

2. 实现类型推断

类型推断也是匿名函数的一个问题。在前面的示例中，编译器可以推断这两个匿名函数的类型，因为它知道 compose 函数接受两个函数作为参数。

```
fun <T, U, V> compose(f: (U)-> V, g: (T)-> U): (T)-> V = {f(g(it))}
```

但这并不总是起作用的。如果将第二个参数由函数引用换成 lambda 表达式：

```
fun cos(arg: Double) =
    compose({x-> Math.PI/2-x}, {y-> Math.sin(y)})(arg)}
```

编译器会对此感到困惑而抛出如下的错误信息：

```
Error:(48, 28)Kotlin: Type inference failed: Not enough information to infer parameter T in fun
<T, U, V> compose(f: (U)-> V, g: (T)-> U): (T)-> V
Please specify it explicitly.
Error:(48, 38)Kotlin: Cannot infer a type for this parameter.
                      Please specify it explicitly.
Error:(48, 64)Kotlin: Cannot infer a type for this parameter.
                      Please specify it explicitly.
```

Kotlin 现在无法推断这两个参数的类型。若要编译此代码，需要添加类型注释：

```
fun cos(arg: Double) =
    compose({x: Double-> Math.PI/2-x},
            {x: Double-> Math.sin(x)})(arg)
```

这就是为什么更推荐使用函数引用。

3.3.6　定义局部函数

前面看到可以在函数中局部地定义值函数，同时 Kotlin 也允许在函数中定义 fun 函数，如下面的示例所示：

```
fun cos(arg: Double): Double {
    fun f(x: Double): Double = Math.PI/2-x
    fun sin(x: Double): Double = Math.sin(x)
    return compose(::f, ::sin)(arg)
}
```

3.3.7 实现闭包

前面讲到，纯函数不能依赖于其参数以外的任何东西来计算其返回值。Kotlin 函数通常在包级别，或作为类或对象属性来访问函数本身之外的元素。函数甚至可以访问其他类的伴生对象或其他包的成员。

纯函数是遵循引用透明性的函数，这意味着除了返回值之外，它们没有任何可观察到的作用。但是，如果函数的返回值不仅取决于它们的参数，而且还依赖于封闭作用域内的元素，那该怎么办呢？前文中已经出现了这种情况，这些封闭范围内的元素可以被认为是使用它们的函数的隐式参数。

这同样也适用于 lambda 表达式，并且 Kotlin 中的 lambda 表达式没有 Java 中的限制：它们可以访问封闭范围的可变变量。下面来看一个例子：

```
val taxRate = 0.09
fun addTax(price: Double) = price + price * taxRate
```

在这个例子中，taxRate 变量在 addTax 函数的封闭范围内。要注意的是，addTax 不是 price 的函数，因为对于相同的参数，它并不总是给出相同的结果。但它可以被看作是元组 (price, taxRate) 的函数。

如果将闭包视为额外的隐式参数，则闭包与纯函数是兼容的。在重构代码时，以及当函数作为参数传递给其他函数时，它们可能会引发问题。这会使程序难以读取和维护。

使程序更易于阅读和维护的一种方法是使它们更加的模块化，这意味着程序的每个部分都可以作为独立的模块使用。这可以通过把元组作为函数的参数来实现：

```
val taxRate = 0.09
fun addTax(taxRate: Double, price: Double) = price + price * taxRate
println(addTax(taxRate, 12.0))
```

这同样也适用于值函数：

```
val taxRate = 0.09
val addTax = {taxRate: Double, price: Double -> price + price * taxRate}
println(addTax(taxRate, 12.0))
```

addTax 函数接收一个参数，即一对 Double。与 Java 不同，Kotlin 允许使用基数大于 2 的参数（在 Java 中，可以对单个参数使用 Function 接口，对一对参数使用 BiFunction 接口。如果是三元组及以上，则必须定义自己的接口）。

但是，可以使用柯里化形式来获得相同的结果。柯里化函数依次接受一个参数，并返回一个带有一个参数的函数。依此类推，直到返回最终的值。下面是 addTax 值函数的柯里化版本：

```
val taxRate = 0.09
val addTax = {taxRate: Double ->
                {price: Double ->
                    price + price * taxRate
                }
            }

println(addTax(taxRate)(12.0))
```

一个 fun 函数的柯里化版本没有什么意义。可以为第一个函数使用一个 fun 函数，但必须返回一个值函数。fun 函数不是值。

3.3.8 应用偏函数和自动柯里化

上一个示例中的闭包和柯里化版本给出了相同的结果，两者可能会被视为等效。事实上，它们在语义（*semantic*）上是不同的。正如之前说过的，这两个参数扮演着完全不同的角色。税率通常稳定，而每次调用时的价格应该是不同的。这在闭包版本中非常明显，该函数封闭了一个不会更改的参数（因为它是 val）。在柯里化版本中，两个参数都可以在每次调用时更改，不过其税率的变化并不会很频繁。

通常需要改变税率的情况是，不同类别的产品或不同的运输目的地有不同税率。在传统的对象编程中，将类转换为参数化的 TaxComputer 可以满足这一要求。这里有一个例子：

```
class TaxComputer(private val rate: Double) {
    fun compute(price: Double): Double = price * rate + price
}
```

使用这个类可以根据不同税率创建多个 TaxComputer 实例，并且可以根据需要重用这些实例：

```
val tc9 = TaxComputer(0.09)
val price = tc9.compute(12.0)
```

通过部分应用柯里化函数来实现相同功能：

```
val tc9 = addTax(0.09)
val price = tc9(12.0)
```

这是 3.3.7 节最后的 addTax 函数。tc9 的类型是 (Double) -> Double，这是一个接收 Double 作为其参数的函数，其返回一个添加了税的 Double。

可以看到，柯里化和偏应用是密切相关的。柯里化可以一个参数接一个参数地将一个元组的函数替换为可偏应用的函数。这是柯里化函数和元组的函数之间的主要区别。对于元组的函数，将在应用该函数之前对所有参数进行计算。

对于柯里化版本，在函数完全应用之前，所有参数都必须已知，但是可以对单个参数进行求值，并将函数偏应用于它。没有必要将函数完全柯里化。一个由三个参数组成的函数可以被柯里化为一个元组的函数，从而产生单个参数的函数。

抽象是编程的本质，为了自动实现这一点，可以将柯里化和偏函数进行抽象。在前面的章节中，主要使用柯里化函数，而不是元组的函数。使用柯里化函数有一个很大的优点：偏应用非常简单。

【练习 3-7】（简单）

编写一个 fun 函数，对于一个双参的柯里化函数，偏应用其第一个参数。

答案

什么也不用做！此函数的签名如下：

```
fun <A, B, C> partialA(a: A, f: (A) -> (B) -> C): (B) -> C
```

一眼就可以看出，偏应用第一个参数就像将第二个参数（一个函数）应用于第一个参数一样简单：

```
fun <A, B, C> partialA(a: A, f: (A) -> (B) -> C): (B) -> C =  f(a)
```

（如果想了解如何使用 partialA，请在附带的代码中查看此练习的单元测试。）

函数的类型为(A)->(B)->C。如果希望将此函数偏应用于第二个参数，该怎么办？

【练习 3-8】

编写一个 fun 函数，对于一个双参的柯里化函数，偏应用其第二个参数。

答案

根据之前的函数，答案是拥有以下签名的函数：

```
fun <A, B, C>partialB(b: B, f: (A)-> (B)-> C): (A)-> C
```

这个练习稍微困难一些，但如果仔细考虑类型，仍然很简单。记住，要永远相信类型。虽然它们不会在所有情况下都能立刻提供答案，但会引导读者找到解决方法。这个函数只有一个可能的实现，所以如果找到了一个可以编译的实现程序，那么它肯定是对的。

已知必须返回一个从 A 到 C 的函数。可以这样开始：

```
fun <A, B, C>partialB(b: B, f: (A)-> (B)-> C): (A)-> C =
    {a: A->
    }
```

这里，a 是类型为 A 的变量。在右箭头之后，必须编写一个由函数 f 以及变量 a 和 b 组成的表达式，并且它计算的值必须为从 A 到 C 的函数。函数 f 是一个从 A 到 (B) -> C 的函数，因此可以先将其应用到 A：

```
fun <A, B, C>partialB(b: B, f: (A)-> (B)-> C): (A)-> C =
{a: A->
     f(a)
}
```

这给出了一个从 B 到 C 的函数。需要一个 C 且已经有一个 B，所以答案已经很明显了：

```
fun <A, B, C>partialB(b: B, f: (A)-> (B)-> C): (A)-> C =
{a: A->
    f(a)(b)
}
```

就是这个！实际上，除了跟随着类型之外，什么也不用做。正如之前所说，最重要的是有一个柯里化版本的函数。直接写出柯里化函数可能很快就能学会。当试图将抽象推向极致以编写更多可重用的程序时，一项经常进行的任务是将带有元组参数的函数转换为柯里化的函数。如上文所示，这非常简单。

【练习 3-9】（简单）

将如下函数转化为柯里化函数：

```
fun <A, B, C, D>func(a: A, b: B, c: C, d: D): String = "$a, $b, $c, $d"
```

（这个函数确实没什么用，这只是个练习）

答案

同样，除了用右箭头替换逗号和添加括号外，没有太多要做的。但是，请记住，必须在接收类型参数的作用域中定义此函数，尽管对于属性不是这样。然后，必须使用所有需要的类型参数在类、接口或 fun 函数中定义它。

下面是一个使用 fun 函数的解答。首先，使用类型参数编写封闭的 fun 函数声明：

```
fun <A,B,C,D> curried()
```

然后，考虑函数的签名。第一个参数是 A，所以可以这样写：

```
fun <A,B,C,D> curried(): (A)->
```

接着，对第二个参数类型做同样的事：

```
fun <A,B,C,D> curried(): (A)-> (B)->
```

继续下去，直到没有参数：

```
fun <A,B,C,D> curried(): (A)-> (B)-> (C)-> (D)->
```

对最终的函数添加返回类型：

```
fun <A,B,C,D> curried(): (A)-> (B)-> (C)-> (D)-> String
```

对于实现，根据需要列出多个参数，并使用右箭头和大括号分隔它们（从大括号开始，以箭头结束）：

```
fun <A,B,C,D> curried() =
        {a: A->
            {b: B->
                {c: C->
                    {d: D->

                    }
                }
            }
        }
```

最后，添加与原始函数相同的内容，并封闭所有大括号。

```
fun <A,B,C,D> curried() =
        {a: A->
            {b: B->
                {c: C->
                    {d: D->
                        "$a, $b, $c, $d"
                    }
                }
            }
        }
```

同样的原理也适用于任意元组的函数。

【练习 3-10】

写一个函数来柯里化从 (A, B) 到 C 的函数。

解答

此时，仍然需要从类型入手。已知函数接收一个类型为 (A, B) -> C 的参数并且将返回 (A) -> (B) -> C，所以函数签名如下：

```
fun <A, B, C> curry(f: (A, B)-> C): (A)-> (B)-> C
```

现在，对于实现，必须返回一个包含两个参数的柯里化函数，因此可以这样开始：

```
fun <A, B, C> curry(f: (A, B)-> C): (A)-> (B)-> C =
    {a->
        {b->

        }
    }
```

最终，要判断返回类型。此时，可以使用函数 f 并将其应用于参数 a 和 b：

```
fun <A, B, C> curry(f: (A, B)-> C): (A)-> (B)-> C =
    {a->
        {b->
            f(a, b)
        }
    }
```

同样地，如果能编译，说明代码正确。这是依靠一个强大的类型体系的众多好处之一（这个逻辑并不总是正确的，但在接下来的章节中，将了解如何尽量使得这个逻辑正确）。

3.3.9 切换偏应用函数的参数

如果一个函数有两个参数，但有时只想使用第一个参数来得到一个偏应用函数。假设有下面这个函数：

```
val addTax: (Double)-> (Double)-> Double =
{x->
        {y->
            y + y/100 * x
        }
}
```

读者可能想首先计算税，以获得一个参数的新函数，然后可以将该函数应用于任何价格：

```
val add9percentTax: (Double)-> Double = addTax(9.0)
```

接着，如果想在价格上加税，可以这样做：

```
val priceIncludingTax = add9percentTax(price);
```

这很好，但是如果初始函数如下：

```
val addTax: (Double)-> (Double)-> Double =
{x->
        {y->
            x + x/100 * y
        }
}
```

这种情况下，price 是第一个参数。只计算 price 是没有意义的，但如何仅计算 tax 呢？（假设无法访问该实现程序）。

【练习 3-11】

写一个 fun 函数来交换柯里化函数的参数。

答案

下面的函数以相反的参数顺序返回柯里化函数。它可以被推广到任何个数及任何排列的参数：

```
fun <T, U, V> swapArgs(f: (T)-> (U)-> V): (U)-> (T)-> (V) =
                                            {u-> {t-> f(t)(u)}}
```

给定此函数，可以偏应用这两个参数中的任何一个。例如，如果有一个从利率和金额计算贷款的月付款函数。

```
val  payment = {amount-> {rate-> …}}
```

可以很容易地创建一个只有一个参数的函数来计算固定金额和可变利率的款项，或者创建一个计算固定利率和可变金额款项的函数。

3.3.10 声明单位函数

前面已经看到，可以将函数视为数据。它们可以作为参数传递给其他函数，也可以由函数返回，并且可以同整数或字符串一样在运算中使用。在以后的练习中，将对函数应用运算，并且需要一个中立元素（*neutral element*）来执行这些运算。中立元素的角色如同加法中的0，乘法中的1，或字符串连接中的空字符。

中立元素仅对给定的操作是中立的。对于整数加法，1 不是中立的，而对于乘法，0 也不是中立的。这里所说的是用于函数复合的中立元素。这种函数是一个返回其参数的函数。由此，它被称为单位函数（*identity function*）。在加法、乘法或字符串连接等运算中，通常用术语单位元素（*identity element*）替代中立元素。单位函数在 Kotlin 中可以简单地表示为：

```
val identity = {it}
```

3.3.11 使用正确的类型

在前面的示例中，使用了 `Int`、`Double` 和 `String` 等标准类型来表示价格和税率等业务实体。虽然这是编程中的常见做法，但它会导致一些本该避免的问题。就像之前所说的，应该相信类型而不是名字。称 `Double` 值为“`price`”并不意味着它是一个价格。这只表明了一种的意图。称另一个 `Double` 为“`taxRate`”表示了一个不同的意图，任何编译器都不能强制决定。

为了使程序更安全，需要使用编译器可以检查的更强大的类型。这可以避免诸如错误地将 `taxRate` 与 `price` 相加的情况。如果无意中这样做了，编译器将只看到 `Double` 被添加到 `Double` 中，这是完全合法的，但实际上是错误的。

1. 避免使用标准类型带来的错误

下面研究一个简化的问题，并了解通过使用标准类型来解决该问题时是如何导致其他问题的。假设一个商品有名称、价格和重量，需要创建商品销售的发票。这些发票必须注明商品、数量、总价和总重量。

可以使用以下类表示 `Product`：

```
data class Product(val name: String, val price: Double, val weight: Double)
```

下一步，使用一个 `OrderLine` 类来表示一个订单的每一行：

```
data classOrderLine(val product: Product, val count: Int) {

    fun weight() = product.weight * count

    fun amount() = product.price * count
}
```

这看起来像一个很不错的典型的对象，其使用 `Product` 和 `Int` 进行初始化，并表示订单的一行。它还具有返回一行的总价和总重量的函数。

继续使用标准类型，使用 List < OrderLine >来表示订单。下面的列表展示了如何处理订单：

清单 3-2 处理订单

```
package com.fpinkotlin.functions.listing03_02

data class Product(val name: String, val price: Double, val weight: Double)

data class OrderLine(val product: Product, val count: Int) {

    fun weight() = product.weight * count

    fun amount() = product.price * count
}
                                    Store是个单例对象
object Store {
@JvmStatic
 fun main(args: Array<String>) {
     val toothPaste = Product("Tooth paste", 1.5, 0.5)
     val toothBrush = Product("Tooth brush", 3.5, 0.3)
     val orderLines = listOf(
             OrderLine(toothPaste, 2),
             OrderLine(toothBrush, 3))
      val weight = orderLines.sumByDouble { it.amount() }
      val price = orderLines.sumByDouble { it.weight() }
      println("Total price: $price")
      println("Total weight: $weight")
 }
}
```

@JvmStatic注释使主函数可以像Java静态方法一样被调用

运行这个程序将在终端显示以下结果：

```
Total price: 1.9
Total weight: 13.5
```

这看起来不错，但其实是错的。尽管错误很明显，但问题是编译器没有告知任何关于它的信息（可以通过查看 Store 的代码来查看错误）。在创建 Product 时也可能会出现同样的错误，而 Product 的创建也可能发生在很远的地方。

捕获此错误的唯一方法是测试程序，但测试无法证明程序是正确的。它们只能证明无法通过编写另一个程序来证明它是不正确的（顺便说一句，这个程序也可能是不正确的）。问题在于以下几行：

```
val weight = orderLines.sumByDouble {it.amount()}
val price = orderLines.sumByDouble {it.weight()}
```

这里错误地混淆了价格和重量，编译器是不可能注意到的，因为它们都是 Double 类型的。

注： 如果学习过建模，那就应该还记得一条古老的规则：类不应该有多个相同类型的属性。相反，它们应该有一个具有特定基数的属性。在这里，这意味着一个 Product 应该有一个类型为 Double 的属性，其基数为 2。这显然不是解决问题的正确方法，但这是一个值得记住的好规则。如果发现自己建模对象时使用了几个相同类型的属性，则可能是错误的。

能做些什么来避免这样的问题呢？首先，必须意识到价格和重量不是简单的数值，它们代表的是数量。价格是货币单位的计数，重量是重量单位的计数，就像不会直接将盎司和美元相加一样。

2. 定义值类型

为了避免这个问题，应该使用值类型（*value type*）。值类型是表示值的类型。可以如下定义一个值类型来表示价格：

```
data class Price(val value: Double)
```

对于重量也同理：

```
data class Weight(val value: Double)
```

但这并不能解决问题，因为也可以写成：

```
val total = price.value + weight.value
```

需要做的是为 Price 和 Weight 定义加法，可以通过一个函数来实现这一点：

```
data class Price(val value: Double) {
    operator fun plus(price: Price) = Price(this.value + price.value)
}

data class Weight(val value: Double) {
    operator fun plus(weight: Weight) = Weight(this.value + weight.value)
}
```

关键字 operator 表示可以在中缀位置使用函数名。此外，由于函数名为 plus，也可以将此名称用“+”号替换，像是这样：

```
val totalPrice = Price(1.0) + Price(2.0)
```

乘法的定义有点不同。加法将相同类型的东西相加，而乘法则将一种类型的东西乘一个数字。当乘法不只应用于数字时，它是不可交换的。下面是一个 Price 乘法的例子：

```
data class Price(val value: Double) {

    fun plus(price: Price) = Price(this.value + price.value)

    fun times(num: Int) = Price(this.value * num)
}
```

现在，不再使用 sumByDouble 来计算 Price 表的总和。可以定义一个等效的函数 sumByPrice。如果感兴趣，可以查看 sumByDouble 的具体实现并使其应用于价格。但还有一种更好的方法可以选择。

将集合缩减为单个元素称为 fold 或 reduce。这两者之间的区别并不总是很明显，但是通常取决于以下两个条件。

- 提供（fold）还是不提供（reduce）初始元素。
- 结果与元素的类型是相同（reduce）还是不同（fold）。

不同之处在于，如果集合为空，则 reduce 将没有结果，而 fold 将取决于提供的起始元素。在第 6 章中，将进一步介绍其背后的原理。现在只需要使用 Kotlin 集合提供的 fold 功能。此函数接收两个参数：起始值和一个函数，该函数支持在迭代每个元素时将当前结果与当前元素组合在一起。

reduce 函数很像 fold，尽管它没有起始值。它必须将第一个元素作为起始值，这意味着结果类型与元素类型相同。如果应用于空集合，则结果为 null 或错误，或使用其他表示没有结果的方式。

在接下来的实例中，因为将使用 fold，会使用一个为 0 的价格 Price(0.0) 以及一个为 0 的重量 Weight(0.0) 作为初始值。作为第二个参数的函数则使用刚刚定义的加法。为了保证这是一个值函数，可以使用 lambda 表达式：

```
val zeroPrice = Price(0.0)
val zeroWeigth = Weight(0.0)
val priceAddition = {x, y-> x + y}
```

Product 类需要做如下的修改：

```
data class Product(val name: String, val price: Price, val weight: Weight)
```

OrderLine 无须修改：

```
data classOrderLine(val product: Product, val count: Int) {

    fun weight() = product.weight * count

    fun amount() = product.price * count
}
```

运算符“*”现在已被 times 函数的调用自动替换。可以用这些类型和运算来重写 Store 对象：

```
object Store {
@ JvmStatic
fun main(args: Array<String>) {
    val toothPaste = Product("Tooth paste", Price(1.5), Weight(0.5))
    val toothBrush = Product("Tooth brush", Price(3.5), Weight(0.3))
    val orderLines = listOf(
        OrderLine(toothPaste, 2),
        OrderLine(toothBrush, 3))
    val weight: Weight =
        orderLines.fold(Weight(0.0)) {a, b-> a + b.weight()}
    val price: Price =
        orderLines.fold(Price(0.0)) {a, b-> a + b.amount()}
    println("Total price: $price")
    println("Total weight: $weight")
    }
}
```

现在，如果编译器没有警告，就说明没有弄错类型。这也意味着为 val weight: Weight 和 val price: Price 指定了类型。Kotlin 能够推断类型，但是通过指定它们，编译器可以告知推断的类型是否与期望的不同。

但还有更好的办法。首先，可以向 Price 和 Weight 添加验证。它们都不应使用 0 值构造，除非是来自类本身内部的单位元素。可以使用私有构造函数和工厂函数。对于 Price，代码如下：

```
data class Price private constructor (private val value: Double) {
    override fun toString() = value.toString()

    operator fun plus(price: Price) = Price(this.value + price.value)
```

```
    operator fun times(num: Int) = Price(this.value * num)

    companion object {
        val identity = Price(0.0)

        operator fun invoke(value: Double) =
            if (value > 0)
                Price(value)
            else
                throw IllegalArgumentException(
                "Price must be positive or null")
    }
}
```

构造函数现在是私有的，伴生对象的 invoke 函数被声明为 operator 并包含验证代码。invoke 是一个特殊的名称，像是 plus 和 times，当与关键字 operator 一起使用时，可以覆盖运算符。

这里，被重载的运算符是“()”，它对应于函数的调用。因此，可以完全像构造函数一样使用工厂函数，现在它是私有的。私有构造器在伴生对象中使用以得到函数的结果。它还用于折叠时 identity 值的生成。下面是 Store 对象的最终代码：

```
object Store {

    @JvmStatic
    fun main(args: Array<String>) {
        val toothPaste = Product("Tooth paste", Price(1.5), Weight(0.5))
        val toothBrush = Product("Tooth brush", Price(3.5), Weight(0.3))
        val orderLines = listOf(
            OrderLine(toothPaste, 2),
            OrderLine(toothBrush, 3))
        val weight: Weight =
            orderLines.fold(Weight.identity) {a, b->
                a + b.weight()
            }
        val price: Price =
            orderLines.fold(Price.identity) {a, b->
                a + b.amount()
            }
        println("Total price: $price")
        println("Total weight: $weight")
    }
}
```

对于价格或重量的创建，没有任何改变。调用 invoke 函数的语法类似于以前使用构造函数的方式，该构造函数现在是私有的。用于折叠的“0”值（称为 identity）是从伴生对象中读取的。由于验证代码抛出异常，所以无法从 invoke 函数创建它。

注：数据类的私有构造函数不是私有的，因为它是由生成的 copy 函数公开的。但这不

是问题，因为只能复制已验证的对象。

3.4 本章小结

- 函数表示源集和目标集之间的关系。它在源集（定义域）的元素和目标集（值域）的元素之间建立对应关系。
- 纯函数除了返回值之外没有可见的作用。
- 函数只有一个参数，其参数可以是多个元素的元组。
- 可以对元组上的函数进行柯里化，以便一次将它们应用于元组的一个元素。
- 当柯里化函数仅应用于参数中的几个参数时，它被称为偏应用。
- 在 Kotlin 中，函数可以由 `fun` 函数表示，`fun` 函数是方法；也可以由值函数表示，值函数可以作为数据处理。
- 值函数可以通过使用 lambda 表达式或通过引用 `fun` 函数来实现。
- 可以通过合成函数来创建新函数。
- 可以在需要值函数的位置使用 lambda 表达式和函数引用。
- 通过允许编译器检测类型问题，可以使用值类型使程序更安全。

第4章 递归、尾递归和记忆化

在本章中

- 使用递归和共递归。
- 构造递归函数。
- 使用共递归（尾递归）函数。
- 记忆化的实现。

递归函数是许多编程语言中普遍存在的特性，然而这些特性很少在Java语言中使用，原因在于递归在Java语言中的实现不好。幸运的是，Kotlin提供了更好的实现，因此可以广泛使用递归。

许多算法都是递归地定义的。在非递归语言中实现这些算法主要包括将递归算法转换为非递归算法。使用能够处理递归的语言不仅简化了编码，而且可以编写反映意图的程序（最初的算法）。这样的程序通常更容易阅读和理解。编程更多的是读程序而不是写程序⊖，因此编写出的程序能够反映意图要比如何实现更重要。

重要提示：相较于直接可以使用的编程结构，如循环，递归通常需要抽象成函数进行使用。

4.1 共递归与递归

共递归（*corecursion*）从第一个计算步骤开始，用一个步骤的输出作为下一个步骤的输入，从而组合所有计算步骤。递归（*recursion*）的操作与之相同，但从最后一个计算步骤开始。本章以将字符列表组成字符串为例，来介绍递归与共递归。

4.1.1 实现共递归

假设现在定义了一个 `append` 函数，它以一对 `(String, Char)` 作为参数，并返回添加了字符后的字符串：

⊖ 原文疑似笔误，that→than。

```
fun append(s: String, c: Char): String = "$s$c"
```

这个函数无法做任何事情，因为没有要开始使用的字符串。首先需要一个附加元素：空字符串""。有了这两个元素，就可以构建预期的结果。图 4-1 显示了列表的处理过程。

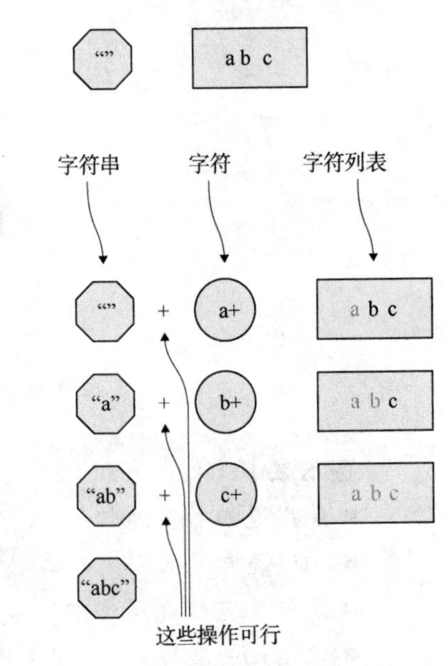

图 4-1　以共递归方式将字符列表转化为字符串

该过程的代码形式表示如下：

```
fun toString(list: List, s: String): String =
    if (list.isEmpty())
        s
    else
    toString(list.subList(1, list.size), append(s, list[0]))
```

请注意，list [0] 返回列表的第一个元素，该元素通常对应于一个名为 head 的函数。相对的，list.subList(1, list.size)对应一个名为 tail 的函数，它返回列表的其余部分。读者可以将这些函数抽象为单独的函数，但必须处理空列表的情况。这里不会出现空列表，因为列表是由 if…else 表达式筛选的。

更惯用的解决方案是使用函数 drop 和函数 first：

```
fun toString(list: List, s: String): String =
    if (list.isEmpty())
        s
    else
        toString(list.drop(1), append(s, list.first()))
```

使用索引访问可以更容易地比较共递归和递归。该实现的唯一问题是，在调用 toString 函数时，必须使用空字符串作为附加参数（或者更准确地说，作为其参数的附加部分）。一种简单的解决方案是利用 Kotlin 允许编程者在函数内部声明函数这一优势，为这个功能编写另一个函数：

```
fun toString(list: List): String
    {fun toString(list: List, s: String): String =
        if (list.isEmpty())
            s
        else
            toString(list.subList(1, list.size), append(s, list[0])) return toString(list, "")
}
```

在这里，必须使用一个块函数，也就是一个带大括号的函数，用于封闭 toString 函数。程序还必须显式地指出这两个函数的返回类型，原因有两个。

- 对于封闭函数，块函数必须具有显式的返回类型；否则，将被认定为 Unit（Unit 在 Kotlin 中相当于 Java 中的 void，更准确的来说是 Void）。
- 对于封闭函数，必须指明类型，因为函数在调用自身。在这种情况下，Kotlin 无法推断返回类型。

另一种解决方案是向函数添加第二个参数，并使用默认值：

```
fun toString(list: List, s: String = ""): String =
```

```
    if (list.isEmpty())
        s
    else
        toString(list.subList(1, list.size), append(s, list[0]))
```

4.1.2　实现递归

之前的实现之所以可行是因为代码中使用了 append 函数，它的功能是将字符追加到字符串，这意味着将字符添加到字符串的末尾。现在考虑一下，如果只能访问以下功能，应该怎么做：

```
fun prepend(c: Char, s: String): String = "$c$s"
```

可以从列表的结尾开始。为此，可以在开始计算之前反转列表，也可以更改实现以返回列表的最后一个元素和不带最后一个元素的列表。下面是一个可能的实现：

```
fun toString(list: List): String {
    fun toString(list: List, s: String): String =
        if (list.isEmpty())
            s
        else
            toString(list.subList(0,list.size-),
                prepend(list[list.size-1], s))
    return toString(list,"")
}
```

但是，这只适用于提供这种访问类型的列表，如索引列表或双链表，也称为 *deque*（发音为 *dek*，意思是双端队列，*double ended queue*）。如果使用的是单链表，那么将别无选择，只能反转该列表，这样的做法效率极低。

最坏的情况是，使用无限列表。读者可能会认为对于无限列表无能为力，但事实并非如此。使用 Kotlin，可以将函数应用于无限列表，这将生成其他无限列表。读者可以组合这些函数来获得预期的结果，然后在计算结果之前将其截断。

想想这个例子：如果想计算得到前 100 个素数的列表（不是说这非常有用，但它只是一个例子），必须迭代整数列表（无限），测试哪些是素数，并在第 100 个素数之后停止。在这个例子中，当然不能从颠倒列表开始。解决方案是使用递归而不是共递归，如图 4-2 所示。

如图所示，在遇到终止条件（这里是列表的最后一个元素）之前，不能进行任何计算。因此，中间步骤必须存储在某个地方，直到可以对其进行评估。这个过程可以用代码表示为

```
fun toString(list: List): String =
    if (list.isEmpty())
        ""
    else
        prepend(list[0], toString(list.subList(1, list.size)))
```

正如上述代码所展现的，程序主要问题是如何存储中间步骤，这是因为 JVM 针对这种情况预留的内存空间非常有限。

4.1.3　区分递归函数和共递归函数

考虑学校所教授的知识，读者可能会认为递归和共递归实际上都是递归函数（*recursive func-*

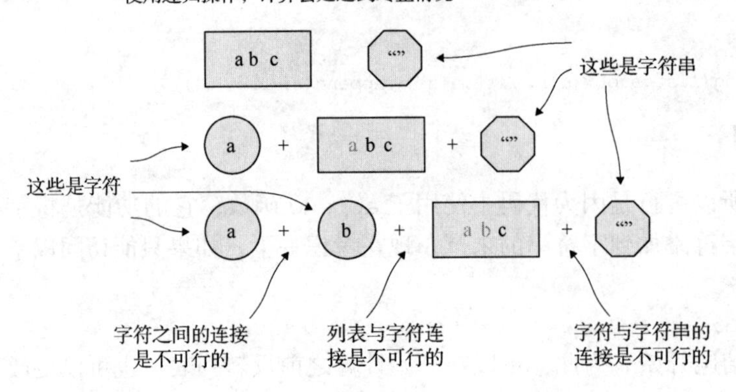

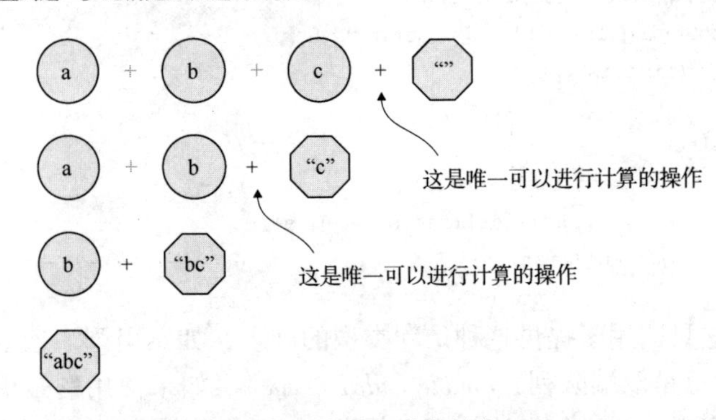

图 4-2　递归地将字符列表转化为字符串

tion)，指那些调用它们自身的函数。如果坚持自己对递归的定义，那么建议再仔细思考一下。

如果函数作为计算的一部分调用自身，则它是递归的。否则，它不是真正的递归。至少，这不是一个递归过程。这可能是一个共递归。思考这样一个算法，该算法在屏幕上打印“Hello World!”，最终以递归方式调用自身：

```
fun hello() {
    println("Hello, World!")
        hello()
}
```

这看起来不是比递归方法更像一个无限循环吗？虽然它是作为递归方法实现的，但实际上它是一个可转换为无限循环的共递归方法！好消息是 Kotlin 能够自动进行翻译。

4.1.4　选择递归或尾递归

在递归的这个问题中，所有语言都限制了递归步骤的数量。理论上，递归和共递归的主要区别如下所述。

- 使用共递归，每当计算到某个步骤，该步骤就可以立即进行评估。
- 对于递归，所有步骤都必须以某种形式存储在某个地方。它允许延迟评估，直到找到终止条件。只有这样，才能以相反的顺序对前面的每个步骤进行评估。

存储递归步骤所需的内存通常受到严重限制，很容易溢出。为了避免这个问题，最好避免递归，而选择共递归。

递归和共递归之间的区别如图 4-3 和图 4-4 所示。这些图表示整数列表总和的计算。加法有点特别，主要原因如下所述。

- 它是可交换的，意思是 $a+b=b+a$，大多数操作不是这样，比如在字符串中添加一个字符。
- 相加的两个参数及其结果属于同一类型。同样，大多数情况并非如此。

读者或许认为图中的运算可以转换，例如，删除括号。实际上，这种操作是不可能的（图中只是借助括号表示运算的过程）。

在图 4-3 中，读者可以看到一个共递归过程。每一步一遇到就进行评估。因此，整个过程所需的内存量是恒定的，由图形底部的矩形表示。另一方面，图 4-4 显示了如何使用递归过程来计算相同的结果。

```
sum(1 to 10)
= 1 + sum(2 to 10)
= (1 + 2) + sum(3 to 10)
= 3 + sum(3 to 10)
= (3 + 3) + sum(4 to 10)
= 6 + sum(4 to 10)
= (6 + 4) + sum(5 to 10)
= 10 + sum(5 to 10)
= (10 + 5) + sum(6 to 10)
= 15 + sum(6 to 10)
= (15 + 6) + sum(7 to 10)
= 21 + sum(7 to 10)
= (21 + 7) + sum(8 to 10)
= 28 + sum(8 to 10)
= (28 + 8) + sum(9 to 10)
= 36 + sum(9 to 10)
= (36 + 9) + sum(10 to 10)
= 45 + sum(10 to 10)
= 45 + 10
= 55

所需要的内存
```

图 4-3　共递归计算前 10 个整数之和

```
sum(1 to 10)
= 10 + sum(1 to 9)
= 10 + (9 + sum(1 to 8))
= 10 + (9 + (8 + sum(1 to 7)))
= 10 + (9 + (8 + (7 + sum(1 to 6))))
= 10 + (9 + (8 + (7 + (6 + sum(1 to 5)))))
= 10 + (9 + (8 + (7 + (6 + (5 + sum(1 to 4))))))
= 10 + (9 + (8 + (7 + (6 + (5 + (4 + sum(1 to 3)))))))
= 10 + (9 + (8 + (7 + (6 + (5 + (4 + (3 + sum(1 to 2))))))))
= 10 + (9 + (8 + (7 + (6 + (5 + (4 + (3 + (2 + sum(1 to 1)))))))))
= 10 + (9 + (8 + (7 + (6 + (5 + (4 + (3 + (2 + 1))))))))
= 10 + (9 + (8 + (7 + (6 + (5 + (4 + (3 + 3)))))))
= 10 + (9 + (8 + (7 + (6 + (5 + (4 + 6))))))
= 10 + (9 + (8 + (7 + (6 + (5 – 10)))))
= 10 + (9 + (8 + (7 + (6 + 15))))
= 10 + (9 + (8 + (7 + 21)))
= 10 + (9 + (8 + 28))
= 10 + (9 + 36)
= 10 + 45
= 55

所需要的内存
```

图 4-4　递归计算前 10 个整数之和

在制定所有步骤之前，不能评估中间结果。因此，递归计算所需的内存要大得多；在以相反的顺序进行处理之前，必须将中间步骤堆叠在某个位置。

使用更多的内存并不是递归最糟糕的问题。更糟糕的是，计算机语言使用堆栈来存储计算步骤。这是明智的，因为计算步骤的计算顺序必须与它们的堆叠顺序相反。不幸的是，堆栈大小是有限的，因此如果步骤太多，堆栈将溢出，导致计算线程崩溃。

可以安全地将多少计算步骤推送到堆栈上取决于编程语言，并且可以进行配置。在 Kotlin 中，大约是 20000；在 Java 中，大约是 3000。将堆栈大小配置为更大的值可能不是一个好主意，因为所有线程都使用相同的堆栈大小（但堆栈区域不同）。如果非递归进程占用的堆栈空间很小，那么较高的堆栈大小通常会浪费内存。

正如通过查看这两个图所看到的，共递归过程所需的内存是常量。如果计算步骤的数量增加，它将不会增长。另一方面，递归过程所需的内存随步骤数的增加而增加（而且它可能比线性增长更糟糕，就像读者即将看到的)。这就是为什么应该避免递归过程的原因，除非确定在所有情况下步骤的数量都将保持在较低的水平。因此，读者必须学会在每次可能的时候用共递归替换递归。

4.2 尾调用消除

在这一点上，读者可能有疑问。本章说过尾递归使用恒定的堆栈空间，但读者可能知道调用本身的函数终究会使用堆栈空间，即使它没有将太多的内容推到堆栈上。这样看来尾递归也会耗尽堆栈，尽管速度较慢。完全消除这个问题是可能的，技巧就是将一个尾递归函数转换成一个循环。这种做法是很简单的，只需替换尾递归实现即可。

```
fun toString(list: List<Char>): String {
    fun toString(list: List<Char>, s: String): String =
        if (list.isEmpty())
            s
        else
            toString(list.subList(1, list.size), append(s, list[0]))
    return toString(list,"")
}
```

使用循环结构和可变引用替代：

```
fun toStringCorec2(list: List<Char>): String {
    var s = ""
    for (c in list) s = append(s, c)
    return s
}
```

更令人满意的是：Kotlin 语言会自动将尾递归转化为循环。

4.2.1 使用尾调用消除

与 Java 不同，Kotlin 实现了尾调用消除（Tail Call Elimination，TCE)。这意味着，当函数对自身的调用是函数所做的最后一件事（意味着此调用的结果不会用于进一步的计算）时，Kotlin 会消除此尾调用。但是，如果没有人为请求，它就无法做到这一点，在函数声明时，编程人员可以使用 `tailrec` 关键字前缀修饰该函数来达到这个功能：

```
fun toString(list: List<Char>): String {
    tailrec fun toString(list: List, s: String): String =
        if (list.isEmpty())
            s
        else
            toString(list.subList(1, list.size), append(s, list[0]))
    return toString(list,"")
}
```

Kotlin 检测到该函数是尾部递归的，并应用 TCE。同样，读者必须表明这是自己的意图。一开始可能看起来很无聊，读者可能更喜欢让 Kotlin 安静地处理这个问题。读者很快就会发现，函数实现不是尾递归，而认为它是尾递归是一个常见的错误。但是，如果编程人员显式指出函数有一个尾部递归实现，那么 Kotlin 可以检查该函数并让编程者知道自己是否犯了错误。否则，Kotlin 将使用非尾部递归函数，并且在运行时可能会发生堆栈溢出异常（StackOverflowException）。更糟糕的是，这可能在产品中只出现一次，因为它依赖于输入数据。

4.2.2　从循环切换到共递归

使用共递归而非循环是一种范式转换。首先，读者会以最初的模式思考，然后把它转换成新的模式。只有在以后才会直接用新范式思考。这在所有的学习过程中都是很自然的，学习使用尾递归而非循环也没有什么不同。

在前面章节中，本章将递归和共递归的概念进行了通俗的介绍。此时，将命令循环转换为递归函数的基本原理可能会有用（但请记住，这只是一个中间步骤。读者将很快学习如何抽象递归和共递归以避免操作它们）。

尽管读者已经了解到共递归比递归有用得多，原因在于隐含的内存限制。但是，递归有一个很大的优势：它通常更容易编写。从 1 到 10 的整数之和的递归版本可以如下面的示例中所写，假设 sum (n) 表示从 1 到 n 的整数之和：

```
fun sum(n:int):int =
    if(n<1)
        0
    else
        n+sum(n-1)
```

这再简单不过了。但是正如读者所看到的，在知道 sum (n-1) 的结果之前，不能执行加法。此阶段的计算状态必须存储在堆栈上，直到所有步骤都处理完毕。为了从 TCE 中获益，需要将其转换为一个共递归实现。尽管这很简单，但许多学习使用共递归的程序员在这种转换中遇到了问题。

看看传统的程序员如何解决这个问题。传统的程序员会用状态变异和条件测试来绘制计算流程图。这个问题很简单，程序员可能只会在头脑中画出流程图，但为了便于学习，在这里展示出流程图，如图 4-5 所示。

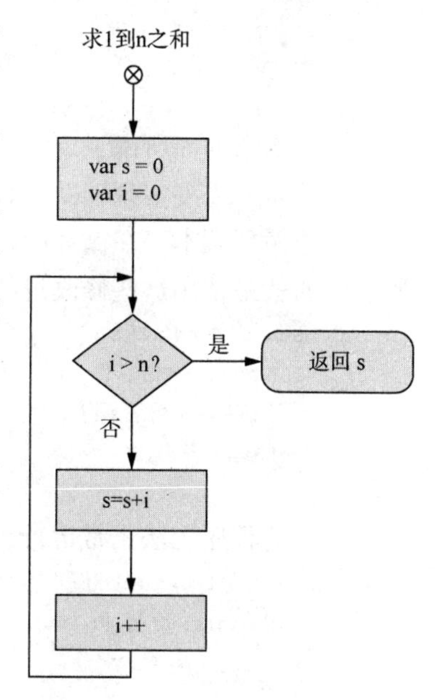

图 4-5　前 n 个整数求和流程图

使用命令式程序员所称的控制结构（*control structure*）的命令式实现无处不在，如 for 或 while 循环。由于 Kotlin 没有 for 循环（至少不是与此流程图对应的传统 for 循环），因此将在此代码中使用 while 循环：

```
fun sum(n: Int): Int {
    var sum=0
    var idx=0
    while(idx <=n) {
        sum +=idx
        idx +=1
    }
    return sum
```

```
}
```

这没什么难度，但这段代码包含了许多可能出错的地方，特别是因为必须将流程图转换为 while 循环实现。很容易把情况搞混淆。应该是 < = 还是 < 呢？i 在 s 之前还是之后递增？显然，这种编程风格是为那些不会犯这种错误的聪明程序员设计的。但是其他人需要编写许多测试来检查潜在的错误，是否可以编写一个共递归程序来执行相同的操作呢？当然。

读者可以做的是用添加到函数中的参数替换变量。首先必须编写一个辅助函数，而不是函数 sum (n)：

```
sum(n, sum, idx): fun sum(n: Int, sum: Int, idx: Int): Int =…
```

然后，主函数 sum (n: Int) 使用初始值去调用辅助函数：

```
fun sum(n: Int, sum: Int, idx: Int): Int =
    if (idx < 1)
        sum
    else
        sum(n, sum + idx, idx-1)
fun sum(n: Int) = sum(n, 0, n)
```

但事实上，n 永远保持不变。可以从 Kotlin 局部函数中获益，删除一个参数，使辅助函数成为主函数的局部函数，并关闭主函数参数。这个做起来比描述要容易得多：

```
fun sum(n: Int): Int {
    fun sum(sum: Int, idx: Int): Int =
    if (idx < 1)
        sum
    else
        -sum(sum + idx, idx-1)
    return sum(0, n)
}
```

正如本章前面所说，现在需要一个块函数，在块的末尾有一个显式返回和一个显式返回类型。然后，需要实现辅助函数

想想循环版本。在循环的每次迭代中，都会得到变量的修改版本：s + i 和 i +1。读者所要做的就是使用这些修改过的参数使辅助函数调用自身：

```
fun sum(n: Int): Int {
    fun sum(s: Int, i: Int): Int =
        sum(s + i, i + 1)
    return sum(0, 0)
}
```

这样的程序无法正常运行，因为它永远不会结束。现在缺少的是终止条件测试：

```
fun sum(n: Int): Int {
    fun sum(s: Int, i: Int): Int =
        if (i > n)
            s
        else
            sum(s + i, i + 1)
    return sum(0, 0)
}
```

剩下要做的就是告诉 Kotlin 希望将 TCE 应用于辅助函数。读者可以通过添加 tailrec 关键字来达到这一目的：

```
fun sum(n: Int): Int {
    tailrec fun sum(s: Int, i: Int): Int =
        if (i > n)
            s
        else
            sum(s + i, i + 1)
    return sum(0, 0)
}
```

如果无法应用 TCE，Kotlin 将显示警告：

```
Warning:(16, 5)Kotlin: A function is marked as tail-recursive but no tail calls are found
```

这不会阻止程序编译，但会产生可能溢出堆栈的代码！读者应该密切注意这些警告。

【练习 4-1】

实现一个处理正整数的共递归 add 函数。add 函数的实现不应使用加号（+）或减号（-）运算符，而只应使用两个函数：

```
fun inc(n: Int) = n + 1
fun dec(n: Int) = n - 1
```

下面是函数签名：

```
fun add(a: Int, b: Int): Int
```

提示

读者应该能够直接编写共递归实现。如果无法直接编写，则使用循环编写实现，并像对 sum 函数所做的那样对其进行转换。

参考答案

要添加两个数字 x 和 y，可以执行以下操作。

- 如果 y = 0，返回 x。
- 否则，x 自加 1，y 自减 1，然后重新执行两数相加。

这个过程可以用循环编写成如下代码：

```
fun add(a: Int, b: Int): Int {
    var x = a
    var y = b
    while(y ! = 0) {
        x = inc(x)
        y = dec(y)
    }
    return x
}
```

以下代码的循环条件已经改变，以便更好地适应 while 循环。可以使用原始条件，但结果很糟糕：

```
fun add(a: Int, b: Int): Int {
    var x = a
    var y = b
    while(true) {
```

```
        if (y == 0)
            return x
        x = inc(x)
        y = dec(y)
    }
}
```

还要注意，与 Java 不同，Kotlin 不允许直接使用参数 x 和 y。因为参数只能是 val 引用，需要进行复制操作。然后，读者所要做的就是在调用 add 函数时用参数替换变量：

```
tailrec fun add(x: Int, y: Int): Int =
    if (y == 0)
        x
    else
        add(inc(x), dec(y))
```

在这个练习中，不需要改变任何东西。也不需要将当前值存储在可变的 var 引用中，而是需要以新值作为参数递归地调用函数。现在，可以使用任何参数值调用函数，而不会导致 StackOverflowException。正如读者很快将看到的，编写更安全的程序通常需要花费大量精力将（非尾）递归函数实现更改为尾递归函数实现。但有时候，这是不现实的！

4.2.3 使用递归值函数

正如刚才看到的，定义递归函数很简单。有时最简单的实现是尾递归，如前一个示例中所示。但这不是一个真正的例子。没有人会创建这样的函数来执行加法。现在来尝试一个更有用的例子。如果函数 factorial (int n) 定义为：若参数为 0，返回 1，否则返回 n* factorial (n-1)：

```
fun factorial (n: Int): Int =
    if (n == 0)
        1
    else
        n * factorial (n-1)
```

显然，这个函数不是尾递归的，因此请注意，如果 n 为上千的数，不要在产品中使用这种代码，除非读者确信递归步骤的数量将保持在较低的水平。

编写递归 fun 函数很容易。那么递归值函数呢？

【练习 4-2】（困难）

编写递归阶乘值函数。请记住，值函数是用 val 关键字声明的函数：

```
val factorial: (Int)→Int =
```

由于这是一个练习，使用函数引用将被视为作弊。

提示

需要参考第 2.1.3 理解延迟（惰性）初始化一节来解决这个问题。

解决思路

由于函数必须调用自身，因此在发生此调用时应该已经定义了它，这意味着在试图定义它之前应该先定义它！暂时抛开这个鸡和蛋的问题。将单参数 fun 函数转换为值函数非常简单。它使用与 fun 函数具有相同实现的 lambda 表达式：

```
val factorial: (Int)→Int =
```

```
{n→if (n < =1) n else n * factorial(n -1)}
```

注：读者需要显式地指示函数的类型或 lambda 参数的类型。

现在有个难点。这一段代码不会编译，因为编译器不能处理尚未初始化的变量 factorial。这是什么意思呢？编译器读取该代码时就是在定义 factorial 函数。在这一过程中，它向 factorial 函数发出了一个调用，但这一函数尚未定义。下面代码面临同样的问题：

```
val x: Int =x +1
```

读者可以通过首先声明变量，然后更改其值来解决此问题，这可以在初始值设定项中完成，如下所示：

```
lateinit var x: Int
init {
    x =x +1;
}
```

这个之所以起作用是因为成员是在执行初始值之前就已经定义了。lateinit 关键字声明稍后将初始化变量。如果在初始化之前调用它，将出现一个异常。但此函数允许使用非可空类型。如果没有 lateinit，则将强制使用一个可空类型，或者初始化对虚拟值的引用。在前面的例子中，这个技巧是完全无用的，但是读者可以使用它来定义阶乘函数：

```
object Factorial {
    lateinit var factorial: (Int)→Int
    init {
        factorial ={n→if (n < =1) n else n * factorial(n -1)}
    }
}
```

另一个更优雅的解决方案是使用惰初始化：

```
object Factorial {
    val factorial: (Int)→Int by lazy {{n: Int →
        if (n < =1) n else n * factorial(n -1)
    }}
}
```

必须使用双大括号！惰初始化通过以下方式实现：

```
object Factorial {
    val factorial: (Int)→Int by lazy {…}
}
```

…现在必须用 lambda 表达式替换，该表达式与前面的示例几乎相同，包括大括号：

```
{n: Int→if (n < =1) n else n * factorial(n -1)}
```

唯一的区别是 Kotlin 现在无法推断 n 的类型，所以必须显式地编写它。这个技巧的唯一问题是不能将字段声明为 val，这很麻烦，因为不变性是安全编程的基本技术之一。对于 var，没有什么可以保证 factorial 变量的值以后不会改变。解决方案是将 var 设为私有，然后将其值复制到一个 val：

```
object Factorial {
    private lateinit var fact: (Int)-> Int
    init {
        fact ={n-> if (n < =1) n else n * fact(n -1)}
```

```
    }
    val factorial = fact
}
```

这样，就可以确保在 factorial 初始化之后，它的值不会发生任何变化。但请记住，递归值函数虽然可以是尾部递归的，但不能通过 TCE 进行优化，因此它可能会溢出堆栈。如果需要尾递归值函数，请使用函数引用。

还要注意，对于超过 16 的值，这个函数在任何情况下都不会起作用，因为它会导致算术溢出，产生一个负的结果。最糟糕的是，超过 33，结果是 0，因为将 -2147483648（用参数 33 调用函数的结果）乘以 34 结果是 0。这将导致所有后续结果为 0（发生这种情况是因为 Kotlin 的 Int 值是 32 位数字）。

4.3 递归函数和列表

递归和尾部递归通常用于处理列表。这样的过程通常包括将一个列表分为两部分：第一个元素称为头（*head*），其余的元素称为尾（*tail*）。在定义将字符列表转换为字符串的函数时，读者已经看到了一个这样的例子。考虑下面的函数，它计算整数列表中元素的总和：

```
fun sum(list: List<Int>): Int =
    if (list.isEmpty())
        0
    else
        list[0] + sum(list.drop(1))
```

如果列表为空，则函数返回 0。否则，它将返回第一个元素（列表的头部）的值加上将 sum 函数应用于列表其余部分（列表的尾部）的结果。如果定义辅助函数来返回列表的头部和尾部，可能会更清楚。读者不必将这些函数限制为整数列表，因为它们可以用于任何列表：

```
fun <T> head(list: List<T>): T =
    if (list.isEmpty())
        throw IllegalArgumentException("head called on empty list")
    else
        list[0]
fun <T> tail(list: List<T>): List<T> =
    if (list.isEmpty())
        throw IllegalArgumentException("tail called on empty list")
    else
        list.drop(1)
fun sum(list: List<Int>): Int =
if (list.isEmpty())
    0
else
    head(list) + sum(tail(list))
```

或者，更好的是，读者可以创建 head 和 tail 函数作为 List 类的扩展函数：

```
fun <T> List<T>.head(): T =
    if (this.isEmpty())
        throw IllegalArgumentException("head called on empty list")
```

```
    else
        this[0]
fun <T> List<T>.tail(): List<T> =
    if (this.isEmpty())
        throw IllegalArgumentException("tail called on empty list")
    else
        this.drop(1)
fun sum(list: List<Int>): Int =
    if (list.isEmpty())
        0
    else
        list.head() + sum(list.tail())
```

在本例中，对 sum 函数的递归调用并不是函数所做的最后一件事。函数最后 4 项的操作步骤如下所述。

- 调用 head 函数。
- 调用 tail 函数。
- 使用 tail 函数的返回结果作为参数调用 sum 函数。
- 将 head 函数和 sum 函数的返回结果相加。

这个函数不是尾递归，所以不能使用 tailrec 关键字，也不能在包含数千个元素的列表中使用这个函数。但是，读者可以重写此函数，以便将对 sum 的调用置于尾部：

```
fun sum(list: List<Int>): Int {
    tailrec fun sumTail(list: List<Int>, acc: Int): Int =
            if (list.isEmpty())
                acc
            else
                sumTail(list.tail(), acc + list.head())
    return sumTail(list, 0)
}
```

这里，sumTail 辅助函数是尾递归的，可以通过 TCE 进行优化。因为这个辅助函数永远不会在其他地方使用，所以最好放在 sum 函数中。

读者可以在主函数旁边定义辅助函数。但是读者必须将辅助函数声明为私有函数或内部函数，并且使主函数为公共函数。在这种情况下，主函数对辅助函数的调用将是一个闭包。首选在本地定义辅助函数而不是将辅助函数私有化的主要原因是为了避免名称冲突，并且能够封装封闭函数的某些参数。

在允许本地定义函数的编程语言中，当前的做法是使用单个名称调用所有辅助函数，如 go 或 process。这不能总是用非局部函数来完成。如果参数类型相同，名称可能会冲突。在前面的示例中，sum 的辅助函数称为 sumTail。

另一个当前的惯例是使用与主函数相同的名称调用辅助函数，并添加下划线，如 sum_。也可以给辅助函数赋予与主函数相同的名称，因为这些函数将具有不同的标识。无论选择什么系统，保持一致都很有用。本书的其余部分将使用下划线表示尾递归辅助函数。

4.3.1　使用双递归函数

没有一本讨论递归函数的书可以避免斐波那契数列的例子。虽然它对大多数人来说是完全无用的，但它无处不在，因为它是双递归函数（*doubly recursive function*）的最简单示例之一，这意味着一个函数在每一步上调用自己两次。本小节从需求开始，以防读者从未接触过这个函数。

斐波那契数列是一组数，其中每个数是前两个数的和。这是一个递归定义。读者需要一个终止条件，所以完整的要求如下所述。

■ $f(0)=1$。

■ $f(1)=1$。

■ $f(n)=f(n-1)+f(n-2)$。

这是最初的斐波那契数列，其中前两个数等于 1。每个数字应该是它在数列中位置的函数。大多数程序员通常喜欢从 0 开始而不是从 1 开始。读者经常会发现 $f(0)=0$ 的定义，这不是原始斐波那契数列的一部分。但无论如何，这并不能改变这个问题。

为什么这个函数如此有趣？与其现在回答这个问题，不如先来尝试一个简单的实现：

```
fun fibonacci(number: Int): Int =
    if (number == 0 || number == 1)
        1
    else
        fibonacci(number-1) + fibonacci(number-2)
```

现在读者可以编写一个简单的程序去测试这个函数：

```
fun main(args: Array) {
    (0 until 10).forEach {print(" ${fibonacci(it)} ")}
}
```

如果运行了这个测试代码，就会得到前 10 个斐波那契数：

```
1 1 2 3 5 8 13 21 34 55
```

根据对 Kotlin 中递归的了解，读者可能认为这个函数将成功地计算 `n` 的 `f(n)`，最多几千个，然后溢出堆栈。好吧，首先来检查一下。用 `1000` 替换 `10`，看看会发生什么。启动程序，休息一下。当休息结束时，会发现程序仍在运行。它将达到 1836311903 左右，这只是第 47 步（里程数可能会有所不同，甚至可能得到一个负数！）但它永远不会结束。没有堆栈溢出，没有异常——只是似乎永不停止。那么究竟发生什么事了？

问题是，对函数的每个调用都会创建两个递归调用。要计算 `f(n)`，需要 $2n$ 个递归调用。假设函数需要 10ns 才能执行（只是猜测，但很快读者就会发现它不会改变任何东西）。计算 `f(5000)` 需要 $2^{5000}\times 10$ns。知道这需要多长时间吗？这个计划永远不会终止，因为它需要比太阳系（如果不是宇宙）的预测持续时间更长的时间。

要生成一个可用的斐波那契函数，必须更改它，使其使用单尾递归调用。同时，还有一个问题：结果太大了，很快就会出现算术溢出，首先是负数，然后很快变为 `0`。

【练习 4-3】

创建 Fibonacci 函数的尾递归版本。

提示

如果考虑一个基于循环的实现，就像创建 `sum` 函数时一样，读者知道应该使用两个变量来跟踪前面的两个值。然后，这些变量将转换为辅助函数的参数。这些参数的类型为 `BigInteger` 类型，以便计算较大的值。

解决思路

首先确定辅助函数的声明形式。它将使用两个 BigInteger 实例作为参数，一个用于原始参数，它将返回一个 BigInteger：

```
tailrec fun fib(val1: BigInteger, val2: BigInteger, x: BigInteger): BigInteger
```

然后，必须处理终止条件。如果参数为 0，则返回 1：

```
tailrec
fun fib(val1:BigInteger, val2: BigInteger, x: BigInteger): BigInteger =
    when {
        (x == BigInteger.ZERO)-> BigInteger.ONE …
}
```

如果参数为 1，则返回两个参数 val1 和 val2 的和：

```
tailrec
fun fib(val1:BigInteger, val2: BigInteger, x: BigInteger): BigInteger =
    when { (x == BigInteger.ZERO)-> BigInteger.ONE
    (x == BigInteger.ONE)-> val1 + val2 …
}
```

最后，必须处理递归。为此，必须执行以下操作。

- 将 val1 的值赋值为 val2。
- 将前面的两个值相加，创建新的 val2。
- 将参数减去 1。
- 以三个计算值作为参数递归调用函数。

以下是代码描述：

```
tailrec
fun fib(val1:BigInteger, val2: BigInteger, x: BigInteger): BigInteger =
when {
    (x == BigInteger.ZERO)-> BigInteger.ONE
    (x == BigInteger.ONE)-> val1 + val2
    else→fib(val2, val1 + val2, x-BigInteger.ONE)
}
```

两个参数 val1 和 val2 累积结果 fib (n - 1) 和 fib (n - 2)。因此，通常被称为 acc（用于累加器，*accumulator*）。在这里，可以将它们重命名为 acc1 和 acc2。最后要做的是创建用初始参数调用这个辅助函数的主函数，并将辅助函数放在主函数的主体中：

```
fun fib(x: Int):BigInteger {
    tailrec
    fun fib(val1:BigInteger, val2: BigInteger, x: BigInteger): BigInteger =
    when {
      (x == BigInteger.ZERO)-> BigInteger.ONE
      (x == BigInteger.ONE)-> val1 + val2
      else-> fib(val2, val1 + val2, x-BigInteger.ONE)}
      return fib(BigInteger.ZERO, BigInteger.ONE, BigInteger.valueOf(x.toLong()))
}
```

这只是一种可能的实现。可以以稍微不同的方式组织参数、初始值和条件，只要它们正常工作。现在可以调用 fib (10_ 000)，它将在几 ns 内给出结果。但仅仅是因为打印到控制台是一个缓慢的操作所以可能最终需要几十 ms。不管怎样，无论是计算结果（2090 位），还是由于双递归调用转换为单递归调用而导致的速度增加，其结果都令人印象深刻。

4.3.2 对列表抽象递归

递归的一个主要用途是将列表的第一个元素（头部）与对列表的其余部分（尾部）应用相同进程的结果相结合。当读者计算整数列表的和时，已经看到了一个这样的例子，函数定义为：

```
fun sum(list: List<INT>): Int =
    if (list.isEmpty())
        0
    else
        list.head() + sum(list.tail())
```

同样的原理可以应用于任何类型的操作，而不仅仅是整数的加法。读者已经看到了一个示例，其中包括处理字符列表以便从中构建字符串。可以使用相同的技术将任何类型的列表复制到分隔字符串中：

```
fun makeString(list: List<T>, delim: String): String =
    when {
        list.isEmpty()-> ""
        list.tail().isEmpty()->"${list.head()}${makeString(list.tail(),delim)}"
        else->"${list.head()}$delim${makeString(list.tail(), delim)}"
}
```

【练习 4-4】

编写 makeString 函数的尾递归版本（尽量不要查看 sum 的尾递归版本）。

解决思路

需要应用与前一个示例相同的技术：创建一个辅助函数，并使用一个额外的参数来累积结果。如果将这个辅助函数放在主函数中，则可以将其在 delim 参数上关闭，因为它在每个递归步骤中都不会更改：

```
fun <T>makeString(list: List<T>, delim: String): String {
    tailrec fun makeString_(list: List<T>, acc: String): String = when {
        list.isEmpty()-> acc
        acc.isEmpty()-> makeString_(list.tail(), "${list.head()}")
        else-> makeString_(list.tail(), "$acc$delim${list.head()}")
    }
    return makeString_(list, "")
}
```

好吧，这很简单，但是为每个递归函数重复这个过程会很烦琐。读者可以尝试把这个抽象出来。首先要做的是退后一步，看看整个过程。能看出什么？

- 处理给定类型元素列表的函数，返回另一类型的单个值。这些类型可以抽象为类型参数 T 和 U。
- 利用 T 型元素和 U 型元素产生 U 型元素的一种操作。注意，这种操作是从一对元素 (U, T) 到 U 的函数。

这似乎与之前在 sum 函数示例中所用的不同，但实际上是相同的，尽管 T 和 U 是相同的类型（Int）。对于 string 的例子，T 是 Char，U 是 String。对于 makeString 函数，T 已经是泛型，U 是 string。

【练习 4-5】

创建尾部递归函数的通用版本，该函数可用于 sum、string 和 makeString。调用这个 foldLeft 函数，然后根据这个新函数编写 sum、string 和 makeString。

提示

作为附加参数，必须引入类型 U 的初值（对于累加器）和输入（U, T）得到 U 的函数。

解决思路

下面是 foldLeft 函数的实现和三个使用了 foldLeft 抽象修改后的函数：

```
fun <T, U> foldLeft(list: List<T>, z: U, f: (U, T)-> U): U {
    tailrec fun foldLeft(list: List<T>, acc: U): U =
        if (list.isEmpty())
            acc
        else
            foldLeft(list.tail(), f(acc, list.head()))
        return foldLeft(list, z)
}
fun sum(list: List<Int>) = foldLeft(list, 0, Int::plus)
fun string(list: List<Char>) = foldLeft(list, "", String::plus)
fun <T> makeString(list: List<T>, delim: String) =
    foldLeft(list, "") {s, t-> if (s.isEmpty()) "$t" else "$s$delim$t"}
```

在这里创建的函数是无循环编程时最重要的函数之一。这个函数允许以一种安全的堆栈方式抽象共递归，这样就几乎不需要考虑使函数尾递归。但是，有时候需要用相反的方式来做事情，使用递归而不是共递归。

假设有一个字符列表 [a, b, c]，希望只使用前面部分开发的 head 和 tail 以及 prepend 函数来构建字符串"abc"。假设不能按元素的索引访问列表元素，但可以编写以下递归实现：

```
fun string(list: List<Char>): String =
    if (list.isEmpty())
        ""
    else
        prepend(list.head(), string(list.tail()))
```

读者可以用抽象 foldLeft 函数的方法来抽象此代码中的一些内容。可以将 Char 类型抽象为 T 类型，这样函数就可以处理任何类型的列表。读者还可以将 String 返回类型抽象为 U，这样就可以生成任何类型的结果。这样必须将 prepend 函数抽象为一个泛型 (T,U)->U函数。还应将初始值""（空字符串）替换为与此函数对应的类型 U 的 identity 值。

【练习 4-6】

编写这个抽象函数，并命名为 foldRight。然后根据 foldRight 编写 string 函数。

解决思路

写下函数签名，增加 identity 和用于折叠的函数：

```
Fun<T,U> foldRight(list: List<T>, identity: U, f: (T, U)-> U): U =
```

如果列表为空，返回 identity：

```
Fun <T,U> foldRight(list: List<T>, identity: U, f: (T, U) -> U): U =
    if (list.isEmpty())
        identity
```

如果列表不是空的，请使用 string 函数中的相同代码，将 prepend 替换为参数函数：

```
Fun <T,U> foldRight(list: List<T>, identity: U, f: (T, U) -> U): U =
    if (list.isEmpty())
        identity
    else
        f(list.head(), foldRight(list.tail(), identity, f))
```

就这样！现在，可以根据 foldRight 定义 string 函数，方法是使用用泛型类型替换的值来调用函数：

```
fun string(list: List<Char>): String =
    foldRight(list, "", {c, s-> prepend(c, s)})
```

在 Kotlin 中，如果最后一个参数是一个函数，那么把它写在括号外更符合习惯。在这种情况下，函数之前不使用逗号：

```
fun string (list: List<Char>): String =
    foldRight (list, "") {c, s-> prepend (c, s)}
```

注：foldRight 函数是递归而不是尾递归，因此不能使用 TCE 优化。不能创建 foldRight 的真正尾部递归版本。唯一的可能是定义一个函数，返回与 foldRight 相同的结果，但使用左折叠，例如，在反转列表之后。

当使用 Kotlin 的 List 类时，不需要创建 foldRight 和 foldLeft，因为 Kotlin 已经定义了这些函数（尽管 foldLeft 只是简单地称为 fold）。

4.3.3 反转列表

反转列表有时是有用的，尽管就性能而言，这种操作通常不是最优的。寻找其他不需要反转列表的解决方案是更好的选择，但这并不一定可行。其中一种解决方案是使用不同的数据结构，允许从两端访问。

使用基于循环的方式定义一个 reverse 函数很容易：在列表上向后迭代。但是，必须小心，不要弄乱索引：

```
fun <T> reverse(list: List<T>): List<T> {
    val result:MutableList<T> =mutableListOf()
    (list.size downTo 1).forEach {
        result.add(list[it-1])
    }
    return result
}
```

但这不是在 Kotlin 应该使用的方式，因为 Kotlin 在列表类中已经有一个 reversed 函数。

【练习 4-7】

使用折叠定义一个 reverse 函数。

提示

记住，当与长列表一起使用时，函数 foldRight 可能会导致堆栈溢出，因此读者应该尽可能多地使用 foldLeft。与此同时，还应该创建处理列表的 prepend 函数，并在列表前面添加一个元素。别担心性能，这是第 5 章中将要讨论的一个问题。使用 + 运算符使函数可以使用不可变列表。

解决思路

prepend 函数很容易定义，不过有个小技巧。Kotlin 中的 + 运算符允许连接列表或在列表末尾添加元素，但不允许向列表头添加元素。此问题的一个解决方案是首先为要预处理的元素制作一个单条目列表：

```
fun <T> prepend(list: List<T>, elem: T): List<T> = listOf(elem) + list
```

然后，使用这个函数将列表向左折叠。

```
fun <T> reverse(list: List<T>): List<T> =
    foldLeft(list, listOf(), ::prepend)
```

这是可行的，但有点作弊的感觉。读者可以尝试一下定义 reverse 函数而不创建这个单条目列表。

【练习 4-8】

定义 reverse 函数，只使用 + 运算符的追加功能，而不使用串联功能。

提示

本练习需要定义 prepend 函数，而不使用串联。尝试从一个函数开始，通过左折叠复制列表。

解决思路

通过左折叠复制列表很容易：

```
fun <T> copy(list: List<T>): List<T> =
    foldLeft(list, listOf()) {lst, elem-> lst + elem}
```

在列表前面添加元素的 prepend 函数可以由一个累加器对列表左折叠来实现。这个累加器包含要添加的元素而不是空列表：

```
fun <T> prepend(list: List<T>,elem: T): List<T> =
    foldLeft(list, listOf(elem)) {lst, elm-> lst + elm}
```

现在，读者可以对这个新的 prepend 函数使用相同的 reverse 实现：

```
fun <T> reverse(list: List<T>): List<T> =
        foldLeft(list, listOf(), ::prepend)
```

不要在正式生产中使用这些 reverse 和 prepend 的实现代码。这两个代码要遍历整个列表好几次，所以速度很慢。如果使用的是 Kotlin 列表，请使用 List 类中的标准 reversed 函数。在第 5 章中，读者将学习如何创建适用于任何情况的功能不可变列表。

4.3.4　构建共递归列表

程序员一次又一次地做的一件事是构建共递归列表，其中大部分是整数列表。在 Java 中考虑下面的示例：

```
for (int i = 0; i < limit; i++) {
// some processing...
}
```

这段代码由两个抽象组成：一个共递归列表和一些处理。共递归列表是从 0（包括）到 limit（不包括）的整数列表。正如之前所说，使程序更安全的一种方法是，除其他外，将抽象推到极限，这样就可以最大限度地重用代码。首先来抽象这个共递归列表的构造。

共递归列表易于构建。从第一个元素（int i=0）开始，应用所选函数（i->i++）。

读者可以先构造列表，然后将其映射到对应于 some processing... 的函数、函数组合，或作用（effect）。首先使用一个具体的值。考虑这个 Java 示例：

```
for (int i=0; i < 5; i++) {
    System.out.println(i);
}
```

这几乎等同于以下 Kotlin 代码：

```
listOf(0, 1, 2, 3, 4).forEach(::println)
```

列表和结果都被抽象出来了，不过可以进一步进行抽象。

【练习 4-9】

编写一个基于循环的函数实现，该函数使用起始值、限制和函数 x->x+1 生成一个列表。可以调用此 range 函数，它将具有以下函数签名：

```
fun range(start: Int, end: Int): List<Int>
```

解决思路

读者可以使用 while 循环来实现 range 函数：

```
fun range(start: Int, end: Int): List<Int> {
    val result: MutableList<Int> =mutableListOf()
    var index=start
    while (index < end) {
        result.add(index)
        index++
    }
    return result
}
```

【练习 4-10】

编写一个类似范围函数的通用版本，该函数适用于任何类型和任何条件。因为范围的概念只适用于数字，所以称此函数为 unfold，并给它以下函数签名：

```
fun <T> unfold(seed: T, f: (T)-> T, p: (T)-> Boolean): List<T>
```

解决思路

从函数 range 实现开始，程序所要做的是用通用的部分替换特定的部分：

```
fun <T> unfold(seed: T, f: (T)-> T, p: (T)-> Boolean): List<T> {
    val result: MutableList<T> =mutableListOf()
    var elem=seed
    while (p(elem)) {
        result.add(elem)
        elem=f(elem)
    }
    return result
}
```

【练习 4-11】

根据 unfold 函数，实现 range 函数。

解决思路

完成这个练习不难，只需要提供以下几项。

- seed，即 range 的 start 参数。
- 函数 f，即 x->x+1 或等价的 {it+1}。
- 谓词 p，解析为 {x->x<end} 或等价的 {it<end}：

```
fun range(start: Int, end: Int): List<Int> =
    unfold(start, {it+1}, {it < end})
```

共递归和递归具有双重关系。一个是另一个的对应物，所以总是可以将递归过程更改为一个共递归的过程，反之亦然。现在，来做逆过程。

【练习 4-12】

根据本章在前几节中定义的函数，编写 range 函数的递归版本。

提示

现在需要的唯一函数是 prepend，尽管可以选择使用不同函数来完成这个练习。

解决思路

定义递归实现非常简单。可以使用 pretend 函数，将 start 参数添加到 range 函数，保持 end 参数不变，并将 start 参数替换为对其应用 f 函数的结果。代码比用语言解释要容易得多：

```
fun range(start: Int, end: Int): List<Int> =
    if (end <= start)
        listOf()
    else
        prepend(range(start+1, end), start)
```

【练习 4-13】

编写递归版本的 unfold 函数。

提示

同样，根据 range 函数递归实现的方法尝试将其生成。

解决思路

解决方法是很简单的：

```
fun <T> unfold(seed: T, f: (T)-> T, p: (T)-> Boolean): List<T> =
    if (p(seed))
        prepend(unfold(f(seed), f, p), seed)
    else
        listOf()
```

现在可以根据此函数重新定义 range。但是，请注意，unfold 递归函数在经过几千个递归步骤后，将会出现爆栈现象。

【练习 4-14】

可以实现这个函数的尾递归版本吗？在做练习之前，试着从理论上回答这个问题。

提示

考虑一下：unfold 是递归函数还是共递归函数？

解决思路

事实上，unfold 函数是共递归的，就像之前开发的 foldLeft 函数一样。读者可能会想到，可以使用将累加器作为附加参数的辅助函数生成尾递归版本：

```
fun <T> unfold(seed: T, f: (T)-> T, p: (T)-> Boolean): List<T> {
    tailrec fun unfold_(acc: List<T>,
                        seed: T,
                        f: (T)-> T, p: (T)-> Boolean): List<T> =
        if (p(seed))
            unfold_(acc + seed, f(seed), f, p)
        else
            acc
    return unfold_(listOf(), seed, f, p)
}
```

使用局部函数允许通过从辅助函数（f 和 p）中删除常量参数来简化代码，并能够使此函数包含封闭函数参数：

```
fun <T> unfold(seed: T, f: (T)-> T, p: (T)-> Boolean): List<T> {
    tailrec fun unfold_(acc: List<T>, seed: T): List<T> =
        if (p(seed))
            unfold_(acc + seed, f(seed))
        else
            acc
    return unfold_(listOf(), seed)
}
```

4.3.5 严格的后果

这些版本（递归和共递归）都不等同于 for 循环。这是因为即使使用严格的语言，如 Java 和 Kotlin（它们对方法或函数参数都很严格），for 循环，就像大多数控制结构一样，都是惰性的。这意味着，在用作示例的 for 循环中，计算的顺序将是索引、计算、索引、计算等，尽管使用 range 函数将首先计算索引的完整列表，然后再映射函数。

这个问题的出现是因为：不应该为此使用列表。列表是严格的数据结构，但必须从某个地方开始。在第 9 章中，读者将学习如何使用惰性集合来解决这个问题。

4.4 记忆化

4.3.1 节实现了一个函数来显示一系列斐波那契数。这种斐波那契数列实现的一个问题是，如果要打印表示 $f(n)$ 以内的数列的字符串，则必须计算 $f(1)$、$f(2)$、直到 $f(n)$。但是要计算 $f(n)$，必须递归地计算前面所有值的函数。最终，要创建到 n 的序列，将计算 $f(1)$ n次、$f(2)$ $n-1$ 次，依此类推。计算的总数将是 1 到 n 的整数之和。

在这一部分中，读者将了解记忆化是如何起到辅助作用的。记忆化（*Memoization*）是一种将计算结果保存在内存中的技术，因此如果将来必须重新进行相同的计算，可以立即返回结果。能做得更好吗？一种可能是实现一个称为 scan 的特殊函数。本书将在第 8 章中这样做。现在来看另一个解决方案。是否可以将计算出的值保存在内存中，以便在需要多次计算时不必再次计算它们？

4.4.1　在基于循环的编程中使用记忆化

在基于循环的编程中，不会遇到这个问题。显而易见的处理方法如下：

```
fun main(args: Array<String>) {
    println(fibo(10))
}

fun fibo(limit: Int): String =
     when {
        limit < 1 -> throw IllegalArgumentException()
        limit == 1 -> "1"
        else -> {
            var fibo1 = BigInteger.ONE
            var fibo2 = BigInteger.ONE
            var fibonacci: BigInteger
            val builder = StringBuilder("1, 1")
            for (i in 2 until limit) {
                fibonacci = fibo1.add(fibo2)
                builder.append(", ").append(fibonacci)
                fibo1 = fibo2
                fibo2 = fibonacci
            }
            builder.toString()
        }
    }
```

累积目前的结果到累加器中（String Buffer）

为下一次计算存储f(n-1)

为下一次计算存储f(n)

虽然这个程序集中了函数式编程应该避免或解决的大部分问题，但它是有效的，而且比函数式编程效率高得多。原因就在于记忆化。

如之前所说，记忆化是一种将计算结果保存在内存中的技术，这样，如果将来必须重做相同的计算，就可以立即返回结果。应用于函数时，记忆化会使函数记住以前调用的结果，因此如果用相同的参数再次调用这些函数，它们返回结果的速度会更快。

这似乎与之前公开的原则不兼容，因为一个记忆化的函数保持一个可变的状态，这是一个副作用。但它并不兼容，因为当用同一个参数调用函数时，它的结果是相同的（读者可以争辩说，这甚至是一样的，因为它不再计算了）。存储结果的副作用不能从函数外部看到。在传统的编程中，由于保持状态是计算结果的通用方式，记忆化甚至没有被注意到。

4.4.2　在递归函数中使用记忆化

递归函数通常隐式使用记忆化。在递归斐波那契函数的例子中，希望返回序列，因此计算序列中的每个数字，从而导致不必要的重新计算。一个简单的解决方案是重写函数，以便直接返回表示序列的字符串。

【练习 4-15】

编写一个以整数 n 为参数的尾部递归函数，返回一个字符串，该字符串表示从 0 到 n 的斐波那契数列的值，用逗号和空格分隔。

提示

一种解决方案是使用 StringBuilder 实例作为累加器。StringBuilder 是一个可变结构，但从外部看不到这种变化。另一种解决方案是返回数字列表，然后将其转换为 String。这个解决方案更简单，因为这样可以通过首先返回一个列表，然后编写一个函数将列表转换为逗号分隔的字符串来抽象分隔符的问题。

解决思路

清单 4-1 使用链表 List 作为累加器来解决这个问题：

清单 4-1　使用隐式递归求解斐波那契数列

调用 fibo 辅助函数得到斐波那契数列

第一个+号标志表示列表连接操作符，其余代表大整数相加

```
fun fibo(number: Int): String {
    tailrec fun fibo(acc: List<BigInteger>,
                     acc1: BigInteger,
                     acc2: BigInteger, x: BigInteger): List<BigInteger> =
        when (x) {
            BigInteger.ZERO -> acc
            BigInteger.ONE -> acc + (acc1 + acc2)
            else -> fibo(acc + (acc1 + acc2), acc2, acc1 + acc2,
                         x - BigInteger.ONE)
        }
    val list = fibo(listOf(),
                    BigInteger.ONE, BigInteger.ZERO, BigInteger.
    valueOf(number.toLong()))
    return makeString(list, ", ")
}

fun <T> makeString(list: List<T>, separator: String): String =
    when {
        list.isEmpty() -> ""
        list.tail().isEmpty() -> list.head().toString()
        else -> list.head().toString() +
                foldLeft(list.tail(), "") { x, y -> x + separator + y }
    }
```

这个+号标志必须在这行末尾，不能在下一行开头，否则编译出错

通过调用 makestring 将列表格式化为逗号分隔的字符串。这只是一个练习。可以使用标准的 Kotlin函数list.jointostring(",")

4.4.3　使用隐式记忆化

这个例子演示了隐式记忆的用法。不要认为这是解决问题的最佳方法。当从另一个角度来看时，许多问题更容易解决。那么现在从另一角度解决这个问题。

读者可以将斐波那契数列看作一组组的元组（两个元素的元组），而不是一组数字。不是试图生成：

1, 1, 2, 3, 5, 8, 13, 21, …

而是试图将上述数列表示为：

(1, 1), (1, 2), (2, 3), (3, 5), (5, 8), (8, 13), (13, 21), …

在这个数列中，每个元组都可以从前一个元组构造。元组 n 的第二个元素成为第 $n+1$ 个元组的第一个元素。第 $n+1$ 个元组的第二个元素等于第 n 个元组的两个元素之和。在 Kotlin 中，可以为此编写函数：

```
val f = {x: Pair<BigInteger, BigInteger>->
    Pair(x.second, x.first + x.second)}
  }
```

或者使用析构函数声明，如下所示：

```
val f = { (a, b): Pair<BigInteger, BigInteger>-> Pair(b, a+b)}
```

要用共递归函数替换递归函数，需要两个附加函数：map 和 iterate。

【练习 4-16】

定义类似于 unfold 的 iterate 函数，除了在满足某个条件之前递归地调用它自己之外，它调用自己给定的次数。

提示

从 unfold 函数的副本开始，更改最后一个参数和条件。

解决思路

函数不使用谓词，而是使用整数作为第三个参数：

```
fun <T> iterate(seed: T, f: (T)-> T, n: Int): List<T> {
```

该函数使用一个尾部递归辅助函数，该函数与 unfold 使用的函数相同，但条件除外：

```
fun <T> iterate(seed: T, f: (T)-> T, n: Int): List<T> {
    tailrec fun iterate_(acc: List<T>, seed: T): List<T> =
        if (acc.size < n)
            iterate_(acc + seed, f(seed))
        else
            acc
    return iterate_(listOf(), seed)
}
```

【练习 4-17】

定义一个 map 函数(T)->U，将 List<T>中的每个元素转换为 U 类型，生成一个 List<U>。

提示

可以定义尾部递归函数，也可以使用 foldLeft 或 foldRight 定义函数。一个好主意是从定义 reverse 时创建的 copy 函数着手考虑。

解决思路

显式递归解决方案可以是：

```
fun <T, U> map(list: List<T>, f: (T)-> U): List<U> {
    tailrec fun map_(acc: List<U>, list: List<T>): List<U> =
        if (list.isEmpty())
            acc
        else
            map_(acc + f(list.head()), list.tail())
    return map_(listOf(), list)
}
```

重用 foldLeft 更简单、更安全，因为它抽象了递归。回想 copy 函数：

```
fun <T> copy(list: List<T>): List<T> =
    foldLeft(list, listOf()) {lst, elem-> lst + elem}
```

读者所要做的就是在复制过程中将函数参数应用于每个元素：

```
fun <T, U> map(list: List<T>, f: (T)-> U): List<U> =
    foldLeft(list, listOf()) {acc, elem-> acc + f(elem)}
```

【练习 4-18】

定义一个斐波那契函数的共递归版本，生成一个表示前 n 个斐波那契数字的字符串。

解决思路

读者需要使用前两个数字作为一对进行迭代，并使用一个函数计算前一个数字的下一对。这会给出一个对列表。然后，可以使用返回每对第一个元素的函数得到此列表，并将结果列表转换为字符串：

```
fun fiboCorecursive(number: Int): String {
    val seed = Pair(BigInteger.ZERO, BigInteger.ONE)
    val f = {x: Pair<BigInteger, BigInteger>-> Pair(x.second, x.first +
        x.second)}
    val listOfPairs = iterate(seed, f, number + 1)
    val list = map(listOfPairs) {p-> p.first}
    return makeString(list, ", ")
}
```

4.4.4 使用自动记忆化

记忆化不仅用于递归函数，它可以用来加速任何函数。想想乘法的计算步骤，如果要把234乘以686，则可能需要一支笔和一些纸，或者一个计算器。但是如果要将9乘以7，就可以立即回答，而不需要做任何计算，而这就是因为使用了记忆化乘法。

记忆函数的工作原理也是一样的，尽管它需要进行一次计算来保留结果。假设有一个函数 double 将其参数乘以2：

```
fun double(x: Int) = x * 2
```

读者可以通过将结果存储到字典中来实现函数记忆化。下面介绍如何使用涉及测试条件和控制程序流的传统编程技术：

```
val cache = mutableMapOf<Int, Int>()

fun double(x: Int) =
        if (cache.containsKey(x)) {
            cache[x]
        } else {
            val result = x * 2
            cache.put(x, result)
            result
        }
```

使用可变字典来存储结果

查询字典看结果是否已经被计算出来

如果存在，返回结果

将计算结果放入字典中

如果不存在，进行计算

返回结果

在这种特定的情况下，测试和控制流已经被抽象到 computeIfAbsent 函数中：

```
val cache:MutableMap = mutableMapOf()
fun double(x: Int) = cache.computeIfAbsent(x) {it * 2}
```

或者读者可能更倾向于像下面这样的值函数：

```
val double: (Int)-> Int = {cache.computeIfAbsent(it) {it * 2}}
```

但是会产生如下两个问题。

- 必须对所有要记忆的函数重复此修改。
- 使用的映射将暴露在外面。

第二个问题很容易解决。可以把函数（包括 MutableMap）放入一个单独的对象中，同时使用私有访问权限。以下是一个 fun 函数的例子：

```
object Doubler {
    private val cache: MutableMap<Int, Int> = mutableMapOf()
    fun double(x: Int) = cache.computeIfAbsent(x) {it * 2}
}
```

然后，每次要计算值时都可以使用此对象：

```
val y = Doubler.double(x);
```

使用此解决方案，将无法再从外部访问 MutableMap。现在已经解决了第二个问题，那第一个问题该怎么解决呢?

首先从需求开始，执行以下操作：

```
val f: (Int)-> Int = {it * 2}
val g: (Int)-> Int = Memoizer.memoize(f)
```

然后，读者可以使用记忆函数作为原始函数的替换。函数 g 返回的所有值都是第一次通过原始函数 f 计算出来的，并从缓存中返回以供后续所有访问。相比之下，如果创建第三个函数

```
val f: (Int)-> Int = {it * 2}
val g: (Int)-> Int = Memoizer.memoize(f)
val h: (Int)-> Int = Memoizer.memoize(f)
```

g 缓存的值不会由 h 返回；g 和 h 将使用单独的缓存（除非编码对 memoize 函数进行记忆）。

清单 4-2 显示了 Memoizer 类的实现，这非常简单。

清单 4-2　Memoizer 类

```
class Memoizer<T, U> private constructor() {

    private val cache = ConcurrentHashMap<T, U>()

    private fun doMemoize(function: (T) -> U):  (T) -> U =
        { input ->
            cache.computeIfAbsent(input) {     ← 处理计算，必要时调用原始函数
                function(it)
            }
        }

    companion object {

        fun <T, U> memoize(function: (T) -> U): (T) -> U =     ← 返回其函数参数的记忆化版本
            Memoizer<T, U>().doMemoize(function)
    }
}
```

清单 4-3 显示了如何使用这个类。程序模拟了一个长时间计算，以显示记忆函数的结果。

清单 4-3　展示 memoizer

```
fun longComputation(number: Int): Int {     ← 记忆化函数
    Thread.sleep(1000)     ← 模拟长时间计算
    return number
}

fun main(args: Array<String>) {
    val startTime1 = System.currentTimeMillis()
    val result1 = longComputation(43)
    val time1 = System.currentTimeMillis() - startTime1
    val memoizedLongComputation =
        Memoizer.memoize(::longComputation)     ← 经过记忆化处理的函数
    val startTime2 = System.currentTimeMillis()
    val result2 = memoizedLongComputation(43)
    val time2 = System.currentTimeMillis() - startTime2
    val startTime3 = System.currentTimeMillis()
    val result3 = memoizedLongComputation(43)
    val time3 = System.currentTimeMillis() - startTime3
    println("Call to nonmemoized function: result = " +
                "$result1, time = $time1")
    println("First call to memoized function: result = " +
                "$result2, time = $time2")
    println("Second call to nonmemoized function: result = " +
                "$result3, time = $time3")
}
```

运行这个程序产生如下结果：

```
Call to nonmemoized function: result =43, time =1000
First call memoized function: result =43, time =1001
Second call tononmemoized function: result =43, time =0
```

现在，可以通过调用 Memoizer 来将普通函数变成记忆函数，但要在实际产品中使用此技术，必须处理潜在的内存问题。如果可能的输入数量较少，则此代码是可以接受的，可以将所有结果保存在内存中，而不会导致内存溢出。否则，可以使用软引用或弱引用来存储记忆值。

4.4.5 实现多参数函数的记忆化

正如之前所说，在这个世界上没有多个参数的函数。函数表示一个集（源集）和另一个集（目标集）之间的关系，不能有多个参数。具有多个参数的函数可能是以下两种。

- 元组函数。
- 函数返回函数，再返回函数……最终返回结果。

不管是哪种情况，只需要关心一个参数的函数，就可以轻松地使用 Memoizer 对象。

使用元组函数似乎是最简单的选择。读者可以使用 Kotlin 提供的二元组 Pair 类或三元组 Triple 类，或者如果需要将三个以上的元素分组来自定义类。第二个选项要容易得多，但是需要像在“柯里化函数”（第 3 章）一节中所做的那样使用函数的柯里化版本。

记忆柯里化函数很容易，尽管不能像以前那样使用相同的简单形式，但是必须记忆每个函数：

```
val mhc =Memoizer.memoize {x: Int->
    Memoizer.memoize {y: Int->
    x + y
    }
}
```

读者可以使用相同的技术来记忆由三个参数组成的函数：

```
val f3 ={x: Int-> {y: Int-> {z: Int-> x + y-z}}}
val f3m =Memoizer.memoize {x: Int->
    Memoizer.memoize {y: Int->
        Memoizer.memoize {z: Int-> x + y-z}
    }
}
```

清单 4-4 显示了一个使用三个参数测试记忆函数的示例。

清单 4-4　用三个参数测试函数记忆化

```
val f3m =Memoizer.memoize {x: Int->
    Memoizer.memoize {y: Int->
        Memoizer.memoize {z: Int->
            longComputation(z)-(longComputation(y) + longComputation(x))
        }
    }
}
fun main(args: Array<String>) {
    val startTime1 =System.currentTimeMillis()
```

```
    val result1 = f3m(41)(42)(43)
    val time1 = System.currentTimeMillis()-startTime1
    val startTime2 = System.currentTimeMillis()
    val result2 = f3m(41)(42)(43)
    val time2 = System.currentTimeMillis()-startTime2
    println("First call to memoized function: result = " +
          "$result1, time = $time1")
    println("Second call to memoized function: result = " +
          "$result2, time = $time2")
}
```

这段程序产生以下输出：

```
First call tomemoized function: result = -40, time = 3003
Second call tomemoized function: result = -40, time = 0
```

此输出显示，对记忆化函数的第一次访问花费了 3003ms，第二次访问立即返回。

另一方面，在定义 Tuple 类之后，使用元组函数似乎更容易，因为这样可以使用一个 data 类，Kotlin 将自动为其提供 equals 和 hashCode 函数。以下示例显示了 Tuple4 的实现（如果只需要 Tuple2 或 Tuple3，则可以使用 Pair 或 Triple 类）：

```
data classTuple4<T, U, V, W>(val first: T,
                             val second: U,
                             val third: V,
                             val fourth: W)
```

清单 4-5 显示了一个以 Tuple4 为参数测试记忆化函数的示例。

清单 4-5　使用 Tuple4 作为参数的记忆化函数

```
val ft = {(a, b, c, d):Tuple4<Int, Int, Int, Int>->
    longComputation(a) + longComputation(b)
        -longComputation(c) * longComputation(d)}
val ftm = Memoizer.memoize(ft)
fun main(args: Array<String>) {
    val startTime1 = System.currentTimeMillis()
    val result1 = ftm(Tuple4(40, 41, 42, 43))
    val time1 = System.currentTimeMillis()-startTime1
    val startTime2 = System.currentTimeMillis()
    val result2 = ftm(Tuple4(40, 41, 42, 43))
    val time2 = System.currentTimeMillis()-startTime2
    println("First call to memoized function: result = " +
        "$result1, time = $time1")
    println("Second call to memoized function: result = " +
        "$result2, time = $time2")
}
```

4.5　记忆函数纯吗？

记忆化维护函数调用之间的状态。记忆化函数的行为取决于当前状态，但对于同一个参数，它总是返回相同的值，只是返回值所需的时间不同。如果原始函数是纯函数，则记忆化函数依然是纯函数。

时间的变化可能是个问题。像原来的斐波那契函数那样需要很多年才能完成的函数可以称为非终止函数（*non-terminating*），因此时间的增加会产生问题。另一方面，使函数更快不应该是真正的问题。如果是的话，其他地方会有更大的问题！

4.6　本章小结

- 递归函数调用自身，将对自身的调用用作进一步计算的元素。
- 递归函数在递归调用自己之前将当前计算状态推送到堆栈上。
- Kotlin 默认堆栈大小受到限制。如果递归步骤的数目太多，将发生堆栈溢出异常。
- 尾部递归函数是递归调用位于最后（尾部）位置的函数。
- 在 Kotlin 中，尾递归函数使用尾调用消除进行优化。
- Lambda 表达式可以递归。
- 记忆化允许函数记住其计算结果，以加快以后的访问速度。
- 记忆化可以自动进行。

第 5 章 用列表处理数据

在本章中

- 对数据结构进行分类。
- 使用无处不在的单链表。
- 理解不变的重要性。
- 使用递归和函数处理列表。

数据结构是编程和日常生活中最重要的概念之一。世界是一个由简单的数据结构组成的巨大的数据结构，而这些简单的数据结构又由更简单的结构组成。每次建模时，无论是对象还是实体，最终都会得到数据结构。

数据结构有多种类型。在计算机中，数据结构通常指代多次出现的指定常见数据类型的一个整体，用术语集合（*collections*）表示。集合是一组相互之间具有某种关系的数据项。在最简单的形式中，这种关系是它们属于同一个组。

本章介绍了数据结构以及如何实现自己的单链表。Kotlin 有自己的列表，既有可变列表也有不可变列表。但是，Kotlin 中的不可变列表并不是真正不可变的，并且它并不实现数据共享，这使得诸如添加和删除元素等操作的效率降低。在本章中开发的不可变列表对于栈操作更高效，而且它是不可变的。

5.1 如何对数据集合进行分类

数据结构是一个结构化的数据块。数据集合是数据结构的一个特定类别。数据集合可以从许多不同的角度进行分类。可以在线性集合、关联集合和图形集合这些类别中对数据集合进行分类。

- 线性集合是元素沿单个维度关联的集合。在这样的集合中，每个元素都与下一个元素有关系。线性集合最常见的例子是列表。
- 关联集合是可以作为函数看待的集合。对于对象 o，函数 $f(o)$ 根据该对象是否属于集合返回 `true` 或 `false`。与线性集合不同，关联集合的元素之间没有关系。这些集合没有经过排序，尽管可以定义元素的顺序。关联集合最常见的例子是集合和关联数组

(也称为映射或字典)。本书将在第 11 章中介绍映射的功能实现。

- 图是每个元素与多个其他元素相关的集合。一个特殊的例子是树，更具体地说是二叉树，其中每个元素都与另外两个元素相关。本书将在第 10 章介绍更多关于树的知识。

5.2 不同类型的列表

本章将重点介绍最常见的线性集合类型：列表。列表是程序设计中使用最广泛的数据结构，一般用于介绍许多与数据结构相关的概念。

重要提示：在本章中学习到的内容并不仅限于列表，还包含许多其他的数据结构（可能不是集合)。

列表可以根据几个不同的方面进行进一步分类。

- 访问——可以只从一端访问一些列表，也可以从两端访问其他列表。列表可以从一端写入然后从另一端读取。对于一些列表，如果可以使用它在列表中的位置访问任何元素，这个位置也称为它的索引（*index*)。
- 排序类型——在一些列表中，元素的读取顺序与它们插入的顺序相同。这种结构被称为 FIFO（先进先出)。对于其他的列表，读取顺序与插入顺序相反（LIFO，后进先出)。一些列表允许以完全不同的顺序检索元素。
- 实现——访问类型和排序的概念与列表的实现密切相关。如果通过将每个元素链接到下一个元素来表示列表，则会得到与通过数组下标访问完全不同的结果。此外，如果选择将每个元素链接到下一个元素和上一个元素，将得到一个可以从两端访问的列表。

图 5-1 显示了提供不同访问形式的不同类型的列表。此图显示了每种列表类型背后的原理，但不显示实现这些列表的方式。

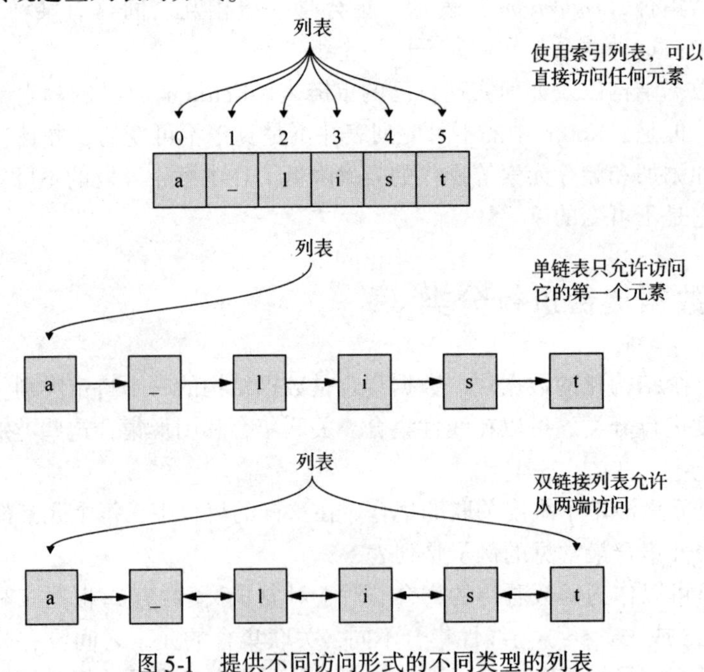

图 5-1　提供不同访问形式的不同类型的列表

5.3　相对期望列表性能

选择列表类型时的一个重要标准是各种操作的预期性能。性能通常用 O 符号表示。这个符号主要用于数学，但当用于计算时，它代表了当响应输入的大小变化时算法变化的复杂度。当用来描述列表操作的性能时，这个符号显示了性能如何根据一个列表长度的函数而变化。例如，考虑以下性能。

- $O(1)$——操作所需的时间是常数（n 个元素所需的时间与一个元素所需的时间相同）。
- $O(\log(n))$——对 n 个元素执行操作的时间是一个元素的时间乘以 $\log(n)$。
- $O(n)$——n 个元素的时间是一个元素时间乘以 n。
- $O(n^2)$——n 个元素的时间是一个元素时间乘以 n^2。

对于所有类型的操作，最好创建具有 $O(1)$ 时间复杂度的数据结构。不幸的是，这目前还不现实。每种类型的列表为不同的操作提供不同的复杂度。索引列表为数据检索提供 $O(1)$ 的复杂度，为插入提供接近 $O(1)$ 的复杂度。单链表在一端检索和插入的复杂度为 $O(1)$，另一端为 $O(n)$。

选择最佳结构是一个折中的过程。通常，对于最频繁的操作，需要 $O(1)$ 的复杂度，对于一些不经常发生的操作，不得不接受 $O(\log(n))$ 甚至 $O(n)$ 的复杂度。

请注意，这种测量性能的方法对于可以无限缩放的结构具有实际意义。对于实际操作的数据结构并非如此，因为这些结构的大小受可用内存的限制。由于这种大小限制，具有 $O(n)$ 访问时间的结构可能总是比具有 $O(1)$ 的结构更快。对于一个元素，如果具有 $O(n)$ 复杂度的结构消耗时间非常短，那么内存的限制会降低第二个结构的性能。通常情况下，访问时间为 1ns 的 $O(n)$ 复杂度比时间为 1ms 的 $O(1)$ 复杂度要好（后者仅在元素个数超过 100 万时比前者快）。

5.3.1　用时间来交换内存空间和复杂性

数据结构的选择通常是一个空间与时间的权衡问题。根据操作的频率，会选择一个在某些操作上速度更快但在其他操作上速度较慢的实现。但在权衡时间时，还有其他的决定要做。

假设读者想要一个结构，其中的元素可以以从小到大的顺序读取。可以选择在插入时对元素进行排序，或者在获取元素时存储它们，并仅在检索时搜索最小的元素。在决定使用哪一种时，一个重要的标准是是否从结构中系统地删除检索到的元素。如果不删除的话，可以多次访问它。在这种情况下，最好在插入时对元素进行排序，以避免在读取时对它们进行多次排序。这个用例就是所谓的优先级队列（*priority queue*），在这个队列中，读者等待的是一个给定的元素。读者可以多次测试队列，直到返回预期的元素。这种用例要求在插入时对元素进行排序。

但是，如果读者希望通过几个不同的顺序访问元素，该怎么办？例如，读者可能希望访问元素时的顺序与插入元素时相同或相反。结果可能与图 5-1 中的双链接列表相对应。在这种情况下，元素应该在读取时进行排序。

读者可能喜欢这种顺序，其从一端到另一端是 $O(1)$ 的访问时间，而从另外一端反向遍

历是 $O(n)$ 的时间；或者发明一个不同的结构，从两端遍历都是 $O(\log(n))$ 的访问时间。另一种解决方案是存储两个列表，一个按插入顺序存储，另一个按相反顺序存储。这样，插入时间会变慢，但从两端都是 $O(1)$ 的访问时间。不过这种方法可能会使用更多的内存，因此选择正确的结构也是一个时间与内存空间的权衡问题。

但读者也可以发明一些结构，从两端最小化插入时间和检索时间。这些类型的结构已经被发明出来了，读者只需要实现它们，但是这些结构比最简单的结构要复杂得多，所以可以用时间来换取复杂性。

5.3.2 避免就地更新

大多数数据结构都会随着时间的推移而变化，因为元素会被插入或删除。要处理这些操作，可以使用两种方法。第一个是就地更新（*update in place*）。

就地更新包括通过改变结构本身来更改数据结构的元素。当所有程序都是单线程时(尽管不是这样)，可以被认为是一个好的主意。但是现在所有的程序都是多线程的，这不仅包括元素的替换，其余操作如添加、删除、排序及所有改变结构的操作都是一样的。如果允许程序改变数据结构，复杂的保护没有办法及时进行，那么这些结构就很难共享，从而导致死锁、活锁、线程饥饿、数据过期以及各种各样的问题。

就地更新（Update in place）：

在一篇 1981 年的名为“交易的概念：优点和局限性”的文章中，Jim Gray[⊖]写道：

就地更新：一个毒苹果？

当会计人员用泥板、纸和墨水记账时，就制定了一些有关良好会计行为的明确规则。其中一个基本规则是复式记账，这样计算时就可以进行自我检查，从而使计算“快速失败”，即意味着在提交时就可以检测到错误，而不是在很长时间后检查时才出现错误（或者根本不显示错误）。第二条规则是，一个人永远不能改变记账本；如果出现错误，将对其进行注释，并在记账本中添加一个新的补偿条目。这些记账本是有关商业交易的全部历史记录……

解决办法是什么？使用不可变的数据结构。许多程序员第一次看到时都感到震惊。如果不能改变数据结构，那么如何使用它们呢？毕竟，通常从空结构开始，并希望向它们添加数据。如果这些是不变的，怎么做到这一点呢？

答案很简单。与复式记账一样，可以创建新数据来表示新状态，而不是更改以前存在的内容。不用将元素添加到现有列表中，而是使用添加的元素创建一个新列表。主要的好处是，如果另一个线程在插入时操作列表，那么列表不会受到更改的影响，因为列表对其不可见。一般来说，这一概念立即引发了两个争议点。

- 如果更改对另一个线程不可见，它将处理陈旧的数据。
- 如果使用添加的元素创建列表的新副本是一个耗时且占用内存的过程，则不可变的数据结构会导致性能低下。

⊖ Jim Gray, “The transaction concept: virtues and limitations,” Technical Report 81.3 (Tandem Computers, June 1981), http://www.hpl.hp.com/techreports/tandem/TR-81.3.pdf.

这两个论点都是错误的。事实上，处理陈旧数据的线程就像开始读取数据时那样处理数据。如果在操作完成后插入一个元素，就没有并发问题。但是，如果在操作过程中发生插入，那么可变数据结构会发生什么情况呢？可能它不会受到并发访问的保护，数据可能被破坏，或者结果出错（也可能两者都是）；或者某些保护机制会锁定数据，将插入延迟到第一个线程完成操作之后。在第二种情况下，最终结果将与不可变结构完全相同。

如果在每次修改中使用数据结构来表示一个完整的副本，那么关于性能的反对意见是正确的，这就是 Kotlin 不可变列表的情况。然而，这个问题很容易通过使用实现数据共享的特殊结构来解决，正如本章将展示的。

5.4 Kotlin 有哪些可用列表

Kotlin 提供两种类型的列表：可变和不可变。这两种列表都由 Java 列表支持，但多亏了 Kotlin 的扩展功能系统，它们拥有了大量用于增强性能的函数。

可变列表像 Java 列表一样。可以通过添加、插入或删除元素来改变列表；在这种情况下，列表的早期版本将丢失。另一方面，不可变列表不能被修改，至少通过直接操作是无法修改的。向不可变列表中添加元素将创建一个添加了新元素的原始列表副本。但是，对于某些操作来说，性能并不是最佳的，因为这些列表本质上不是持久的。它们被迫使用一种称为防御拷贝（*defensive copy*）的技术。虽然“防御拷贝”一词意味着通过一个副本来防御来自其他线程的并发突变，但它也可以用于防御其他线程的自身突变。

是否需要比 Kotlin 提供的列表更高效的不变列表，这是有争议的。这主要取决于用例。如果需要一个像栈一样的高性能、不可变的后进先出结构，则毫无疑问需要比 Kotlin 不可变列表更高效的东西。但是在任何情况下，即使不需要高性能的后进先出列表，如果想编写更安全的程序，学习如何创建它也是非常重要的。为处理不可变持久化列表而创建的每个函数都将丰富该主题的基本知识。

5.4.1 使用持久数据结构

正如本章所说，在插入元素之前复制数据结构是一项耗时的操作，这会导致性能低下。但是，如果使用数据共享（即 *data sharing*，这是不可变持久化数据结构所基于的技术），则情况并非如此。图 5-2 显示了如何删除和添加元素，以创建一个新的、具有最佳性能的新的

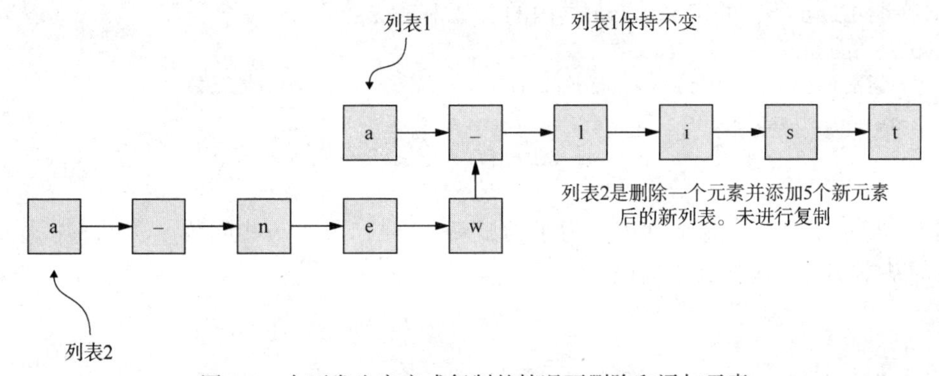

图 5-2　在不发生突变或复制的情况下删除和添加元素

不可变单链表。

如图所示，过程中没有复制发生。这样的列表对于删除和插入元素可能比可变列表更高效。但是，实际上功能性数据结构（不可变的和持久的数据结构）并不总是比可变的慢，它们时常甚至更快（尽管它们可能在一些操作中更慢），但无论在那种情况下它们都更加安全。

5.4.2 实现不可变的、持久的单链表

图 5-1 和图 5-2 所示的单链表结构是理论上的。列表无法以这种方式实现，因为元素之间无法链接。只有特殊元素才能进行链接，并且列表最好能够存储任何类型的元素。解决方案是设计一个由以下内容组成的递归列表结构。

- 将列表的第一个元素，称为头元素（*head*）。
- 列表的其余部分，它本身就是一个列表，称为尾部（*tail*）。

目前已经遇到了一个由两个不同类型的元素组成的泛型元素：`Pair`。实际上，A 类型元素的单链表是一个 `Pair<A, List<A>>`。`Pair` 类无法被继承，但可以定义自己的类：

```
open class Pair<A, B>(val first: A, val second: B)
class List<A>(val head: A, val tail: List<A>): Pair<A, List<A>>(head, tail)
```

但正如在第 4 章中所解释的，这需要一个终止情况，就像在每个递归定义中所做的那样。按照惯例，这个终止情况称为 `Nil`，对应于空列表。因为 `Nil` 没有头也没有尾，所以不是 `Pair`。对列表的新定义如下。

- 空列表（`Nil`）。
- 一对元素和一个列表。

创建一个具有 `head` 和 `tail` 属性的特定 `List` 类，而不是使用一个包含 `first` 和 `second` 属性的 `Pair`。这样就简化了对 `Nil` 的处理。可以将 `Nil` 声明为一个 `object`，这意味着它将是一个单例，因为空列表只需要一个实例。在这种情况下，将其创建为一个 `List<Nothing>`，可以被强制转换为任何列表类型。这些元素可以定义为

```
open class List<A>
object Nil : List<Nothing>()
class Cons<A>(private val head: A, private val tail: List<A>): List<A>()
```

但是这里有一个主要的缺点：任何人都可以扩展 `List` 类，这可能导致列表的实现不一致，任何人都可以访问 `Nil` 和 `Cons` 子类，这些子类不应该公开实现细节。解决方案是用 `sealed` 声明 `List` 类，并定义 `List` 类内的 `Nil` 和 `Cons` 子类：

```
sealed class List<A> {
    internal object Nil: List<Nothing>()
    internal class Cons<A>(private val head: A,
                           private val tail: List<A>): List<A>()
}
```

图 5-3 显示了第一个完整列表。为了尝试新 `List`，需要一些函数。清单 5-1 显示了这个列表的基本实现，包括其中的函数。

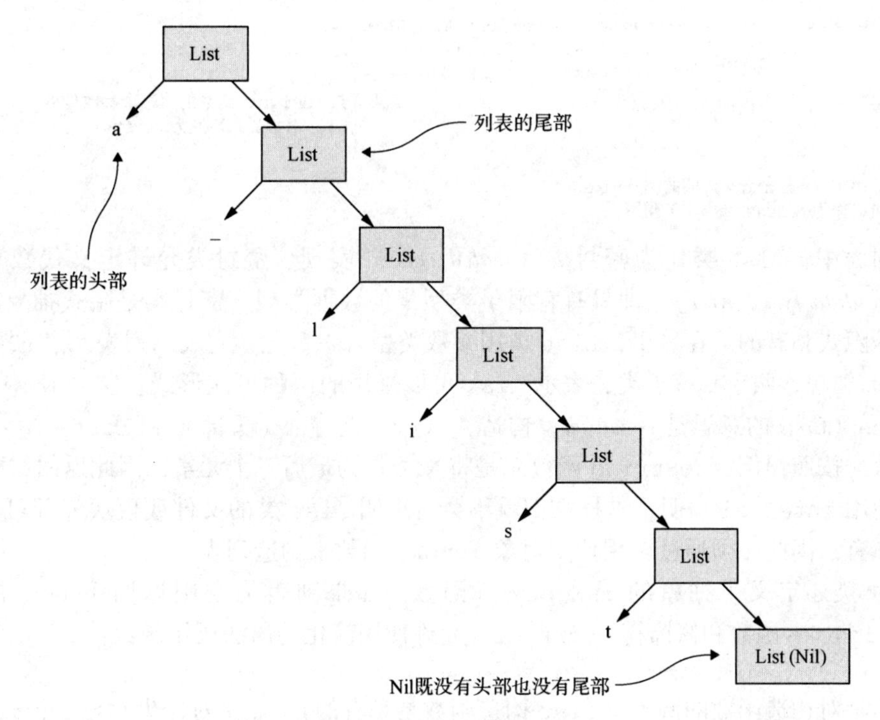

图 5-3　单链表实现的表示

清单 5-1　单链表

```
sealed class List<A> {                          // 密封类是隐式抽象的，其构造函数是隐式私有的

    abstract fun isEmpty(): Boolean             // 抽象的 isEmpty 函数在每个扩展类中有不同的实现

    private object Nil : List<Nothing>() {      // Nil子类表示空列表；扩展类在列表类内定义，并成为私有类

        override fun isEmpty() = true

        override fun toString(): String = "[NIL]"
    }

    private class Cons<A>(
            internal val head: A,
            internal val tail: List<A>) : List<A>() {   // Cons子类表示非空列表

        override fun isEmpty() = false

        override fun toString(): String = "[${toString("", this)}NIL]"

        tailrec private fun toString(acc: String, list: List<A>): String =
            when (list) {                                // toString函数是作为一个共递归函数实现的（如第4章所述）
                is Nil -> acc
                is Cons -> toString("$acc${list.head}, ", list.tail)
            }
    }

    companion object {

        operator
```

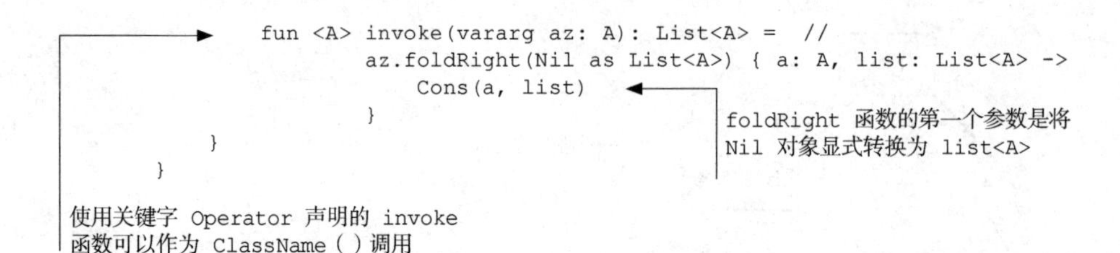

fun <A> invoke(vararg az: A): List<A> = //
az.foldRight(Nil as List<A>) { a: A, list: List<A> ->
Cons(a, list)
}
}
}
foldRight 函数的第一个参数是将
Nil 对象显式转换为 list<A>
使用关键字 Operator 声明的 invoke
函数可以作为 ClassName( )调用

在列表中，List 类作为密封类（*sealed class*）实现。密封类允许定义代数数据类型（*algebraic data type*，*ADT*），即具有有限子类型集的数据类型。密封类是隐式抽象的，其构造函数是隐式私有的。在这里，List 类用参数类型 A 参数化，它表示列表元素的类型。

List 类包含两个私有子类，表示 List 可以采用的两种可能形式：空列表 Nil 和非空列表 Cons（*Cons* 的意思是 *construct*，构造）。Cons 类将 A（头部）和 List <A>（尾部）作为参数。按照惯例，toString 函数总是将 NIL 作为最后一个元素，因此返回 [NIL]。这些参数使用 internal 声明，这样它们就不会对声明 List 类的文件或模块外部可见。子类已设为私有，因此必须通过调用伴生对象 invoke 函数来构造列表。

List 类还定义了抽象的 isEmpty() 函数，如果列表为空则返回 true，否则返回 false。invoke 函数和修饰符 operator，允许使用简化的语法调用函数：

```
val List<Int> list = List(1, 2, 3)
```

这不是对构造函数的调用（List 构造函数是私有的），而是对伴生对象 invoke 函数的调用。此列表中的 foldRight 函数是用于数组和集合的标准 Kotlin 函数。已经在第 4 章中定义了这样一个函数，本章后面将介绍更多关于它的信息。

5.5 列表操作中的数据共享

不可变的持久数据结构（如单链表）的一个巨大好处是数据共享带来的性能提升。可以看到访问列表的第一个元素是即时的。这是一个关于 head 属性的问题。删除第一个元素同样快速。接下来所要做的就是返回 tail 属性的值。现在来看看如何使用附加元素获取新列表吧。

【练习 5-1】

实现函数 cons，在列表的开头添加元素（记住 *cons* 代表 *construct*，构造）。

提示

对于这两个子类，这个函数可以有相同的实现，因此可以将它定义为 List 中的一个具体函数。

答案

此函数创建一个新列表，使用当前列表作为尾部，新元素作为头部：

```
fun cons(a: A): List<A> = Cons(a, this)
```

【练习 5-2】

实现 setHead，一个用新值替换 List 第一个元素的函数。

提示

由于不能更改空列表的头，因此在这种情况下，应该抛出一个异常（在下一章中，将介绍如何安全地处理此案例）。

答案

可以在 List 类中实现此函数，利用 when 构造和智能强制转换：

```
fun setHead(a: A): List<A> =when (this) {
    Nil-> throw IllegalStateException("setHead called on an empty list")
    is Cons-> tail.cons(a)
    }
}
```

正如所看到的那样，不需要显式地将 List 强制转换为 Nil 和 Cons。这是由 Kotlin 自动完成的。还要注意，由于使用了密封类，所以不需要 else 子句。Kotlin 认为所有子类都被处理过。

如果读者以前是 Java 程序员，可能不喜欢这种编程风格。这里，is 等同于使用 Java 中的 instanceof，这通常是不推荐的。然而，在 Java 中使用 instanceof 不存在什么本质上的错误。不推荐这种操作是因为它不面向对象。

注： Kotlin 不仅是面向对象编程（OOP）语言，它还是一种多范式语言，有利于使用正确的工具。总之，读者可以选择自己喜欢的方式。

另一方面，只是因为不被禁止而使用类型检查也不是一个好的选择。使用正确的工具来完成工作可能会更好，比如在合适的时候使用 OOP 技术。这里是这种情况吗？乍一看，它似乎不是。首先得弄清楚为什么在父 List 类中创建一个抽象的 setHead 函数，而在 Nil 和 Cons 中使用单独的实现：

```
sealed class List<A> {
    abstract fun setHead(a: A): List<A>
    private object Nil: List<Nothing>() {
        override fun setHead(a: Nothing): List<Nothing> =
            throw IllegalStateException("setHead called on an empty list")
            ...
}
private class Cons<A>(internal val head: A,
                      internal val tail: List<A>) : List<A>() {
        override fun setHead(a: A): List<A> =tail.cons(a)
...
```

这似乎没问题，但事实并非如此。如果试图在空列表中调用 setHead，将得到一个 ClassCastException，而不是预期的 IllegalStateException。这是因为当 Nil 类的 setHead 函数接收到 A 时，它被强制转换为 Nothing，因为 Nothing 是 setHead 函数实现的参数类型。这会导致 ClassCastException，因为 Nothing 不是 A 的父类型（相反，A 是 Nothing 的父类型）。可以使用 Nothing 类型来编译代码，但不能在运行时将其实例化。因此，使用 Nothing 作为参数类型的函数不能被调用。

这意味着不能在 List 类中将 setHead 作为抽象函数实现吗？并不是。一个简单的方法是声明一个抽象的 Empty<A>类，然后用一个 Nil<Nothing>对象实现这个类。如果需要定义很多函数，并且函数将 A 作为参数，那么这会是一个更好的选择。但是现在，setHead 和 cons 都只有一个。另外，cons 函数对于两个子函数可以使用相同的实现，所以可以保持现状。第 11 章将使用一个带有单例对象实现的抽象类来表示空树。

5.6 更多列表操作

可以依靠数据共享以高效的方式实现各种其他操作——通常比使用可变列表更高效。在本节的其余部分中，将介绍基于数据共享向链接列表添加功能的方法。

【练习 5-3】

返回列表的 `tail` 属性与删除第一个元素具有相同的效果，尽管没有发生突变。编写一个更通用的函数 `drop`，它从列表中删除前 *n* 个元素。此函数不会删除元素，但会返回与预期结果对应的新列表。此列表不会是新列表，因为将使用数据共享，不会创建任何内容。图 5-4 显示了应该如何处理。

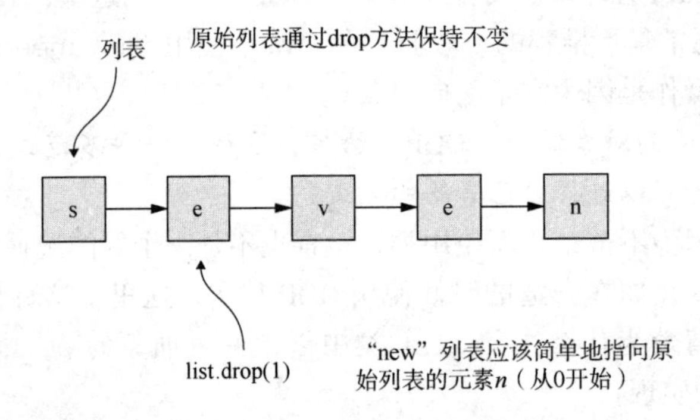

图 5-4　在不改变或创建任何内容的情况下删除列表的前 *n* 个元素

函数签名如下：

```
fun drop(n: Int): List<A>
```

如果 *n* 大于列表的长度，只返回一个空列表（读者可能更喜欢调用函数 `dropAtMost`）。

提示

应该使用共递归来实现 `drop` 函数。可以在 `List` 类中使用 `Nil` 和 `Cons` 中的两个不同实现来实现抽象函数。或者有更好的解决方案？

答案

在 `List` 类中实现抽象函数似乎很简单。在函数签名前添加 `abstract` 关键字，`Nil` 中的实现返回 `this`。`Cons` 中的递归实现可以是

```
override fun drop(n: Int): List<A> = if (n == 0) this else tail.drop(n - 1)
```

但如果列表足够长的话，这将使栈的 *n* 值高于几千（介于 10000 和 20000 之间）。正如在第 4 章中看到的，应该通过添加一个额外的参数将递归更改为共递归。这似乎很简单，可能会想到以下解决方案：

```
override fun drop(n: Int): List<A> {
    tailrec fun drop(n: Int, list: List<A>): List<A> =
                    if (n <= 0) list else drop(n - 1, list.tail())
    return drop(n, this)
}
```

但是，如果 *n* 大于此列表的长度，则此方法无效。使用共递归可以防止终止情况使用 `Nil` 实现。在这种情况下，需要显式测试 `Nil`，而不能依赖多态。但不依赖于多态意味着不

必在 List 类中使用两个不同的实现声明抽象函数。List 类中的以下函数将执行这些操作：

```
fun drop(n: Int): List<A> {
    tailrec fun drop(n: Int, list: List<A>): List<A> =
        if (n <=0) list else when (list) {
            is Cons-> drop(n-1, list.tail)
            is Nil-> list
        }
    return drop(n, this)
}
```

5.6.1 标注的益处

把函数放在类中是一种选择，还可以在包级别的类外部定义函数。正如之前所提到的，在类中声明函数与向其参数中添加 this 函数完全相同。因此，可以将 drop 函数定义为

```
class List<A> {
    ...
}
    fun <A> drop(aList: List<A>, n: Int): List<A> {
        tailrec fun drop_(list: List<A>, n: Int): List<A> =when (list) {
            List.Nil-> list
            is List.Cons-> if (n <=0) list else drop_(list.tail, n-1)
        }
        return drop_(aList, n)
    }
```

可以看到辅助函数不再是必需的，因为它与主函数具有完全相同的函数签名：

```
class List<A> {
    ...
}
tailrec fun drop(list: List<A>, n: Int): List<A> =when (list) {
    List.Nil-> list
        is List.Cons-> if (n <=0) list else drop(list.tail, n-1)
}
```

此方法的一个缺点是必须声明 Nil 和 Cons 类为 internal 而不是 private，因为与 Java 不同，封闭类不能访问私有内部类或嵌套类。不过没什么大不了的。这可以通过在类伴生对象（*class companion object*）中声明函数来解决：

```
companion object {
    tailrec fun <A> drop(list: List<A>, n: Int): List<A> =when (list) {
        Nil-> list
        is Cons-> if (n <=0) list else drop(list.tail, n-1)
    }
    ...
}
```

使用此解决方案，可以通过在其名称前加上类的名称来调用该函数，Java 程序员在调用静态函数时也是如此：

```
fun main(args: Array<String>) {
```

```
    val list = List(1, 2, 3)
    println(List.drop(list, 2))
}
```

或者，可以导入该函数。另一方面，实例函数通常比在包级别或伴生对象中定义的函数更容易使用。这是因为实例函数允许使用对象表示法来组合函数调用，这使代码更容易阅读。例如，如果要删除整数列表的两个元素，将结果的第一个元素替换为0，则可以使用包级函数：

```
val newList = setHead(drop(list, 2), 0);
```

每次向进程添加一个函数时，函数名称都会添加到左侧，除了列表本身之外，其他参数也会添加到右侧，如图 5-5 所示。

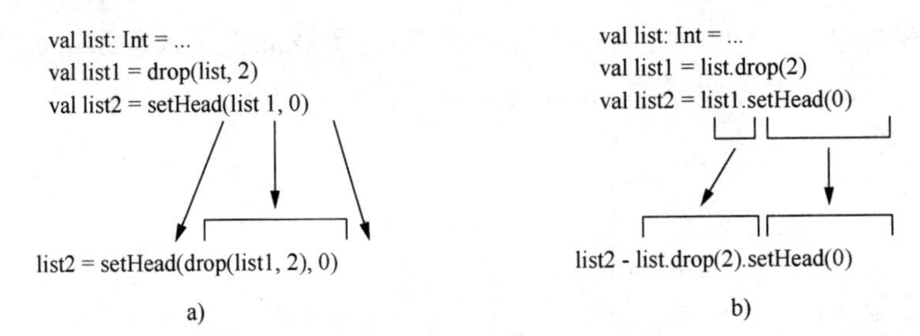

图 5-5　没有对象表示法和使用对象表示法的对比

a）没有对象表示法，组合函数可能难以阅读　b）使用对象表示法会产生更易读的代码

使用对象表示法使代码更容易阅读：

```
val newList = list.drop(2).setHead(0);
```

作为库设计师，最好的选择可能是提供这两种可能性。鉴于已经将该函数放在伴生对象中，添加实例版本就像这样简单：

```
fun drop(n: Int): List<A> = drop(this, n)
```

其实不需要一个辅助函数（或者读者可能会认为伴生对象中的函数是辅助函数），并且在每个子类中也不需要特定的实现。如果不希望从外部访问伴生对象中的函数，可以将其设置为私有。在这种情况下，也可以将它放在列表类中，然后回到起点。

至于选择哪种解决方案的问题，没有唯一的答案。这取决于选择何种适合需求或风格的解决方案。但是，使用较少代码的解决方案通常是可取的，因为拥有的代码越多，需要维护的代码就越多。除此之外，需要尽量减少可见部分。

【练习 5-4】

实现一个 dropWhile 函数，只要条件为真就从 List 的头删除元素。以下是函数的签名：

```
fun dropWhile(p: (A) -> Boolean): List<A>
```

答案

假设选择了伴生对象方法，以下是辅助函数的实现：

```
private
    tailrec fun <A> dropWhile(list: List<A>,
                              p: (A) -> Boolean): List<A> = when (list) {
        Nil -> list
        is Cons -> if (p(list.head)) dropWhile(list.tail, p) else list
    }
```

List 类中的以下实例函数调用辅助函数：

```
fun dropWhile(p: (A)-> Boolean): List<A> =dropWhile(this, p)
```

5.6.2　连接列表

列表上的常见操作包括向另一个列表添加一个列表，以形成包含两个列表所有元素的新列表。两个列表无法直接连接，但可以通过将一个列表的所有元素添加到另一个列表中实现。不过元素只能添加到列表的前面（头部），因此，如果要将 list1 连接到 list2，则必须首先将 list1 的最后一个元素添加到 list2 的前面，如图 5-6 所示。

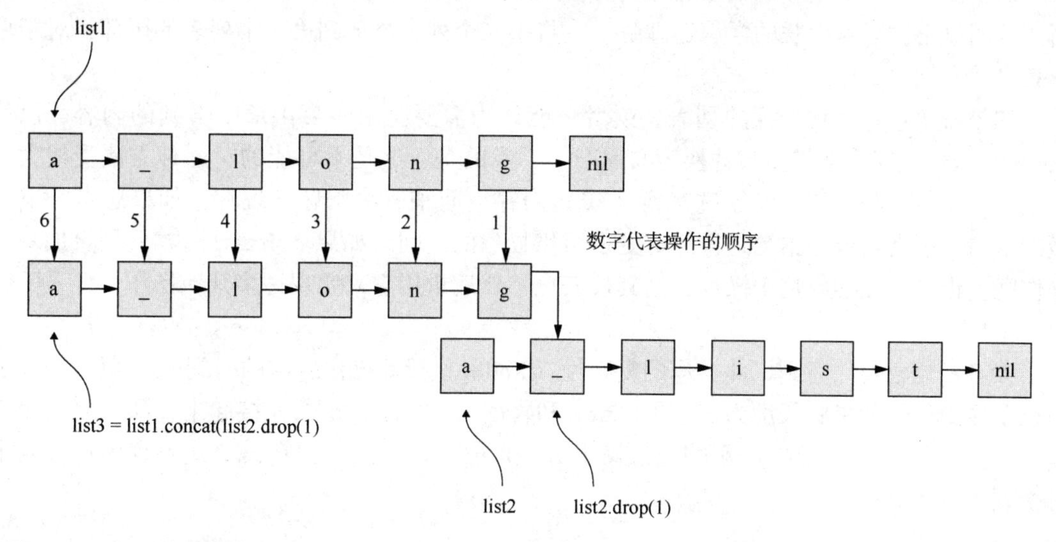

图 5-6　通过连接共享数据。可以看到两个列表都被保留，并且结果列表共享该 list2。但也可以看到，不能完全按照图中所示继续，因为必须首先访问 list1 的最后一个元素。但由于列表的结构这是不可能的

有一种方法是首先反转 list1，生成一个新的列表，然后从反转列表的头部开始将每个元素添加到 list2。但如果还没有定义一个逆函数，还能定义 concat 吗？可以。思考如何定义此函数。

- 如果 list1 是空的，返回 list2。
- 否则，将 list1 的尾部（list1.tail）与 list2 连接，然后与 list1 的第一个元素（list1.head）相加，返回结果。

此递归定义可以转换为以下代码：

```
fun <A>concat(list1: List<A>, list2: List<A>): List<A> =when (list1) {
    Nil-> list2
    is Cons->concat(list1.tail, list2).cons(list1.head)
}
```

同样的，可以在 List 中添加一个实例函数，用它作为第一个参数调用伴生对象版本：

```
fun concat(list: List<A>): List<A> =concat(this, list)
```

这个解决方案的优点（对于一些读者来说）是不需要一个示意图来展示它是如何工作的，因为它是一个翻译成代码的数学定义，无法用图形解释。

同理，这个定义（对于其他读者）的主要缺点是，它不能很容易地用图形表示。这听

起来很有趣，但事实并非如此。

此解决方案没有显式地表示连接列表的过程（否则可以绘制流程图），而是直接以表达式的形式表示结果。这段代码不计算结果。它本身即为结果。

注：用函数代替控制结构的编程通常涉及思考预期结果是什么，而不是如何获得结果。函数化代码是将定义直接转换为代码的过程。

显然，如果 list1 太长，这个代码将栈溢出，尽管在 list2 的长度上永远不会有栈问题。如果小心地只在列表的前端添加小的列表，就不必担心。

需要注意的一点是，现在是将第一个列表的元素按相反的顺序添加到第二个列表的前面。这明显不同于对串联的常识性理解——将第二个列表添加到第一个列表的尾部，对于单链表显然不能这么做的。

如果需要连接任意长度的列表，读者可能认为需要应用在第 4 章中学到的内容，以使 concat 函数栈安全地将递归替换为共递归。不幸的是，这是不可能的，这种方法受栈大小的限制。稍后，将介绍如何通过交换（栈）内存空间来解决问题。现在，如果思考一下所做的事情，读者可能会猜测这里还有更多可供抽象的空间。如果 concat 函数只是更加一般操作呢？也许可以抽象这个操作，使其栈安全，然后重用它来实现许多其他操作？等一下就明白了！

读者可能已经注意到，此操作的复杂性（Kotlin 执行此操作所需的时间）与第一个列表的长度成正比。如果将长度为 $n1$ 的 list1 和长度为 $n2$ 的 list2 连接起来，那么复杂度为 $O(n1)$，这意味着它不受 $n2$ 影响。依赖于 $n1$ 和 $n2$，这种操作比在命令式编程中连接两个可变列表效率高得多。

5.6.3 从列表末尾删除

有时需要从列表的末尾删除元素。虽然单链表不是这种操作的理想数据结构，但仍然能够实现它。

【练习 5-5】

编写一个函数，从列表中删除最后一个元素。此函数应返回结果列表。使用以下签名将其作为实例函数实现：

```
fun init(): List<A>
```

读者可能想知道为什么这被称为 init（初始化）而不是像 dropLast（丢弃最后元素）这样的名称。该术语来自 Haskell（http://zvon.org/other/haskell/Outputprelude/init_f.html）。

提示

可以用另一个函数来表达这个函数，之前已经提到过——辅助函数。

答案

为删除最后一个元素，需要遍历列表（从前到后）并构建新列表（从后到前），因为列表中的最后一个元素必须为 Nil。这是使用 Cons 对象创建列表的结果。这将产生一个元素顺序相反的列表，因此列表必须反转。这也意味着只需要实现一个 reverse 函数：

```
tailrec fun <A> reverse(acc: List<A>, list: List<A>): List<A> =
when (list) {
    Nil-> acc
```

```
    is Cons-> reverse(acc.cons(list.head), list.tail)
}
```

此代码是伴生对象中的实现。接下来是 List 中的实例函数，用 this 调用它：

```
fun reverse(): List<A> = reverse(List.invoke(), this)
```

注意，如果没有参数，就不能使用 List()语法调用 invoke 函数。必须显式地调用它，否则，Kotlin 会认为现在正在调用构造函数，并抛出异常，因为 List 类是抽象的。记住，可以选择不同的方式写代码，如将辅助函数放入调用函数中：

```
fun reverse(): List<A> {
    tailrec fun <A> reverse(acc: List<A>,
                            list: List<A>): List<A> = when (list) {
        Nil-> acc
        is Cons-> reverse(acc.cons(list.head), list.tail)
    }
    return reverse(List.invoke(), this)
}
```

使用 reverse 函数，可以轻松实现 init 函数：

```
fun init(): List<A> = reverse().drop(1).reverse()
```

这是 Cons 类的实现。在 Nil 类中，init 函数会抛出异常。

5.6.4　使用递归对具有高阶函数（HOFs）的列表进行折叠

第 4 章介绍了如何折叠列表；折叠也适用于持久化列表。对于可变列表，可以选择通过迭代或递归实现这些操作。而对于持久化列表，却不适合使用迭代方法。接下来考虑对数字列表进行常见的折叠操作。

【练习 5-6】

编写一个函数，使用递归计算持久化整数列表中所有元素的和。如果将子类声明为 internal 而不是 private，则可以将实现放在 List 的伴生对象中，或者放在同一文件中的包级别。把它放在包级别似乎更合适，因为它是特定于 List<Int>的。

答案

列表中所有元素之和的递归定义如下所述。

■ 0 表示空列表。

■ 头 + 非空列表尾部的和。

用 Kotlin 表示的方法如下：

```
fun sum(ints: List<Int>): Int = when (ints) {
    Nil-> 0
    is Cons-> ints.head + sum(ints.tail)
}
```

但这不会通过编译，因为 Nil 不是 List<Int>的子类型。

5.6.5　使用型变

现在遇到的问题是，尽管 Nothing 类型是所有类型（包括 Int）的子类型，始终可以将 Nothing 向任何其他类型强制转换，但不能将 List<Nothing>强制转换为 List<Int>。

如果读者还记得在第 2 章学到的，这是因为 List 在 A 中是不变的。要使它按预期工作，必须使 List 在 A 中协变，这意味着必须声明它为 List <out A>：

```
sealed class List<out A> {
...
```

如果这样做，List 类将不再编译，并显示以下错误消息（在其他行中会出现许多类似的错误）：

```
Error:(7, 17)Kotlin: Type parameter A is declared as 'out'
                                    but occurs in 'in' position in type A
```

错误指向以下行：

```
fun cons(a: A): List<A> =Cons(a, this)
```

这意味着 List 类不能包含具有类型 A 参数的函数。参数是函数的输入，所以它在 in 的位置。函数的返回类型只能是 A（out 的位置）

1. 理解型变

为了理解型变，可以想象有一篮子苹果。对这个篮子执行两种主要的操作。

- 把一个苹果放进篮子里。
- 从篮子里拿出一个苹果。

苹果是一种水果，即水果是苹果的父类。嘎啦果是一种苹果。而反过来说是不对的，水果不是苹果。同样地，苹果也不是嘎啦果。

可以在一篮子苹果里放一个嘎啦果，但是不能在里面放一个“水果”，因为它可能不是苹果。另一方面，如果需要一个水果，可以把它从一篮子苹果里拿出来。但是如果想要一个嘎啦果，就不能那样做，因为篮子里可能包含其他种类的苹果。

但是一个空篮子呢，该如何说明篮子中没有需要的东西？如果无法做到这一点，则需要一个空篮子装苹果，一个装橙子，还有一个装每种可能类型的物体。

这时可以使用一个名为 Any 的空篮子（在 Kotlin 相当于 Java 中的 Object)。但是，虽然可以把任何东西放进空的篮子里，但不能（有效的）从中取出任何东西，因为永远不知道会得到什么类型的物体。针对此问题的 Kotlin 解决方案是 Nothing 类型。与 Any 不同，Any 是所有类型的父类型，而 Nothing 是所有类型的子类型。

通过将 A 参数声明为 out，可以将 List <Gala>看作 List <Apple>，因为嘎啦果是一种苹果。相反，List <Apple>不是 List <Gala>，因为一个苹果不是一个嘎啦果。这就是允许拥有一个空列表的原因；所需要做的就是将空列表声明为一个 List <Nothing>。List <Nothing> 是一个 List <Apple>，因为 Nothing 是一个 Apple。但是 List <Nothing>也是 List <Tiger>，因为 Nothing 也可以是一个 Tiger。如果很难弄清楚这一点，那就把 Nothing 看成是“不存在的”。因为它代表任何事物的不存在，可以是老虎的不存在，也可以是苹果的不存在。

2. 摆脱对型变的滥用

编译器的工作之一是防止程序员的失误。如果将 List 参数类型声明为 out A，编译器将不允许在 in 位置使用 A 类型，这意味着将无法使用采用 A 类型参数的 List 实例函数将 A 放入 List <A>中。例如，不能这样做：

```
sealed class List<out A> {
    fun cons(a: A): List<A> =Cons(a, this) {// Compile error
```

```
        ...
    }
    internal class Cons < out A > (internal val head: A,
                                   internal val tail: List < A >): List < A > ()
    internal object Nil: List < Nothing > ()
}
```

此代码产生编译错误，并显示以下消息：

```
Type parameter A is declared as 'out' but occurs in 'in' position in type `A`
```

读者可能认为这是不合理的，因为确信向 List 中添加 A 是可行的。但这其实是完全不行的。要说明原因，请考虑在每个子类中实现抽象 cons 函数的方法是什么：

```
sealed class List < out A > {
    abstract fun cons(a: A): List < A >
    internal class Cons < out A > (internal val head: A,
                                   internal val tail: List < A >): List < A > () {
    ...
    }
internal object Nil: List < Nothing > () {
    override fun cons(a: Nothing): List < Nothing > =Cons(a, this) // Error
    }
}
```

如果尝试这样做，会在 Nil 实现中得到一个额外的错误：cons 函数的实现被编译器标记为不可访问的代码（*non-reachable code*）。这是为什么？因为 Nil 类中的 this 引用了一个 List < Nothing >，而调用 Nil.cons(1)将导致 1 强制转换为 Nothing。这是不行的，因为 Nothing 是 Int 的子类型，现在有两个问题需要处理。

- 编译器不允许在 in 位置使用 A，尽管在某些情况下它是有效的。
- Nil 类中的转换问题，必须避免出现第一个问题的情况。

要理解 Nil 类中发生了什么，必须记住 Kotlin 是一种严格的语言，这意味着无论是否使用函数参数，都要对它们进行检查。问题不在函数实现中：

```
Cons(a, this)
```

在将新的 A 添加到它之前，this 作为 List < Nothing >，可以安全地强制转换到 List < A >。问题在于函数的参数：

```
override fun cons(a: Nothing)
```

当函数接收到 A 参数时，它会立即强制转换为接受者的参数类型 Nothing，这会导致错误，因为 Kotlin 是严格的。紧接着，元素就会被添加到一个 List < A >中（将 Nil 强制转换成 List < A >的结果）。此时不需要将参数向下强制转化为 Nothing。要解决此问题，需要两个技巧。

- 可以使用@ unsafevariance 注释，通过在 in 位置使用 A 来避免编译器报错

```
fun cons(a: @ UnsafeVariance A): List < A >
```

- 通过将实现放在父类中避免 A 的向下强制转换：

```
sealed class List < out A > {
    fun cons(a: @ UnsafeVariance A):List < A > =Cons(a, this)
    ...
```

这里是在对编译器说它不需担心 cons 函数中的型变问题：编程者要承担责任，如果出了什么问题，需要自己来负责。现在，可以对函数 setHead 和 concat 这样做：

```
sealed class List<out A> {
    fun setHead(a: @UnsafeVariance A): List<A> = when (this) {
        is Cons-> Cons(a, this.tail)
        Nil-> throw IllegalStateException("setHead called on an empty list")
    }
    fun cons(a: @UnsafeVariance A): List<A> = Cons(a, this)
    fun concat(list: List<@UnsafeVariance A>): List<A> = concat(this, list)
    ...
```

只需要对采用类型 A 或 List<A>参数的函数执行此操作。对于不带参数的函数，或者使用 (A) ->Boolean 类型参数的 dropWhile 函数，不需要执行此操作。但是也必须确保当使用这个技巧时，任何不安全的转换都不会失败。像往常一样，有了更大的自由，责任也就更大了。

请注意，还有一种可能性，即创建一个 Empty<A>抽象类来表示空列表，然后创建一个 Nil<Nothing>单例对象。可以在父类 List 中定义抽象函数，Cons 或 Empty 中具体实现。下面介绍如何定义 concat 函数：

```
sealed class List<A> {
    abstract funconcat(list: List<A>): List<A>
    abstract class Empty<A> : List<A>() {
        override funconcat(list: List<A>): List<A> = list
    }
    private object Nil : Empty<Nothing>()
    private class Cons<A>(private val head: A,
                          private val tail: List<A>) : List<A>() {
        override funconcat(list: List<A>): List<A> =
            Cons(this.head, list.concat(this.tail))
        }
    }
```

这个解决方案可能对前 Java 程序员更具吸引力，因为它避免了在本例中检查类型：

```
fun <A>concat(list1: List<A>, list2: List<A>): List<A> = when (list1) {
    Nil-> list2
    is Cons-> Cons(list1.head,concat(list1.tail, list2))
}
```

无论如何，由于使用了 out 型变，sum 函数现在非常好！

【练习 5-7】

编写一个函数，使用递归计算双精度列表中所有元素的乘积。

答案

非空列表中所有元素的乘积的递归定义如下：

```
head * product of tail
```

但是对于空列表它应该返回什么呢？如果读者记得自己的高数课程，就会知道答案。如果不记得了，可以在前面的非空列表的要求中找到答案。

考虑将递归公式应用到所有元素后会发生什么。最后得到的结果必须乘以空列表中所有元素的乘积。为了达到最终这个结果，只能声明空列表中所有元素的乘积为 1。

这与 sum 示例中，使用 0 作为空列表的情况相同。0 是和运算的单位元或中性元素，1 是积运算的单位元或中性元素。product 函数如下：

```
fun product(ints: List<Int>): Int = when (ints) {
    List.Nil-> 1
    is List.Cons-> ints.head * product(ints.tail)
}
```

求积的操作与求和操作有一个重要区别：求积有一个吸收元素（*absorb element*），它是一个满足以下条件的元素：

a * *absorbing element* = *absorbing element* * *a* = *absorbing element*

乘法的吸收元素是 0。通过类比，任何操作的吸收元素（如果存在）也被称为零元素（*zero element*）。零元素可以省略计算，也称为短路（*short circuiting*），如下所示：

```
fun product(ints: List<Double>): Double = when (ints) {
    List.Nil-> 1.0
    is List.Cons-> if (ints.head == 0.0)
                        0.0
                    else
                        ints.head * product(ints.tail)
}
```

但首先忘记这个优化版本，来看看 sum 和 product 的定义。能发现一个可以抽象的模式吗？同时考虑这些函数（在更改参数名之后）：

```
fun sum(ints: List<Int>): Int = when (ints) {
    List.Nil-> 0
    is List.Cons-> ints.head + sum(ints.tail)
}
fun product(ints: List<Double>): Double = when (ints) {
    List.Nil-> 1.0
    is List.Cons-> ints.head * product(ints.tail)
}
```

现在，先消除它们之间的这些差异，并用一个通用符号替换：

```
fun sum(list: List<Type>): Type = when (list) {
    List.Nil-> identity
    is List.Cons-> list.head operator operation(list.tail)
}
fun product(list: List<Type>): Type = when (list) {
    List.Nil-> identity
    is List.Cons-> ints.head operator operation(list.tail)
}
```

这两个函数的 Type、operation、identity 和 operator 的值有所不同。如果能找到一种方法来抽象这些公共部分，那么必须提供变量信息，以便在不重复的情况下实现这两个函数。这个常见的函数叫作折叠（*fold*），在第 4 章介绍过。在这一章中，将出现两种折叠：foldRight 和 foldLeft，以及这两种操作之间的关系。

清单 5-2 展示了将和与积的操作抽象到一个名为 foldRight 的函数，函数的三个参数为：一个将被折叠列表、一个单位元和一个表示折叠列表的操作的高阶函数（Higher Order Function，HOF）。单位元函数为柯里化形式（柯里化的相关知识详见第 3 章）。以下展示了一个代表代码中操作符比例的函数。

清单 5-2　实现 foldRight 并将其用于求和与积

```
A和B代表类型                                      折叠操作的单位元

fun <A, B> foldRight(list: List<A>,
                     identity: B,            Curried表示运算符的
                     f: (A) -> (B) -> B): B = 函数f
    when (list) {
        List.Nil -> identity
        is List.Cons -> f(list.head)(foldRight(list.tail, identity, f))
    }

fun sum(list: List<Int>): Int =
    foldRight(list, 0) { x -> { y -> x + y } }      操作的名称（求和与积）


fun product(list: List<Double>): Double =
    foldRight(list, 1.0) { x -> { y -> x * y } }
```

Type 已在此处替换为两种类型：A 和 B。这是因为折叠的结果并不总是与列表元素的类型相同。在这里，它的抽象程度比求和与积操作所需的略高，operation 是两个函数的名称。

折叠运算不只针对算术计算，也可以使用折叠将字符列表转换为字符串。在这种情况下，A 和 B 是两种不同的类型：Char 和 String。但也可以使用折叠将字符串列表转换为单个字符串。现在知道如何实现 concat 了吗？

foldRight 类似于单链表本身。如果认为 List1、List2、List3 是：

```
Cons(1, Cons(2, Cons(3, Nil)))
```

可以很快发现它类似于右折叠：

```
f(1, f(2, f(3, identity)))
```

但读者也许已经意识到 Nil 是列表串联的单位元，尽管可以不使用它，但前提是要连接的列表不是空的。在这种情况下，它被称为减少（*reduce*）而不是折叠（*fold*）。这是因为结果与元素的类型相同。它可以通过将 Nil 和 cons 作为用于折叠的单位元和功能传递给 foldRight 来实现：

```
foldRight(List(1, 2, 3), List()) {x: Int->
    {y: List<Int>->
        y.cons(x)
    }
}
```

这将生成一个新列表，其中的元素顺序相同，可以通过运行以下代码看到这一点：

```
println(foldRight(List(1, 2, 3), List()) {x: Int->
    {y: List<Int>->
      y.cons(x)
    }
})
```

此代码生成以下输出：

```
[1, 2, 3, NIL]
```

以下是每一步发生的情况：

```
foldRight(List(1, 2, 3), List(), x-> y-> y.cons(x));
foldRight(List(1, 2), List(3), x-> y-> y.cons(x));
foldRight(List(1), List(2, 3), x-> y-> y.cons(x));
foldRight(List(), List(1, 2, 3), x-> y-> y.cons(x));
```

读者应该将 foldRight 函数放在伴生对象中，然后添加一个以该函数为参数的实例函数，该函数在 List 类中调用 foldRight：

```
fun <B>foldRight(identity: B, f: (A)-> (B)-> B): B =
        foldRight(this, identity, f)
```

【练习 5-8】

编写一个函数来计算列表的长度。此函数将使用 foldRight 函数。

答案

此函数可以直接在 List 类中定义：

```
fun length(): Int = foldRight(0) {_-> {it +1}}
```

作为表示列表元素的第一个参数但未被使用，将其命名为_。第二个参数由 it 表示，每一次递归加 1。如果参数未使用，也可以将其删除。代码变为：

```
fun length(): Int = foldRight(0) {{it +1}}
```

这个实现除了是递归的（意味着它可能会溢出长列表的栈）之外，性能也很差。即使转换为共递归，它仍然是 $O(n)$，这意味着返回长度所需的时间与列表的长度成比例。在下一章中，将介绍如何在恒定时间内获取链接列表的长度。

【练习 5-9】

foldRight 函数使用递归，但它不是尾递归，因此它将快速地溢出栈。多快取决于几个因素，其中最重要的是栈的大小。创建一个 foldLeft 函数，而不是 foldRight，该函数是共递归和栈安全的。签名如下：

```
public <B>foldLeft(identity: B, f: (B)-> (A)-> B): B
```

提示

如果不记得 foldLeft 和 foldRight 之间的区别，请参阅第 4 章。

答案

虽然参数函数类型是 (b)->(a)->b，而不是 (a)->(b)->b，但伴生对象中的辅助函数实现类似于 foldRight 函数。如果作为第二个参数接收的列表为 Nil（空列表），则 foldLeft 函数返回 acc 累加器，与 foldRight 函数完全相同。如果列表不是空的（Cons），在将参数函数应用于累加器和列表参数头之后，函数会调用自身：

```
tailrec fun <A, B> foldLeft(acc: B, list: List<A>, f: (B)-> (A)-> B): B =
    when (list) {
        List.Nil-> acc
        is List.Cons-> foldLeft(f(acc)(list.head), list.tail, f)
    }
```

这个辅助函数由 List 类中的主函数调用：

```
fun <B>foldLeft(identity: B, f: (B)-> (A)-> B): B =
    foldLeft(identity, this, f)
```

【练习 5-10】

使用新的 foldLeft 函数创建 sum、product 和 length 的新的栈安全版本。

答案

通过 foldLeft 函数实现的 sum 函数：

```
fun sum(list: List<Int>): Int = list.foldLeft(0, {x-> {y-> x + y}})
```

通过 foldLeft 函数实现的 product 函数：

```
fun product(list: List<Double>): Double =
            list.foldLeft(1.0, {x-> {y-> x * y}})
```

通过 foldLeft 函数得到的 length 函数：

```
fun length(): Int = foldLeft(0) {{_-> it +1}}
```

再次忽略 length 函数的第二个参数（表示函数每次调用时列表中的每个元素）。第一个参数由 it 关键字表示。因此，如果不为第一个参数使用显式名称，则无法删除下画线参数，例如

```
fun length(): Int = foldLeft(0) {i-> {i +1}}
```

此函数的效率几乎与 foldRight 版本一样低，不应在生产代码中使用。虽然它不会使栈爆炸，但速度很慢，因为每次调用它时都必须计算列表中的元素。

【练习 5-11】

使用 foldLeft 编写用于反转列表的函数。

提示

注意单位元的类型，必须将它显式指出。

答案

通过左折叠反转列表很简单，从一个空列表开始作为累加器，然后通过调用 cons 函数将第一个列表的每个元素依次添加到累加器中：

```
fun reverse(): List<A> =
    foldLeft(Nil as List<A>) {acc-> {acc.cons(it)}}
```

可以看到，既需要为 Nil 指定参数类型，也需要将其转换为 List。否则，Kotlin 将使用 Nil 作为返回类型。在前一个版本的 reverse 中，使用了一个以 List 为参数的辅助函数，因此强制转换是隐式发生的。在 List 类中，List()是类构造器，由于类是抽象的，所以不能直接使用 List()。另一个解决方案是显式调用 invoke 函数：

```
fun reverse(): List<A> =
    foldLeft(List.invoke()) {acc-> {acc.cons(it)}}
```

【练习 5-12】

根据 foldLeft 写一个 foldRight 函数。

提示

使用刚刚实现的函数。

答案

此实现可以获得一个安全但运行较慢的 foldRight 版本：

```
fun <B> foldRightViaFoldLeft(identity: B, f: (A)-> (B)-> B): B =
    this.reverse().foldLeft(identity) {x-> {y-> f(y)(x)}}
```

请注意，读者也可以根据 foldRight 定义 foldLeft，尽管它似乎用处不大。事实上，通过 foldLeft 实现 foldRight 也用处不大。正如将在第 9 章中看到的，foldRight 的主要用

途是折叠长的或无限的惰性集合，而不会处理它们，但在列表上调用 reverse 会强制进行列表计算。

5.6.6　创建 foldRight 的一个栈安全递归版本

正如之前所说，递归的 foldRight 实现仅用于演示这些概念，因为它是基于栈的，不应该在项目中使用。还要注意，这是一个静态实现。实例实现将更容易使用，可以使用对象表示法链接函数调用。

【练习 5-13】

使用在第 4 章中学习的内容编写 foldRight 函数的一个共递归版本，而不显式使用 foldLeft。把这个函数叫作 coFoldRight。

提示

在伴生对象中编写一个辅助函数，在 List 类中编写一个主函数。请注意这里有一个技巧，就是为什么应该将辅助函数设置为私有的原因。

答案

技巧是调用使用反转的 List 作为参数的辅助函数。辅助函数本身并不能完成全部工作。以下是辅助函数：

```
private tailrec fun <A, B> coFoldRight(acc: B,
                                       list: List<A>,
                                       identity: B,
                                       f: (A)-> (B)-> B): B =
    when (list) {
        List.Nil-> acc
        is List.Cons->
          coFoldRight(f(list.head)(acc), list.tail, identity, f)
    }
```

然后编写调用此辅助函数的主函数：

```
fun <B> coFoldRight(identity: B, f: (A)-> (B)-> B): B =
         coFoldRight(identity, this.reverse(), identity, f)
```

不幸的是，这个实现与使用 foldLeft 的实现有相同的问题：它强制处理列表，这掩盖了向右折叠的主要优点。

【练习 5-14】

根据 foldLeft 或 foldRight 实现 concat。将此实现放在伴生对象中，替换先前的递归实现，然后从 List 类之外的扩展函数调用此函数。

答案

concat 函数可以使用右折叠轻松实现：

```
fun <A> concatViaFoldRight(list1: List<A>, list2: List<A>): List<A> =
         foldRight(list1, list2) {x-> {y-> Cons(x, y)}}
```

另一种解决方案是使用左折叠。在这种情况下，通过应用于反向第一个列表的 foldLeft，使用第二个列表作为累加器，实现程序与 reverse 函数相同。在下面的实现中，请注意函数引用(x::cons)的用法：

```
fun <A> concatViaFoldLeft(list1: List<A>, list2: List<A>): List<A> =
```

```
        list1.reverse().foldLeft(list2) {x-> x::cons}
```

如果发现使用函数引用会降低代码的可读性，则可以改用 lambda 表达式：

```
fun <A> concat(list1: List<A>, list2: List<A>): List<A> =
        list1.reverse().foldLeft(list2) {x-> {y-> x.cons(y)}}
```

也可以直接使用列表构造函数，如在基于 foldRight 的实现中：

```
fun <A> concat(list1: List<A>, list2: List<A>): List<A> =
        list1.reverse().foldLeft(list2) {x-> {y-> Cons(y, x)}}
```

基于 foldLeft 的实现效率较低，因为它必须首先反转第一个列表。但另一方面，它是栈安全的，因为它是共递归而不是递归。

【练习 5-15】

编写一个函数，将一个列表组成的列表扁平化为一个包含每个子列表所有元素的列表。

提示

此操作由一系列链接组成。它类似于将整数列表中的所有元素相加，其中的整数被列表替换，加法被链接替换。除此之外，它与 sum 函数完全相同。

答案

同样，可以使用函数引用而不是 lambda 来表示函数的第二部分：{x-> x::concat}等同于{x-> {y-> x.concat(y)}}：

```
fun <A> flatten(list: List<List<A>>): List<A> =
    list.foldRight(Nil) {x-> x::concat}
```

要使此函数栈安全，可以使用 coFoldRight 函数取代 foldRight 函数：

```
fun <A> flatten(list: List<List<A>>): List<A> =
    list.coFoldRight(Nil) {x-> x::concat}
```

5.6.7 映射和过滤列表

可以为处理列表定义许多有用的抽象。例如，通过对列表的所有元素应用一个公共函数来更改它们。

【练习 5-16】

编写一个函数，以一个整数列表作为输入，并将每个整数乘以 3。

提示

尝试使用迄今为止定义的函数。不要显式使用递归或共递归。现在的目标是一次性地抽象递归，这样就不必每次都重新实现它。

答案

为应用 foldRight，需要一个作为单位元的空列表，并使用一个函数将每个元素乘以 3 添加到列表中：

```
fun triple(list: List<Int>): List<Int> =
    List.foldRight(list, List()) {h->
        { t: List<Int>->
            t.cons(h * 3)
        }
    }
```

需要显式地设置类型，单位元和 t 参数也是同样。这是因为 Kotlin 在类型推断方面的能力有限。还可以使用左折叠，这样可以保证函数栈的安全，但这样也会反转列表，因此需要反转结果。

【练习 5-17】

编写一个函数，将 List < Double > 中的每个值都转换为 String 类型。

答案

此操作可视为将预期类型的一个空列表（List < string >）与原始列表连接起来，在将每个元素添加到累加器之前对其进行转换。因此，这个实现与使用 concat 函数所做的类似：

```
fun doubleToString(list: List < Double >): List < String > =
    List.foldRight(list, List()) {h->
        {  t: List < String >->
            t.cons(h.toString())
        }
}
```

【练习 5-18】

在 List 类中编写一个通用且栈安全的 map 函数，该 map 函数能够通过应用指定的函数来修改列表中的每个元素。现在，使它成为 List 的一个实例函数。函数签名如下：

```
fun <B> map(f: (A)-> B): List <B>
```

答案

为了确保栈安全，可以使用左折叠，然后反转结果：

```
fun <B> map(f: (A)-> B): List <B> =
    foldLeft(Nil) {acc: List <B>-> {h: A-> Cons(f(h), acc)}}.reverse()
```

或者也可以使用栈安全的 coFoldRight 函数，该函数提供相同的结果（但在折叠前反转列表，而不是反转折叠结果）：

```
fun <B> map(f: (A)-> B): List <B> =
    coFoldRight(Nil) {h-> {t: List <B>-> Cons(f(h), t)}}
```

【练习 5-19】

编写一个 filter 函数，从列表中删除不满足给定描述的元素。同样，将其实现为具有以下签名的实例函数：

```
fun filter(p: (A)-> Boolean): List <A>
```

答案

这是使用 coFoldRight 的父类 List 的实现：

```
fun filter(p: (A)-> Boolean): List <A> =
    coFoldRight(Nil) {h-> {t: List <A>-> if (p(h)) Cons(h, t) else t}}
```

【练习 5-20】

编写一个应用于 List <A> 的每个元素的 flatMap 函数，一个从 A 到 List <B> 的函数，并返回 List <B>。其签名如下：

```
fun <B>flatMap(f: (A)-> List <B>): List <B> =
```

如 List(1, -1,2, -2,3, -3).

```
List(1,2,3).flatMap {i-> List(i, -i)}
```

应返回：

```
List(1,-1,2,-2,3,-3).
```

答案

flatMap 函数可以看作是 map（一个返回列表的函数）和 flatten（将一个列表组成的列表转换为列表）的组合。最简单的实现（在 List 类中）是：

```
fun <B>flatMap(f: (A)-> List<B>): List<B> = flatten(map(f))
```

【练习 5-21】

基于 flatMap 创建新版本的 filter 函数。

答案

以下是一个可能的实现：

```
fun filter(p: (A)-> Boolean): List<A> =
    flatMap {a-> if (p(a)) List(a) else Nil}
```

请注意，map、flatten 和 flatMap 之间存在很强的关系。如果将一个返回列表的函数映射到一个列表，则会获得列表组成的列表。然后，可以应用 flatten 来获取包含所子列表所有元素的单个列表。直接应用 flatMap 可以得到完全相同的结果。

5.7 本章小结

- 数据结构是编程中最重要的概念之一，因为它们允许整体地处理多个数据。
- 单链表是一种高效的函数编程数据结构。它具有不可变列表的优点，同时允许进行一些修改，例如，在不变的（和短）时间内，在第一个位置插入和删除元素。这是因为，与 Kotlin（不可变）列表不同，这些操作不涉及复制元素。
- 使用数据共享允许某些操作具有高性能，尽管并非所有操作都如此。
- 可以创建其他数据结构，以获得特定用例的良好性能。
- 可以通过递归应用函数来折叠列表。
- 可以使用共递归折叠列表，而不会有溢出栈的风险。
- 一旦定义了 foldRight 和 foldLeft，就不需要再次使用（共）递归来处理列表。foldRight 和 foldLeft 已经抽象了（共）递归。

第6章 处理可选数据

在本章中

- null 引用,又名“十亿美元的错误”。
- 空引用的替代方法。
- 为可选数据类型开发一种 Option 数据类型。
- 将函数应用于可选值。
- 组合可选值。

在计算机程序中,可选数据的表示一直是个问题。可选数据的概念很简单。在日常生活中,当某个东西在容器中存储时,不管它是什么,都可以用一个空容器表示它的缺失。例如,没有苹果可以用空苹果篮来表示,汽车中没有汽油可以想象成一个空油箱。但是,在计算机程序中表示数据的缺失有点困难。

由于大多数数据都由指向它的引用来表示,因此表示数据缺失最直接的方法就是使用指向空的指针。这就是常说的空指针(*null pointer*)。在 Kotlin 中,引用(*reference*)是一个指向值的指针。

大多数编程语言可以通过更改引用以指向一个新数值。因此,术语变量(*variable*)常被用来代替引用。当所有的引用都可以后续重新分配新数值时,使用变量不存在任何问题。这种情况下,通常使用变量来代替引用。但是,当引用无法重新分配新数值时,情况就不同了。这种情况下,最终会得到两种类型的变量:可以变化的变量和不能变化的变量。这样使用引用更加安全。

某些引用在创建时可以先初始化为 `null`,之后再将其指向某个数值。如果数据被删除,它们还可以重新变为空指针。在这种情况下,可以将它们称为变量,即可变引用(*variable reference*)。

相反,对于另外一些引用,若不指向一个值,就不能创建,并且一旦其创建完成,就不能指向另一个值。这样的引用有时被称为常量(*constants*)。例如,在 Java 中,引用通常是变量,除非声明为 `final` 使其成为常量。在 Kotlin 中,可变引用采用关键字 `var` 声明,而非可变引用(也称为不可变引用,*immutable references*)采用 `val` 声明。

目前来看,可选数据只能用 `var` 引用。如果最终不将其更改为对某些数据的引用,那么创建对缺失数据的引用又有何意义，并且又该如何表示数据缺失呢？最常见的方法是使用所谓的空引用（*null reference*）。空引用是指在向其分配某些数据之前不指向任何内容的引用。

在本章中，读者将学习如何处理可选数据——非错误结果的缺失数据。首先讨论空指针的问题。之后，将讨论 Kotlin 如何处理空引用，以及 Kotlin 中空引用的替代方案。在本章其余部分，将描述如何创建和使用 `Option` 类型作为处理可选数据的解决方案。即便是没有数据，也可以使用 `Option` 类型构成函数。

6.1 空指针问题

使用空引用的程序中最常见的错误之一是 `NullPointerException`。这个异常在一个标识符被取消引用且发现该标识符未指向任何内容时会出现：理应有数据，但却发现数据丢失。这样的标识符被称为指向空（*null*）。在本节中，将介绍使用空引用的问题。

TonyHoare 在 1965 年设计 ALGOL（一种面向对象的语言）时，发明了空引用。但后来他后悔了。Hoare 在 2009 年说[1]：

我称之为 10 亿美元的错误……我的目标是确保所有引用的使用都是绝对安全的，由编译器自动执行检查。但我无法抗拒空引用的诱惑，因为它很容易实现。这导致了无数的错误、漏洞和系统崩溃，在过去的 40 年中，这些错误、漏洞和系统崩溃可能已经造成了 10 亿美元的损失。

尽管到目前为止，避免使用空引用应该是常识，但事实并非如此。Java 标准库（也用于 Kotlin 程序）包含的方法和构造函数所采用的可选参数若不存在，则必须将这些参数设置为 `null`。以 `java.net.socket` 类为例。此类定义了以下构造函数：

```
public Socket(String address,
    int port,
    InetAddress localAddr,
    int localPort) throws IOException
```

根据文档[2]，

“如果指定的本地地址为空，那么等同于将该地址指定为本地地址。”

这里，空引用是一个有效参数。有时称其为业务空值（*business null*）。这种处理数据缺失的方法并不局限于对象。`port` 也可以不存在，但在 Java 中，它不能为空，因为它是一个基本类型（值类型）：

一个端口号为零的本地端口将允许系统在绑定操作中获取可用端口。

这种值有时称为标记值（*sentinel value*）。它不用于值本身（不表示端口 0），却用于定义没有端口指示的情况。在 Java 标准库中有许多处理数据缺失的例子。

使用 `null` 来表示数据的缺失很危险，因为本地地址为 `null` 可能不是刻意的，而是由于以前的错误造成的。但是，这种用法不会引发异常。与预想不同，这个程序仍将继续

---

[1] Tony Hoare, “Null References: The Billion Dollar Mistake” (QCon, August 25, 2009), http://www.infoq.com/presentations/Null-References-The-Billion-Dollar-Mistake-Tony-Hoare.

[2] 请参阅 https://docs.oracle.com/en/java/javase/11/docs/api/java.base/java/net/Socket.html.

运行。

业务空值还有其他情况。如果尝试从哈希表 HashMap 中检索一个不在表中的键，可能会得到一个 null。这是一个错误吗？不知道。可能是该键有效但尚未在表中注册，或者可能是该键假定有效且应该在表中，但在之前计算该键时出现了错误。例如，无论是有意还是由于错误，键都可以为 null，这不会引发异常。HashMap 甚至可以返回非空值，因为 HashMap 中允许使用 null 键。这种情况十分混乱。作为一个专业程序员，应该知道该怎么做。

- 在不检查引用是否为 null 的情况下，绝不应使用它（对函数的每个对象参数都这样做）
- 如果不首先测试表中是否包含相应的键，就不应该从表中获取值。
- 如果不首先验证列表是否为空且元素的数量足以通过索引访问，则永远不要尝试从列表中获取元素。

只要做好上述任何一件事，都不会得到 NullPointerException 或 IndexOutOfBoundsException 异常，并且可以在没有任何特定保护的情况下使用空引用。但是，如果碰巧忘记了，有时会得到那些令人讨厌的异常，那么就需要一种更简单、更安全的方法来处理值缺失的情况，不管这种缺失是有意的还是由错误引起的。在本章中，将学习如何处理不是错误结果的缺失值。这种数据称为可选数据（*optional data*）。

处理可选数据是有技巧的。其中，最有名和最常用的是列表。当一个函数应该返回一个值或者什么都不返回时，一些程序员使用列表作为返回值。列表可以包含 0 或 1 个元素。这个方法虽然非常好用，但它有几点不足。

- 无法确保列表最多包含一个元素。如果收到包含多个元素的列表，应该怎么做？
- 如何区分最多只能容纳一个元素的列表和常规列表？
- List 类定义了许多函数来处理多元素列表。这些函数对用例而言毫无用处。
- 列表结构复杂，通常只需要一个更简单的实现。

6.2 Kotlin 如何处理空引用

第 2 章中，学习了 Kotlin 如何处理空引用。Kotlin 中的普通类型不能为空。若给定了一个引用的类型，则无论它是 val（常量）还是 var（变量），都不能为空。一个空的 val 没有意义，但空的 var 似乎很有用。有时读者可能希望声明一个给定类型的引用，而不向其分配任何值。但是，为了将引用放在正确的范围内，仍然必须在某处声明它。考虑下面的例子：

```
while(enumeration.hasNext()) {
    result = process(result, enumeration.next())
} use(result)
```

在这个例子中，枚举的元素组合在一个循环中，该循环在所有元素之后执行。那么，在哪里声明 result 并且初始值为多少呢？能想到的一个解决方案就是在循环之外处理第一个枚举值：

```
var result = process(enumeration.next())
while(enumeration.hasNext()) {
    result = process(result, enumeration.next())
}
```

```
use(result)
```

但若枚举没有元素，则将导致错误。常见的解决方案是将 result 的引用声明为 null：

```
var result = null
while(enumeration.hasNext()) {
    result = process(result, enumeration.next())
}
use(result)
```

现在，process 函数必须处理 result 为 null 的情况（在前一种情况下，它被一个只带单个参数的版本重载）。null 结果现在是一个业务空值，代表这是第一次迭代。但在 Kotlin 中却不允许这么做。

Kotlin 使用空引用，但它强制性地告诉编译器，引用可以为空是已知的。这不会阻止 NullpointException，但它强制接受这样做的后果。这就像一个免责声明：如果使用 null 引用，那么由自己承受后果。Kotlin 的编译器在很多方面有帮助，这对于使用可变引用的程序员来说是非常好的。另一方面，希望避免突变的程序员则不使用空引用。但是，Kotlin 中表示空类型的方式有助于安全编程。使用 Kotlin，程序员可以确保自己的代码中永远不会有任何空引用（有关 Kotlin 中可空类型和不可空类型之间的区别，请参见第 2 章）。

读者可能还记得在第 2 章中，常规类型的引用不能设置为 null。如果希望将引用设置为 null，则需要使用可空类型。可空类型的编写方法与常规的不可空类型相同，但是后面带有问号（?）。一个 Int 引用永远不能被设置为 null，但是一个 Int? 引用可以。从现在开始，只使用非空类型，因此在代码中永远不会遇到 NullPointException 异常。

6.3 空引用的替代方法

现在，读者是否认为代码永远不会出现任何 NullPointerException 异常？但是，事情没有那么简单，因为 Kotlin 库中的许多函数都接受空参数并返回空类型的值。由于非空类型是相应空类型的子类型，因此采用空参数的函数不存在问题。Int 是 Int? 的子类型，String 是 String? 的子类型，依此类推，总可以使用相应的非空类型的参数值来调用空类型的函数。

然而，返回值却有着很大的问题。以 Map 为例，以下代码无法在 Kotlin 中编译：

```
val map: Map<String, Person> = …
val person: Person = map["Joe"]
```

原因是 map ["Joe"] 是 map.get ("Joe") 的语法糖，同时，Map 的 get 函数如果找到了一个键"Joe" 则必会返回一个 Person，否则什么都不会返回。函数如何做到什么都不会返回？通过返回 null。即使努力避免自己代码中的空引用，也总是会从使用的库中得到一些这样的引用。这是一个解决方案，但它需要很多工作。另一种解决方案是在一些返回其他值的包装函数中包装返回 null 的函数调用。

使用库不是导致问题的唯一原因，以下代码是返回可选数据的函数示例：

```
fun mean(list: List<Int>): Double = when {
    list.isEmpty()-> TODO("What should you return?")
```

```
    else-> list.sum().toDouble()/list.size
}
```

如第 3 章中所展示的那样，mean 函数是偏函数的一个例子。它是为除空列表之外的所有数字列表定义的。那么如何处理空列表的情况呢？一种可能性是返回标记值。该选择什么值？由于类型是 Double，可以使用 Double 类中定义的值：

```
fun mean(list: List<Int>): Double = when {
    list.isEmpty()-> Double.NaN
    else-> list.sum().toDouble()/list.size
}
```

这样可行，因为 Double.NaN（not a number）是 Double 值。到目前为止一切顺利，但还有三个问题。

- 如果需要将相同的原理应用于返回 Int？的函数该怎么办？在 Int 类中没有等价的 NaN 值。
- 如何示意使用该函数的用户，让它返回标记值？
- 如何处理如下所示的参数函数？

```
fun <T, U> f(list: List<T>): U = when {
    list.isEmpty()-> ???
    else-> … (some computation producing a U)
}
```

另外一个解决方法是抛出一个异常：

```
fun mean(list: List<Int>): Double = when {
    list.isEmpty()-> throw IllegalArgumentException("Empty list")
    else-> list.sum().toDouble()/list.size
}
```

但是该解决方案并不好，并且产生的麻烦比它解决的要多。

- 异常通常用于提示错误的结果，但这里没有错误。没有结果是因为没有输入数据！或者读者应该考虑调用一个空列表函数是不是一个 bug？
- 应该抛出什么样的异常？自定义的吗？还是标准的？
- 函数不再是纯函数，它不再能够与其他函数组合。为了构成它，需要求助于控制结构，比如 try…catch，它只是一种现代的 goto 形式。

还可以返回 null 并让调用者处理它：

```
fun mean(list: List<Int>): Double? = when {
    list.isEmpty()-> null
    else-> list.sum().toDouble()/list.size
}
```

在通用编程语言中，返回 null 是最糟糕的解决方案。看看 Java 语言这样做的后果。

- 它强制（理想情况下）调用者测试结果是否为 null 并相应地采取行动。
- 如果使用装箱，则它将崩溃并出现 NullPointerException 异常，因为无法将 null 引用拆箱变为基本数据类型。
- 与异常解决方案一样，该函数无法再组合。
- 它避免了潜在的问题。如果调用者忘记测试 null 结果，则可能会从代码中的任何位置抛出 NullPointerException 异常。

Kotlin 则使这些事情变得更好。

- 它通过选择可空的返回类型强制调用者处理 null 情况。
- 它不会在装箱时崩溃，因为 Kotlin 没有基本类型，因此没有装箱（至少在用户级别）。
- 它提供的操作符允许组合函数以安全的方式返回可空类型（详见第 2 章）。
- 虽然它不能阻止问题的传播，但它通过传递将处理问题的义务责任传递出去（给调用者）而使得问题变得不那么严重了。

正如之前所说，Kotlin 的解决方案比其他没有相关解决方案的编程语言好，但这仍然不够理想。更好的解决方案是要求用户提供一个特殊值，如果没有可用的数据，将返回该值。例如，以下函数计算列表最大值，它使用 Kotlin 的返回 Int? 的 List. max()函数处理空列表的情况，这样就可以使自己的函数返回 Int 而不是 Int?:

```
fun max(list: List<Int>, default: Int): Int = when {
    list.isEmpty()-> default
    else-> list.max()
}
```

但这不会编译，因为 list.max()返回的类型是 Int?（它永远不会是 null，但 Kotlin 不会知道）。要知道 Kotlin 惯用解决方案是：

```
fun max(list: List<Int>, default: Int): Int = list.max() ?: default
```

但是，若没有默认值呢？有时，默认值会在后面提供。或者，若有一个值，希望对结果应用一个作用，否则什么也不做。看一下使用之前 max 函数的示例：

```
val max = max(listOf(1, 2, 3), 0)
println("The maximum is $max")
```

如果列表为空，则打印 The Maximum is 0，这可能不是正确的输出。毕竟，最大值不是 0，也没有最大值。可以这样写：

```
val max = max(listOf(1, 2, 3), 0)
print(if (max ! = 0) "The maximum is $max\n" else"")
```

但如果列表只包含 0，则这样是不正确的。可以使用传统形式：

```
val max = listOf(1, 2, 3).max()
if (max ! = null)println("The maximum is $max")
```

但是，现在必须再次处理空引用，得有更好的解决方案！

6.4 使用 Option 类型

本章的其余部分将创建用于处理可选数据的 Option 类型。Option 类型与 List 类型类似，可以将其实现为一个抽象的密封类，该类包含两个代表数据存在和缺失的内部子类。

表示数据缺失的子类称之为 None，表示数据存在的子类称之为 Some。一个 Some 将包含相应的数据值。图 6-1 显示了 Option 类型如何改变函数的组合方式，清单 6-1 显示了 Option 数据类型的代码。

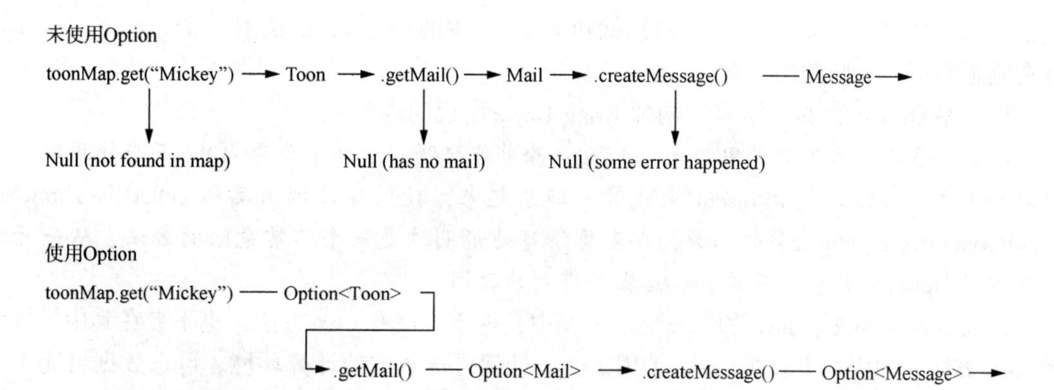

图 6-1　对于可选数据使用 Option 类型，即使数据不存在，也可以组合函数。如果没有 Option 类型，组合函数将不会生成函数，因为生成的程序可能会引发 NullPointerException 异常

清单 6-1　Option 数据类型

```
sealed class Option<out A> {                          ← Option 在A中做协变

    abstract fun isEmpty(): Boolean

    internal object None: Option<Nothing>() {         ← None 是一个将被所有
                                                        类型使用的单一对象
        override fun isEmpty() = true

        override fun toString(): String = "None"

        override fun equals(other: Any?): Boolean =     所有缺失的数据
                                other === None      ← 都认为是相等的

        override fun hashCode(): Int = 0
    }                                                   如果 Some 的实例值相等，
                                                        则认为它们是相同的，这是
   internal data class Some<out A>(internal val value: A) : Option<A>() {  ← 通过data类型获得的结果

        override fun isEmpty() = false
    }

    companion object {

使用关键词  → operator fun <A> invoke(a: A? = null): Option<A>
operator声      = when (a) {
明函数调用           null -> None
                    else -> Some(a)
                }
    }
}
```

在清单 6-1 中，可以看到 Option 与 List 很相似。它们都是具有两个内部实现的抽象类。None 子类对应于 Nil，Some 子类对应 Cons。另外，请注意使用 invoke 函数时，不建议将 null 用作默认值。如果愿意，可以随意使用不带参数的版本来重载函数。如下所示，可以使用 Option 来自定义 max 函数：

```
fun max(list: List<Int>): Option<Int> = Option(list.max())
```

实际上，Option 类没什么用。所能做的就是测试结果是否为空，否则就打印它。可以添加一个函数来返回值，但是该函数必须在调用 None 时，抛出异常或返回 null。返回 null 将破坏整个 Option 的意图。抛出异常也不好，因为它不能组合，或者至少不能像与其他结果那样组合。如果了解 Java，就知道 Java 中的 Optional 类有一个 get 方法，如果存在则返回值，否则抛出异常。

以下是 Oracle 的 Java 语言架构师 Brian Goetz 所说的内容[1]：

公益广告：永远不要调用 Optional. get，除非能证明它永远不会为 null；而应使用其中一种安全方法如 orElse 或 ifPresent 来代替。回想起来，我们应该调用类似 getOrElseThrowNoSuchElementException 之类的函数，或者更清楚地说明这是一个非常危险的方法，从一开始就破坏了 Optional 的整个目的。这是我们得到的教训。

现实要简单得多：Java 的 Optional 类中，就不应该有 get 方法，也不会在其中放置任何 get 方法。原因如下：Option 是用于安全处理可选数据的计算环境。可选数据可能不安全，这就是为什么需要把它放到一个安全的环境中。因此，若不首先确保值的安全性，就不应该从环境中提取值。

6.4.1 从一个 Option 中获取值

为 List 创建的许多函数对 Option 也很有用。但在创建这些函数之前，要先从 Option 特有的一些用法开始。还记得默认值的用法吗？

【练习 6-1】

实现 getOrElse 函数，如果包含值，则返回值，否则返回默认值。以下是函数签名：

```
fun getOrElse(default: A): A
```

答案

此函数是在 Option 类中实现的，并采用类型 A 为参数，此处无法使用协变。这时应该使用@ UnsafeVariance 注解来禁用型变检查，如第 5 章所述：

```
fun getOrElse(default: @ UnsafeVariance A): A = when (this) {
    is None-> default
    is Some-> value
}
```

现在可以定义返回选项的函数，并按如下所示透明地使用返回的值（使用标准的 Kotlin List 类）：

```
val max1 = max(listOf(3, 5, 7, 2, 1)).getOrElse(0)
val max2 = max(listOf()).getOrElse(0)
```

在这里，max1 等于 7（列表中的最大值），max2 设置为 0（默认值）。但是，这仍然存在问题，请看以下示例：

```
fun getDefault(): Int = throw RuntimeException()
fun main(args: Array<String>) {
    val max1 = max(listOf(3, 5, 7, 2,1)).getOrElse(getDefault())
    println(max1)
    val max2 = max(listOf()).getOrElse(getDefault())
    println(max2)
}
```

---

[1] Brian Goetz's answer to the question "Should Java 8 getters return optional type?" on Stackoverflow (October 12, 2014), https://stackoverflow.com/questions/26328555.

这个例子有点特殊，getDefault 函数根本不是函数，这只是为了展示问题。这个例子会打印什么？如果读者认为它将打印 7 然后抛出异常，请再看一下代码。

此示例不打印任何内容，并将直接抛出异常，因为 Kotlin 是一种严格的编程语言。在执行函数之前，无论是否需要都会处理函数参数。这也就意味着 getOrElse 函数的参数在任何情况下都会被处理，无论是在 Some 还是 None 中调用它。对于 Some 是否需要函数参数则无关紧要。当参数是字面值时，这没有什么区别，但是当它是函数调用时，这就有很大的区别。在任何情况下都会调用 getDefault 函数，因此第一行将抛出异常并且不会显示任何内容，而这通常不是理想的结果。

【练习 6-2】

修复前面的问题，添加一个新版的 getOrElse 函数，并使用一个惰性计算参数。

提示

不要使用字面值，而是使用没有参数的函数来返回值。

答案

以下是 Option 父类中此函数的实现：

```
fun getOrElse(default: () -> @UnsafeVariance A): A = when (this) {
    is None -> default()
    is Some -> value
}
```

如果没有值，则通过调用提供的函数来处理参数。max 的例子现在可以重写如下：

```
val max1 = max(listOf(3, 5, 7, 2, 1)).getOrElse(::getDefault)
println(max1)
val max2 = max(listOf()).getOrElse(::getDefault)
println(max2)
```

该程序会在抛出异常之前，将 7 打印到控制台。

6.4.2　将函数应用于可选值

List 中最重要的一个函数就是 map 函数，它能将从 A 到 B 的函数应用到列表 A 的每个元素中，生成 B 列表。考虑到一个像列表一样最多包含一个元素的 Option，可以应用相同的原则。

【练习 6-3】

创建一个 map 函数，用 A 到 B 的函数将 Option<A>变为 Option<B>。

提示

可以在 Option 类中定义一个抽象函数，在每个子类中都有一个实现。或者，可以在 Option 类中实现该函数。在第一种情况下，要注意 None 类中的类型。Option 的抽象函数签名如下：

```
abstract fun <B> map(f: (A) -> B): Option<B>
```

答案

None 的实现很简单，只需要返回一个 None 单例。注意要映射的函数类型应该是 (Nothing) -> B：

```
override fun <B> map(f: (Nothing) -> B): Option<B> = None
```

Some 实现并不复杂，所需要做的就是获取值，应用这个函数，并将结果包装成一个新的 Some：

```
override fun <B> map(f: (A)-> B): Option<B> =Some(f(value))
```

或者，可以在 Option 的父类中实现该函数：

```
fun <B> map(f: (A)-> B): Option<B> =when (this) {
    is None-> None
    is Some-> Some(f(value))
}
```

6.4.3 处理 Option 组合

从 A 到 B 的函数并不是安全编程中最常见的函数。首先，返回可选值的函数比较难以理解。毕竟，需要额外的工作来把值包装到 Some 实例中。但是，通过进一步实践，可以发现这些操作很少发生。

当通过链接函数来构建复杂的计算时，通常会从以前的一些计算返回的值开始，然后将结果传递给一个新函数，而不需要看到中间结果。这将会更多地使用从 A 到 Option<B> 的函数，而不是从 A 到 B 的函数。考虑 List 类。听起来耳熟吗？是的，现在需要一个 flatMap 函数。

【练习 6-4】

创建一个 flatMap 实例函数，将一个函数作为参数实现从 A 到 Option<B>，并返回一个 Option<B>。

提示

可以在两个子类中定义不同的实现，但是应该尝试设计一个适用于这两个子类的唯一实现，并将其放在 Option 类中。它的签名是：

```
fun <B>flatMap(f: (A)-> Option<B>): Option<B>
```

可以尝试使用已经定义的函数（map 和 getOrElse）。

答案

一个简单的解决方案是在 Option 类中定义一个抽象函数，在 None 类中返回 None，在 Some 类中返回 Some(f(value))。这可能是最有效地实现。但是，更优雅的解决方案是映射 f 函数，给出一个 Option<Option<B>>，然后使用 getOrElse 函数提取值（Option<B>），将默认值设为 None：

```
fun <B>flatMap(f: (A)-> Option<B>): Option<B> =map(f).getOrElse(None)
```

【练习 6-5】

正如需要一种方法来映射一个返回 Option 的函数（flatMap）一样，也需要一个 getOrElse 的版本来映射 Options 的默认值。创建具有以下签名的 orElse 函数：

```
fun orElse(default: ()-> Option<A>): Option<A>
```

提示

正如从名称中猜测的那样，不需要获取值就可以实现这个函数。这就是 Option 选项的主要用法——通过 Option 进行组合而不是包装和获取值。这样，相同的实现对两个子类都有效。但是，不要忘记处理型变。

答案

解决方案为：进行函数_ -> this 映射时，产生一个 Option<Option<A>>结果，然后用所提供的默认值在该结果上使用 getOrElse 函数。函数中的_被约定用于不使用的参数。它代表 Option 中所包含的值。不过，该值仍然被使用，因为它包含在 this（如果它存在）中。考虑到型变，可以使用@ UnsafeVariance 注释：

```
fun orElse(default: ()-> Option<@ UnsafeVariance A>): Option<A> = map {_-> this}.getOrElse(de-
fault)
```

该函数可以使用简化的语法

```
fun orElse(default: ()-> Option<@ UnsafeVariance A>): Option<A> = map {this}.getOrElse(de-
fault)
```

无论用什么参数，{x}语法是编写返回 x 的常量函数的最简单方法。

【练习 6-6】

在第 5 章中，创建了一个 filter 函数，从一个列表中删除所有不满足谓词形式（即返回 Boolean 的函数）表达条件的所有元素。为 Option 创建一个相同的函数，它的签名是：

```
fun filter(p: (A)-> Boolean): Option<A>
```

提示

因为 Option 像 List 那样至多只有一个元素，实现看起来很简单。在 None 子类中，可以返回 None（或 this）。在 Some 类中，如果条件成立，则可以返回原始 this，否则返回 None。但是，可以尝试设计一个更智能的实现，以适应 Option 父类。

答案

解决方案是将 Some 情况下使用的函数进行 flatMap：

```
fun filter(p: (A)-> Boolean): Option<A> =
    flatMap {x-> if (p(x)) this else None}
```

注意，对于返回布尔值的函数，通常用 p（代表 *predicate*）表示。

6.4.4　Option 用例

如果了解 Java 的 Optional 类，就知道 Optional 类包含一个 isPresent()方法，该方法用于测试 Optional 类是否包含值（Optional 有一个不基于两个不同子类的实现）。在 Kotlin 的 Option 类中可以很容易地实现这样的函数，可以将其称之为 isSome()，因为它将测试对象是 Some 还是 None。当然，也可以将其命名为 isNone()，这似乎更符合逻辑，因为它相当于 List.isEmpty()函数。

虽然 isSome()函数有时很有用，但它不是使用 Option 类的最佳方法。如果想在调用某种 getOrThrow()函数来获取值前，通过一个 isSome()函数来测试一个 Option，这与在消除引用前测试 null 的引用没有太大差别。唯一的区别就是如果忘记先进行测试：可能会出现一个 IllegalStateException 或 NoSuchElementException 异常，或者为 getOrThrow()的 None 实现所选择的任何异常，而不是 NullPointerException 异常。

使用 Option 的最佳方法是通过组合去使用。为此，必须为所有用例创建所有必要的函数。这些用例对应于在测试出该值非 null 后将如何处理该值。例如，可以如下操作。

- 将这个值作为另一个函数的输入。
- 对值添加作用。
- 如果不是空值，就使用这个值，否则使用默认值来应用函数或操作。

通过已经创建的函数，第一个和第三个用例已经实现。应用一个作用（*effect*）可以用不同的方法实现，这一点将在第 12 章中学习。

以一个例子来说明，看看如何使用 Option 类来改变使用映射的方式。在清单 6-2 中，在 Map 上使用一个扩展函数，以便在查询给定键时返回一个 Option。可以将 Map.get(key)用作 Map [key] 的标准 Kotlin 实现，如果没有找到键，则返回 null。可以使用 getOption 扩展函数来返回一个 Option。

清单 6-2　使用 Option 从 Map 返回一个值

```
import com.fpinkotlin.optionaldata.exercise06.Option
import com.fpinkotlin.optionaldata.exercise06.getOrElse

data class Toon (val firstName: String,
                 val lastName: String,
                 val email: Option<String> = Option()) {

    companion object {
        operator fun invoke(firstName: String,
                            lastName: String,
                            email: String? = null) =
                Toon(firstName, lastName, Option(email))
    }
}

fun <K, V> Map<K, V>.getOption(key: K) =
                            Option(this[key])    ← 扩展函数来实现使用前检查模式，以避免返回空引用

fun main(args: Array<String>) {

    val toons: Map<String, Toon>  = mapOf(
            "Mickey" to Toon("Mickey", "Mouse", "mickey@disney.com"),
            "Minnie" to Toon("Minnie", "Mouse"),
            "Donald" to Toon("Donald", "Duck", "donald@disney.com"))

    val mickey =
        toons.getOption("Mickey").flatMap { it.email }    ← 通过 flatMap 实现Option 组合
    val minnie = toons.getOption("Minnie").flatMap { it.email }
    val goofy = toons.getOption("Goofy").flatMap { it.email }

    println(mickey.getOrElse { "No data" })
    println(minnie.getOrElse { "No data" })
    println(goofy.getOrElse { "No data" })
}
```

注意，Option 允许读者将使用 containsKey 在调用 get 之前查询映射的模式封装到映射的实现中。

在这个简化的程序中，可以看到如何组合各种函数返回 Option。尽管可能会向一个没有 Toon 电子邮件的人或者甚至是一个不存在 Toon 的映射请求 Toon 的电子邮件，但这不需要测试任何东西，也不需要冒着 NullPointerException 异常的风险。清单 6-3 显示了一个更符合 Kotlin 习惯的使用可空类型操作符的解决方案。

清单 6-3　以更符合 Kotlin 习惯的方式使用可空类型

```
fun main(args: Array < String >) {


    val toons: Map < String, Toon > =mapOf(
        "Mickey" to Toon("Mickey", "Mouse", "mickey@ disney.com"),
        "Minnie" to Toon("Minnie", "Mouse"),
        "Donald" to Toon("Donald", "Duck", "donald@ disney.com"))
```

```
val mickey = toons["Mickey"]? . email ?: "No data"
val minnie = toons["Minnie"]? . email ?: "No data"
val goofy = toons["Goofy"]? . email ?: "No data"

println(mickey)
println(minnie)
println(goofy)
}
```

在这个阶段，会发现 Kotlin 风格更方便。但有个小问题。两个程序显示了如下结果：

```
Some(value = mickey@ disney.com)
None
No data
```

第一行是 Mickey 的电子邮件。第二行是 None，因为 Minnie 没有电子邮件。第三行是 No Data，因为 Goofy 不在映射中。显然需要一种方法来区分这两种情况，但是无论是使用可空类型还是 Option 类，都无法区分这两种情况。第 7 章将解决这个问题。

【练习 6-7】

根据 flatMap 实现 variance 值函数。一系列值的方差表示这些值在均值周围的分布情况（注意：这里的 variance 与类型型变的 variance 无关）。如果所有的值都接近平均值，那么方差就很低。当所有的值都等于平均值时，方差为 0。对于一系列数中的每个元素，其方差是 Math.pow(x-m, 2)的均值，其中 m 是序列的均值。此函数将在包级别（在Option类之外）实现，其签名为：

```
val variance: (List < Double > )- > Option < Double >
```

提示

要实现这个函数，首先必须创建一个 mean 函数。如果在定义 mean 函数时遇到困难，请参考第 5 章或使用以下方法：

```
val mean: (List < Double > )- > Option < Double > = {list- >
    when {
        list.isEmpty()- > Option()
        else- > Option(list.sum()/list.size)
    }
}
```

答案

一旦定义了 mean 函数，variance 函数就简单了：

```
val variance: (List < Double > )- > Option < Double > = {list- >
    mean(list).flatMap {m- >
        mean(list.map {x- >
            Math.pow((x-m), 2.0)
        })
    }
}
```

使用值函数不是强制性的，但是如果需要将值函数作为参数传递给 HOF，则必须使用值函数。然而，当只需要应用它们时，fun 函数更容易使用。如果偏好 fun 函数，可以得出以下解决方案：

```
fun mean(list: List<Double>): Option<Double> =
    when {
        list.isEmpty()-> Option()
        else-> Option(list.sum()/list.size)
    }
fun variance(list: List<Double>): Option<Double> =
    mean(list).flatMap {m->
        mean(list.map {x->
             Math.pow((x-m), 2.0)
    })
}
```

由此可见，fun 函数更简单易用，因为其类型更简单。因此，建议尽可能多地使用 fun 函数而不是值函数。此外，很容易从一个切换到另一个。给定这个函数：

```
fun aToBfunction(a: A): B {
    return …
}
```

可以创建一个等价的值函数：

```
val aToBfunction: (A)-> B = {a-> aToBfunction(a)}
```

或者可以使用一个函数引用：

```
val aToBfunction: (A)-> B = ::aToBfunction
```

相反，也可以从前面的值函数创建一个 fun 函数：

```
fun aToBfunction(a: A): B = aToBfunction(a)
```

正如 variance 的实现所展示的，通过使用 flatMap，可以构建一个包含多个阶段的计算，其中任何一个阶段都可能失败。由于 None.flatmap(f)在不尝试应用 f 的情况下立即返回 None，所以一旦遇到第一个故障，计算就会终止。

6.4.5 其他组合选项的方法

决定使用 Option 似乎会产生巨大的后果。特别是，一些开发人员认为自己的代码将会过时。如果需要构建一个从 Option<A>到 Option<B>的函数，并且只有一个包含将 A 转换为 B 的函数 API，该怎么做呢？是否需要重写所有库？其实不用，这个可以很容易地实现。

【练习 6-8】

定义一个 lift 函数，该函数的参数是一个从 A 到 B 的函数，并返回一个从 Option<A>到 Option<B>的函数。像往常一样，使用已经定义的函数。图 6-2 显示了 lift 函数的工作过程。

提示

使用 map 函数在包级别创建一个 fun 函数。

答案

解决方案很简单：

```
fun <A, B> lift(f: (A)-> B): (Option<A>)-> Option<B> = {it.map(f)}
```

大多数现有库都不包含值函数，它们只包含 fun 函数。将一个以 A 为参数并返回 B 的 fun 函数从 Option<A>转换为 Option<B>很容易。例如，提升函数 String. toUpperCase 可以这样实现：

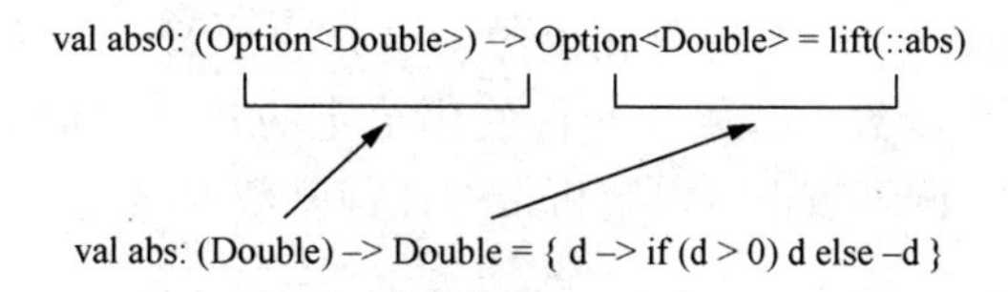

lift函数将一个从double到double的函数变为从 Option<Double> 到 Option<Double>

abs0(None) = None
abs0(Some(d)) = Some(abs(d))

图 6-2　lift 函数

```
val upperOption: (Option<String>)-> Option<String> =
                                      lift {it.toUpperCase()}
```

或者使用一个函数引用：

```
val upperOption: (Option<String>)-> Option<String> =
                                      lift(String::toUpperCase)
```

【练习 6-9】

前面的 lift 函数对于抛出异常的函数是无效的。编写一个对抛出异常函数仍然有效的 lift 函数版本。

答案

对于这个练习，需要将 lift 返回的函数的实现封装在 try... catch 块中，如果抛出异常，则返回 None：

```
fun <A, B> lift(f: (A)-> B): (Option<A>)-> Option<B> = {
    try {
        it.map(f)
    } catch (e: Exception) {
        Option()
    }
}
```

可能还需要将函数从 A 转换为 B，再将函数从 A 转换为 Option<B>。可用同样的方法：

```
fun <A, B>hLift(f: (A)-> B): (A)-> Option<B> = {
    try {
        Option(it).map(f)
    } catch (e: Exception) {
        Option()
    }
}
```

请注意，这种方法无效，因为异常丢失了。第 7 章将学习如何解决这个问题。

如果要使用带有两个参数的遗留函数，该怎么办？比如对于 Java 中具有两个参数 Option<String>和 Option<Integer>的 Integer.parseInt (String s, int radix)方法，该怎么做？第一步是从这个 Java 方法创建一个值函数，这很简单：

```
val parseWithRadix: (Int)-> (String)-> Int =
    {radix-> {string-> Integer.parseInt(string, radix)}}
```

这里颠倒了参数并创建了一个柯里化函数。这很有意义，因为反转参数会产生（通过只应用第一个参数）一个函数，该函数允许使用给定的基数解析所有字符串。尽管不反转参数也会生成一个函数，该函数也可以解析带有任何基数的给定字符串。这虽然取决于特定用例，但没那么有用：

```
val parseHex: (String)-> Int = parseWithRadix(16)
```

反之（首先应用 String）则没有多大意义。

【练习 6-10】

编写一个函数 map2，该函数以一个 Option<A>、一个 Option<B>和一个从（A, B）到 C 的柯里化形式的函数作为参数，然后返回一个 Option<C>。

提示

使用 flatMap 和 map 函数。

答案

下面是使用 flatMap 和 map 的解决方案。理解这个模式很重要，以后会经常遇到。第 8 章将重点讲述这一内容：

```
fun <A, B, C> map2(oa: Option<A>,
                   ob: Option<B>,
                   f: (A)-> (B)-> C): Option<C> =
                     oa.flatMap {a-> ob.map {b-> f(a)(b)}}
```

通过 map2，现在可以使用任何双参数函数，就好像它是为操作 Option 而创建的一样。那么带有更多参数的函数呢？下面是一个 map3 函数的例子：

```
fun <A, B, C, D> map3(oa: Option<A>,
                      ob: Option<B>,
                      oc: Option<C>,
                      f: (A)-> (B)-> (C)-> D): Option<D> =
        oa.flatMap {a->
            ob.flatMap {b->
                oc.map {c->
                  f(a)(b)(c)
                }
            }
        }
```

看到规律了吗？（最后一个函数是 map 而不是 flatMap，这仅仅是因为 f 返回一个原始值。如果它返回了一个 Option，通过用 flatMap 替换 map 仍然可以使用这种模式。）

6.4.6 用 Option 组合 List

组合 Option 实例并不是全部。在某种程度上，每个定义的新类型都必须能够与任何其他类型组合。前面的章节定义了 List 类型。要编写有用的程序，就需要能够组合 List 和 Option。

最常见的操作是将 List<Option<A>>转换为 Option<List<A>>。List<Option<A>>是将 List<B>与一个函数从 B 映射到 Option<A>时得到的。通常，如果所有元素都是 Some<A>，则需要一个 Some<List<A>>，如果至少有一个元素是 None<A>，

则需要一个 None。这只是一个可能的结果。有时，读者可能希望忽略 None 结果，得到一个 List <A>列表。这是另外一个完全不同的用例。

【练习 6-11】

编写一个名为 sequence 的包级别函数，它将一个 List<Option<A>>组合成一个 Option<List<A>>。如果原始列表中的所有值都是 Some 实例，那么它将是一个 Some<List<A>>；如果列表中至少有一个 None，那么它将是一个 None<List<A>>。

这是它的签名：

```
fun <A> sequence(list: List<Option<A>>): Option<List<A>>
```

注意，现在必须使用第 5 章中定义的 List，而不是 Kotlin 中的 List。

提示

为了找到方法，可以测试列表是否为空，如果不为空，则递归调用 sequence。然后，回想一下 foldRight 和 foldLeft 抽象递归，可以使用其中一个函数来实现 sequence。

答案

如果在 List 中定义了 list.head()和 list.tail()公共函数，就可以使用这个显式递归版本（但是如果没有定义则不会编译）：

```
fun <A> sequence(list: List<Option<A>>): Option<List<A>> {
    return if (list.isEmpty())
        Option(List())
    else
        list.head().flatMap({hh->
            sequence(list.tail()).map({x-> x.cons(hh)})})
}
```

函数 list. head()和 list. tail()不应该存在，因为当调用空列表时，这些函数可能会抛出异常。解决方案是让这些函数返回一个 Option。幸运的是，sequence 函数也可以使用 foldRight 和 map2 实现：

```
fun <A> sequence(list: List<Option<A>>): Option<List<A>> =
    list.foldRight(Option(List())) {x->
        {y: Option<List<A>>-> map2(x, y) {a->
            {b: List<A>-> b.cons(a)}}
        }
    }
```

注意，不幸的是，Kotlin 无法推断参数 y 和 b 的类型（这就是 Kotlin 不如 Java 强大的地方）。现在，考虑下面的例子：

```
val parseWithRadix: (Int)-> (String)-> Int = {radix->
    { string->
        Integer.parseInt(string, radix)
    }
}
val parse16 = hLift(parseWithRadix(16))
val list = List("4", "5", "6", "7", "8", "9", "A", "B")
val result = sequence(list.map(parse16))
println(result)
```

这将会产生预期的结果，但其效率有点低，因为 map 函数和 sequence 函数都调用 foldRight。

【练习 6-12】

定义一个产生相同结果的 traverse 函数，该函数只调用一次 foldRight，其签名：

```
fun <A, B> traverse(list: List<A>, f: (A)-> Option<B>): Option<List<B>>
```

然后根据 traverse 实现 sequence。

提示

不要显式地使用递归，使用 foldRight 函数来抽象递归。

答案

首先，定义 traverse 函数：

```
fun <A, B> traverse(list: List<A>, f: (A)-> Option<B>): Option<List<B>> =
    list.foldRight(Option(List())) {x->
        {y: Option<List<B>>->
            map2(f(x), y) {a->
                { b: List<B>->
                  b.cons(a)
                }
            }
        }
    }
```

然后，用 traverse 的方式重新定义 sequence 函数：

```
fun <A> sequence(list: List <Option<A>>): Option<List<A>> =
                                      traverse(list) {x-> x}
```

6.4.7 何时使用 Option

正如在第 2 章和本章的介绍中所提到的，Kotlin 处理可选数据的方法不同。那么，到底应该用那种技术呢？可空类型还是 Option 类型？

- 当返回 null 表示终止条件时，在某些函数的内部使用可空类型非常有用，如生成器。但是，这样的 null 不应该泄漏到函数之外。这些 null 只在局部使用，若不在局部函数中，决不返回 null。
- 对于真正可选的数据，Option 很好用。但通常，数据的缺乏是传统程序员通过抛出和捕获异常来处理错误的结果。返回 None 而不是抛出异常就像捕获异常并默默地接受它一样。这可能不是一个价值 10 亿美元的错误，但仍然是一个大错误。第 7 章将学习如何处理这种情况。在此之后，几乎再也不需要 Option 数据类型了。但别担心，在这一章中学到的东西仍然非常有用。

Option 类型是一种数据类型的最简单形式，后续将会一次又一次地使用它。它是一个参数化类型，它附带一个函数来实现 A 到 Option<A>。Option 类型还有一个 flatMap 函数，可用来组合 Option 实例。虽然它本身没有什么用处，但是它引入了一个基本概念，称为 *monad*。List 类也有同样的特点，重要的是这两个类之间有什么共同点。不要担心 *monad* 这个词，没什么好怕的，可以把它看作一种设计模式（尽管它远不止于此）。

6.5　本章小结

- 用可选数据来表示函数意味着数据可能存在或不存在。Some 子类型表示数据存在，None 子类型表示数据缺失。
- Kotlin 使用可空类型来表示可选的数据。当使用非空类型时，将不受 NullPointer-Exception 的影响，而当使用可空类型时，将强制处理 null。
- 用 null 指针表示数据的缺失不切实际且很危险，字面值和空列表是表示数据缺失的其他方法，但是它们组合得不好。
- Option 数据类型是一种表示可选数据的更好方式。
- 将 map 和 flatMap 高阶函数应用到 Option 上，可以方便地组合 Option。对值进行操作的函数可以提升到对 Option 实例进行操作。
- List 可以与 Option 组合，使用 sequence 函数可以将 List <Option> 转换为 Option <List>。
- 可以对选项实例进行比较以获得相等性。如果子类型 Some 实例的包装值相等，则它们相等。因为只有一个 None 的实例，所以 None 的所有实例都是相等的。
- 虽然 Option 可以表示产生异常的计算结果，但是没有关于发生异常的所有信息。

第 7 章 处理错误和异常

在本章中

- 使用 Either 类型保留错误信息。
- 使用有偏差的 Result 类型处理错误。
- 访问和操作 Result 数据。
- 提升函数以对 Result 进行操作。

第 6 章介绍了如何使用 Option 数据类型处理可选数据而无须处理 null 引用。可以看出，当未发生错误时这种数据类型对于处理数据缺失问题（不是由于出错而导致的）是十分完美的。但是，它并不是一种处理错误的有效方法，因为它虽然可以干净利落地报告数据的缺失，却没有给出数据缺失的原因。所有数据缺失的问题都是以同样的方式处理的，至于缺失的原因这就得由调用者自己去搞清楚。通常，这是不可能的。

在本章中，读者将通过各种练习来学习如何处理 Kotlin 中的错误和异常。其中一项技能就是如何应对由于错误而导致的数据缺失问题，这是 Option 数据类型所不能做到的。先来看看需要解决的问题，然后再学习 Either 类型和 Result 类型。

- Either 类型对于处理返回两种不同类型的值的函数非常有用。
- 当需要一种类型来表示数据或一个错误时，Result 类型很有用。

在对 Either 和 Result 类型进行一些讨论和练习之后，读者将学习高级 Result 处理和应用作用，之后是高级 Result 复合。

7.1 数据缺失的问题

大多数情况下，数据的缺失是由输入数据或者计算过程中产生的错误而导致的。这是两种不同的情形，但它们会产生相同的结果：本应存在的数据产生了缺失。

在传统编程中，当一个函数或者方法接受目标参数时，大多数程序员都知道应该测试该参数是否为 null。但是，当参数为 null 时应该做什么通常是未定义的。回顾第 6 章清单 6-2中的这个例子：

```
val goofy = toons.getOption("Goofy").flatMap {it.email}
println(goofy.getOrElse({"No data"}))
```

在这个例子中，因为在 map 中不存在 Goofy 这个键，所以最后得到的输出结果是 No data。这可以视为正常情况。但再考虑下面这个例子：

```
    val toon = getName()
        .flatMap(toons::getOption)
        .flatMap(Toon::email)
    println(toon.getOrElse{"No data"})
}
fun getName(): Option<String> = ???
```

如果用户输入了一个空字符串，应该怎么办？对这个问题通常的解决方法是验证用户的输入并返回一个 Option<String>。在缺少有效字符串的时候，可以返回 None，并且这样的操作可能会引发异常。程序如下所示：

```
    val toon = getName()
            .flatMap(toons::getOption)
            .flatMap(Toon::email)
    println(toon.getOrElse{"No data"})
}
fun getName(): Option<String> = try {
    validate(readLine())
    } catch (e:IOException) {
        Option()
    }
    fun validate(name: String?): Option<String> = when {
        name?.isNotEmpty() ?: false-> Option(name)
        else-> Option()
    }
```

现在来思考一下当这段代码程序运行时会发生什么。

- 一切顺利，读者在控制台上收到一封电子邮件。
- 抛出 IOException 异常，在控制台上输出 No data。
- 用户输入的名字没有通过验证，输出 No data。
- 用户输入的名字是有效的，但在 map 中并不存在，输出 No data。
- 在 map 中找到了名字，但对应的 toon 并没有电子邮件，输出 No data。

读者需要的是在控制台上打印不同的消息，以指示到底发生了哪种情况。如果读者想使用已经知道的类型，可以使用 Pair<Option<T>, Option<String>>作为每一个函数的返回类型，但是这样有点复杂。Pair 是一种乘积类型，这意味着用 Pair<T, U>可以表示的元素数量实际上是 T 可能的数目乘以 U 可能的数目。但其实并不需要这样，因为每次给 T 赋一个值的时候，U 的值将会为 None。

同样地，当 U 的值为 Some 时，T 的值将会为 None。读者可能需要的是和类型（*sum type*），即 E<T, U>。这种类型可以存储一个 T 的值或一个 U 的值，但不能同时存储一个 T 和一个 U 的值。之所以称之为和类型，是因为它可以表示的实际数量是 T 可能的值和 U 可能的值的总和。这一点和乘积类型（*product type*）是相反的，比如 Pair<T, U>，它可以表示的实际数量是 T 可能的值和 U 可能的值的乘积。

7.2 Either 类型

为了解决函数返回两种不同类型值的情况，比如一种返回值表示数据，另一种表示错误，可以使用一种特殊类型：Either 类型。设计一种既能存储 A 又能存储 B 的类型很容易，只需要稍微修改 Option 类型，通过改变 None 类型使其能存储一个值即可。此外，还需要更改这个类型的名称。Either 类型的两个私有子类分别称作 Left 和 Right，如清单 7-1所示：

清单 7-1　Either 类型

```
sealed class Either<out A, out B> {
    internal
    class Left<out A, out B>(private val value: A): Either<A, B>() {
    override fun toString(): String = "Left($value)"
}
    internal
    class Right<out A, out B>(private val value: B) : Either<A, B>() {
        override fun toString(): String = "Right($value)"
}
    companion object {
        fun <A, B> left(value: A): Either<A, B> = Left(value)
        fun <A, B> right(value: B): Either<A, B> = Right(value)
    }
}
```

现在，读者可以轻松地使用 Either 类型而不是 Option 类型来表示可能由于错误而缺失的值。只需要根据数据的类型和错误的类型来确定 Either 类型的参数即可。

按照惯例，使用 Right 子类表示成功（“正确”代表“成功”），对应的则使用 Left 子类来表示错误。但是，这不会调用子类 Wrong，因为 Either 类型可以用来保存由一种类型或另一种类型表示的数据，这两种类型都是有效的。

读者必须选择一种类型来表示错误，可以选择 String 类型来携带错误信息，也可以选择使用某种异常。例如，在第 6 章中，返回列表中最大值的 max 函数可以修改如下：

```
fun <A: Comparable<A>> max(list: List<A>): Either<String, A> = when(list) {
    is List.Nil-> Either.left("max called on an empty list")
    is List.Cons-> Either.right(list.foldLeft(list.head) {x-> {y->
            if (x.compareTo(y) == 0) x else y
        }
    })
}
```

为了使 Either 类型有效，需要一种方法来将其组合。最简单的方法就是用它自己来组合。返回 Either 类型的函数的输出结果可能被用作另一个返回 Either 类型的函数的输入。为了组合这些返回 Either 类型的函数，需要定义与在 Option 类上定义的相同函数。

【练习 7-1】

给定一个从 A 到 B 的函数，定义一个 map 函数，该函数将 Either<E, A>转换为 Either<E, B>。以下是 map 函数的签名：

```
abstract fun <B> map(f: (A)-> B): Either<E, B>
```

提示

参数E和A用来明确应该映射哪一侧，其中E代表错误。可以定义两个map函数（分别称为mapLeft和mapRight）来映射Either实例的一侧或另一侧。要开发的是一个有偏置（*biased*）的Either版本，它只能在一侧映射。

答案

Left的实现比Option的None实现要复杂一些，因为需要构造一个新的Either来存储与原来相同的（错误）值：

```
override fun <B> map(f: (A)-> B): Either<E, B> =Left(value)
```

Right的实现与在Some中的实现完全相同：

```
override fun <B> map(f: (A)-> B): Either<E, B> =Right(f(value))
```

【练习7-2】

给定一个从A到Either<E, B>的函数，定义一个flatMap函数，该函数将Either<E, A>转换为Either<E, B>。以下是flatMap函数的签名：

```
abstract fun <B>flatMap(f: (A)-> Either<E, B>): Either<E, B>
```

答案

Left的实现与map函数中的实现完全相同：

```
override fun <B>flatMap(f: (A)-> Either<E, B>): Either<E, B> =Left(value)
```

Right的实现与Option.flatMap函数中的实现完全相同：

```
override fun <B>flatMap(f: (A)-> Either<E, B>): Either<E, B> =f(value)
```

请注意，参数E已被设置为不可变。不需要为型变而烦恼，因为很快就能摆脱这个参数。

【练习7-3】

定义getOrElse函数和orElse函数，其签名如下：

```
fun getOrElse(defaultValue: ()-> @ UnsafeVariance A): A

fun orElse(defaultValue: ()-> Either<E, @ UnsafeVariance A>): Either<E, A>
```

提示

小心型变！

答案

为了使型变检查无效，每个函数都应该有一个用@ UnsafeVariance注释的参数类型。getOrElse函数在this是Right的实例时返回所包含的值，否则返回对defaultValue函数调用的返回值。在Right子类中，需要将value属性的访问权限从private更改为internal，从而允许从getOrElse函数的超类实现访问：

```
fun getOrElse(defaultValue: ()-> @ UnsafeVariance A): A =when (this) {
    is Right-> this.value
    is Left->defaultValue()
}
```

orElse函数将用map来映射一个返回this的常数函数，并在结果上调用getOrElse：

```
fun orElse(defaultValue: ()-> Either<E, @ UnsafeVariance A>): Either<E, A> =
    map {this}.getOrElse(defaultValue)
```

Either类很有用，但还没达到理想中的效果。问题在于当没有可用的值时，不知道会发生什么。此时会得到默认值，却不知道它是计算的结果还是由于错误而产生的结果。为了正确地处理错误情况，需要一个有偏差的Either版本，在这个版本中左边的类型是已知的。除了使用 Either（顺便说一下，它还有许多其他有趣的使用方法），读者还可以使用一个已知的固定类型为 Left 类创建一个专门的版本。

读者可能会问的第一个问题是，“我应该用哪种类型？”显然，可以使用下面这两种类型：String 和 RuntimeException。字符串可以像异常一样保存错误消息，但是许多错误情况都会产生异常。使用 String 作为 Left 值类型将强制忽略异常中的相关信息，并且只使用所包含的消息。最好使用 RuntimeException 作为 Left 值。如果只有一条消息，会把它包装成一个异常。

7.3 Result 类型

读者需要的是一种既能表示数据又能表示错误的类型。由于这种类型通常表示可能出错的计算结果，因此称它为 Result。Result 类型与 Option 类型类似，只是它的子类被命名为 Success 和 Failure，具体如清单 7-2 所示。正如读者所看到的，这个类很像带有额外存储异常的 Option 类。

清单 7-2　Result 类

```
import java.io.Serializable

sealed class Result<out A>: Serializable {

    internal
    class Failure<out A>(
        internal val exception: RuntimeException):
                                        Result<A>() {
        override fun toString(): String = "Failure(${exception.message})"
    }

    internal
    class Success<out A>(internal val value: A) :
                                        Result<A>() {
        override fun toString(): String = "Success($value)"
    }

    companion object {

        operator fun <A> invoke(a: A? = null): Result<A>
            = when (a) {
                null -> Failure(NullPointerException())
                else -> Success(a)
            }

        fun <A> failure(message: String): Result<A> =
            Failure(IllegalStateException(message))

        fun <A> failure(exception: RuntimeException): Result<A> =
            Failure(exception) #H

        fun <A> failure(exception: Exception): Result<A> =
            Failure(IllegalStateException(exception))

    }
}
```

构造函数是内部的

Result类只接受一个类型参数，与成功值相对应

Failure子类包含RuntimeException

如果结果是用空值构造的，则会立即得到一个Failure

如果失败是用一条消息构造的，那么它将被包装为RuntimeException（更具体地说是IllegalStateException子类）

如果用RuntimeException构造，它将按原样储存

如果用检查型异常构造，它被包装进RuntimeException

为了组合 Result，需要在 Option 类以及 Either 类中定义相同的函数，这些函数略有差别。

【练习 7-4】

为 Result 类定义 map、flatMap、getOrElse 和 orElse 函数。对于 getOrElse，可以定义两个函数：一个以值为参数，一个以函数为参数生成默认值。它们的签名如下：

```
fun <B> map(f: (A)-> B): Result<B>
fun <B>flatMap(f: (A)-> Result<B>): Result<B>
fun <A>getOrElse(defaultValue: A): A
fun <A>orElse(defaultValue: ()-> Result<A>): Result<A>
```

提示

不要忘记处理任何可能被实现抛出的异常，并注意型变。

答案

所有函数都类似于 Either 类中的函数。下面是 Success 类中 map 和 flatMap 的实现：

```
override fun <B> map(f: (A)-> B): Result<B> =try {
    Success(f(value))
} catch (e:RuntimeException) {
    Failure(e)
} catch (e: Exception) {
    Failure(RuntimeException(e))
}

override fun <B>flatMap(f: (A)-> Result<B>): Result<B> =try {
    f(value)
} catch (e:RuntimeException) {
    Failure(e)
} catch (e: Exception) {
    Failure(RuntimeException(e))
}
```

下面是 Failure 类的实现：

```
override fun <B> map(f: (A)-> B): Result<B> =
    Failure(exception)

override fun <B>flatMap(f: (A)-> Result<B>): Result<B> =
    Failure(exception)
```

当默认值为字面值时，getOrElse 函数很有用，因为它已经过计算。在这种情况下，不需要使用惰性计算。为了避免型变问题，必须使用@ unsafevariance 注释来实现此函数：

```
fun getOrElse(defaultValue: @ UnsafeVariance A): A=when (this) {
    is Success-> this.value
    is Failure->defaultValue
}
```

当不计算默认值的时候，使用 orElse 函数。由于计算可能引发异常，可以按如下方式处理此情况：

```
fun orElse(defaultValue: ()-> Result<@ UnsafeVariance A>): Result<A> =
```

```
when (this) {
    is Success-> this
    is Failure-> try {
        defaultValue()
    } catch (e:RuntimeException) {
        Result.failure<A>(e)
    } catch (e: Exception) {
        Result.failure<A>(RuntimeException(e))
    }
}
```

是否应该处理异常取决于使用哪个函数来实现。如果只是想使用自己的实现，那么如果从不抛出异常，则可能不需要捕获异常。但是如果想使用标准库（很有可能），就需要处理异常，并遵循安全原则：总是捕获异常，从不抛出异常。另外请注意，需要尝试定义以下功能，正如对 Option 所做的那样：

```
fun getOrElse(defaultValue: ()-> A): A
```

如果要确保从不抛出异常，就不能实现这个函数。如果常量函数() →A 引发异常，将会返回什么？

7.4 Result 模式

通过这些添加的函数，Result 类可用于安全地组合表示成功或失败的计算函数。这很重要，因为 Result 和类似类型通常被视为可能包含或不包含值的容器。这种描述是错误的。

Result 是可能存在或不存在的值的计算上下文。不是通过检索值去使用它，而是通过使用其特定函数组合 Result 的实例。例如，要使用此类，可以修改以前的 ToonMail 插图。首先，需要在的 Map 上创建一个特殊的 get 扩展函数，该函数返回一个 Result。如果该键不在 Map 中，则返回 Failure，如清单 7-3 所示。读者可以调用这个新函数 getResult。

清单 7-3　返回 Result 的新 Map.getResult 函数

如果键包含在map中，则返回包含检索到的对象的Success

否则，返回包含错误消息的Failure

```
fun <K, V> Map<K, V>.getResult(key: K) = when {
    this.containsKey(key) -> Result(this[key])
    else -> Result.failure("Key $key not found in map")
}
```

然后，修改 Toon 类，如清单 7-4 所示。

清单 7-4　带有修改后的 email 属性的修改过的 Toon 类

构造函数是私有的

电子邮件属性现在是一个 Result（成功或失败）

```
data
class Toon private constructor (val firstName: String,
                 val lastName: String,
                 val email: Result<String>) {
```

```
    companion object {
        operator fun invoke(firstName: String,
                            lastName: String) =
            Toon(firstName, lastName,
                Result.failure("$firstName $lastName has no mail"))

        operator fun invoke(firstName: String,
                            lastName: String,
                            email: String) =
            Toon(firstName, lastName, Result(email))
    }
}
```

调用函数是重载的

如果未提供邮件，则使用 Result.Failure作为默认值

如果对象是使用电子邮件构造的，则它将包含在Result中

现在修改 ToonMail 程序，如清单 7-5 所示。

清单 7-5　使用 Result 修改的程序

```
fun main(args: Array<String>) {

    val toons: Map<String, Toon>  = mapOf(
        "Mickey" to Toon("Mickey", "Mouse", "mickey@disney.com"),
        "Minnie" to Toon("Minnie", "Mouse"),
        "Donald" to Toon("Donald", "Duck", "donald@disney.com"))

    val toon = getName()
        .flatMap(toons::getResult)
        .flatMap(Toon::email)
     println(toon)

 }

 fun getName(): Result<String> = try {
     validate(readLine())
 } catch (e: IOException) {
     Result.failure(e)
 }

 fun validate(name: String?): Result<String> = when {
     name?.isNotEmpty() ?: false -> Result(name)
     else -> Result.failure("Invalid name $name")
 }
```

返回Result的方法是通过flatMap组成的

getName函数允许从键盘输入名称，如果名称未验证或抛出异常，则会导致失败

可以修改 getName 函数以表示通过返回包装异常的 Failure 而引发的异常。

注意返回 Result 的各种操作是如何组合的。读者无须访问 Result 中包含的值（这个值可能是一个异常）。flatMap 函数用于这种组合。尝试使用以下各种输入来运行此程序：

```
"Mickey"
"Minnie"
"Goofy"
an empty value (just press the Enter key)
```

这是程序在每种情况下打印的内容：

```
Success(mickey@ disney.com)
Failure(Minnie Mouse has no mail)
Failure(Key Goofy not found in map)
Failure(Invalid name)
```

这个结果看起来不错，但事实并非如此。问题是 Minnie（没有电子邮件）和 Goofy（不在 Map 中）报告为失败。这些可能是失败，但也可能是正常情况。毕竟，如果没有电子邮件是失败的，那么就不会在没有电子邮件的情况下创建一个 Toon 实例。

显然，这不是失败，而只是可选数据。Map 也是如此。如果一个键不在 Map 中（假设它应

该在那里）可能是错误的，但从 Map 的角度来看，它是可选数据。可能认为这不是问题，因为已经有了这种类型（在第 6 章中介绍的 Option 类型）。但是看看之前编写函数的方式：

```
toon getName()
        .flatMap(toons::getResult)
        .flatMap(Toon::email)
```

这是唯一可能的，因为 getName、Map.getResult 和 Toon.email 都返回一个 Result。如果 Map.getResult 和 Toon.email 要返回 Option，则它们不再与 getName 组合。但是，仍然可以将 Result 转换为 Option 或从 Option 转换成 Result。例如，可以在 Result 中添加 toOption 函数：

```
abstract fun toOption(): Option<A>
```

Success 的实现将是：

```
override fun toOption(): Option<A> = Option(value)
```

Failure 的实现将是：

```
override fun toOption(): Option<A> = Option()
```

然后，可以按如下方式进行使用：

```
Option<String> result = getName().toOption().flatMap(toons::getResult).flatMap(Toon::emmail)
```

但是，现在失去了所有使用 Result 的好处。现在如果在 getName 函数中抛出异常，它仍然包含在 Failure 中，但是异常在 toOption 函数中丢失了，程序只是简单地打印了：

```
none
```

读者可能认为应该采用其他方式将 Option 转换为 Result。这是可行的（尽管在示例中，应该在 Map.get 和 Toon.getMail 返回的两个 Option 实例上调用新的 toResult 函数），但这将是乏味的。因为通常必须将 Option 转换为 Result，所以更好的方法是将此转换为 Result 类。读者所要做的就是创建一个与 None 情况相对应的新子类。除了更改它 Success 的名称之外，Some 不需要转换。下面清单显示了具有名为 Empty 的新子类的新 Result 类。

清单 7-6　处理错误和可选数据的新 Result 类

getOrElse和orElse
函数已被修改以处理Empty case

```
sealed class Result<out A>: Serializable {

    abstract fun <B> map(f: (A) -> B): Result<B>

    abstract fun <B> flatMap(f: (A) ->  Result<B>): Result<B>

    fun getOrElse(defaultValue: @UnsafeVariance A): A = when (this) {
        is Result.Success -> this.value
        else -> defaultValue
    }

    fun getOrElse(defaultValue: () -> @UnsafeVariance A): A = when (this) {
        is Result.Success -> this.value
        else -> defaultValue()
    }

    fun orElse(defaultValue: () -> Result<@UnsafeVariance A>): Result<A> =
        when (this) {
            is Success -> this
            else -> try {
                defaultValue()
            } catch (e: RuntimeException) {
```

```
            Result.failure<A>(e)
        } catch (e: Exception) {
            Result.failure<A>(RuntimeException(e))
        }
    }

internal object Empty: Result<Nothing>() {    ◄── 与Option中的None实例一样，Result
                                                  包含一个Empty的单例实例，
                                                  参数化为Nothing
    override fun <B> map(f: (Nothing) -> B): Result<B> = Empty

    override fun <B> flatMap(f: (Nothing) -> Result<B>): Result<B> =
                                                              Empty

    override fun toString(): String = "Empty"
}

internal
class Failure<out A>(private val exception: RuntimeException):
                                                    Result<A>() {

    override fun <B> map(f: (A) -> B): Result<B> = Failure(exception)

    override fun <B> flatMap(f: (A) -> Result<B>): Result<B> =
                                                Failure(exception)

    override fun toString(): String = "Failure(${exception.message})"
}

internal class Success<out A>(internal val value: A) : Result<A>() {

    override fun <B> map(f: (A) -> B): Result<B> = try {
        Success(f(value))
    } catch (e: RuntimeException) {
        Failure(e)
    } catch (e: Exception) {
        Failure(RuntimeException(e))
    }

    override fun <B> flatMap(f: (A) -> Result<B>): Result<B> = try {
        f(value)
    } catch (e: RuntimeException) {
        Failure(e)
    } catch (e: Exception) {
        Failure(RuntimeException(e))
    }

    override fun toString(): String = "Success($value)"
}

companion object {

    operator fun <A> invoke(a: A? = null): Result<A> = when (a) {
        null -> Failure(NullPointerException())
        else -> Success(a)
    }

    operator fun <A> invoke(): Result<A> = Empty    ◄── 与Option相同，invoke函数没有参
                                                        数，并返回一个Empty单例
    fun <A> failure(message: String): Result<A> =
                    Failure(IllegalStateException(message))

    fun <A> failure(exception: RuntimeException): Result<A> =
                    Failure(exception)

    fun <A> failure(exception: Exception): Result<A> =
                    Failure(IllegalStateException(exception))
}
}
```

现在，可以再次修改 ToonMail 应用程序，如清单 7-7 ~ 清单 7-9 所示。

清单 7-7 getResult 函数

```
fun <K, V> Map<K, V>.getResult(key: K) = when {
    this.containsKey(key) -> Result(this[key])
    else -> Result.Empty
}
```

get函数现在返回Result。如果在map中找不到该键，则为空

清单 7-8 使用 Result.Empty 表示可选数据的 Toon 类

```
data class Toon private constructor (val firstName: String,
                                    val lastName: String,
                                    val email: Result<String>) {

    companion object {
        operator fun invoke(firstName: String,
                            lastName: String) =
            Toon(firstName, lastName, Result.Empty)

        operator fun invoke(firstName: String,
                            lastName: String,
                            email: String) =
            Toon(firstName, lastName, Result(email))
    }
}
```

如果在没有电子邮件的情况下构造实例，则该属性将设置为Result.Empty

清单 7-9 正确处理可选数据的 ToonMail 应用程序

```
fun main(args: Array<String>) {

    val toons: Map<String, Toon>  = mapOf(
        "Mickey" to Toon("Mickey", "Mouse", "mickey@disney.com"),
        "Minnie" to Toon("Minnie", "Mouse"),
        "Donald" to Toon("Donald", "Duck", "donald@disney.com"))

    val toon = getName()
        .flatMap(toons::getResult)
        .flatMap(Toon::email)
       println(toon)

    }

    fun getName(): Result<String> = try {
        validate(readLine())
    } catch (e: IOException) {
        Result.failure(e)
    }

    fun validate(name: String?): Result<String> = when {
        name?.isNotEmpty() ?: false -> Result(name)
        else -> Result.failure(IOException())
    }
```

修改validate函数以在未输入名称时模拟IOException

现在，当输入 Mickey、Minnie、Goofy 和空字符串时，程序将会输出如下内容：

```
Success(mickey@ disney. com)
Empty
Empty
Failure(java. io. IOException)
```

读者可能认为缺少某些东西，因为无法区分这两种不同的空案例，但事实并非如此。可选数据不需要错误消息。如果读者认为需要消息，则数据不是可选的。

7.5　高级 Result 处理

到目前为止，读者已经看到了 Result 的一些应用。不应使用 Result 直接访问包装的值（如果存在）。上一个示例中使用 Result 的方式对应于更简单的特定组合用例：获取一个计算结果并将其用于下一个计算的输入。

还有一些更具体的用例。只有当 Result 中的值与某个断言（这意味着某些条件）匹配时，才能使用该值。此外，还可以使用失败的例子，为此需要将失败映射到其他事物或将失败转换为异常的成功。可能还需要使用多个结果作为单个计算的输入。读者可能会从一些辅助函数中受益，这些函数通过计算创建 Result 来处理遗留代码。最后，有时需要对结果施加作用。

7.5.1　应用断言

通常必须对结果应用断言（*predicate*，是一个返回 Boolean 值的函数），这是一个很容易抽象化的东西，只需编写一次。

【练习 7-5】

实现 filter 函数，它包含一个从 A 到 Boolean 类型并返回一个 Result <A>的函数来进行条件判定，返回的结果是 Success 还是 Failure，取决于包装值是否适用于条件。它的签名如下：

```
fun filter(p: (A)-> Boolean): Result<A>
```

创建第二个函数，第一个参数是一个条件，第二个参数是 String，并将 String 参数用于潜在的 Failure 的情况。

提示

尽管可以在 Result 类中定义抽象函数并在子类中实现它们，但尽量不要这样做。可以使用之前定义的一个或多个函数在 Result 类中创建一个单一实现。

答案

需要创建一个 fun 函数，它将包装值作为参数，对其应用参数值函数，并在条件成立时返回相同的 Result，否则返回 Empty（或 Failure）。然后，要做的就是将 flatMap 应用于这个函数：

```
fun filter(p: (A)-> Boolean): Result<A> = flatMap {
    if (p(it))
            this
    else
            failure("Condition not matched")
}
fun filter(message: String, p: (A)-> Boolean): Result<A> = flatMap {
    if (p(it))
        this
    else
        failure(message)
}
```

【练习 7-6】

实现 exists fun 函数，它将值函数从 A 转换为 Boolean，如果包装值与条件匹配则返回 true，否则返回 false。它的函数签名如下：

```
fun filter(p: (A)-> Boolean): Result<A>
```

提示

再次提醒，尽量不要在每个子类中定义实现。相反，可以使用函数在父类中创建单个实现。

答案

解决方案是将函数映射到 Result<T>，得到 Result<Boolean>，并将参数为 false 的 getOrElse 函数作为默认值。因为它是一个原始值，所以不需要使用常量函数来惰性地生成默认值：

```
fun exists(p: (A)-> Boolean): Boolean = map(p).getOrElse(false)
```

使用 exists 作为此函数的名称可能看起来有问题。但是，它与应用于列表的函数是相同的，如果至少有一个元素满足条件，则返回 true。因此，使用相同的名称是有意义的。

有些人可能会说，如果列表中的所有元素都满足条件，那么这个实现也适用于返回 true 的 forAll 函数。这完全取决于读者，是选择另外一个名字，还是在 Result 类里面定义一个相同的 forAll 函数。重要的是要了解是什么让 List 和 Result 相似，又是什么让它们不同。

7.6 映射 Failure

有时候将 Failure 变成另一种 Failure 也很有用，这就像捕捉异常并重新抛出不同的东西一样。原因可能是用更合适的错误消息替换原始错误消息，添加某些信息以便用户判断问题的原因。例如，如果包含搜索的路径，则“无法找到配置文件”等消息会更有用。

【练习 7-7】

定义 mapFailure 函数，该函数以 String 作为参数，并使用字符串作为错误消息将 Failure 转换为另一个 Failure。如果 Result 为 Empty 或 Success，则此函数不会执行任何操作。

提示

在父类中定义抽象函数。

答案

父类中的抽象函数如下：

```
abstract fun mapFailure(message: String): Result<A>
```

Empty 和 Success 的实现返回 this。Empty 的实现如下：

```
override fun mapFailure(message: String): Result<Nothing> = this
```

Success 的实现如下：

```
override fun mapFailure(message: String): Result<A> = this
```

Failure 实现将现有异常包装到一个新创建的给定消息的异常中，并返回新的 Failure：

```
override fun mapFailure(message: String): Result<A> =
```

```
Failure(RuntimeException(message, exception))
```

可以选择 RuntimeException 作为运行时异常的异常类型或更具体的子类型。另一个有用的函数是，给定一个 String 消息，将一个 Empty 映射到一个 Failure。

7.7 添加工厂函数

读者已经看到了如何从一个值中创建 Success 和 Failure。另一些用例使用得非常频繁，所以应该将其抽象为附加的工厂函数。为了适应遗留库，可能经常会从一个可能为 null 的值中创建 Result，并且希望为这种情况提供一个特定的错误消息。要做到这一点，可以在伴生对象中使用下面这个函数，它的签名如下：

```
operator fun <A> invoke(a: A? = null, message: String): Result<A>
```

通过一个由 A 返回 Boolean 类型的函数来创建 Result 的函数和 A 的实例也可能有用：

```
operator fun <A> invoke(a: A? = null, p: (A) -> Boolean): Result<A>
operator fun <A> invoke(a: A? = null, message: String, p: (A) -> Boolean): Result<A>
```

【练习 7-8】

实现前面的 invoke 函数。

提示

必须决定每种情况下返回的内容。

答案

这个练习没有什么难度。以下是一些可能的实现，它们在没有使用错误消息的情况下返回 Empty，否则返回 Failure：

```
operator fun <A> invoke(a: A? = null, message: String): Result<A> =
    when (a) {
        null -> Failure(NullPointerException(message))
        else -> Success(a)
    }
operator fun <A> invoke(a: A? = null, p: (A) -> Boolean): Result<A> =
    when (a) {
        null -> Failure(NullPointerException())
        else -> when {
            p(a) -> Success(a)
            else -> Empty
        }
    }
operator fun <A> invoke(a: A? = null,
                        message: String,
                        p: (A) -> Boolean): Result<A> =
when (a) {
    null -> Failure(NullPointerException())
    else -> when {
        p(a) -> Success(a)
        else -> Failure(IllegalArgumentException(
            "Argument $a does not match condition: $message"))
```

```
        }
}
```

请注意，在应用断言之前，不需要将参数 a 强制转换为类型 A（而不是 A?）。Kotlin 在第一个 when 子句中的先前检查中知道它不能为 null。

7.8 应用作用

到目前为止，除了获取一个值（通过 getOrElse）之外，还没有对 Result 中包含的值产生任何作用（*effect*）。这样无法满足要求，因为它破坏了使用 Result 的优势。另一方面，读者还没有学会以安全方式来实施作用的一些必要技巧。作用可以是对外部世界进行修改的任何操作，例如，写入控制台、文件夹、数据库或可变组件中的字符，或者在本地或通过网络发送消息。

重要提示：现在展示的技术并不是很安全，所以只有在执行所有计算之后才能使用它。应该在代码的特定分隔部分应用作用，并且不应对那些应用作用的值再执行进一步计算。如果想要以安全的方式应用作用之后还能继续一些计算操作，请在第 12 章中学习相关技巧。

在标准编程中应用作用包括从 Result 中提取值（如果存在），并使用它执行某些操作。为了更安全地编程，也可以反过来执行此操作：将作用传递给 Result，以将其应用于被包含的值（如果存在的话）。

要在 Kotlin 中展示一个作用，可以使用一个不返回任何内容并执行预期效果的函数。这不应该被称为一个函数，但这就是它在 Kotlin 中的方式。在 Java 中，这将被称为 Consumer，而在 Kotlin 中这种函数的返回类型是 Unit。

【练习 7-9】

定义 forEach 函数，该函数将作用作为其参数并将其应用于被包含的值。

提示

在 Result 类中定义一个抽象函数，并在每个子类中实现。

答案

这是在 Result 中的抽象函数声明：

```
abstract fun forEach(effect: (A)-> Unit)
```

注意，forEach 和 effect 参数都返回 Unit。但是，对于返回 Unit 的 fun 函数，可以省略返回值类型。Failure 的实现什么都不执行：

```
override fun forEach(effect: (A)-> Unit) {}
```

Empty 的实现是类似的，但函数签名略微不同：

```
override fun forEach(effect: (Nothing)-> Unit) {}
```

Success 的实现很简单，需要将作用应用于值：

```
override fun forEach(effect: (A)-> Unit) {
    effect(value)
}
```

forEach 函数对于在第 6 章中创建的 Option 类来说是十分合适的，但却不适用于 Result 类。通常，希望对 Failure 采取一些特殊操作。

【练习 7-10】

定义 forEachOrElsee 函数来处理这个用例，它必须能同时处理 Failure 和 Empty。它在 Result 类中的签名如下：

```
abstract fun forEachOrElse(onSuccess: (A)-> Unit,
                           onFailure: (RuntimeException)-> Unit,
                           onEmpty: ()-> Unit)
```

答案

这三个实现都执行相应的函数：

```
// Success
override fun forEachOrElse(onSuccess: (A)-> Unit,
                           onFailure: (RuntimeException)-> Unit,
                           onEmpty: ()-> Unit) = onSuccess(value)
// Failure
override funforEachOrElse(onSuccess: (A)-> Unit,
                          onFailure: (RuntimeException)-> Unit,
                          onEmpty: ()-> Unit) = onFailure(exception)
// Empty
override funforEachOrElse(onSuccess: (Nothing)-> Unit,
                          onFailure: (RuntimeException)-> Unit,
                          onEmpty: ()-> Unit) = onEmpty()
```

请注意，这不会抛出任何异常。处理异常是调用者的责任。如果程序员想要抛出异常，必须为第二个参数提供 {throw it}。

【练习 7-11】

forEachOrElse 函数虽然可用，但它并不是最优的。事实上，当使用特定参数时，forEach 与 forEachOrElse 具有相同的效果，因此代码是重复的。可以解决这个问题吗？

提示

所有参数都应该设为可选。

答案

解决方案在于为这三个参数使用默认值。这是 Result 类中新的抽象声明：

```
abstract fun forEach(onSuccess: (A)-> Unit = {},
                     onFailure: (RuntimeException)-> Unit = {},
                     onEmpty: ()-> Unit = {})
```

可以重命名新函数以替换原始的 forEach 函数。它在子类中的实现并不会改变。现在，可以通过使用被命名参数调用 forEach 函数为 Success 和 Empty 应用作用，并忽略 Failure：

```
val result: Result<Int> = if (z % 2 ==0) Result(z) else Result()
result.forEach ({println("$it is even")}, onEmpty =
           {println("This one is odd")})
```

注意，在跳过一个参数之后才需要命名参数。这里，第一个参数不需要名称，只需要给一个不在其预期位置的参数命名。函数的第三个参数是 onEmpty，但它排在第二位，因此需要对它进行命名。

forEach 函数的一个常见用例如下。这个示例在包级别使用假设的 log 函数：

```
val result = getComputation()
result.forEach(::println, ::log)
```

请记住，这些函数并不是真正的函数，但却是使用 Result 的简单好用的方法，更多相关内容见第 12 章。

7.9 高级结果组合

Result 的用例与 Option 的用例大致相同。在第 6 章中定义了一个 lift 函数，它通过将从 A 到 B 函数转换为从 Option<A>到 Option<B>的函数来组合 Option 实例。读者可以对 Result 执行相同的操作，在本节中将通过一系列练习来学习如何操作。

【练习 7-12】

为 Result 类实现 lift 函数，将其放在包级别并使用以下签名：

```
fun <A, B> lift(f: (A)-> B): (Result<A>)-> Result<B>
```

答案

下面是一个简单的实现：

```
fun <A, B> lift(f: (A)-> B): (Result<A>)-> Result<B> ={it.map(f)}
```

与 Option 不同，不需要捕获 f 函数可能抛出的异常，因为这些异常已经被 map 处理了。

【练习 7-13】

定义 lift2 函数，应用于 A 到（B 到 C）的函数；定义 lift3 函数，应用于 A 到（B 到（C 到 D））的函数，它们的签名如下：

```
fun <A, B, C> lift2(f: (A)-> (B)-> C):
    (Result<A>)-> (Result<B>)-> Result<C>
fun <A, B, C, D> lift3(f: (A)-> (B)-> (C)-> D):
    (Result<A>)-> (Result<B>)-> (Result<C>)-> Result<D>
```

答案

以下是解决方案：

```
fun <A, B, C> lift2(f: (A)-> (B)-> C):
    (Result<A>)-> (Result<B>)-> Result<C> =
        {a->
            {b->
            a.map(f).flatMap {b.map(it)}
            }
        }
fun <A, B, C, D> lift3(f: (A)-> (B)-> (C)-> D):
        (Result<A>)-> (Result<B>)-> (Result<C>)-> Result<D> =
        {a->
            {b->
                {c->
                  a.map(f).flatMap {b.map(it)}.flatMap {c.map(it)}
                }
            }
        }
```

由此可以看出规律，读者可以通过这种方法定义具有任意数量参数的 lift 函数。

【练习 7-14】

在第 6 章中，定义了 map2 函数，它将 Option<A>、Option<B>和从 A 到（B 到 C）

的函数作为参数，并返回 Option<C>。为 Result 定义 map2 函数。

提示

不要使用为 Option 定义的函数，而是使用【练习 7-13】中定义的 lift2 函数。

答案

为 Option 定义的函数为：

```
fun <A, B, C> map2(oa: Option<A>,
                   ob: Option<B>,
                   f: (A)-> (B)-> C): Option<C> =
    oa.flatMap {a-> ob.map {b-> f(a)(b)}}
```

这和在 lift2 中使用的模式相同，map2 函数很简单：

```
fun <A, B, C> map2(a: Result<A>,
                   b: Result<B>,
                   f: (A)-> (B)-> C): Result<C> = lift2(f)(a)(b)
```

此类函数的一个常见用例是使用其他函数返回的 Result 类型的参数调用函数或构造函数。以之前的 ToonMail 为例。为了填充 Toon 的映射，可以通过要求用户使用以下函数在控制台上输入名、姓，以及邮箱来构造：

```
fun getFirstName(): Result<String> = Result("Mickey")
fun getLastName(): Result<String> = Result("Mouse")
fun getMail(): Result<String> = Result("mickey@ disney. com")
```

实际的实现过程会有不同，但仍然必须学习如何安全地从控制台获取输入。从现在起，将使用这些来模拟实现。使用这些实现，读者可以创建一个如下所示的 Toon：

```
var createPerson: (String)-> (String)-> (String)-> Toon =
                  {x-> {y-> {z-> Toon(x, y, z)}}}
val toon = lift3(createPerson)(getFirstName())(getLastName())(getMail())
```

但是，这已经达到了使用抽象的极限，必须调用具有三个以上参数的函数或者构造函数。在这种情况下，可以使用以下模式，它被称为推导模式（*comprehension*）：

```
val toon = getFirstName()
    .flatMap {firstName->
        getLastName()
            .flatMap {lastName->
                getMail()
                    .map {mail-> Toon(firstName, lastName, mail)}
            }
    }
```

推导模式有两个优点。

- 可以使用任意数量的参数。
- 不需要定义一个函数。

注意，可以在不单独定义函数的情况下使用 lift3，但由于 Kotlin 的类型推断能力有限，必须指定类型：

```
val toon2 = lift3 {x: String->
    {y: String->
        {z: String->
          Toon(x, y, z)
```

```
        }
    }
}(getFirstName())(getLastName())(getMail())
```

一些语言对于这样的结构有语法糖，大致相当于：

```
for {
    firstName ingetFirstName(),
    lastName ingetLastName(),
    mail ingetMail()
} return new Toon(firstName, lastName, mail)
```

Kotlin 没有这种语法糖，但实现起来也很容易。注意，对 flatMap 或 map 的调用是嵌套的。首先调用第一个函数（或从 Result 实例开始），然后是 flatMap 的每个新调用，再将调用映射到打算使用的构造函数或函数。例如，要在只有 5 个 Result 实例时调用一个使用 5 个参数的函数，请使用以下方法：

```
val result1 = Result(1)
val result2 = Result(2)
val result3 = Result(3)
val result4 = Result(4)
val result5 = Result(5)

fun compute(p1: Int, p2: Int, p3: Int, p4: Int, p5: Int) =
    p1 + p2 + p3 + p4 + p5
    val result = result1.flatMap {p1: Int->
            result2.flatMap {p2->
                result3.flatMap {p3->
                    result4.flatMap {p4->
                        result5.map {p5->
                        compute(p1, p2, p3, p4, p5)
                    }
                }
            }
        }
    }
```

这个例子有点刻意，但它向读者展示了如何扩展模式。注意，这不是模式固有的，最后一次调用（嵌套最深的）是对 map 而不是 flatMap 的。这只是因为最后一个函数（compute）返回了原始值。如果它返回了 Result，则必须使用 flatMap 而不是 map：

```
val result1 = Result(1)
val result2 = Result(2)
val result3 = Result(3)
val result4 = Result(4)
val result5 = Result(5)
fun compute(p1: Int, p2: Int, p3: Int, p4: Int, p5: Int) =
    Result(p1 + p2 + p3 + p4 + p5)
val result = result1.flatMap {p1: Int->
    result2.flatMap {p2->
        result3.flatMap {p3->
```

```
                result4.flatMap {p4->
                    result5.flatMap {p5->
                        compute(p1, p2, p3, p4, p5)
                    }
                }
            }
        }
    }
```

但是由于最后一个函数通常是构造函数，并且构造函数总是返回原始值，因此通常会使用 map 作为最后一次函数调用。

7.10　本章小结

- 表示由于错误而导致的数据缺失问题很有必要。因为 Option 类型不允许这样，因此需要使用 Result 类型。此外还可以使用 Either 类型来表示一种类型（Right）或另一种类型（Left）的数据。
- 像 Option 一样，可以使用 map 或 flatMap 对 Either 进行映射操作，但对于 Either，映射也可以在两侧进行（Right 或 Left）。
- 通过使一侧（Left）始终表示相同类型（RuntimeException），Either 类型可以被偏置。这种有偏置的类型称为 Result。成功由 Success 子类型表示，失败由 Failure 子类型表示。
- 使用 Result 类型的一种方法是获取包装值（如果存在），否则使用提供的默认值。默认值（如果不是原始值）必须进行惰性计算。
- 使用 Result（表示数据或者一个错误）组合 Option（表示可选数据）非常烦琐，通过向 Result 添加 Empty 子类型并使 Option 类型无效可以使此用例更容易。
- 可以根据需要映射失败，例如，使错误消息更加明确。
- 多个工厂函数简化了各种情况下 Result 的创建，例如，使用可空数据或条件数据，这些数据由数据和必须满足的条件表示。
- 可以通过 forEach 函数对 Result 应用作用，此功能允许对 Success、Failure 和 Empty 应用不同的作用。
- 可以使用 lift 函数将从 A 到 B 的函数，提升到从 Result <A> 到 Result <B>的操作。也可以通过 lift2 函数将从一个 A 到（B 到 C）的函数提升到一个从 Result <A>到（Result <B>到 Result <C>）的函数。
- 可以使用推导模式来组合任意数量的 Result 数据。

第 8 章 高级列表处理

在本章中

- 使用记忆化加速列表处理。
- 组成 List 和 Result。
- 在列表上实现索引访问。
- 展开列表。
- 自动并行列表处理。

第 5 章介绍了第一个数据结构，即单链表。那时并不具备使这个结构成为数据处理的完整工具所需的所有技术。缺少了一个特别有用的工具：一种表示方式，能够表示生成可选数据的操作或产生错误的操作。

随后，第 6 章和第 7 章介绍了如何表示可选数据和错误。在本章中，读者将学习如何编写生成可选数据或列表错误的操作。之前读者还开发了一些需要优化的函数，如 `length`。正如之前所说的，接下来读者会学习到如何更高效地完成这些操作。本章将讲解如何实现这些更高效的技术，同时，还会介绍如何自动并行化一些列表操作，以便从当今计算机的多核架构中受益。

8.1 长度问题

折叠从某值开始并连续地将其与列表的每个元素组合。这显然需要与列表长度成比例的时间。有没有办法让这个操作更快？或者，有没有办法至少让它看起来更快？作为折叠应用程序的一个示例，在第 5 章【练习 5-10】的 `List` 中创建了一个 `length` 函数，其实现如下：

```
fun length(): Int = foldLeft(0) {{_-> it +1}}
```

在此实现中，通过向列表的每个元素的结果添加 1 的操作来折叠列表。起始值为 0，同时忽略每个元素的值。这使得所有列表可以使用相同的定义。由于列表元素被忽略，所以列表元素的类型也变得无关紧要。但是，可以将前面的操作与计算一个整数列表总和的操作进行比较：

```
fun sum(list: List<Int>): Int = list.foldRight(0) {x-> {y-> x+y}}
```

这里的主要区别是 sum 函数只能用于整数，而 length 函数适用于任何类型。请注意，foldRight 和 foldLeft 只是抽象递归的方法。对于空列表，列表的长度可以定义为 0，对于非空列表，列表的长度可以定义为尾部的长度加上 1。以相同的方式，对于空列表，可以递归地将整数列表的总和定义为 0，对于非空列表，则是将头部值加上尾部值的总和。

还有其他操作可以以这种方式应用于列表，其中有一些操作与列表元素类型无关。

- 可以通过添加其元素的哈希码来计算列表的哈希码。由于哈希码是一个整数（至少对于 Kotlin 对象），此操作不依赖于对象的类型。
- 由 toString 函数返回的列表的字符串表示，可以通过将列表元素的 toString 返回值组合在一起得出。再一次注意，元素的实际类型是无关紧要的。

某些操作可能取决于元素类型的某些特征，但不取决于特定类型本身。例如，返回列表最大元素的 max 函数只需要一个 Comparator 或类型为 Comparable。同时，对于实现了 Summable 接口的类型（其中定义了 plus 函数），可以定义一个更通用的 sum 函数。

8.2　性能问题

所有这些功能都可以使用折叠来实现，但是这样的实现有一个主要缺点：计算结果所需的时间与列表的长度成比例。想象一下，有一个大约一百万个元素的列表需要得出其长度，计算元素数量似乎是唯一的方法（基于折叠的 length 函数正是这样做的）。但是，如果将元素添加到列表中，直到它达到一百万，那么肯定不会在添加每个元素后就计算出数量。

在这种情况下，需要在某处保存元素的数量，并在每次向列表中添加元素时将此计数加 1。如果从一个非空列表开始，可能需要计算一次，但仅此而已。第 4 章中介绍了这种技术，即记忆化。问题是，在哪里可以存储记忆化的值？答案很明显：在列表自身中。

8.3　记忆化的好处

维护列表中元素的计数需要一些时间，因此将元素添加到列表中会比不保留该计数的情况稍慢。这看起来像是在用时间换时间。如果构建一个包含一百万个元素的列表，那么将消耗一百万倍将计数加 1 所需的时间。然而，作为补偿，获取列表长度所需的时间将接近 0（并且显然是恒定的）。也许增加计数所损失的总时间会等于调用 length 时节约的时间。但是只要不是只调用一次 length，节省的时间就是绝对显著的。

8.3.1　处理记忆化的缺点

记忆化有一些缺点。本节将描述这些缺点，并提供如何选择是否使用记忆化的一些指导。

记忆化可以将函数运行时间从 $O(n)$（与元素数量成比例的时间）转换为 $O(1)$（恒定时间）。这是一个巨大的优势，虽然它有时间成本，因为它使元素的插入稍慢。但缓慢插入通常不是一个大问题。更重要的问题是使用的内存空间的增加。

就地更新的数据结构没有这个问题。在一个可变列表中，完全可以将列表长度记忆为一个可变整数，它只需要 32 位。但是使用不可变列表需要在每个元素中写入长度。很难知道确切的增加量，但是如果单链表的每个节点的大小为40个字节（对于节点本身）加上两个32位的头部和尾部引用（在32位JVM上），这将导致每个元素大约100个字节。在这种情况下，增加长度会导致空间占用略高于30%。如果记忆化的值是引用，则结果将是相同的，例如，记忆化 Comparable 对象列表的最大值或最小值。在64位JVM上，由于引用大小的某些优化，计算起来更加困难，但是有办法解决。

注：有关JVM中对象引用大小的更多信息，请参阅Oracle有关压缩普通对象指针和JVM性能增强的文档（https://docs.oracle.com/javase/8/docs/technotes/guides/vm/performance-enhancements-7.html）。

是否要在数据结构中使用记忆化是可选的。对于经常调用的函数，它可以是一个有效的选项，并不会为其结果创建新对象。例如，length 和 hashCode 函数返回整数，max 或 min 函数返回对现有对象的引用，因此这些可能是很好的候选者。另一方面，toString 函数创建了必须被记忆的新字符串，这样可能会浪费大量内存空间。要考虑的另一个因素是使用该函数的频率。length 函数会比 hashCode 更频繁地使用，因为将列表作为映射的键不是一种常见的做法。

【练习 8-1】

为【练习 3-8】的 length 函数创建一个记忆化的版本。它在 List 类中的签名是：

```
abstract fun lengthMemoized(): Int
```

答案

Nil 类中的实现函数返回值为 0：

```
override fun lengthMemoized(): Int = 0
```

要实现 Cons 版本，必须先将记忆化的字段添加到类中：

```
internal class Cons<out A>(internal val head: A,
                            internal val tail: List<A>): List<A>() {

  private val length: Int = tail.lengthMemoized() + 1
  ...
```

然后可以实现 lengthMemoized 函数来返回长度：

```
override funlengthMemoized() = length
```

这个版本将比原版快得多。一件有趣的事情是 length 和 isEmpty 函数之间的关系。读者可能会认为 isEmpty 等效于 length == 0，虽然从逻辑角度来看这是正确的，但在实现和性能方面可能存在巨大差异。

顺便说一句，Kotlin 通过使用抽象属性可以实现一个更精简的解决方案。Kotlin 自动为 val 属性生成 getter 函数，而且支持定义那些需要在扩展类中实现的抽象属性。List 类中的声明是：

```
abstract val length: Int
```

在 Nil 对象中，属性设置为 0：

```
override val length = 0
```

在 Cons 类中，它的初始化与之前的函数实现完全相同：

```
override val length = tail.length + 1
```

Comparable 列表中的最大值或最小值的记忆化可以以相同的方式完成，但是如果要从列表中删除 max 或 min 值，这种方式就行不通了。通常，访问最小或最大元素是按优先级检索元素的。在这种情况下，元素的 compareTo 函数将比较它们的优先级。

通过记忆化优先级可以立即得知哪个元素具有最高优先级，但它没有多大帮助，因为经常需要删除相应的元素。对于此类情况，需要一个不同的数据结构，这将在第 11 章中进行介绍。

8.3.2　评估性能改进

正如之前所说，是否应该记忆化 List 类的一些函数是开发者自己决定的。一些实验可以帮助开发者做出决定。在创建 100 万个整数的列表前后测量可用内存大小，测量结果显示在使用记忆化时可用内存会小幅增加。

虽然这种测量技术不准确，但在两种情况下（有或没有记忆化），可用内存的平均减少量约为 22MB，在 20～25MB 之间变化。这表明 4MB（100 万 ×4 字节）的理论增长并不像预期的那么显著。另一方面，性能的提升是巨大的。在没有记忆化时，查询 10 次长度值可能花费超过 200ms。通过记忆化，时间为 0（时间太短，无法以 ms 为单位进行测量）。虽然添加元素时增加了成本（在尾部长度上加 1 并存储结果），但删除元素没有成本，因为尾部长度已经被记忆化了。

8.4　List 和 Result 组成

第 7 章介绍了 Result 和 List 是类似的数据结构。它们的主要区别在于它们的基数，但它们共享一些最重要的函数，如 map 和 flatMap。还介绍了如何使用列表组成列表，以及用结果组成结果。现在，读者将看到如何使用列表组成结果。

8.4.1　处理 List 返回 Result

现在，读者可能已经注意到示例程序试图避免直接访问结果和列表的元素。如果列表为 Nil，则访问列表的头部或尾部会引发异常。抛出异常是使程序不安全的最直接方式之一。但是之前提到，通过在失败结果或空结果的情况下使用默认值，可以安全地访问 Result 中的值。访问列表头部时可以这样做吗？不完全是，但可以返回 Result。

【练习 8-2】

在 List<A>中实现一个返回 Result<A>的 headSafe 函数。

提示

在 List 中使用以下抽象函数声明并在每个子类中将其实现：

```
abstract fun headSafe(): Result<A>
```

答案

Nil 类的实现函数返回一个空 Result：

```
override fun headSafe(): Result<Nothing> = Result()
```

Cons 实现函数返回一个包含头值的 Success：

```
override fun headSafe(): Result<A> = Result(head)
```

【练习 8-3】

创建一个 lastSafe 函数，返回列表中最后一个元素的 Result。

提示

不要使用显式递归，而是尝试构建在第 5 章中开发的函数。应该能够在 List 类中定义单个函数。

答案

可以通过几种方式解决这个问题。这里将首先展示一个简单的解决方案，然后讨论它的问题。最后展示一个更好的解决方案来避免这些问题。使用显式递归的简单解决方案如下：

```
fun lastSafe(): Result<A> = when (this) {
    Nil-> Result()
    is Cons-> when (tail) {
        Nil-> Result(head)
        is Cons-> tail.lastSafe()
    }
}
```

该解决方案存在几个问题。首先，它是递归的，所以应该对其进行转换以使其共递归。这很容易，但必须把它做成一个函数，以列表作为参数：

```
tailrec fun <A> lastSafe(list: List<A>): Result<A> = when (list) {
    List.Nil  -> Result()
    is List.Cons<A>-> when (list.tail) {
        List.Nil  -> Result(list.head)
        is List.Cons-> lastSafe(list.tail)
    }
}
```

更好的解决方案是使用折叠来抽象递归。需要做的就是创建正确的折叠函数。如果存在，需要始终保留最后一个值。这是可能使用的函数：

```
{_: Result<A>-> {y: A-> Result(y)}}
```

然后需要对列表 foldLeft，并使用 Result()作为标识：

```
fun lastSafe(): Result<A> =
    foldLeft(Result()) {_: Result<A>-> {y: A-> Result(y)}}
```

【练习 8-4】

可以使用 List 类中的一个使用了折叠的实现函数替换 headSafe 函数吗？这种实现的好处和缺点是什么？

答案

可以创建这样的函数：

```
fun headSafe(): Result<A> =
    foldRight(Result()) {x: A-> {_: Result<A>-> Result(x)}}
```

这样做唯一的好处是，如果读者喜欢这种实现，会觉得更有趣。在设计 lastSafe 实现时，已经知道必须遍历列表才能找到最后一个元素。要查找第一个元素，不需要遍历列表。

这里使用 foldRight 与反转列表然后遍历结果以查找最后一个元素（这是原始列表的第一个元素）完全相同，效率并不高。顺便说一句，这正是 lastSafe 函数查找最后一个元素的方法：反转列表并获取结果的第一个元素。除了有趣之外，没有理由使用这个实现。但是如果更倾向于 List 类中的单个实现函数，则可以使用模式匹配：

```
fun headSafe(): Result<A> = when (this) {
```

```
    Nil-> Result()
    is Cons-> Result(head)
}
```

8.4.2 从 List<Result>转换为 Result<List>

当列表包含某些计算的结果时，它通常是 List<Result>。例如，将函数从 T 映射到 T 列表上的 Result<U>会生成 List<Result<U>>。这些值通常必须由以 List<T>作为参数的函数组成。这意味着需要一种方法将结果 List<Result<U>>转换为 List<U>，这与 flatMap 函数中涉及的扁平化相同。最大的区别在于两种不同的数据类型：List 和 Result。可以为此转换采取多种策略。

- 抛弃所有失败或空结果，并从剩余的成功列表中生成 *U* 列表。如果列表中没有成功，则结果可能包含空列表。
- 抛弃所有失败或空结果，并从剩余的成功列表中生成 *U* 列表。如果列表中没有成功，结果将是失败。
- 确定所有元素必须成功才能使整个操作取得成功。如果所有都是成功，则将 *U* 的列表与值一起构造，并将其作为 Success<List<U>>返回，否则，作为 Failure<List<U>>返回。

第一个解决方案对应于结果列表，其中所有结果都是可选的。第二种解决方案意味着列表中应该至少有一次成功，以使结果成功。第三种解决方案对应于所有结果都是强制性的情况。

【练习 8-5】

编写一个名为 flattenResult 的函数，该函数将 List<Result<A>>作为其参数，并返回包含原始列表中所有成功值的 List<A>，忽略失败和空值。这将是包级别函数，具有以下签名：

```
fun <A> flattenResult(list: List<Result<A>>): List<A>
```

尽量不要使用显式递归，而是从 List 和 Result 类中组合函数。

提示

函数的名称指出了需要执行的操作。

答案

可以使用以下函数将列表中的每个 Result<A>元素转换为 List<A>（如果为成功）或转换为空列表（如果为失败）：

```
{ra-> ra.map {List(it)}.getOrElse(List())}
```

此函数的类型是(Result<A>)→List<A>。现在需要做的就是将此函数 flatMap 映射到 Result<A>列表，如下所示：

```
fun <A> flattenResult(list: List<Result<A>>): List<A> =
        list.flatMap {ra-> ra.map {List(it)}.getOrElse(List())}
```

【练习 8-6】

编写一个 sequence 函数，将 List<Result<A>>组合成 Result<List<A>>。如果原始列表中的所有值都是 Success 实例，那么它将是 Success<List<A>>，否则为 Failure<List<A>>。这是它的签名：

```
fun <A> sequence(list: List<Result<A>>): Result<List<A>>
```

提示

再次使用 foldRight 函数，而不是显式递归。还需要在 Result 类中定义的 map2 函数。

答案

这是一种使用 foldRight 和 Result.map2 的实现：

```
import com.fpinkotlin.common.map2
...
fun <A> sequence(list: List<Result<A>>): Result<List<A>> =
    list.foldRight(Result(List())) {x->
        {y: Result<List<A>>->
            map2(x, y) {a-> {b: List<A>-> b.cons(a)}}
        }
}
```

同样，也可以基于 foldLeft 的堆栈安全实现，只要不要忘记反转结果。

此实现将一个空 Result 像一个 Failure 一样处理，并返回了它遇到的第一个失败的情况，这个失败可以是一个 Failure 或一个 Empty。

要秉持 Empty 表示可选数据的理念，需要先过滤列表以删除 Empty 元素。但为此，需要 Result 类中的一个 isEmpty 函数，它在 Empty 子类中返回 true，在 Success 和 Failure 中返回 false：

```
fun <A> sequence2(list: List<Result<A>>): Result<List<A>>
 =list.filter{! it.isEmpty()}.foldRight(Result(List())) {x->
    {  y: Result<List<A>>->
        map2(x, y) {a-> {b: List<A>-> b.cons(a)}}
    }
}
```

【练习 8-7】

定义一个更通用的 traverse 函数，该函数遍历 A 列表，同时应用 A 到 Result<B>的函数并生成 Result<List<B>>，其签名如下：

```
fun <A, B> traverse(list: List<A>, f: (A)-> Result<B>): Result<List<B>>
```

然后根据 traverse 定义新版本的 sequence。

提示

不要使用递归。首选 foldRight 函数，它抽象了递归。或者，如果想使堆栈安全，可使用 coFoldRight 版本。

答案

首先定义 traverse 函数：

```
fun <A, B> traverse(list: List<A>, f: (A)-> Result<B>): Result<List<B>> =
          list.foldRight(Result(List())) {x->
              {y: Result<List<B>>->
                  map2(f(x), y) {a-> {b: List<B>->b.cons(a)}}
              }
}
```

然后，可以根据 traverse 重新定义 sequence 函数：

```
fun <A> sequence(list: List<Result<A>>): Result<List<A>> =
                      traverse(list, {x: Result<A>-> x})
```

8.5 常见列表抽象

List 数据类型的许多常见用例值得抽象，这样就不必一次又一次地重复相同的代码了。读者将发现经常可以通过组合基本功能实现新用例。应该毫不犹豫地将这些用例作为 List 类中的新函数。以下练习显示了几个最常见的用例。

- 压缩和解压缩列表。
- 将对的列表转换为列表的对。
- 将任何类型的列表转换为列表的对。

8.5.1 压缩和解压缩列表

压缩（*zipping*）是通过组合具有相同索引的元素将两个列表合二为一的过程。解压缩（*unzipping*）则是相反的过程，包括通过解构元素来制作两个列表，例如，从一个点列表生成两个 x 和 y 坐标列表。

【练习 8-8】

编写一个 zipWith 函数，它组合两个不同类型列表的元素，在给定函数参数的情况下生成一个新列表。其签名如下：

```
fun <A, B, C> zipWith(list1: List<A>,
                      list2: List<B>,
                      f: (A) -> (B) -> C): List<C>
```

此函数传入 List<A>和 List<B>，并在 A 到 B 到 C 的函数的帮助下生成 List<C>。

提示

压缩应受限于最短列表长度。

答案

对于本练习，必须使用显式递归，因为需要同时在两个列表上进行递归。没有任何抽象可供使用。解决方案如下：

```
fun <A, B, C> zipWith(list1: List<A>,
                      list2: List<B>,
                      f: (A) -> (B) -> C): List<C> {
    tailrec
    fun zipWith(acc: List<C>,
                list1: List<A>,
                list2: List<B>): List<C> = when (list1) {
        List.Nil -> acc
        is List.Cons -> when (list2) {
            List.Nil -> acc
            is List.Cons ->
                zipWith(acc.cons(f(list1.head)(list2.head)),
                        list1.tail, list2.tail)
        }
    }
    return zipWith(List(), list1, list2).reverse()
}
```

使用空列表作为起始累加器，调用共递归辅助函数 zipWith。如果两个参数列表中的一个为空，则停止共递归并返回当前累加器。否则，将通过函数应用于两个列表的头值来计算新值，并且使用两个参数列表的尾部递归调用辅助函数。

【练习 8-9】

上一个练习为通过索引匹配两个列表的元素来创建列表。编写一个 product 函数，生成从两个列表中获取的所有可能元素组合的列表。给定两个列表 list("a", "b", "c")和 list("d", "e", "f")，以及字符串连接，两个列表的乘积应该是 List("ad", "ae", "af", "bd", "be", "bf", "cd", "ce", "cf")。

提示

对于本练习，不需要使用显式递归。

答案

解决方案类似于在第 7 章中用于组合 Result 的理解模式。这里唯一的区别是它产生的组合数与列表中元素数的乘积一样多，尽管对于组合 Result 来说，组合的数量总是被限制为 1：

```
fun <A, B, C> product(list1: List<A>,
                      list2: List<B>,
                      f: (A)-> (B)-> C): List<C> =
    list1.flatMap {a-> list2.map {b-> f(a)(b)}}
```

注：这种方式可以组合两个以上的列表。唯一的问题是组合的数量将呈指数增长。

product 和 zipWith 的常见用例之一是使用构造函数来实现组合函数。这是使用 Pair 构造函数的示例：

```
product(List(1, 2), List(4, 5, 6)) {x-> {y: Int-> Pair(x, y)}}
zipWith(List(1, 2), List(4, 5, 6)) {x-> {y: Int-> Pair(x, y)}}
```

第一个表达式生成一个列表，列出从两个列表的元素构造的所有可能的对：

```
[(1, 4), (1, 5), (1, 6), (2, 4), (2, 5), (2, 6), NIL]
```

第二个表达式仅生成由具有相同索引的元素构建的对的列表：

```
[(1, 4), (2, 5), NIL]
```

【练习 8-10】

编写 unzip 函数，将对的列表转换为列表的对。这是它的签名：

```
fun <A, B> unzip(list: List<Pair<A, B>>): Pair<List<A>, List<B>>
```

提示

不要使用显式递归。对 foldRight 的简单调用即可完成。

答案

需要使用一对空列表作为标识右折叠列表：

```
fun <A, B> unzip(list: List<Pair<A, B>>): Pair<List<A>, List<B>> =
    list.coFoldRight(Pair(List(), List())) {pair->
        {listPair: Pair<List<A>, List<B>>->
            Pair(listPair.first.cons(pair.first),
                listPair.second.cons(pair.second))
        }
    }
```

【练习 8-11】

给定一个函数，该函数将列表元素类型的对象作为其参数并生成对。然后拓展 unzip 函数，使它可以将任何类型的列表转换为列表的对。例如，给定一个 payment 实例列表，应该能够生成一对列表：一个包含用于进行付款的信用卡；另一个包含付款金额。使用以下签名将此函数实现为 List 中的实例函数：

```
fun <A1, A2> unzip(f: (A)-> Pair<A1, A2>): Pair<List<A1>, List<A2>>
```

提示

解决方案与【练习 8-10】几乎相同。

答案

需要注意，该函数的结果将被使用两次。为了不将该函数应用两次，可以使用多行 lambda 表达式：

```
fun <A1, A2> unzip(f: (A)-> Pair<A1, A2>): Pair<List<A1>, List<A2>> =
    this.coFoldRight(Pair(Nil, Nil)) {a->
        {listPair: Pair<List<A1>, List<A2>>->
            val pair = f(a)
            Pair(listPair.first.cons(pair.first),
                 listPair.second.cons(pair.second))
        }
    }
```

更巧妙的解决方法是使用 Kotlin 标准库中的 let 函数：

```
fun <A1, A2> unzip(f: (A)-> Pair<A1, A2>): Pair<List<A1>, List<A2>> =
    this.coFoldRight(Pair(Nil, Nil)) {a->
        {listPair: Pair<List<A1>, List<A2>>->
            f(a).let {
                Pair(listPair.first.cons(it.first),
                     listPair.second.cons(it.second))
            }
        }
    }
```

读者可能想知道为什么这样更巧妙。除了我（本书作者）更喜欢它之外，没有任何理由。如果不这样想，请随意使用多行版本（顺便说一句，这个速度应该会快一点，但几乎察觉不到）。无论如何，现在可以将【练习 8-10】中的版本重新定义为

```
fun <A, B> unzip(list: List<Pair<A, B>>): Pair<List<A>,
        List<B>> = list.unzip {it}
```

8.5.2　通过索引访问元素

在第 5 章介绍了第一个数据结构，即单链表。单链表不是通过索引访问元素的最佳结构，但有时需要使用索引访问。像往常一样，将这样的过程应该被抽象为 List 函数。

【练习 8-12】

编写一个 getAt 函数，它以索引作为参数并返回相应的元素。在索引超出范围的情况下，该函数不应抛出异常。

提示

这一次，以显式递归版本开始。然后尝试回答以下问题。

- 可以使用折叠吗？右折叠还是左折叠？
- 为什么显式递归版本更好？
- 能想到更好的实现吗？

提醒：在第 4 章中首次遇到尾递归，第 3 章和第 5 章深入介绍了折叠。

答案

显式递归解决方案很简单：

```
fun getAt(index: Int): Result<A> {
    tailrec fun <A> getAt(list: List<A>, index: Int):Result<A> =
        when (list) {
            Nil-> Result.failure("Dead code. Should never execute.")
            is Cons->
                if (index==0)
                    Result(list.head)
                else
                    getAt(list.tail, index-1)
        }
    return if (index < 0 || index >=length())
        Result.failure("Index out of bound")
    else
        getAt(this, index)
}
```

首先，可以检查索引是否为正且小于列表长度。如果不是，则返回 `Failure`。否则，调用辅助函数来共递归地处理列表。此函数检查索引是否为 0。如果为 0，则返回它收到的列表的头部。否则，它会在列表的尾部使用递减的索引递归调用自身。

辅助函数中的 `Nil` 实现是死代码。如果列表为 `Nil`，则 `index` 将始终小于 0 或大于等于列表长度（因为它为 0）。因此，参数的尾部永远不会是 `Nil`。读者可能更喜欢以下版本：

```
fun getAt(index: Int): Result<A> {
    tailrec fun <A> getAt(list: Cons<A>, index: Int):Result<A> =
        if (index==0)
            Result(list.head)
        else
            getAt(list.tail as Cons, index-1)
    return if (index < 0 || index >=length())
        Result.failure("Index out of bound")
    else
        getAt(this as Cons, index)
}
```

读者也可能想要使用标准库的 `let` 函数：

```
fun getAt(index: Int): Result<A> {
    tailrec fun <A> getAt(list: List<A>, index: Int):Result<A> =// Warning
        (list as Cons).let {
```

```
            if (index == 0)
                Result(list.head)
            else
                getAt(list.tail, index-1)
        }
    return if (index < 0 || index >= length())
        Result.failure("Index out of bound")
    else
        getAt(this, index)
}
```

但是这个版本编译时会发出警告，因为辅助函数不再是尾递归的。因此，它可能会溢出堆栈。

使用共递归似乎是最好的解决方案。但是因为折叠抽象了递归，是否可以使用折叠？可以，并且它应该是一个左折叠，但解决方法很棘手：

```
fun getAtViaFoldLeft(index: Int): Result<A> =
    Pair(Result.failure<A>("Index out of bound"), index).let {
        if (index < 0 || index >= length())
            it
        else
            foldLeft(it) {ta->
                {a->
                    if (ta.second < 0)
                        ta
                    else
                        Pair(Result(a), ta.second-1)
                }
            }
    }.first
```

首先，必须定义标识值。由于此值必须同时包含结果和索引，因此它将是一个包含 `Failure` 情况的 `Pair`。然后，可以检查索引的有效性。如果发现无效，则使临时结果等于 `it`（这个标识）。否则，使用函数向左折叠，如果索引小于0则返回已计算的结果（`ta`），若大于0，则返回新的 `Success`。这个解决方案可能看起来更聪明，但它有两个缺点。

- 读者可能会发现它不太清晰。这是主观的，所以由编程者来决定。
- 效率较低，因为即使找到了要搜索的值，它也会继续折叠整个列表。

【练习 8-13】（困难）

找到一个解决方案，使得基于折叠的版本在找到结果后立即终止。

提示

需要一个特殊版本的 `foldLeft`，以及一个特殊版本的 `Pair`。

答案

首先，需要一个特殊版本的 `foldLeft`，可以在找到折叠操作的吸收元素（或零元素）时停止折叠。思考一个要通过相乘来折叠的整数列表。乘法的吸收元素是0，意味着将任意数乘以0得到0。`List` 类中 `foldLeft` 的短路（*short-circuiting*）（或溢出，*escaping*）版本的声明如下：

```
abstract fun <B>foldLeft(identity: B, zero: B, f: (B)-> (A)-> B): B
```

零元素

通过类比，任何操作的吸收元素有时被称为零，但请记住它并不总是等于0。0只是乘法的吸收元素。对于正整数的加法，它将是无穷大。

Nil 的实现返回 identity 参数：

```
override fun <B>foldLeft(identity: B,
                         zero : B, f: (B)-> (Nothing)-> B):B = identity
```

Cons 的实现如下：

```
override fun <B>foldLeft(identity: B, zero: B, f: (B)-> (A)-> B): B {
    fun <B>foldLeft(acc: B,
                    zero: B,
                    list: List<A>, f: (B)-> (A)-> B): B = when (list) {
        Nil-> acc
        is Cons->
            if (acc == zero)
                acc
            else
            foldLeft(f(acc)(list.head), zero, list.tail, f)
    }
    return foldLeft(identity, zero, this, f)
}
```

由此可见，它们唯一的区别是如果发现累加器值为0，则停止递归并返回累加器。现在折叠需要一个0值。

0值是 Int 值等于 -1（第一个小于0的值）的一个 Pair<Result<A>, Int>。可以使用标准 Pair 吗？不能，因为它必须有一个特殊的 equals 函数，当整数值相等时返回 true，不论 Result<A>是什么。完整的函数如下：

```
fun getAt(index: Int): Result<A> {
    data class Pair<out A>(val first: Result<A>, val second: Int) {
    override fun equals(other: Any?): Boolean = when {
            other == null-> false
            other.javaClass == this.javaClass->
                        (other as Pair<A>).second == second
            else-> false
    }
    override funhashCode(): Int =
                first.hashCode() + second.hashCode()
    }
return Pair<A>(Result.failure("Index out of bound"), index)
        .let {identity->
            Pair<A>(Result.failure("Index out of bound"), -1).let {zero->
                if (index < 0 || index > = length())
                    identity
                else
```

```
                foldLeft(identity, zero) {ta: Pair<A>->
                    {a: A->
                        if (ta.second < 0)
                            ta
                        else
                            Pair(Result(a), ta.second-1)
                    }
                }
            }
        }.first
    }
```

现在，只要找到搜索到的元素，折叠就会自动停止。可以使用新的 `foldLeft` 函数来中断含有零元素的任何计算（记住：零不是0）。但是，可以使用断言来代替零元素，并在此断言返回 `true` 时使函数返回：

```
abstract fun <B> foldLeft(acc: B, p: (B) -> Boolean, f: (B) -> (A) -> B): B
```

`Nil` 的实现像以前一样返回 `identity`：

```
override fun <B> foldLeft(identity: B,
                          p: (B) -> Boolean,
                          f: (B) -> (Nothing) -> B): B = identity
```

`Cons` 的实现与之前类似，但有很小的差别。不再测试 `acc` 是否等于 `zero`，而是将断言应用于 `acc`：

```
override fun <B> foldLeft(identity: B,
                          p: (B) -> Boolean,
                          f: (B) -> (A) -> B): B {
    fun <B> foldLeft(acc: B,
                     p: (B) -> Boolean,
                     list: List<A>): B = when (list) {
        Nil -> acc
        is Cons ->
            if (p(acc))
                acc
            else
                foldLeft(f(acc)(list.head), p, list.tail, f)
        }
        return foldLeft(identity, p, this)
}
```

使用此版本 `foldLeft` 的 `getAt` 的实现如下：

```
fun getAt(index: Int): Result<A> {
    val p: (Pair<Result<A>, Int>) -> Boolean = {it.second < 0}
    return Pair<Result<A>, Int>(Result.failure("Index out of bound"), index)
        .let {identity->
            if (index < 0 || index >= length())
                identity
            else
                foldLeft(identity, p) {ta: Pair<Result<A>,Int>->
```

```
                {a: A->
                    if (p(ta))
                        ta
                    else
                        Pair(Result(a), ta.second-1)
                }
            }
        }.first
    }
```

8.5.3 列表分裂

有时需要在特定位置将列表拆分为两个部分。虽然单链表对于这种操作来说远不理想，但实现起来相对简单。拆分列表有几个有用的应用，其中包括使用多个线程并行处理。

【练习 8-14】

编写一个 splitAt 函数，它以 Int 作为参数，并通过在给定位置拆分列表返回两个列表。不应该有任何 IndexOutOfBoundException 异常。相反，低于 0 的索引应视为 0，高于索引最大值的应视为索引原本的最大值。

提示

使函数显式递归。

答案

显式递归解决方案很容易设计：

```
fun splitAt(index: Int): Pair<List<A>, List<A>> {
    tailrec fun splitAt(acc: List<A>,
                        list: List<A>, i: Int): Pair<List<A>,List<A>> =
        when (list) {
            Nil-> Pair(list.reverse(), acc)
            is Cons->  if (i ==0)
                Pair(list.reverse(), acc)
            else
                splitAt(acc.cons(list.head), list.tail, i -1)
        }
    return when {
        index < 0           ->splitAt(0)
        index > length()->splitAt(length())
        else                ->
                     splitAt(Nil, this.reverse(),this.length()-index)
    }
}
```

主函数使用递归来调整索引的值，尽管这个函数最多只能递归一次。辅助函数类似于 getAt 函数，区别在于列表首先被反转。该函数累加元素直到达到索引位置，因此累积列表的顺序是正确的，但剩下的列表必须反转。

【练习 8-15】（如果做过【练习 8-13】就不那么难了）

能想到使用折叠而不是显式递归的实现吗？

提示

遍历整个列表的实现很容易。遍历列表直到找到索引的实现要困难得多。它需要一个带有中断的 foldLeft 的新版本，并返回结束值和列表的剩余部分。

答案

遍历整个列表的解决方案如下：

```
fun splitAt(index: Int): Pair<List<A>, List<A>> {
    val ii = if (index < 0) 0
            else if (index >= length()) length() else index
    val identity = Triple(Nil, Nil, ii)
    val rt = foldLeft(identity) {ta: Triple<List<A>,
                   List<A>, Int>->
        {a: A->
            if (ta.third == 0)
                Triple(ta.first, ta.second.cons(a), ta.third)
            else
                Triple(ta.first.cons(a), ta.second, ta.third - 1)
        }
    }
    return Pair(rt.first.reverse(), rt.second.reverse())
}
```

折叠的结果累积在第一个列表累加器中，直到达到索引为止（在调整索引值以避免索引超出边界条件之后）。一旦找到索引，列表遍历将继续，但剩余的值会在第二个列表累加器中累积。

这种实现的一个问题是，通过累积第二个列表累加器中的剩余值，会将列表的这一部分反转。实际上不需要遍历列表的其余部分，然而在此处会完成两次遍历：一次用于以相反顺序累积，一次用于在最后反转结果。

要避免此问题，需要修改 foldLeft 的特殊转义版本，以使它不仅返回中断后的结果（吸收值或零元素），还返回列表的其余部分，且互不受影响。要实现此目的，必须更改签名以返回一个 Pair：

```
abstract fun <B> foldLeft(identity: B, zero: B,
                          f: (B)-> (A)-> B): Pair<B,
                                             List<A>>
```

然后，需要更改 Nil 类中的实现：

```
override
fun <B> foldLeft(identity: B, zero: B, f: (B)-> (Nothing)-> B):
        Pair<B, List<Nothing>> = Pair(identity, Nil)
```

最后，必须更改 Cons 实现以返回列表的其余部分：

```
override fun <B> foldLeft(identity: B, zero: B, f: (B)-> (A)-> B):
                                            Pair<B, List<A>> {
    fun <B> foldLeft(acc: B, zero: B, list: List<A>, f: (B)-> (A)-> B):
                                            Pair<B, List<A>> =
        when (list) {
            Nil-> Pair(acc, list)
```

```
        is Cons-> if (acc == zero)
            Pair(acc, list)
        else
            foldLeft(f(acc)(list.head), zero, list.tail,f)
    }
    return foldLeft(identity, zero, this, f)
}
```

现在，可以使用此特殊的 foldLeft 函数重写 splitAt 函数：

```
fun splitAt(index: Int): Pair<List<A>, List<A>> {
    data class Pair<out A>(val first: List<A>, val second: Int) {
        override fun equals(other: Any?): Boolean = when {
            other == null-> false
            other.javaClass == this.javaClass->
                            (other as Pair<A>).second == second
            else-> false
        }
        override funhashCode(): Int =
                first.hashCode() + second.hashCode()
}
    return when {
        index <=0-> Pair(Nil, this)
        index >=length-> Pair(this, Nil)
        else-> {
            val identity = Pair(Nil as List<A>, -1)
            val zero = Pair(this, index)
            val (pair, list) = this.foldLeft(identity , zero) {acc->
                {e-> Pair(acc.first.cons(e), acc.second +1)}
            }
            Pair(pair.first.reverse(), list)
        }
    }
}
```

在这里，需要一个特殊的 Pair 类，它有一个特殊的 equals 函数，当第二个元素相等时返回 true，而不考虑第一个元素。请注意，第二个结果列表不需要反转。

什么时候不使用折叠

可以使用折叠并不意味着应该这样做。前面的练习只是习题。作为库设计者，需要选择最有效的实现。

一个好的库应该有一个功能接口，并且应该遵守安全编程的要求。这意味着所有函数都应该是真正的函数，没有副作用，所有函数都应该尊重引用透明性。库内部发生的事情无关紧要。

面向命令环境中的函数库（如 JVM）可以与面向功能语言的编译器进行比较。编译后的代码将始终基于可变的内存区域和寄存器，因为这是计算机可以理解的。

函数库提供了更多选择。一些函数可以以函数式风格实现，而其他函数则以命令式风格实现；使用哪一种无关紧要。拆分单个链表或通过索引查找元素在执行命令而非实现功能时更容易、更快。这是因为单链表不适合这种操作。

最实用的方法可能不是基于折叠实现基于索引的函数，而是要避免实现这些函数。如果确实需要具有这些功能的结构，最好的办法是创建特定的结构，正如将在第 10 章中看到的那样。

8.5.4　搜索子列表

列表的一个常见用例是查找列表是否包含在另一个（更长）列表中。想知道列表是否是另一个列表的子列表。

【练习 8-16】

实现 hasSubList 函数以检查列表是否是另一个列表的子列表。例如，列表（3，4，5）是（1，2，3，4，5）的子列表，但不是（1，2，4，5，6）的子列表。实现以下签名的函数：

```
fun hasSubList(sub: List<@UnsafeVariance A>): Boolean
```

提示

首先，必须实现一个 startsWith 函数来确定列表是否以子列表开头。完成此操作后，将从列表的每个元素开始递归测试此函数。

答案

可以在 List 类中实现显式递归的 startsWith 函数，不要忘记在参数中禁用方差检验：

```
fun startsWith(sub: List<@UnsafeVariance A>): Boolean {
        tailrec fun startsWith(list: List<A>, sub:List<A>): Boolean =
            when (sub) {
                Nil  -> true
                is Cons-> when (list) {
                    Nil  -> false
                    is Cons-> if (list.head == sub.head)
                        startsWith(list.tail, sub.tail)
                    else
                        false
                }
            }
        return startsWith(this, sub)
    }
```

可以直接实现 hasSubList 函数：

```
fun hasSubList(sub: List<@UnsafeVariance A>): Boolean {
        tailrec
        fun <A>hasSubList(list: List<A>, sub : List<A>):Boolean =
            when (list) {
                Nil-> sub.isEmpty()
```

```
                is Cons->
                    if (list.startsWith(sub))
                        true
                    else
                        hasSubList(list.tail, sub)
            }
        return hasSubList(this, sub)
}
```

8.5.5 处理列表的其他函数

可以开发许多其他有用的函数来处理列表。以下练习提供了该领域的一些实践。文中提出的解决方案肯定不是唯一的解决方案。请读者随意编写自己的实现程序。

【练习 8-17】

创建具有以下特征的 groupBy 函数。

- 以从 A 到 B 的函数为参数。
- 它返回一个 Map，其中键是函数应用于列表每个元素后的结果，值是与每个键对应的元素列表。

例如，给出一个 Payment 实例的列表，如下所示：

```
data class Payment(val name: String, val amount: Int)
```

以下代码应创建一个包含（键，值）对的 Map，其中每个键都是一个名称，相应的值是相应人员创建的 Payment 实例的列表：

```
val map: Map<String, List<Payment>> = list.groupBy {x-> x.name}
```

提示

使用 Kotlin 不可变类型 Map<B, List<A>>。要添加值，需要检查相应的键是否已在映射中。如果存在，则将值添加到与此键对应的列表中。否则，需要创建从键到包含要添加值的单一列表的新绑定。这可以使用 Map 类的 getOrDefault 函数轻松完成。

答案

这是一个命令式版本。它是具有本地可变状态的传统命令式代码。如果要在子列表中保留元素的顺序，则需要首先反转列表：

```
fun <B> groupBy(f: (A)-> B): Map<B, List<A>> =
    reverse().foldLeft(mapOf()) {mt: Map<B, List<A>>->
        {t->
            val key = f(t)
            mt + (key to (mt[key] ?: Nil).cons(t))
        }
    }
```

这里可以看到 Elvis 运算符“?:”，因为此示例使用了返回可空类型的 Kotlin 不可变映射。只要不允许这些类型泄漏到函数外，在内部使用可空类型对于安全编程是完全可接受的。在这里正是这样。

更好的解决方案是，在找不到密钥时返回 Result.Empty 而不是 null 的映射。还可以使用 getOrDefault 函数：

```
fun <B> groupBy(f: (A)-> B): Map<B, List<A>> =
```

```
    reverse().foldLeft(mapOf()) {mt: Map<B, List<A>>->
        {t->
            val k = f(t)
            mt + (k to (mt.getOrDefault(k, Nil)).cons(t))
        }
    }
```

更惯用的解决方案是使用 Kotlin 标准库的 `let` 函数：

```
fun <B>groupBy(f: (A)-> B): Map<B, List<A>> =
    reverse().foldLeft(mapOf()) {mt: Map<B, List<A>>->
        {t->
            f(t).let {
                mt + (it to (mt.getOrDefault(it,Nil)).cons(t))
            }
        }
    }
```

这其实没有用，虽然它解决了函数内的问题，但这并不是必需的；同时没有解决外部的问题，调用者仍然可以使用返回 `null` 的普通访问。第 11 章中将介绍如何创建自己的不可变 `Map` 来解决此问题。

先反转列表需要花费一些时间，因此读者可能更喜欢使用 `foldRight` 而不是 `foldLeft`。然而，这里存在爆栈的潜在风险。使用 `foldRight` 的解决方案如下：

```
fun <B>groupBy(f: (A)-> B): Map<B, List<A>> =
    foldRight(mapOf()) {t->
        { mt: Map<B, List<A>>->
          f(t).let {mt + (it to (mt. getOrDefault(it, Nil)).cons(t))}
        }
    }
```

【练习 8-18】

编写一个 `unfold` 函数，它有两个参数：一个起始元素 `S` 和一个从 `S` 到 `Option<Pair<A, S>>` 的函数。通过连续将函数 `f` 应用于 `S` 值来生成 `List<A>`，只要结果为 `Some` 即可。以下代码应生成 0 ~ 9 之间的整数列表：

```
unfold(0) {i->
    if (i < 10)
        Option(Pair(i, i+1))
    else
        Option()
}
```

答案

一个简单的非堆栈安全递归版本是易于实现的：

```
fun <A, S> unfold_(z: S, f: (S)-> Option<Pair<A, S>>): List<A> =
    f(z).map({x->
            unfold_(x.second, f).cons(x.first)
        }).getOrElse(List.Nil)
```

虽然这个解决方案很聪明，但它会使堆栈超过 1000 个递归步骤。要解决此问题，可以创建一个共递归版本：

```
fun <A, S> unfold(z: S, getNext: (S)-> Option<Pair<A, S>>): List<A> {
    tailrec fun unfold(acc: List<A>, z: S): List<A> {
        val next = getNext(z)
        return when (next) {
            Option.None-> acc
            is Option.Some->
                unfold(acc.cons(next.value.first),next.value.second)
        }
    }
    return unfold(List.Nil, z).reverse()
}
```

这个共递归版本的问题是需要将结果反转。这对于小型列表可能并不重要，但如果元素数量增长太多，它可能会变得很烦人。

此实现要求 Option 类与 List 类位于同一模块中，即以下模块之一。

- IntelliJ IDEA 模块。
- Maven 项目。
- Gradle 源集。
- 通过一次 Ant 任务调用编译的一组文件。

在本练习中，Option 类已从 common 模块复制到 advancedlisthandling 模块。在实际情况中将是反向的，List 类在公共模块中。

使用 unfold 的示例如下：

```
fun main(args: Array<String>) {
    val f: (Int)-> Option<Pair<Int, Int>> =
        { it->
            if (it < 10_000) Option(Pair(it, it+1))
            else Option()
        }
    val result = unfold(0, f)
    println(result)
}
```

unfold 函数生成值，直到 next 函数返回 None。如果需要使用的函数可能会产生错误，可以使用 Result 类而不是 Option：

```
fun <A, S> unfold(z: S,
                  getNext: (S)-> Result <Pair<A, S>>):Result<List<A>> {
    tailrec fun unfold(acc: List<A>, z: S): Result<List<A>>
    {
        val next = getNext(z)
        return when (next) {
            Result.Empty-> Result(acc)
            is Result.Failure->Result.failure(next.exception)
            is Result.Success->
                unfold(acc.cons(next.value.first),next.value.second)
        }
    }
```

```
    return unfold(List.Nil, z).map(List<A>::reverse)
}
```

【练习 8-19】

编写一个 range 函数，它将两个整数作为参数，并生成一个大于等于第一个数且小于第二个数的整数列表。

提示

应该使用已经定义的函数。

答案

如果重复使用【练习 8-18】中的函数是很简单的：

```
fun range(start: Int, end: Int): List<Int> {
    return unfold(start) {i->
        if (i < end)
            Option(Pair(i, i+1))
        else
            Option()
    }
}
```

【练习 8-20】

创建一个 exists 函数，它接受一个表示条件的 A 到 Boolean 的函数，如果该列表包含至少一个满足此条件的元素，则返回 true。不要使用显式递归，并且以已经定义的函数为基础。

提示

无须评估列表中所有元素是否满足条件。一旦找到满足条件的第一个元素，该函数就应该返回。

答案

递归解决方案可以定义如下：

```
fun exists(p: (A)-> Boolean): Boolean =
    when (this) {
        Nil-> false
        is Cons->  p(head) || tail.exists(p)
    }
```

因为“||”运算符会对其第二个参数进行惰性计算，一旦找到满足由断言 p 表示的条件的元素，递归过程就会停止。

但这是一个非尾递归的基于栈的函数，如果列表很长并且如果在前 1000 个元素中找不到满足条件的元素，它将会栈溢出。顺便提一下，如果列表为空它也会抛出异常，因此必须在 List 类中定义一个抽象函数，并使用 Nil 子类的特定实现程序。更好的解决方案是用零参数重用 foldLeft 函数：

```
fun exists(p: (A)-> Boolean): Boolean =
    foldLeft(false, true) {x-> {y: A-> x || p(y)}}.first
```

【练习 8-21】

创建一个 forAll 函数，它的参数是一个表示某种条件的 A 到 Boolean 的函数，如果列表中的所有元素都满足这个条件，则返回 true。

提示

不要使用显式递归。同时再次注意，并不总是需要为列表中所有元素评估是否满足条件。forAll 函数类似于 exists 函数。

答案

解决方案接近 exists 函数，但有两处不同——标识值和零值的位置互换以及 Boolean 运算符是“&&”而不是“||”：

```
fun forAll(p: (A)-> Boolean): Boolean =
        foldLeft(true, false) {x-> {y: A-> x && p(y)}}.first
```

另一种可能性是重用 exists 函数：

```
fun forAll(p: (A)-> Boolean): Boolean = ! exists{! p(it)}
```

此函数检查是否存在不满足相反条件的元素。

8.6 列表的自动并行处理

应用于列表的大多数计算都采用折叠（*fold*）方式。折叠涉及应用操作的次数与列表中的元素一样多。对于长列表和长时间操作，折叠可能需要相当长的时间。由于大多数计算机现在都配备了多核处理器（如果不是多处理器），开发者可能很想找到一种方法使计算机并行处理列表。

为了并行化折叠，只需要一件事（当然，除了需要多核处理器）：一个额外的操作来重新组合所有并行计算的结果。

8.6.1 并不是所有的计算都可以并行化

以整数列表为例。无法直接并行查找所有整数的均值。可以将列表分成4 个部分（如果计算机有4 个处理器）并计算每个子列表的均值，但是无法通过子列表的均值来计算列表的均值。

另一方面，计算列表的均值意味着计算所有元素的总和，然后将其除以元素的数量。计算总和是可以通过计算子列表的总和，然后计算子列表总和的总和来轻松实现并行化的。

这是一个非常特殊的示例，其中用于折叠（添加）的操作与用于组合子列表结果的操作相同。情况并非总是如此。以一个字符列表为例，可以通过向 String 添加单个字符来折叠。要组合中间结果，需要一个不同的操作：字符串连接。

8.6.2 将列表分解为子列表

首先，必须将列表分成子列表，并且必须自动执行此操作。一个重要的问题是应该获得多少个子列表。最初，读者可能认为每个可用处理器分配一个子列表是理想的，但事实并非如此。处理器的数量（或者更确切地说，逻辑核心的数量）不是最重要的因素。

还有一个更为关键的问题：所有子列表计算都需要相同的时间吗？可能不是，但这取决于计算的类型。如果决定将 4 个线程专用于并行处理，那么就需要将列表分成 4 个子列表则某些线程可能会快速完成，但其他线程可能需要进行更长的计算。这会破坏并行化的优势，因为它可能导致大多数计算任务由单个线程处理。

更好的解决方案是将列表分成大量子列表，然后将每个子列表提交给线程池。这样，一旦线程完成处理子列表，它就会处理一个新的子列表。现在第一个任务是创建一个将列表划分为子列表的函数。

【练习 8-22】

编写 divide(depth:Int)函数，将一个列表分成多个子列表。该列表将被分为两个子列表，同时每个子列表递归地划分为两个，depth 参数表示递归的步数。此函数将在 List 父类中实现，具有以下签名：

```
fun divide(depth: Int): List<List<A>>
```

提示

首先定义 splitAt 函数的新版本，该函数返回列表的列表而不是 Pair<List, List>。称这个函数为 splitListAt，并使用以下签名：

```
fun splitListAt(index: Int): List<List<A>>
```

答案

splitListAt 函数是 splitAt 函数略微修改后的版本：

```
fun splitListAt(index: Int): List<List<A>> {
    tailrec fun splitListAt(acc: List<A>,
                            list: List<A>, i: Int): List<List<A>> =
        when (list) {
            Nil-> List(list.reverse(), acc)
            is Cons->  if (i ==0)
                List(list.reverse(), acc)
            else
                splitListAt(acc.cons(list.head), list.tail , i -1)
        }
    return when {
        index < 0        ->splitListAt(0)
        index > length()->splitListAt(length())
        else             ->
                  splitListAt(Nil, this.reverse(),this.length()-index)
    }
}
```

此函数始终返回两个列表的列表。然后可以定义如下 divide 函数：

```
fun divide(depth: Int): List<List<A>> {
    tailrec
    fun divide(list: List<List<A>>, depth: Int): List<List<A>> =
    when (list) {
        Nil-> list // 死代码
        is Cons->
            if (list.head.length() < 2 || depth < 1)
                list
            else
                divide(list.flatMap {x->
```

```
                x.splitListAt(x.length()/2)
            }, depth-1)
        }
    return if (this.isEmpty())
        List(this)
    else
        divide(List(this), depth)
    }
```

when 表达式的 Nil 实现是死代码，因为永远不会使用 Nil 作为参数调用本地函数。然后，可以使用显式强制转换为 Cons 实现。另请注意，并不真正需要 tailrec 关键字，因为递归步骤的数量仅为 log（*length*）。将永远不会有足够的堆内存来保存列表，它会导致堆栈溢出。

8.6.3 并行处理子列表

要并行处理子列表，需要一个特殊版本的函数来执行。此特殊版本有一个附加参数 ExecutorService，它配置了要并行使用的线程数。

【练习 8-23】

在 List<A>中创建一个 parFoldLeft 函数，该函数使用与 foldLeft 和 ExecutorService 相同的参数以及从 B 到 B 到 B 的函数，并返回 Result<B>。附加的函数将用于汇总子列表的结果。函数的签名如下：

```
fun <B>parFoldLeft(es: ExecutorService,
                    identity: B,
                    f: (B)-> (A)-> B,
                    m: (B)-> (B)-> B): Result<B>
```

答案

首先，必须定义要使用的子列表的数量，并相应地划分列表：

```
divide(1024)
```

然后，使用一个函数映射子列表的列表。此函数将向 ExecutorService 提交任务，任务包括折叠每个子列表并返回 Future 实例。Future 实例列表映射到一个函数，会调用每个 Future 上的 get 来生成结果列表（每个子列表一个）。必须处理潜在的异常。最后，使用第二个函数折叠结果列表，并在 Success 中返回结果。如果发生异常，则返回 Failure：

```
fun <B>parFoldLeft(es: ExecutorService,
                identity: B,
                f: (B)-> (A)-> B,
                m: (B)-> (B)-> B): Result<B> =
    try {
        val result: List<B> =divide(1024). map {list:List<A>->
            es.submit<B> {list.foldLeft(identity, f)}
        }.map<B> {fb->
            try {
                fb.get()
            } catch (e: InterruptedException) {
                throw RuntimeException(e)
```

```
            } catch (e:ExecutionException) {
                throw RuntimeException(e)
            }
        }
        Result(result.foldLeft(identity, m))
    } catch (e: Exception) {
        Result.failure(e)
    }
```

读者可以在本书提供的网站（https://github.com/pysaumont/fpinkotlin）上找到此函数的示例基准。该基准使用慢算法计算 10 次 35000 个 1～30 之间的随机数的 Fibonacci 值。这是在 8 核计算机上获得的典型结果：

```
Duration serial 1 thread: 140933
Duration parallel 2 threads: 70502
Duration parallel 4 threads: 36337
Duration parallel 8 threads: 20253
```

【练习 8-24】

虽然映射可以通过折叠实现（并且可以从自动并行化中受益），但它也可以并行实现，而无须使用折叠。这可能是可以在列表上实现的最简单的自动并行化。

创建一个 parMap 函数，该函数会自动将给定函数并行地应用于列表的所有元素。函数的签名如下：

```
fun <B>parMap(es: ExecutorService, g: (A)-> B):Result<List<B>>
```

提示

这个练习几乎没什么可做的。将每个函数应用程序提交给 ExecutorService，并从每个相应的结果函数中获取结果即可。

答案

答案如下：

```
fun <B>parMap(es: ExecutorService, g: (A)-> B): Result<List<B>> =
    try {
        val result = this.map {x->
            es.submit<B> {g(x)}
        }.map<B> {fb->
            try {
                fb.get()
            } catch (e: InterruptedException) {
                throw RuntimeException(e)
            } catch (e:ExecutionException) {
                throw RuntimeException(e)
            }
        }
        Result(result)
    } catch (e: Exception) {
        Result.failure(e)
    }
```

本书提供的代码中的基准可能低于实际测量出的性能，这因运行程序的机器而异。

此并行版本的 map 为列表的每个元素创建单个任务。表示长计算的函数映射短列表会更有效。使用长列表和快速计算的速度增益可能不会那么高——甚至可能是负数。

8.7 本章小结

- 可以使用记忆化来加速列表处理。
- 可以将 Result 实例的 List 转换为 List 的 Result。
- 可以通过压缩来组合两个列表。还可以解压缩列表以生成列表的一个 Pair。
- 可以使用显式递归实现对列表元素的索引访问。
- 当获得零结果时，可以实现特殊版本的 foldLeft 来结束折叠。
- 可以通过展开功能和终止条件来创建列表。
- 列表可以自动拆分，允许自动并行处理子列表。

第 9 章 与惰性配合

在本章中

- 理解惰性的重要性。
- 在 Kotlin 中惰性的实现。
- 用惰性组合。
- 创建一个惰性列表数据结构。
- 处理无限流。

想象一下，有一个小酒馆的酒保，他能为顾客提供两种产品：浓咖啡和橙汁。一位顾客进来并坐下。现在，在他面前有以下两种选择。

- 准备好浓咖啡和橙汁，把它们给顾客，让顾客选择。
- 问顾客想要什么，然后准备饮料，并将饮料提供给客户。

用编程的术语说，第二种情况下，酒保是“惰性的”（*lazy*），而在第一种情况下，他是“严格的”（*strict*）。如何选择最好的策略取决于自身。这一章节讨论的不是道德，而是效率。

在这种情况下还有其他选择。可以在任何顾客进来之前，提前准备一杯浓咖啡和一杯橙汁。一旦客户进来，就让他拿走一杯他想要的饮料，并立即再做一杯饮料，为下一个顾客做准备。似乎很疯狂？其实并非如此。

如果这个酒馆也提供苹果派和草莓派。是等到一个顾客进来，选择一种派之后再去准备它呢？还是提前准备好每一种派？如果选择惰性，则等待顾客选择，假如顾客选择了苹果派，再去准备一个苹果派，切成片，并把它端给顾客。这将是惰性的做法，尽管本可以同时准备其他的苹果派切片。

编程语言的工作方式相同。正如之前的例子，正常的方式通常十分明显，以至于除非出现问题，不然没有人会思考这件事。在本章的第一部分将对比严格和惰性。虽然 Kotlin 是一种严格的语言，但仍然可以使用惰性。对于本章的其余部分，文章会介绍 Kotlin 中各种惰性相关的技巧：如何实现惰性，如何编写惰性，如何创建一个惰性的列表数据结构，以及如何处理无限流。

9.1 严格 vs 懒惰

有些编程语言被认为是惰性的，而另外一些是严格的。通常来说，这取决于该语言如何计算函数或方法的参数。但实际上，所有的语言都是惰性的，因为惰性是编程的真谛。

程序设计包括编写程序指令，这些指令将在程序最终运行时进行执行。如果完全严格，那么编写的每条指令都将在按下 <Enter> 键时立即执行，这实际上就是使用 REPL（Read、Eval、Print Loop）时所发生的情况。

撇开程序本质上是惰性构造这一事实不谈，用严格的语言（如 Kotlin 或 Java）编写的程序是由严格的元素组成的吗？当然不是。严格的语言在方法/函数参数求值方面是严格的，但是大多数其他构造都是惰性的。以 if...else 结构为例：

```
val result = if (testCondition())
    getIfTrue()
  else
    getIfFalse()
```

显然，testCondition 函数总会运行。但是 getIfTrue 和 getIfFalse 函数将只调用其中一个，这取决于 testCondition 返回的值。虽然 if...else 结构对于条件是严格的，这两个分支却是惰性的。如果 getIfTrue 和 getIfFalse 会产生作用，那么使用完全严格的 if...else 并没有用，因为在任何情况下都会执行这两个效果。相反，如果这两个分支是函数，则不会改变程序的结果。这两个值都将被计算，但是只返回一个与条件相关的值。这将浪费处理时间，但仍然可用。

严格和惰性不仅应用于控制结构和函数参数，而且应用于编程中的所有方面。例如，考虑下面这个声明：

```
val x: Int = 2 + 3
```

这里 x 立即被求值为 5。因为 Kotlin 是一种严格的语言，所以它会立即执行加法。来看另一个例子：

```
val x: Int = getValue()
```

在 Kotlin 中，一旦声明了 x 引用，就会调用 getValue 函数来提供其相应的值。另一方面，如果是惰性语言，只有在使用 x 引用的值时才会调用 getValue 函数。这将产生巨大的影响。例如，如下代码：

```
fun main(args: Array<String>) {
  val x = getValue()
}
fun getValue(): Int {
    println("Returning 5")
    return 5
}
```

这个程序会将 Returning 5 打印到控制台，因为尽管返回的值永远不会被使用，getValue 函数仍会调用。在惰性语言中，不会执行任何内容，因此不会打印任何内容到控制台。

9.2　Kotlin 和严格

Kotlin 被认为是一种严格的语言，一切都立即被执行。在 Kotlin 中函数参数是通过值传递的（*passed by value*），这意味着这些参数会首先求值，然后再传递所求的值。另一方面，在惰性语言中，参数被称为按名传递（*passed by name*），这意味着未求值。不要被 Kotlin 中的函数参数通常是引用所迷惑。引用是地址，这些地址通过值传递。

一些语言是严格的（如 Kotlin 和 Java），而另一些则是惰性的；有些默认是严格的，惰性是可选的；而有些默认是懒惰的，严格是可选的。Kotlin 并不总是严格的。下面是 Kotlin 的一部分惰性构造。

- 布尔运算符 `||` 和 `&&`。
- `if … else`。
- `for` 循环。
- `while` 循环。

Kotlin 还提供了诸如 `Sequence` 之类的惰性结构，以及使参数求值变得惰性的方法，这些将在后文介绍。

考虑 Kotlin 的布尔运算符 `||` 和 `&&`。如果不需要计算结果，这些操作符就不会计算它们的操作数。如果 `||` 的第一个操作数为 `true`，不管第二个操作数是什么，结果都为 `true`，所以不需要对它求值。同样，如果 `&&` 操作符的第一个操作数是 `false`，那么无论第二个操作数是什么，结果都是 `false`，同样没有必要对它求值。

在第 8 章中创建了 `foldLeft` 函数的一个特殊版本，当遇到吸收元素（*absorbing element*），也称为零元素（*zero element*）时，它可以避开计算。这里，`false` 是 && 操作的吸收元素，`true` 是 `||` 操作的吸收元素。

假设要用函数模拟布尔运算符。清单 9-1 显示了如何操作。

清单 9-1　and 和 or 逻辑函数

```
fun main(args: Array<String>) {
    println(or(true, true))
    println(or(true, false))
    println(or(false, true))
    println(or(false, false))

    println(and(true, true))
    println(and(true, false))
    println(and(false, true))
    println(and(false, false))
}

fun or(a: Boolean, b: Boolean): Boolean = if (a) true else b
fun and(a: Boolean, b: Boolean): Boolean = if (a) b else false
```

布尔运算符提供了一种更简单的方法，但是这里的目标是避免使用这些运算符。运行此程序会在控制台上显示以下结果：

```
true
true
true
false
true
false
false
false
```

到目前为止，一切顺利。但现在尝试运行清单 9-2 所示的程序。

列表 9-2　“严格”导致的问题

```
fun main(args: Array<String>) {
    println(getFirst() ||getSecond())
    println(or(getFirst(), getSecond()))
}

fun getFirst(): Boolean = true
fun getSecond(): Boolean = throw IllegalStateException()
fun or(a: Boolean, b: Boolean): Boolean = if (a) true else b
fun and(a: Boolean, b: Boolean): Boolean = if (a) b else false
```

程序打印出如下结果：

```
true
Exception in thread "main" java.lang.IllegalStateException
```

显然，or 函数并不等价于 || 运算符。不同之处在于 || 对其操作数进行了惰性的计算，即如果第一个操作数为真，则不会计算第二个操作数，因为无须计算结果。但是 or 函数严格地计算其参数，即使不需要第二个参数的值，也要对其进行计算，因此会抛出 IllegalStateException 异常。第 6 章和第 7 章中的 getOrElse 函数中也遇到了这个问题，因为即使计算成功，也总是对它的参数进行计算。

9.3　Kotlin 和惰性

惰性在很多情况下是必要的。事实上，Kotlin 确实使用惰性来构造 if...else、循环、和 try...catch 块。如果没有惰性，catch 块即使在没有异常的情况下也会被计算。

在为错误提供行为以及需要操作无限的数据结构时，实现惰性是必需的。Kotlin 提供了一种通过使用委托实现惰性的方法。它是这样工作的：

```
val first: Boolean by Delegate()
```

Delegate 是一个需要实现如下函数的类：

```
Operator fun getValue(thisRef: Any?, property: KProperty<*>): Boolean
```

注意以下两点。

1）Delegate 类可以起任何名称，不需要实现任何接口。它必须声明并实现前面的函数，该函数将通过反射调用。

2）如果声明的是 var 而不是 val，Delegate 类还应该实现相应的函数从而设置 value：operator fun setValue (thisRef: Any?, property: KProperty<*>, value:

Boolean)。

Kotlin 还提供了标准的委托，其中 Lazy 可用于实现惰性：

```
val first: Boolean bylazy {... }
```

下面是 Lazy 类的简单示例：

```
class Lazy {
    operator fungetValue(thisRef: Any?,
                            property:KProperty<*>): Boolean = …
}
val first: Boolean by Lazy()
```

然而，Kotlin 的标准 Lazy 接口稍微复杂一些。使用这种技术实现 or 布尔运算符的例子如下：

```
vfun main(args: Array<String>) {
    val first: Boolean by lazy {true}
    val second: Boolean by lazy {throw IllegalStateException()}
    println(first || second)
    println(or(first, second))
}

fun or(a: Boolean, b: Boolean): Boolean = if (a) true else b
```

不幸的是，正如下面运行结果所显示，这不是真正的惰性：

```
true
Exception in thread "main" java.lang.IllegalStateException
```

这是因为，当声明 first 和 second 的引用时，它们的初始化函数不会被调用，这是正常的惰性。但是，当 or 函数接收参数 first 和 second 时会调用这些函数，而不是在真正需要使用参数时才调用，这将导致 second 永远不会被调用，因为它永远不会被用到。这根本不是惰性。

9.4　惰性的实现

在 Kotlin 中，使用与惰性语言中相同的方式实现懒惰是完全不可能的。但是可以通过使用正确的类型来达到相同的目标。回顾第5章～第7章。第5章介绍了将列表抽象成两个相关的概念：元素的类型和其他一些由 List 类型重新定义的内容。“其他一些”是一个复合概念，包括基数（可以有任意大小的数字，包括0、1或更多），而且这些元素是有序的。通过区分基数和顺序可以进一步推进抽象。但现在把 List 作为一个整体来考虑。结果是参数化的列表 List<A>。

第6章介绍了将可选性的概念抽象为两个相关的概念：数据类型（称之为 A）和 Option类型。第7章介绍了如何将错误抽象为另一种复合类型 Result<A>。正如读者所看到的，这是一种模式。简单的类型 A 和一种应用到这个简单类型的模式。惰性可以被认为是另一种模式，所以当然可以将其作为一种类型来实现。可以称它为 Lazy<A>。

有的读者可能提出反对观点：惰性能够通过常函数以更简单的方式表示。因为在前几章中已经出现过这个概念：常函数是一个接受任何类型的参数并且总是返回相同值的函数。这样的函数可能有以下类型：

```
()-> Int
```

这里函数返回一个 Int 类型的值，要创建一个惰性整型值，可以如下编写：

```
val x: ()-> Int = {5}
```

这很愚蠢，因为 5 是一个原始值，惰性初始化对原始值的引用没有任何意义。但是如果回到之前使用惰性布尔值的例子，会得到：

```
fun main(args: Array<String>) {
  val first = {true}
  val second = {throw IllegalStateException()}
  println(first() || second())
  println(or(first, second))
}

fun or(a: ()-> Boolean, b: ()-> Boolean): Boolean = if (a()) true else b()
```

结果正如所期望的那样：

```
true
true
```

这种方式与惰性语言实现惰性的一个不同之处在于，已经更改了参数类型。一个惰性的 A 不是 A，因此必须修改 or 函数以符合新类型的参数。

但与真正的惰性相比，还有一个更重要的区别是：如果两次使用该值，则函数将被调用两次。计算值是一项耗时的操作。这会浪费处理器的时间。这就是所谓的按名调用（*call by name*），即值在使用之前不会被求值，而是在每次需要时再进行计算！可以通过使用一个 fun 函数得到相同的结果，但是必须为抛出异常的函数提供返回类型，因为 Kotlin 不能推断异常的返回类型：

```
fun main(args: Array<String>) {
    fun first() = true
    fun second(): Boolean = throw IllegalStateException()
    println(first() || second())
    println(or(::first, ::second))
}

fun or(a: ()-> Boolean, b: ()-> Boolean): Boolean = if (a()) true else b()
```

能够解决这个问题并且只在第一次需要的时候调用这个函数吗？这种类型称为按需调用（*call by need*）。如果读者还记得第 4 章的内容，那就应该知道答案是记忆化。

【练习 9-1】

实现一个类似于记忆化函数 ()→A 的 Lazy<A>类型，它应该可以在下面的例子中使用：

```
fun main(args: Array<String>) {
    val first = Lazy {
        println("Evaluating first")
        true
    }
    val second = Lazy {
```

```
        println("Evaluating second")
        throw IllegalStateException()
    }
    println(first() ||second())
    println(first() ||second())
    println(or(first, second))
}

fun or(a: Lazy<Boolean>, b: Lazy<Boolean>): Boolean = if (a()) true else b()
```

程序打印出如下结果：

```
Evaluating first
true
true
true
```

提示：

如果让 Lazy 类型扩展了函数 ()→A，它应该可以正常运行。这不是强制性的，但是它将简化类型的使用。使用 by lazy 结构进行记忆，并避免显式状态突变。

答案：

基于 by lazy 结构的解决方法如下：

```
class Lazy<out A>(function: ()-> A): ()-> A {
    private val value: A by lazy(function)
    operator override fun invoke(): A = value
}
```

可以看到，这个实现没有使用状态突变。状态突变被抽象到 Kotlin 提供的 by lazy 构造中。第 14 章将介绍如何使用相同的技术抽象共享可变状态。

9.4.1　组合惰性值

在前面的示例中，使用 or 函数实现了惰性的布尔值：

```
fun or(a: Lazy<Boolean>, b: Lazy<Boolean>): Boolean = if (a()) true else b()
```

但这其实是作弊，因为依赖了 if...else 表达式的懒惰性来避免计算第二个参数。想象一个由两个字符串组成的函数：

```
fun constructMessage(greetings: String,name: String): String = "$greetings, $name!")
```

现在，假设获取每个参数都是一项耗费资源的任务，希望以一种惰性的方式提供 constructMessage 的返回结果，以便根据外部条件决定使用还是不使用参数。如果不满足条件，则不获取 name 和 greetings 字符串。例如，假设条件是“一个随机整数是偶数”，代码如下所示：

```
val greetings = Lazy {
    println("Evaluating greetings")
    "Hello"
}
val name: Lazy<String> = Lazy {
    println("computing name")
    "Mickey"
```

```
}
val message = constructMessage(greetings, name)
val condition = Random(System.currentTimeMillis()).nextInt() % 2 == 0
println(if (condition) <compose and print the message>
        else "No greetings when time is odd")
```

现在需要重构 constructMessage 函数，以便它惰性地计算参数。可以使用以下方法：

```
fun constructMessage(greetings: Lazy<String>, name: Lazy<String>): String = "${greetings
                    ()}, ${name()}!"
```

在这里使用惰性值并没有真正的好处，因为即使没有满足条件，在调用 constructMessage 函数时，也会在连接之前对这些参数进行求值。有用的是 constructMessage 函数将返回一个未计算的结果，即一个不计算任何参数的 Lazy<String>。

【练习 9-2】

实现一个惰性版本的 constructMessage 函数。

提示：

不管多少次调用该函数，保证消息的每个部分只计算一次。

答案：

下面的函数实现了两个参数的惰性连接，以及对多个计算的测试：

```
fun constructMessage(greetings: Lazy<String>, name: Lazy<String>): Lazy<String> = Lazy {"
                    ${greetings()}, ${name()}!"}
fun main(args: Array<String>) {
    val greetings = Lazy {
        println("Evaluating greetings")
        "Hello"
    }
    val name1: Lazy<String> = Lazy {
        println("Evaluating name")
        "Mickey"
    }
    val name2: Lazy<String> = Lazy {
        println("Evaluating name")
        "Donald"
    }
    val defaultMessage = Lazy {
        println("Evaluating default message")
        "No greetings when time is odd"
    }
    val message1 = constructMessage(greetings, name1)
    val message2 = constructMessage(greetings, name2)
    val condition = Random(System.currentTimeMillis()).nextInt() % 2 == 0
    println(if (condition) message1() else defaultMessage())
    println(if (condition) message1() else defaultMessage())
    println(if (condition) message2() else defaultMessage())
}
```

多次运行测试，当条件满足时，就能得到：

```
Evaluating greetings
Evaluating name
Hello, Mickey!
Hello, Mickey!
Evaluating name
Hello, Donald!
```

即使函数调用了三次，greeting 参数只计算一次，name 参数计算了两次（使用两个不同的值）。

注： 这并不完全准确。从函数的角度来看，每次将函数调用为 Lazy 实例时，都会对这些参数进行计算，但是只有第一次才会导致进一步计算 Lazy 实例。

当条件不满足时，将得到以下结果：

```
Evaluating default message
No greetings when time is odd
No greetings when time is odd
No greetings when time is odd
```

只输出了默认消息。

条件必须是外部的（*external*），即它不涉及惰性数据。否则，为了对条件进行测试，必须对数据进行计算。还可以定义惰性的 val 柯里化函数。柯里化函数的内容详见第 3 章。

【练习 9-3】

实现 constructMessage 函数的惰性 val 柯里化版本。

答案：

这很容易实现：

```
val constructMessage: (Lazy<String>) -> (Lazy<String>) -> Lazy<String> =
    { greetings ->
        { name ->
            Lazy {"${greetings()}, ${name()}!"
        }
    }
}
fun main(args: Array<String>) {
    val greetings = Lazy {
        println("Evaluating greetings")
        "Hello"
    }
    val name1: Lazy<String> = Lazy {
        println("Evaluating name")
        "Mickey"
    }
    val name2: Lazy<String> = Lazy {
        println("Evaluating name")
        "Donald"
    }
    val message1 = constructMessage(greetings)(name1)
```

```
    val message2 = constructMessage(greetings)(name2)
    val condition = Random(System.currentTimeMillis()).nextInt() % 2 == 0
    println(if (condition) message1() else defaultMessage())
    println(if (condition) message2() else defaultMessage())
}
```

结果完全相同，但是调用函数的语法进行了调整。这是一个使用柯里化的很好的例子。另外，可能会需要对许多姓名不同的人使用相同的问候语。这可以实现为：

```
val constructMessage: (Lazy<String>)-> (Lazy<String>)-> Lazy<String> = {greetings->
        { name->
            Lazy {"${greetings()}, ${name()}!"}
        }
    }

fun main(args: Array<String>) {
    val greetings = Lazy {
        println("Evaluating greetings")
        "Hello"
    }
    val name1: Lazy<String> = Lazy {
        println("Evaluating name1")
        "Mickey"
    }
    val name2: Lazy<String> = Lazy {
        println("Evaluating name2")
        "Donald"
    }
    val defaultMessage = Lazy {
        println("Evaluating default message")
        "No greetings when time is odd"
    }
    val greetingString = constructMessage(greetings)
    val message1 = greetingString(name1)
    val message2 = greetingString(name2)
    val condition = Random(System.currentTimeMillis()).nextInt() % 2 == 0
    println(if (condition) message1() else defaultMessage())
    println(if (condition) message2() else defaultMessage())
}
```

9.4.2 提升函数

通常情况下，会有一个函数处理一些已计算的值，并希望将该函数与未求值的函数一起使用，而不会导致求值。毕竟，这是编程的本质。

【练习 9-4】

创建一个函数，该函数的参数是两个已求值的柯里化函数，为一个未求值的参数返回对应的函数，该未求值参数生成相同但未求值的结果。给定函数：

```
val consMessage: (String)-> (String)-> String =
    {  greetings->
        {name->
            "$greetings, $name!"
        }
    }
```

实现一个名为 lift2 的函数，该函数生成以下函数（不计算任何参数）：

```
(Lazy<String>)->(Lazy<String>)-> Lazy<String>
```

提示：

将此函数放在 Lazy 伴随对象中，以防止与 lift2 的另一个实现发生冲突。或者，可以在包级别声明这个函数，并将其名称更改为 liftLazy2。

答案：

首先，编写函数的签名。lift2 函数的参数类型为 (String) → (String) →String。这个参数类型应该放在括号之间，后面跟着一个箭头，如下所示：

```
((String)-> (String)-> String)->
```

接着编写这个函数的返回值：

```
((String)-> (String)-> String)-> (Lazy<String>)->(Lazy<String>)-> Lazy<String>
```

将 val lift2：添加到表达式左边，等号添加到右边：

```
val lift2: ((String)-> (String)->String)->(Lazy<String>)->(Lazy<String>)->Lazy<String> =
```

现在编写函数的实现。因为它应该产生一个如下类型的函数：

```
(Lazy<String>)→(Lazy<String>)→Lazy<String>,
```

可以从下面的表达式开始：

```
{f→{ls1→{ls2→TODO()}}},
```

其中 f 的类型为 (String) → (String) →String（要提升的函数），ls1 和 ls2 的类型为 Lazy<String>：

```
val lift2: ((String)-> (String)-> String)-> (Lazy<String>)-> (Lazy<String>)-> Lazy<
    String> =
      {f->
        {ls1->
            {ls2->
                TODO()
            }
        }
      }
```

剩下的很简单。现在有由两个 String 参数和两个 Lazy<String>实例组成的柯里化函数。获取值并应用到函数中。因为需要获得一个 Lazy<String>，所以要创建结果的 Lazy 实例：

```
val lift2: ((String)-> (String)-> String)-> (Lazy<String>)-> (Lazy<String>)-> Lazy<
    String> =
      {f->
        {ls1->
          {ls2->
```

```
            Lazy {f(ls1())(ls2())}
        }
    }
}
```

【练习 9-5】

将此函数推广到任何类型。这一次，在包级别编写一个 fun 函数

答案：

首先从签名开始。因为函数需要能适应任何类型，所以它应该用 A、B、C 参数化，并且（唯一的）参数是类型为 (A)→(B)→C 的函数。返回值类型是 (Lazy<A>)→(Lazy<B>)→Lazy<C>：

```
fun <A, B, C> lift2(f: (A)-> (B)-> C): (Lazy<A>)-> (Lazy<B>)-> Lazy<C>
```

其实现与【练习 9-4】中的类似，除了第一个参数（函数）不再是特定的，因为它是 fun 函数的参数，类型不同：

```
fun <A, B, C> lift2(f: (A)-> (B)-> C):
                        (Lazy<A>)-> (Lazy<B>)-> Lazy<C> =
    {ls1->
        {ls2->
            Lazy {f(ls1())(ls2())
        }
    }
```

9.4.3 映射和 flatMapping 惰性

相信读者现在已经理解了 Lazy 与 List、Option、Result 等一样是另一个计算环境（稍后将发现的许多其他计算环境），接下来对 Lazy 应用 map 和 flatMap！

【练习 9-6】

编写一个 map 函数，将函数 (A)→B 应用到 Lazy<A>，并返回 Lazy<B>。

提示：

将它定义为 Lazy 类中的一个实例函数。

答案：

现在要做的就是将映射函数应用到惰性值。为了不触发计算，将它封装在一个新 Lazy 中：

```
fun <B> map(f: (A)-> B): Lazy<B> = Lazy{f(value)}
```

可以尝试通过下面的代码进行实现：

```
fun main(args: Array<String>) {

    val greets: (String)-> String = {"Hello, $it!"}

    val name: Lazy<String> = Lazy {
        println("Evaluating name")
        "Mickey"
    }
    val defaultMessage = Lazy {
```

```
        println("Evaluating default message")
        "No greetings when time is odd"
    }}
    val message = name.map(greets)
    val condition = Random(System.currentTimeMillis()).nextInt() % 2 == 0
    println(if (condition) message() else defaultMessage())
    println(if (condition) message() else defaultMessage())
}
```

如果条件成立，此程序将打印以下内容，数据使用了两次，但仅被求值一次：

```
Evaluating name
Hello, Mickey!
Hello, Mickey!
```

如果条件不成立，程序的输出显示默认消息只计算了一次：

```
Evaluating default message
No greetings when time is odd
No greetings when time is odd
```

【练习 9-7】

编写一个 flatMap 函数，将函数(A)→Lazy<B>应用到 Lazy<A>，并返回 Lazy<B>。

提示：

将它定义为 Lazy 类中的一个实例函数。

答案：

现在要做的就是将映射函数应用于惰性值并触发计算。但是，如果只想在需要的时候发生这种情况，那么就需要把整个过程封装在一个新 Lazy 中：

```
fun <B> flatMap(f: (A) -> Lazy<B>): Lazy<B> = Lazy {f(value)()}
```

这可以通过下面的代码进行实现：

```
fun main(args: Array<String>) {
    //假设 getGreetings 是一个有副作用的函数
    //回控制台打印 Evaluating greetings
    val greetings: Lazy<String> = Lazy {getGreetings(Locale.US)}
    val flatGreets: (String) -> Lazy<String> =
                  {name -> greetings.map {"$it, $name!"}}
    val name: Lazy<String> = Lazy {
        println("computing name")
        "Mickey"
    }
    val defaultMessage = Lazy {
        println("Evaluating default message")
        "No greetings when time is odd"
    }
    val message = name.flatMap(flatGreets)
    val condition = Random(System.currentTimeMillis()).nextInt() % 2 == 0
    println(if (condition) message() else defaultMessage())
    println(if (condition) message() else defaultMessage())
}
```

如果条件成立，此程序将打印以下内容。name 和 greeting 的消息使用了两次，但只会计算一次：

```
Evaluating name
Evaluating greetings
Hello, Mickey!
Hello, Mickey!
```

如果条件不成立，程序的输出显示只计算了默认消息，且只有一次：

```
Evaluating default message
No greetings when time is odd
No greetings when time is odd
```

9.4.4 用列表组成惰性

Lazy 类型可以用之前章节学习的其他类型组成。最常见的操作之一是将 List<Lazy<A>> 转换为 Lazy<List<A>>，这样列表就可以通过 A 的函数来惰性地组合。这种组合必须在不计算数据的情况下完成。

【练习 9-8】

定义一个带有以下签名的 sequence 函数：

```
fun <A> sequence(lst: List<Lazy<A>>): Lazy<List<A>>
```

这将是一个在包级别定义的 fun 函数。

答案：

同样，解决方案很简单。需要用一个函数来映射列表，该函数计算每个元素的内容。但是因为 sequence 函数不能计算任何值，所以将这个操作封装到一个新的 Lazy 实例中：

```
fun <A> sequence(lst: List<Lazy<A>>): Lazy<List<A>> = Lazy {lst.map {it()}}
```

显示这个函数的输出的示例程序如下：

```
fun main(args: Array<String>) {
    val name1: Lazy<String> = Lazy {
        println("Evaluating name1")
        "Mickey"
    }
    val name2: Lazy<String> = Lazy {
        println("Evaluating name2")
        "Donald"
    }
    val name3 = Lazy {
        println("Evaluating name3")
        "Goofy"
    }
    val list = sequence(List(name1, name2, name3))
    val defaultMessage = "No greetings when time is odd"
    val condition = Random(System.currentTimeMillis()).nextInt() % 2 == 0
    println(if (condition) list() else defaultMessage)
    println(if (condition) list() else defaultMessage)
}
```

同样，根据外部条件，（未计算的）结果或默认消息将显示两次。当条件成立时，结果被打印两次，生成对所有元素的单次计算：

```
Evaluating name1
Evaluating name2
Evaluating name3
[Mickey, Donald, Goofy, NIL]
[Mickey, Donald, Goofy, NIL]
```

如果条件不成立，不计算任何值：

```
No greetings when time is odd
No greetings when time is odd
```

9.4.5　处理异常

在处理自己的函数时，如果确信代码永远不会产生异常，那可能不会害怕异常。然而，在处理未计算的数据时，有可能在计算期间抛出异常。

计算单个数据块时引发的异常是正常的。但是计算 Lazy<A>列表，问题将更难解决。如果一个元素在计算期间抛出异常，应该怎么办？

【练习 9-9】

编写一个 sequenceResult 函数，签名如下：

```
fun <A> sequenceResult(lst: List<Lazy<A>>): Lazy<Result<List<A>>>
```

这个函数应该返回一个 List<A>的 Result，并且没有被计算，如果所有的计算都成功，那么它将转变为 Success<List<A>>，否则将转变为 Failure<List<A>>。下面是一个测试用例的例子：

```
fun main(args: Array<String>) {
    val name1: Lazy<String> = Lazy {
        println("Evaluating name1")
        "Mickey"
    }
    val name2: Lazy<String> = Lazy {
        println("Evaluating name2")
        "Donald"
    }
    val name3 = Lazy {
        println("Evaluating name3")
        "Goofy"
    }
    val name4 = Lazy {
        println("Evaluating name4")
        throw IllegalStateException("Exception while evaluating name4")
    }
    val list1 = sequenceResult(List(name1, name2, name3))
    val list2 = sequenceResult(List(name1, name2, name3, name4))
    val defaultMessage = "No greetings when time is odd"
```

```
    val condition = Random(System.currentTimeMillis()).nextInt() % 2 == 0
    println(if (condition) list1() else defaultMessage)
    println(if (condition) list1() else defaultMessage)
    println(if (condition) list2() else defaultMessage)
    println(if (condition) list2() else defaultMessage)
}
```

当条件成立时，程序输出如下：

```
Evaluating name1
Evaluating name2
Evaluating name3
Success([Mickey, Donald, Goofy, NIL])
Success([Mickey, Donald, Goofy, NIL])
Evaluating name4
Failure(Exception while evaluating name4)
Failure(Exception while evaluating name4)
```

当条件不成立时，程序输出如下：

```
No greetings when time is odd
No greetings when time is odd
No greetings when time is odd
No greetings when time is odd
```

答案：

与前面的练习一样，需要组合指令来生成预期的结果。一旦完成这一步，就要将实现包装成一个新的 Lazy：

```
import com.fpinkotlin.common.sequence
...
fun <A> sequenceResult(lst: List<Lazy<A>>): Lazy<Result<List<A>>> = Lazy {sequence
        (lst.map {Result.of(it)})}
```

而且还需要显式地导入 sequence 函数，与在包级别定义的 sequence 函数进行区别。另一种可行的方法是使用在第 8 章中创建的 traverse 函数：

```
fun <A> sequenceResult2(lst: List<Lazy<A>>): Lazy<Result<List<A>>> = Lazy {traverse
        (lst) {Result.of(it)}}
```

计算结果将导致对列表中的所有元素进行计算，即使是一个结果为 Failure 的计算。原因是 traverse 函数使用了 foldRight 函数。要在一个元素计算结果为 Failure 时立即停止，必须使用中断折叠。基于 traverse 的实现相当于：

```
fun <A> sequenceResult(lst: List<Lazy<A>>): Lazy<Result<List<A>>> = Lazy {
    lst.foldRight(Result(List())) {x: Lazy<A> ->
            {y: Result<List<A>> -> map2(Result.of(x), y) {a: A ->
                                                          {b: List<A> ->
                                                            b.cons(a)
                                                          }
                                          }
            }
    }
}
```

第 8 章实现了中断的 foldLeft，可以在这里使用：

```
fun <A>sequenceResult(list: List<Lazy<A>>): Lazy<Result<List<A>>> = Lazy {
    val p = {r: Result<List<A>>-> r.map{false}.getOrElse(true)}
    list.foldLeft(Result(List()), p) {y: Result<List<A>>->
        {x: Lazy<A>->
          map2(Result.of(x), y) {a: A->
                                  {b: List<A>->
                                      b.cons(a)
                                  }
          }
        }
    }
}
```

可以在 list 类中定义中断的 traverse，以便抽象这个过程。

9.5　深层次的惰性构成

正如前文所说的，惰性组合函数就是编写普通的组合并将其封装到一个 Lazy 实例中。使用这种技术，读者可以用一种惰性的方式组合任何想要的东西。这不是魔法。同样的，总是可以将任意实现程序封装进一个常函数中：

```
fun <A>lazyComposition(): Lazy<A> = Lazy { <anything producing an A> }
```

在这里，只需编写一个程序，该程序在调用 Lazy 实例时执行。

9.5.1　惰性地应用作用

如果读者在前面的练习中使用了提供的测试程序，那么就已经知道如何对惰性值产生作用。可以通过调用 Lazy 来获取值，并将作用应用于结果，例如：

```
val lazyString: Lazy<String> = …
...
println(lazyString())
```

但是，与其从 Lazy 中获取值并应用作用，还不如反过来将作用传递给 Lazy，让它应用于值：

```
fun forEach(ef: (A)-> Unit) = ef(value)
```

但是，如果想有条件地应用一个作用，比如在之前的测试中所做的那样，这就不是很有用了：

```
if (condition) list1.forEach {println(it)} else println(defaultMessage)
```

如果条件成立，将一个要应用的作用传递给条件，否则，传递另一个要应用的作用。

【练习 9-10】

在 Lazy 类中编写一个 forEach 函数（方法），将一个条件和两个作用作为其参数，如果条件为 true，则将第一个作用应用于所包含的值，否则，应用第二个作用。

提示：

这个函数应该只在需要时才允许计算 Lazy。因此，需要定义函数的三个重载版本。

答案：

读者可能会这样写：

```
fun forEach(condition: Boolean,ifTrue: (A)-> Unit, ifFalse: (A)-> Unit) = if (condition) ifTrue
        (value) else ifFalse(value)
```

但是这是错误的，因为 Kotlin 会在 forEach 函数接收到参数 ifTrue 和 ifFalse 时立即计算它们。如果 ifTrue 和 ifFalse 都使用包含的值，则没有区别。但是，ifFalse 条件通常不会使用它，如下所示：

```
list1.forEach(condition, ::println, {println(defaultMessage)})
```

因为 ifFalse 不使用该值，所以不应该对其求值。但也可能是相反的，如果条件不成立，将使用该值。当然，可以复原（取反）条件。但是，当两个处理程序都需要计算 Lazy 时，必须考虑这种情况。一个可行的解决方案是编写该函数的三个版本：

```
fun forEach(condition: Boolean,
            ifTrue: (A)-> Unit,
            ifFalse: ()-> Unit = {}) =
            if (condition)
                ifTrue(value)
            else
                ifFalse()

fun forEach(condition: Boolean,
            ifTrue: ()-> Unit = {},
            ifFalse: (A)-> Unit) =
            if (condition)
                ifTrue()
            else
                ifFalse(value)

fun forEach(condition: Boolean,
            ifTrue: (A)-> Unit,
            ifFalse: (A)-> Unit) =
            if (condition)
                ifTrue(value)
            else
                ifFalse(value)
```

然而，要注意两个问题。要允许 Kotlin 选择正确的函数，必须显式地指定每个处理程序的类型，如下所示：

```
val printMessage: (Any)-> Unit = ::println
val printDefault: ()-> Unit = {println(defaultMessage)}
list1.forEach(condition, printMessage, printDefault)
```

原因是像 {} 这样的处理程序对于 (A)→Unit 和 ()→Unit 两种类型的参数都是有效的。

如果想为 ifTrue: ()→Unit 参数使用默认值（也就是什么也不做），必须在调用时为该参数命名：

```
val printMessage: (Any)-> Unit = ::println
list1.forEach(condition,ifFalse = printMessage)
```

9.5.2　不能没有惰性

到目前为止，在计算 Kotlin 中的表达式时缺乏真正的惰性似乎并不是什么大问题。毕竟，既然可以使用布尔运算符，为什么还要重写布尔函数呢？然而，在其他情况下，惰性确实是有用的。甚至有几种算法，如果不借助惰性是无法实现的。前文已经讨论了一个严格版的 `if ... else` 是多么无用。但是思考下面的算法。

1）获取正整数的列表。

2）过滤出素数。

3）返回前 10 个素数组成的列表。

这是一个寻找前 10 个素数的算法，但是如果没有惰性，这个算法是无法实现的。从第一行开始。如果是严格的，将首先计算正整数的列表。但这样将永远没有机会进入第二行，因为整数列表是无限的，在到达（不存在的）末尾之前，将耗尽可用内存。

很明显，如果没有惰性，这个算法是无法实现的，但是读者肯定知道如何用一个不同的算法替换它。前面的算法是函数式的。如果想在没有惰性的情况下得出结果，则必须用一个命令式算法来代替，如下所示：

1）取出一个正整数。

2）检查它是否是素数。

3）如果是素数，将它存入数列。

4）检查结果数列中是否有 10 个元素。

5）如果有 10 个元素，将它作为结果返回。

6）如果不够 10 个，将正整数增加 1。

7）跳转到第二行。

当然，它可以正常运行。但首先，这是一个糟糕的算法。为了排除偶数，难道不应该将每次判断的整数增加 2 而不是 1 吗？为什么要测试 3、5 以及其他数的倍数？但更重要的是，它没有表达问题的本质。这只是得出结果的一种方法。

这并不是说实现细节（比如不判断偶数）对于获得良好的性能不重要。但是这些实现细节应该与问题定义清楚地分开。命令式描述不是对问题的描述，它是对另一个给出了同样结果的问题的描述。一个更优雅的解决方案是使用一个特殊的结构来解决这类问题：惰性列表。

9.5.3　创建一个惰性列表数据结构

既然已经知道如何将未计算的数据表示为 `Lazy` 的实例，那么就可以轻松地定义一个 `Lazy` 列表数据结构。这样的数据结构称为 `Stream`，类似于在第 5 章中介绍的单链表，有一些细微但重要的区别。清单 9-3 展示了 `Stream` 数据类型的出发点。

清单 9-3　流数据类型

这里没有导入Lazy类，因为它在同一个包中

Stream类是密封的，以防止直接实例化

head函数返回Result<A>，以便在调用空流stream时返回空值

出于同样的理由，tail函数返回Result<Stream<A>>

Empty子类与List.Nil子类完全相同

头部（称为hd）是不计算的，其形式是Lazy< A >

非空流由Cons子类表示

类似地，尾部(tl)由一个Lazy<Stream< A >>表示

cons函数通过调用私有cons构造函数构造流

Invoke操作符函数返回Empty的单例对象

from工厂函数返回从给定值开始的连续整数的无限流

```
import com.fpinkotlin.common.Result

sealed class Stream<out A> {

    abstract fun isEmpty(): Boolean

    abstract fun head(): Result<A>

    abstract fun tail(): Result<Stream<A>>

    private object Empty: Stream<Nothing>() {

        override fun head(): Result<Nothing> = Result()

        override fun tail(): Result<Nothing> = Result()

        override fun isEmpty(): Boolean = true

    }

    private
    class Cons<out A> (internal val hd: Lazy<A>,
                       internal val tl: Lazy<Stream<A>>):
                                        Stream<A>() {

        override fun head(): Result<A> = Result(hd())

        override fun tail(): Result<Stream<A>> = Result(tl())
        override fun isEmpty(): Boolean = false
    }

    companion object {

        fun <A> cons(hd: Lazy<A>,
                     tl: Lazy<Stream<A>>): Stream<A> =
                                  Cons(hd, tl)

        operator fun <A> invoke(): Stream<A> =
                                  Empty

        fun from(i: Int): Stream<Int> =
            cons(Lazy { i }, Lazy { from(i + 1) })
    }
}
```

下面是一个如何使用 Stream 类型的例子：

```
fun main(args: Array<String>) {
    val stream = Stream.from(1)
    stream.head().forEach({println(it)})
    stream.tail().flatMap {it.head()}.forEach({println(it)})
    stream.tail().flatMap {
        it.tail().flatMap {it.head()}
    }.forEach({println(it)})
}
```

程序会打印出如下内容：

```
1
2
3
```

这似乎没什么用。要使 Stream 成为一个有价值的工具，需要向它添加一些函数。但是首先，必须稍微优化它。

注：理解本章描述的 Stream（惰性求值列表）和 Java 调用的 Stream（生成器）之间的区别非常重要。生成器是根据当前状态（可能是前一个元素或任何其他元素）计算下一个元素的函数。特别是，这个外部状态可以是一个已计算的索引集合加上一个索引。使用诸如此类的 Java 构造时的示例如下：

```
List<A> list = …
list.stream()…
```

在这个 Java 示例中，生成器使用（列表，索引）对作为产成新值的可变状态。在这种情况下，生成器依赖于外部可变状态。另一方面，一旦值被计算（通过终端操作），流就不能再使用了。Kotlin 还提供了 Sequence 构造之类的生成器，尽管与 Java 不同，它不进行并行处理。

这与之前定义的 Stream 类不同。在之前的 Stream 中，数据是未求值的，但可以部分求值，同时不阻止重用流。前面的例子中，流的前三个值进行了计算，但这并不妨碍重用流，如下面的例子所示：

```
fun main(args: Array<String>) {
    val stream = Stream.from(1)
    stream.head().forEach({println(it)})
    stream.tail().flatMap {it.head()}.forEach({println(it)})
    stream.tail().flatMap {it.tail()
        .flatMap {it.head()}}.forEach({println(it)})
    stream.head().forEach({println(it)})
    stream.tail().flatMap {it.head()}.forEach({println(it)})
    stream.tail().flatMap {it.tail()
        .flatMap {it.head()}}.forEach({println(it)})
}
```

程序输出如下内容：

```
1
2
3
1
2
3
```

另一方面，下面的 Java 程序将导致一个 IllegalStateException 异常，其消息为 stream has already been operated upon or closed：

```
public classTestStream {
    public static void main(String... args) {
        Stream<Integer> stream = Stream.iterate(0, i-> i+1);
        stream.findFirst().ifPresent(System.out::println);
        stream.findFirst().ifPresent(System.out::println);
```

```
    }
}
```

Kotlin 提供了允许重用的 Sequence 结构，但是它不会记忆生成的值，所以它也不是一个惰性列表。

9.6 处理流

在本章的剩余部分中，将学习如何创建和组合流，同时最大限度地利用未计算数据。但是为了查看流，需要一个函数来计算它们。要计算一个流，需要一个函数来限制它的长度，毕竟不会想计算一个无限的流，对吧？

【练习 9-11】

创建一个函数 repeat，将 ()→A 类型的函数作为参数，返回 A 的流。

答案：

这并不困难。需要用对 repeat 函数本身的惰性调用来构造（cons）对函数参数的惰性调用：

```
fun <A> repeat(f: ()-> A): Stream<A> =
                              cons(Lazy {f()}, Lazy {repeat(f)})
```

这个函数不会引起任何堆栈问题，因为对 repeat 函数的调用是惰性的。

【练习 9-12】

创建一个 takeAtMost 函数，将流的长度限制在 *n* 个元素以内（包括 *n*）。这个函数应该适用于任何流，即使它的元素少于 *n*。它的签名如下：

```
fun takeAtMost(n: Int): Stream<A>
```

提示：

在 Stream 类中声明一个抽象函数，并在需要时在两个子类中使用递归将其实现。

答案：

Empty 的实现返回 this：

```
override funtakeAtMost(n: Int): Stream<Nothing> =this
```

Cons 的实现测试了参数 n 是否大于 0。如果大于 0，则返回 consed 流的头部，其结果是递归地将参数为 n - 1 的 takeAtMost 函数应用到尾部。如果 n 小于或等于 0，则返回空流：

```
override fun takeAtMost(n: Int): Stream<A> =when {
    n > 0-> cons(hd, Lazy {tl().takeAtMost(n-1)})
    else-> Empty
}
```

【练习 9-13】

创建一个 dropAtMost 函数，从流中删除最多 *n* 个元素。这个函数应该适用于任何流，即使它的元素少于 *n*。它的签名如下：

```
fun dropAtMost(n: Int): Stream<A>
```

提示：

在 Stream 类中声明一个抽象函数，并在需要时在两个子类中使用递归将其实现。

答案：

Empty 的实现返回 this：

```
override fundropAtMost(n: Int): Stream<Nothing> = this
```

Cons 实现测试了参数 n 是否大于 0。如果大于 0，则返回递归调用流尾部带有参数 n-1的 dropAtMost 函数的结果。如果 n 小于或等于 0，则返回当前流：

```
override fundropAtMost(n: Int): Stream<A> = when {
    n > 0-> tl().dropAtMost(n-1)
    else-> this
}
```

【练习 9-14】

从递归的角度考虑 takeAtMost 和 dropAtaMost 这两个函数。如果向这两个函数中传入非常大的参数会发生什么？如果想不出来答案，请看下面的示例：

```
fun main(args: Array<String>) {
    val stream = Stream.repeat(::random).dropAtMost(60000).takeAtMost(60000)
    stream.head().forEach(::println)
}

val rnd = Random()

fun random(): Int {
    val rnd = rnd.nextInt()
    println("evaluating $rnd")
    return rnd
}
```

测试会导致 StackOverflowException 异常，而没有任何计算！如何进行修改？

答案：

在这个例子中，takeAtMost 没有引起任何问题，因为它是惰性的；第 60001 个值之后不会进行任何计算。但是，dropAtMost 函数必须递归地调用自己 60000 次，以便生成的流从第 60001 个元素开始。即使没有元素被计算，也会发生这种递归。

解决方案是使 dropAtMost 共递归，这通常需要使用两个额外的参数：函数所运行的流和结果的累加器。但是在这种特殊情况下，不需要累加器，因为每个递归步骤的结果都会被忽略。只需要新的流（删除了一个元素）和新的 Int 参数（减小 1）。结果如下面代码所示：

```
tailrec fun <A> dropAtMost(n: Int, stream: Stream<A>): Stream<A> = when {  n > 0-> when
    (stream) {
    is Empty-> stream
    is Cons->dropAtMost(n-1, stream.tl())
    }
    else-> stream
}
```

可以看到，如果 n 已经变为 0 或流为空，则返回流参数。否则，在减少参数 n 之后，将在流的尾部递归地调用该函数。为了简化这个函数的使用，可以将下面的实例函数添加到 Stream 类中：

```
fun dropAtMost(n: Int): Stream<A> =dropAtMost(n, this)
```

【练习 9-15】

在上一个的练习中提到过 takeAtMost 函数没有产生任何堆栈问题，因为它是惰性的，所以没有计算任何东西。读者可能想知道最终计算流时会发生什么。要测试这种情况，需要创建一个 toList 函数，将流转换为一个列表并计算所有元素。使用此函数运行以下测试程序，可以检查 takeAtMost 函数是否有问题：

```
fun main(args: Array<String>) {
    val stream = Stream.from(0).dropAtMost(60000).takeAtMost(60000)
    println(stream.toList())
}
```

提示：

在 Stream 类中编写主函数，调用伴生对象中的共递归辅助函数。

答案：

伴生对象中的函数将使用共递归辅助函数，该函数将 List<A>作为其累加器参数。如果流是 Empty，函数返回累加器列表。否则，在将流的头部添加到列表并使用流的尾部作为第二个参数之后，它将递归地调用自己。以一个空列表作为开始累加器，主函数调用辅助函数，并在返回结果列表之前将其反转：

```
fun <A> toList(stream: Stream<A>) : List<A> {
    tailrec fun <A> toList(list: List<A>, stream: Stream<A>) : List<A> =
        when (stream) {
            Empty-> list
            is Cons-> toList(list.cons(stream.hd()), stream.tl())
        }
    return toList(List(), stream).reverse()
}
```

将实例函数添加到 Stream 类中，以便允许使用对象的表示方法调用它：

```
fun toList(): List<A> =toList(this)
```

【练习 9-16】

到目前为止，唯一可以创建的流是连续整数的无限流或随机元素流。要使 Stream 类更有用，可以创建一个 iterate 函数，其参数是一个 A 类型的种子和一个从 A 到 A 的函数，A 到 A 的函数返回一个无限的 A 流。然后，根据 iterate 重新定义 from 函数。

答案：

解决方案是使用 cons 函数以 seed 为头创建一个流，并使用 f(seed)作为尾创建一个对 iterate 函数的惰性递归调用：

```
fun <A> iterate(seed: A, f: (A)-> A): Stream<A> =
        cons(Lazy {seed}, Lazy {iterate(f(seed), f)})
```

虽然这个函数是递归的，但它不会导致爆栈，因为递归调用是惰性的。使用这个函数，可以将 from 函数重新定义为：

```
fun from(i: Int): Stream<Int> =iterate(i) {it +1}
```

这个函数的一个有趣的用法是检查所计算的值。如果创建一个有副作用的函数，比如：

```
fun inc(i: Int): Int = (i +1).let {
    println("generating $it")
```

```
        it
    }
```

在打印包含10000~10009的10个数值的列表之前，可以检查以下测试程序是否只计算0~10010之间的值：

```
fun main(args: Array<String>) {
    fun inc(i: Int): Int = (i +1).let {
        println("generating $it")
        it
    }
    val list = Stream
                .iterate(0, ::inc)
                .takeAtMost(60000)
                .dropAtMost(10000)
                .takeAtMost(10)
                .toList()
    println(list)
}
```

如果需要从一个未求值的种子开始，还可以创建一个以Lazy<A>为种子的iterate函数：

```
fun <A> iterate(seed: Lazy<A>, f: (A)-> A): Stream<A> =
                                        cons(seed, Lazy {iterate(f(seed()), f)})
```

【练习9-17】

编写一个takeWhile函数，只要满足条件，该函数就会返回一个包含所有初始元素的Stream。该函数在Stream父类中的函数签名如下：

```
abstract funtakeWhile(p: (A)-> Boolean): Stream<A>
```

提示：

注意，与takeAtMost和dropAtMost不同，这个函数需要计算一个元素，因为它必须测试第一个元素是否满足由断言表示的条件。应该确保只有流的第一个元素被计算。

答案：

这个函数类似于takeAtMost函数。主要区别在于判断条件不再是n ≤ 0，而提供的函数返回值为false：

```
override funtakeWhile(p: (A)-> Boolean): Stream<A> =when
    {p(hd())-> cons(hd, Lazy {tl().takeWhile(p)})
    else-> Empty
}
```

同样，不需要使该函数堆栈安全，因为递归调用是未计算的。Empty的实现返回this。

【练习9-18】

编写一个dropWhile函数，该函数返回一个流，其中的头元素只要满足条件就会被删除。该函数在Stream父类中的函数签名如下：

```
fun dropWhile(p: (A)-> Boolean): Stream<A>
```

提示：

需要编写这个函数的共递归版本，以确保其堆栈安全。

答案：

与以前的递归函数一样，该解决方案将在 Stream 类中包含一个函数，该函数在伴生对象中调用堆栈安全的共递归辅助函数。伴生对象中的共递归函数如下：

```
tailrec fun <A> dropWhile(stream: Stream<A>,
                          p:(A)-> Boolean): Stream<A> =
    when (stream) {
            is Empty-> stream
            is Cons-> when {
                p(stream.hd())->dropWhile(stream.tl(), p)
                else-> stream
            }
    }
```

Stream 父类中的主函数：

```
fun dropWhile(p: (A)-> Boolean): Stream<A> =dropWhile(this, p)
```

【练习 9-19】

在第 8 章中，创建了如下所示的 exists 函数，它一开始在 List 类中的实现为：

```
fun exists(p:(A)-> Boolean): Boolean =
    when (this) {
        Nil-> false
        is Cons-> p(head) ||tail.exists(p)
    }
```

该函数遍历这个列表，直到找到满足断言 p 的元素为止。列表的其余部分没有被检查，因为 || 操作符是惰性的，如果第一个参数的值为 true，第二个参数的值将不会被计算。

为 Stream 创建一个 exists 函数。函数直到满足条件时才会计算元素。如果条件一直不被满足，将对所有元素求值。

答案：

有一个简单的解决方案，类似于 List 中的 exists 函数：

```
fun exists(p: (A)-> Boolean): Boolean =p(hd()) ||tl().exists(p)
```

为了实现堆栈安全，必须使其尾部递归。在伴生对象中的一种可能的实现如下：

```
tailrec fun <A> exists(stream: Stream<A>, p: (A)-> Boolean): Boolean =
    when (stream) {
        Empty-> false
        is Cons-> when {
            p(stream.hd())-> true
            else-> exists(stream.tl(), p)
        }
    }
```

Stream 父类中的主函数如下：

```
fun exists(p: (A)-> Boolean): Boolean =exists(this, p)
```

9.6.1 折叠流

第 5 章介绍了如何将递归抽象为折叠函数，以及如何将列表右折或左折。折叠流有点不同。虽然原理是相同的，但主要的区别是流是未计算的。

递归操作可能会堆栈溢出并引发 StackOverflowException 异常，但递归操作的描述不会。其结果是，在许多情况下 foldRight 在 List 中不是堆栈安全的，但在 Stream 中不会导致堆栈溢出。然而，如果需要计算每个操作，比如添加 Stream<Int>的元素，那么它同样会溢出。如果不是计算操作，而是构造未计算操作的描述，则不会。

相反，List 基于 foldLeft（可以使其堆栈安全）的 foldRight 实现不能与流一起使用，因为它需要反转流。这将导致对所有元素的计算；在无限流的情况下，这甚至是不可能的。而堆栈安全版本的 foldLeft 也不能使用，因为它改变了计算的方向。

【练习 9-20】

为流创建一个 foldRight 函数。这个函数将类似于 List 中的 foldRight 函数，但要注意惰性。

提示：

Lazy 由元素 Lazy<A>来表示而不是 A。在 Stream 父类中的函数签名如下：

```
abstract fun <B> foldRight(z: Lazy<B>,
                           f: (A)-> (Lazy<B>)-> B): B
```

答案：

如何实现 Empty 是显而易见的：

```
override fun <B> foldRight(z: Lazy<B>,
            f: (Nothing)-> (Lazy<B>)-> B): B = z()
```

Cons 的实现如下：

```
override fun <B> foldRight(z: Lazy<B>,
            f: (A)-> (Lazy<B>)-> B): B =
                f(hd())(Lazy {tl().foldRight(z, f)})
```

这个函数不是堆栈安全的，所以它不应该用于超过 1000 个整数的列表求和这样的计算。但是，读者将看到它有许多有趣的用例。

【练习 9-21】

使用 foldRight 实现 takeWhile 函数，称其为 takeWhileFoldRight。验证它在长列表中的表现。

答案：

初始值是空流的 Lazy。函数会测试当前元素(p(a))。如果结果为真（意味着元素满足断言 p 表示的条件），则通过将一个 Lazy {a} cons（构造）到当前流返回的流中：

```
fun takeWhileViaFoldRight(p: (A)-> Boolean): Stream<A> =
    foldRight(Lazy {Empty}, {a->
        {b: Lazy<Stream<A>>->
            if (p(a))
                cons(Lazy {a}, b)
            else
                Empty
        }
    })
```

可以通过运行本书附带代码（https://github.com/pysaumont/fpinkotlin）中提供的测试进行验证，即使流的元素超过 100 万个，这个函数也不会堆栈溢出。这是因为 foldRight

本身并不计算结果。计算取决于做折叠的函数。如果这个函数构造了一个新的流（就像在 takeWhile 中所做的那样），这个流就不会被计算。

【练习 9-22】

使用 foldRight 实现 headSafe 函数。这个函数应该返回 head 元素的 Result.Success，如果流是空的，返回 head 元素的 Result.Empty。

答案：

起始元素是一个未计算的空流（Lazy {Empty}）。如果流为空，则返回该值。用于折叠流的函数忽略第二个参数，因此它第一次应用到 hd 元素时，它返回 Result(a)。这个结果从未改变：

```
fun headSafeViaFoldRight(): Result<A> =
        foldRight(Lazy {Result<A>()}, {a-> {Result(a)}})
```

【练习 9-23】

使用 foldRight 实现 map 函数。确保这个函数不计算流中的任何元素。

答案：

从一个 Lazy 的空流开始。用于产生折叠的函数将使用当前的结果，把一个该函数的未计算应用程序 cons（构造）到当前元素：

```
fun <B> map(f: (A)-> B): Stream<B> =
    foldRight(Lazy {Empty}, {a->
        {b: Lazy<Stream<B>>->
            cons(Lazy {f(a)}, b)
        }
    })
```

【练习 9-24】

使用 foldRight 实现 filter 函数。确保这个函数不会计算超出需要的流元素。

答案：

同样，从一个未计算值的空流开始。用于折叠的函数将 filter 应用于当前参数。如果结果为 true，则使用元素通过将其与当前流结果 cons（构造）来创建新流。否则，当前流结果保持不变（调用 b()不计算任何元素）：

```
fun filter(p: (A)-> Boolean): Stream<A> =
    foldRight(Lazy {Empty}, {a->
        {b: Lazy<Stream<A>>->
            if (p(a)) cons(Lazy {a}, b) else b()
        }
    })
```

此函数将计算流元素，直到找到第一个匹配项。有关详细信息，请参阅随附代码中的相关响应测试。

【练习 9-25】

使用 foldRight 实现 append 函数。append 函数的参数应该是惰性的。

提示：

小心型变！

答案：

这个函数以 Lazy<Stream<A>>作为参数，A 处于 in 位置，尽管 Stream 类的参数声明为 out。因此，必须使用@ UnsafeVariance 注释来禁用型变的检查。

起始元素是要附加的（未计算值的）流。折叠函数使用 cons 函数将当前元素添加到当前结果中，从而创建一个新的流：

```
fun append(stream2: Lazy<Stream<@ UnsafeVariance A>>): Stream<A> =
    this.foldRight(stream2) {a: A->
        {b: Lazy<Stream<A>>->
            Stream.cons(Lazy {a}, b)
        }
    }
```

【练习 9-26】

使用 foldRight 实现 flatMap 函数。

答案：

同样从一个未求值的空流开始。该函数应用于当前元素，生成一个流，其中附加当前的结果。这样做的效果是将结果扁平化（将一个 Stream<Stream<B>>转换为一个 Stream<B>）：

```
fun <B>flatMap(f: (A)-> Stream<B>): Stream<B> =
    foldRight(Lazy {Empty as Stream<B>}, {a->
        {b: Lazy<Stream<B>>->
            f(a).append(b)
        }
    })
```

9.6.2　跟踪计算和函数应用

注意懒惰的后果是很重要的。对于列表之类的严格集合，依次应用 map、filter 和新 map 意味着要遍历列表三次，如下所示：

```
import com.fpinkotlin.common.List

private val f = {x: Int->
    println("Mapping " + x)
    x * 3
}

private val p = {x: Int->
    println("Filtering " + x)
    x % 2 ==0
}

fun main(args: Array<String>) {
    val list = List(1, 2, 3, 4, 5).map(f).filter(p)
    println(list)
}
```

如上所示，函数 f 和 p 不是纯函数，因为它们使用了控制台输出。这将有助于理解发生了什么。程序输出内容如下：

```
Mapping 1
Mapping 2
Mapping 3
Mapping 4
Mapping 5
Filtering 15
Filtering 12
Filtering 9
Filtering 6
Filtering 3
[6, 12, NIL]
```

这表明所有元素都是由函数 f 处理的，也意味着遍历了整个列表。然后所有元素都由函数 p 处理，这意味着第一个 map 产生的列表完整地遍历了第二次。相反，看看下面的程序，它使用 Stream 而不是 List：

```
fun main(args: Array<String>) {
    val stream = Stream.from(1).takeAtMost(5).map(f).filter(p)
    println(stream.toList())
}
```

程序输出内容如下：

```
Mapping 1
Filtering 3
Mapping 2
Filtering 6
Mapping 3
Filtering 9
Mapping 4
Filtering 12
Mapping 5
Filtering 15
15 [6, 12, NIL]
```

可以看到流遍历只发生一次。首先，元素 1 映射到 f，得到 3。然后 3 被过滤（并丢弃它，因为它不是偶数）。接着 2 映射到 f，得到 6，最后过滤并保留结果。

正如所看到的，流的惰性允许编写对计算的描述，而不是它们的结果。元素的计算被简化到最少。如果在删除打印结果时使用未计算值构造流和带有输出的计算函数，将得到以下结果：

```
generating 1
Mapping 1
Filtering 3
generating 2
Mapping 2
Filtering 6
```

可以看到只计算了前两个元素。其余的计算都是最后打印输出的结果。

【练习 9-27】

编写一个 find 函数，它接受断言（从 A 到 Boolean 的函数）作为参数，并返回 Result<A>。如果找到匹配断言的元素，或者 Empty，则该操作是 Success。

提示：

几乎没有什么可写的，结合在前几节中编写的两个函数即可。

答案：

将 filter 函数与 head 组合：

```
fun find(p: (A)-> Boolean): Result<A> =filter(p).head()
```

9.6.3　将流应用于具体问题

下面的练习将使用流来处理具体的问题。通过这样做，读者将认识到使用流解决问题与传统方法有何不同。

【练习 9-28】

编写一个 fibs 函数，它能够生成无穷的斐波那契数列 1，1，2，3，5，8 等。

提示：

考虑使用 iterate 函数，生成一个由整数对组成的中间流。

答案：

解决方案是首先创建一对（*x*, *y*）流，其中 *x* 和 *y* 是两个连续的斐波那契数列值。一旦这个流产生，需要用一个函数将它从一对 map（映射）到它的第一个元素：

```
fun fibs(): Stream<Int> =
    Stream.iterate(Pair(1, 1)) {x->
        Pair(x.second, x.first + x.second)
    }.map({x-> x.first})
```

可以使用析构来简化：

```
fun fibs(): Stream<Int> =Stream.iterate(Pair(1, 1))
    {(x, y)-> Pair(y, x + y)


}.map {it.first})
```

在本例中，(*x*, *y*) 直接由 Pair 的第一个和第二个元素初始化，将 Pair 转换为其属性的元组。它是 Pair(*x*, *y*) 的倒数，其中两个值 *x* 和 *y* 被构造成 Pair，因此称为析构（*destructuring*）。

【练习 9-29】

iterate 函数可以进一步扩展。编写一个 unfold 函数，该函数的参数是类型 S 的起始状态，以及一个从 S 到 Result<Pair<A, S>>的函数，并返回 A 的流。返回的Result可以指示流应该停止还是继续。

使用状态 S 意味着数据生成源不必与生成的数据具有相同的类型。为了使用这个新函数，请根据 unfold 函数编写新版本的 fibs 函数和 from 函数。unfold 函数的签名如下：

```
fun <A, S> unfold(z: S, f: (S)-> Result<Pair<A, S>>): Stream<A>
```

答案：

首先，将 f 函数应用于初始状态 z。这将产生一个 Result<Pair<A, S>>。然后将这个结果与 Pair<A, S>中的一个函数进行映射，生成一个流，通过将 Pair<A, S>的第一项（A 值）和（未求值的）递归调用进行构造（cons），以此进行 unfold，然后将第二项作为初始状态。这个映射的结果要么是 Success < Stream < A > >，要么为空。然后使用 getOrElse 函数返回包含的流或默认的空流：

```
fun <A, S> unfold(z: S, f: (S)-> Result<Pair<A, S>>): Stream<A> =
    f(z).map {x->
        Stream.cons(Lazy {x.first}, Lazy {unfold(x.second, f)})
    }.getOrElse(Stream.Empty)
```

甚至可以更简单，可以再次使用析构：

```
fun <A, S> unfold(z: S, f: (S)-> Result<Pair<A, S>>): Stream<A> =
    f(z).map {(a, s)->
        Stream.cons(Lazy {a}, Lazy {unfold(s, f)})
    }.getOrElse(Stream.Empty)
```

新版本的 from 使用整数种子作为初始状态，并使用一个从 Int 到 Pair < Int, Int >的函数。这里的状态与值的类型相同：

```
fun from(n: Int): Stream<Int> =unfold(n) {x-> Result(Pair(x, x+1))}
```

fibs 函数更完整地利用了 unfold 函数。状态是 Pair < Int, Int >，函数生成 Pair < Int, Pair < Int, Int > >：

```
fun fibs(): Stream<Int> =
    Stream.unfold(Pair(1, 1)) {x->
        Result(Pair(x.first, Pair(x.second, x.first+x.second)))
    }
```

这些函数的实现是多么紧凑和优雅！

【练习 9-30】

使用 foldRight 实现各种函数是一种聪明的做法。不幸的是，它不适用于 filter。如果使用一个与超过 1000 或 2000 个连续元素都不匹配的断言测试这个函数，那么它将溢出堆栈。请编写一个堆栈安全的 filter 函数。

提示：

问题来自于断言返回 false 的长元素序列。想个办法去掉这些元素。

答案：

解决方案是使用 dropWhile 函数删除返回 false 的长序列。为此，必须反转条件（!p(x)），然后测试产生的流是否为空。如果流为空，返回它（对于任何空流都是这样，因为空流是单例的）如果流不为空，则通过构造（cons）过滤后的尾部和头部来创建一个新的流。

因为 head 函数返回一个键值对，所以必须使用该键值对的第一个元素作为流的 head 元素。理论上，应该使用键值对右边的元素进行任何进一步的访问。不这样做将导致对头部的新计算。但是由于第二次访问的不是头部，而只有尾部，所以可以使用 stream.getTail()。这样就避免了使用局部变量引用 stream.head()的结果：

```
fun filter(p: (A)-> Boolean): Stream<A>  =
    dropWhile {x-> ! p(x)}.let {stream->
        when (stream) {
            is Empty-> stream
            is Cons-> cons(stream.hd, Lazy {stream.tl().filter(p)})
        }
    }
```

另一种可能性是使用 head 函数。这个函数返回 Result<A>，可以通过递归调用将其映射生成新的流。最后，这将生成 Result<Stream<A>>，如果没有元素满足断言，该结果将为空。剩下要做的就是在 Result 结果上调用 getOrElse，传递一个空流作为默认值：

```
fun filter2(p: (A)-> Boolean): Stream<A> =
    dropWhile {x-> ! p(x)}.let {stream->
        when (stream) {
            is Empty-> stream
            is Cons-> stream.head().map({a->
                cons(Lazy {a}, Lazy {stream.tl().filter(p)})
            }).getOrElse(Empty)
        }
    }
```

9.7 本章小结

- 严格计算意味着在值被引用时立即进行计算。
- 惰性计算意味着只有值在需要时才进行计算。
- 有些语言是严格的，有些则是惰性的。有些默认情况下是惰性的，可以选择严格，有些默认情况下是严格的，可以选择惰性。
- Kotlin 是一种严格的语言。它对函数参数很严格。
- 虽然 Kotlin 非惰性，但是可以使用 by lazy 结构和函数结合来实现惰性。
- 有了惰性，就可以操纵和组合无限的数据结构。
- 正确的折叠不会导致流计算，但只有一些用于折叠的函数会导致流计算。
- 使用折叠可以组合多个迭代操作，而不会导致多个迭代。
- 可以很容易地定义和组成无限的流。

第 10 章 使用树处理更多的数据

在本章中

- 了解树结构的大小、高度和深度。
- 了解二叉搜索树的插入顺序。
- 用不同的顺序遍历树。
- 实现二叉搜索树。
- 合并、折叠、平衡树。

第 5 章介绍了单链表，它可能是最广泛使用的不可变数据结构。虽然对于许多操作来说，单链表是一种有效的数据结构，但它有一些局限性。其主要缺点是访问元素的复杂性随元素数量的增加而成比增长。例如，如果要搜索单链表中的最后一个元素，则可能需要检查所有元素。其他效率较低的操作包括排序、通过索引访问元素，以及查找最大或最小元素。例如，要在单链表中找到最大（或最小）元素，必须遍历整个单链表。在本章中，将会学习解决这些问题的新数据结构：二叉树。

本章从一些关于二叉树的理论开始。一些读者可能会认为二进制树是所有程序员都会掌握的。如果已经掌握了二叉树，可以直接跳到练习部分，这些练习可能看起来很容易。对于其他人，练习会比前几章稍微困难一些。如果自己做不出练习题，可以看看解决方案。但是本书的建议是看完答案后再回来重新做练习，然后再尝试解决它。记住，练习通常建立在之前练习的基础上，所以如果不理解一个练习的解决方案，可能就很难解决后面的问题。

10.1 二叉树

数据树是一种结构，与单链表中的结构不同，每个元素链接到多个元素。在某些树中，每个元素（有时称为节点，*node*）都可以链接到不同数目的其他元素。不过，大多数情况下，它们都链接到固定数目的元素。顾名思义，在二叉树中，每个元素都链接到两个元素。这些链接称为分支（*branch*）。在二叉树中，这些分支称为左右分支。图 10-1 显示了一棵二叉树的示例。

图中表示的树并不常见，因为其元素属于不同类型。它是一棵 Any 数据类型的树。通常会处理更具体类型的树，如整型树。

在图 10-1 中，可以看到树是递归结构。每个分支都会引出一棵新的树（通常称为子树，*subtree*）。还可以看到一些分支指向单个元素。这没有问题，因为该元素实际上是一棵具有空分支的树。这种末端元素通常被称为叶子（*leaves*）。还要注意 `T` 元素：它有一个左分支但没有右分支。这是因为右分支是空的，没有表示出来。这样，就可以推断出二叉树的定义。以下元素都是树。

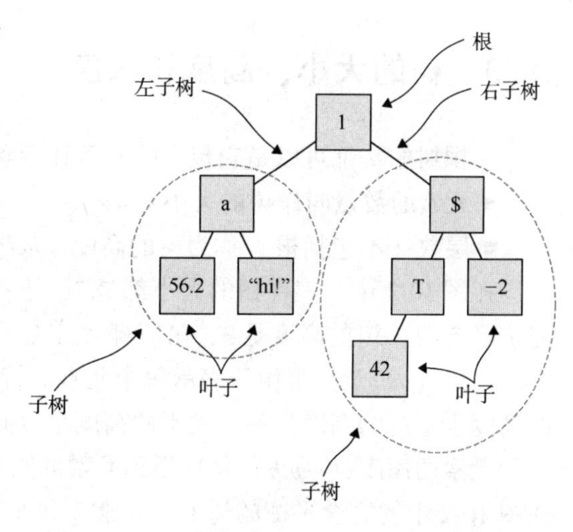

图 10-1　二叉树是由一个根和两个分支组成的递归结构。左分支是到左子树的链接，右分支是到右子树的链接。终端元素有空的分支（图中没有表示），称为叶子

- 图 10-1 中的单个元素，如 56.2、`" hi!"`、`42` 和 `-2`。
- 带有一个分支（右或左分支）的元素，如图 10-1 中的 `T`。
- 具有两个分支（右或左分支）的元素，如 `a`、`1`、`$`。

每个分支都有一棵（子）树。一棵树中，如果所有元素都有两个或没有分支，则称为一棵完整树（*full tree*）。图 10-1 中的树不是完整树，但它的左子树是完整树。

10.2　了解平衡和不平衡的树

二叉树或多或少是平衡的。完全平衡的树是指所有子树的两个分支包含相同数量的元素。图 10-2 显示具有相同元素的三个树的示例。第一棵树是完全平衡的，最后一棵树是完全不平衡的。完全平衡的二叉树有时被称为完美树（*perfect tree*）。

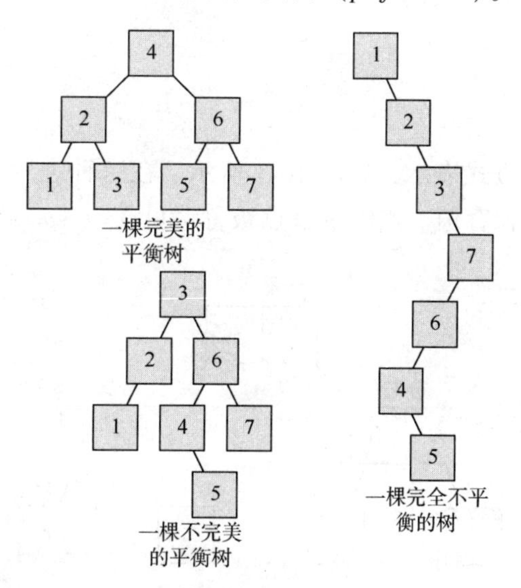

图 10-2　树可以或多或少的平衡。第一棵树是完全平衡的，因为所有子树的两个分支包含相同数量的元素。右边的树是一个单链表，这是完全不平衡树的特例

10.3 树的大小、高度和深度

一棵树的特征可以是它包含的元素数量和这些元素在树上分布的层数。

- 元素的数量叫作树的大小（*size*）。
- 层数（不包括根）称为树的高度（*height*）。

在图 10-2 中，三棵树的大小都是 7，第一棵（完全平衡的）树的高度是 2，第二棵（不完全平衡的）树的高度是 3，第三棵（完全不平衡的）树的高度是 6。

高度（*height*）也用于表示每个元素的特征。它指的是元素到叶的最长路径的长度。根的高度也是树的高度，一个元素的高度是以此元素为根的子树的高度。

元素的深度（*depth*）是从根到元素的路径长度。第一个元素（也称为根）的深度为 0。在图 10-2 中的完全平衡的树上，元素 2 和 6 的深度为 1，元素 1、3、5 和 7 的深度为 2。

10.4 空树和递归定义

在第 10.1 节中说过，一棵树是由一个根元素及其 0、1 或 2 个分支组成的。这是一个不成熟的定义，它无法满足所有需要的计算，特别是无法代表空树。但是，可以通过稍微改变定义使其包含空树。一棵树的定义如下所述。

- 一棵空树。
- 一个根元素，它有两个分支，分支本身也是树。

根据这个新的递归定义，图 10-2 中看上去没有分支的元素实际上有两棵空树作为其左右分支。看起来好像只有一个分支的元素事实上有一棵空树作为它们的第二个分支。按照惯例，图中不显示空分支。另一个更重要的惯例是空树的高度和深度等于 -1。读者会发现这对于某些操作（如平衡）是必要的。

10.5 多叶树

二叉树有时以不同的方式表示，如图 10-3 所示。在这种表示方法中，树由不包含值的分支表示。只有终端节点保存值。当终端节点被称为叶子（*leaves*）时，这样的树被称为多叶树（*leafy tree*）。

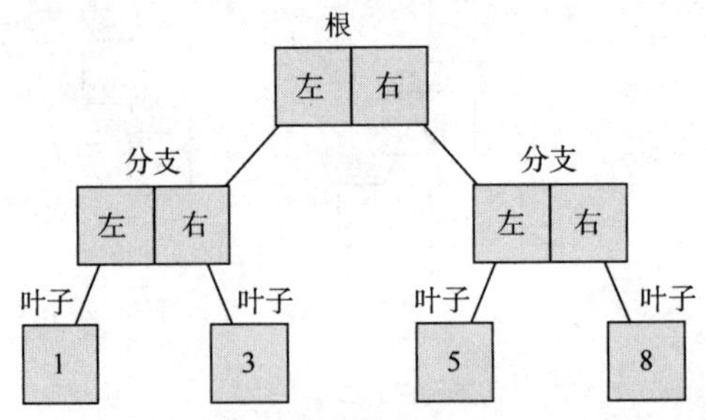

图 10-3 多叶树只在终端节点中保存值，这些节点称为叶子

多叶树表示法有时是更受欢迎的，因为它使一些功能的实现更简单。然而，在本书中，只考虑经典的树，而不是多叶树。

10.6 有序二叉树或二叉搜索树

有序二叉树，也称为二叉搜索树（*Binary Search Tree*，BST），具有以下特性。

- 它包含可以排序的元素。
- 一个分支内所有元素的值小于根元素的值。
- 在另一个分支中的所有元素的值大于根元素的值。
- 对所有子树这些条件仍然成立。

按照惯例，值小于根的元素位于左分支，值大于根的元素位于右分支。图 10-4 显示了有序树的示例。

注：在有序二叉树的定义下，它们永远不能包含重复项。

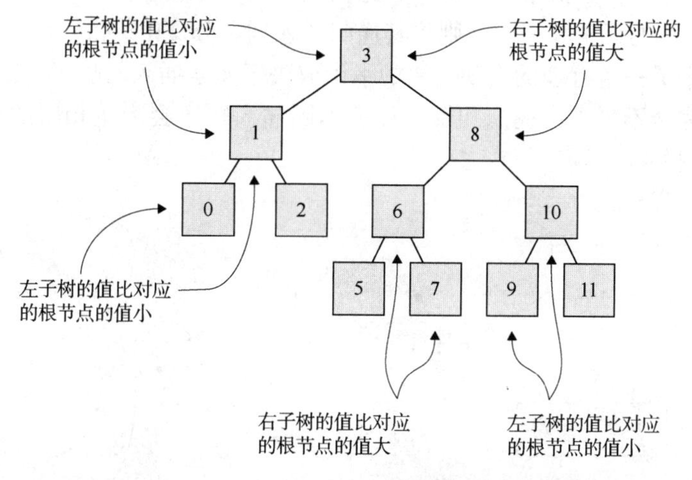

图 10-4 有序或二进制搜索树的示例。一个分支中的所有元素（按约定，左分支）的值小于根元素，而另一个分支中的所有元素（按约定，右分支）的值大于根元素。相同的特性适用于所有子树

有序树特别有趣，因为它们可以快速检索元素。要确定树中是否包含某元素，请按以下顺序进行查找。

- 比较要查找的元素和根的值，如果相等则查询结束。
- 如果要查找的元素的值小于根的值，递归地查找左分支。
- 如果要查找的元素的值大于根的值，递归地查找右分支。

与单链表中的搜索相比，可以看到搜索完全平衡的有序二叉树所花费的时间与树的高度成比例。这意味着搜索需要与 log2(n)成比例的时间，n 是树的大小（元素数）。相比之下，单链表中的搜索时间与元素的数量成比例。

这样做的直接后果是，在完全平衡的二叉树中进行递归搜索永远不会溢出堆栈。正如在第 4 章中所讲到的，标准堆栈大小允许 1000 ~ 3000 个递归步骤。因为高度为 1000 的完全平

衡二叉树包含 2^{1000} 个元素，永远不会有足够的主内存来存储这样的树。

这是个好消息。但坏消息是并非所有的二叉树都是完全平衡的。因为完全不平衡的二叉树是一个单链表，所以它的性能和对于递归的问题与单链表相同。这意味着要从树上获得最大的收益，必须找到一种平衡它们的方法。

10.7 插入顺序和树的结构

树的结构（意味着它的平衡程度）取决于元素的插入顺序。插入的方式与搜索的方式相同。

- 如果树为空，则创建一棵以元素为根、两个空树为左右分支的新树。
- 如果树不为空，则将要插入的元素与根进行比较。如果这两个值相等，这个过程就完成了，因为只能插入比根更低或更高的元素。

  现实有时是不同的。如果插入的元素与根只有在树中的顺序相同，则需要用插入的元素替换根。这是最常见的情况。

  - 如果要插入的元素低于根，则将其递归插入到左分支中。
  - 如果要插入的元素高于根，则将其递归插入到右分支中。

这个过程带来了一个有趣的发现：树的平衡取决于元素插入的顺序。很明显，插入有序元素会产生一个完全不平衡的树。相反，许多不同插入顺序会产生相同的树。图 10-5 显示了可能导致相同树的插入顺序。

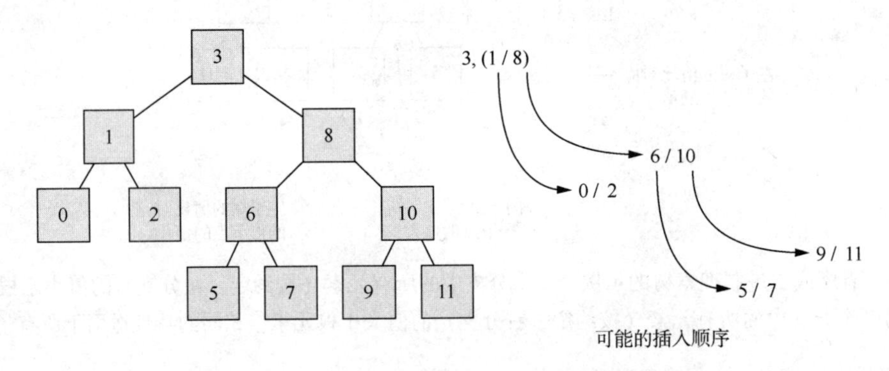

图 10-5　不同的插入顺序可以生成相同的树。一组 10 个元素可以以 3628800 个不同的顺序插入到树中，但这只会生成 16796 棵不同的树。这些树从完全平衡到完全不平衡不等。有序树对于存储和检索随机数据是有效的，但它们不适用于存储和检索预有序数据

图的右边部分试图表示所有可能的插入顺序。

- 要插入的第一个元素是 3。插入其他元素会形成不同的树。
- 第二个元素必须是 1 或 8。同样，第二次插入任何其他元素都将导致不同的树。如果插入了 1，则下一个插入的元素必须是 0、2 或 8。如果插入 8，则下一个插入的元素必须是 6、10 或 1。插入 6 后，下一个元素可以是 0、2、10（前提是这些元素仍未插入）、5、7，以此类推。

10.8　递归和非递归树遍历顺序

给定如图10-5所示的树，一个常见的用例是遍历它，即一个接一个地访问所有元素。这种情况通常发生在映射或折叠树时，以及在较小程度上搜索树以查找特定值时。在学习第5章中的列表时，有两种方法可以遍历这些列表：从左到右或从右到左。树提供了更多的方法，分为递归方法和非递归方法。

10.8.1　递归遍历树

考虑图10-5中树的左分支。这个分支本身就是一个由根1、左分支0和右分支2组成的树。可以按6种顺序遍历此树。

- 1，0，2。
- 1，2，0。
- 0，1，2。
- 2，1，0。
- 0，2，1。
- 2，0，1。

可以看到其中三个顺序与其他三个顺序是对称的：1，0，2和1，2，0是对称的。从根开始，然后访问两个分支，从左到右或从右到左。同样，对于0，1，2和2，1，0，它们只在分支的顺序上有所不同，0，2，1和2，0，1同理。如果只考虑从左到右的方向（因为另一个方向完全相同，就像在镜子中看到的一样），现在剩下三种顺序，它们以根的位置命名。

- 先序遍历（1，0，2或1，2，0）。
- 中序遍历（0，1，2或2，1，0）。
- 后序遍历（0，2，1或2，0，1）。

这些术语是根据一次操作中的操作符位置命名的。为了方便理解，可以想象用加号（+）替换根(1)。

- 前缀（+，0，2或+，2，0）。
- 中缀（0，+，2或2，+，0）。
- 后缀（0，2，+或2，0，+）。

这些顺序会递归地应用到整棵树上，遍历树时优先考虑高度，路径如图10-6所示。这种类型的遍历通常称为深度优先（*depth first*），而不是更有逻辑的高度优先（*height first*）。当谈论整棵树时，高度和深度指的是根的高度和最深叶子的深度，正如在第10.3节中所介绍的。这两个值相等。

10.8.2　非递归遍历树

另一种遍历树的方法是先完整访问一个层，然后转到下一层。同样，这可以从左到右或从右到左进行。这种遍历称为层序优先（*level first*）（当它涉及搜索元素而不是遍历树时，通常称为广度优先（*breadth-first*）搜索）。图10-7显示了层序优先遍历的一个示例。

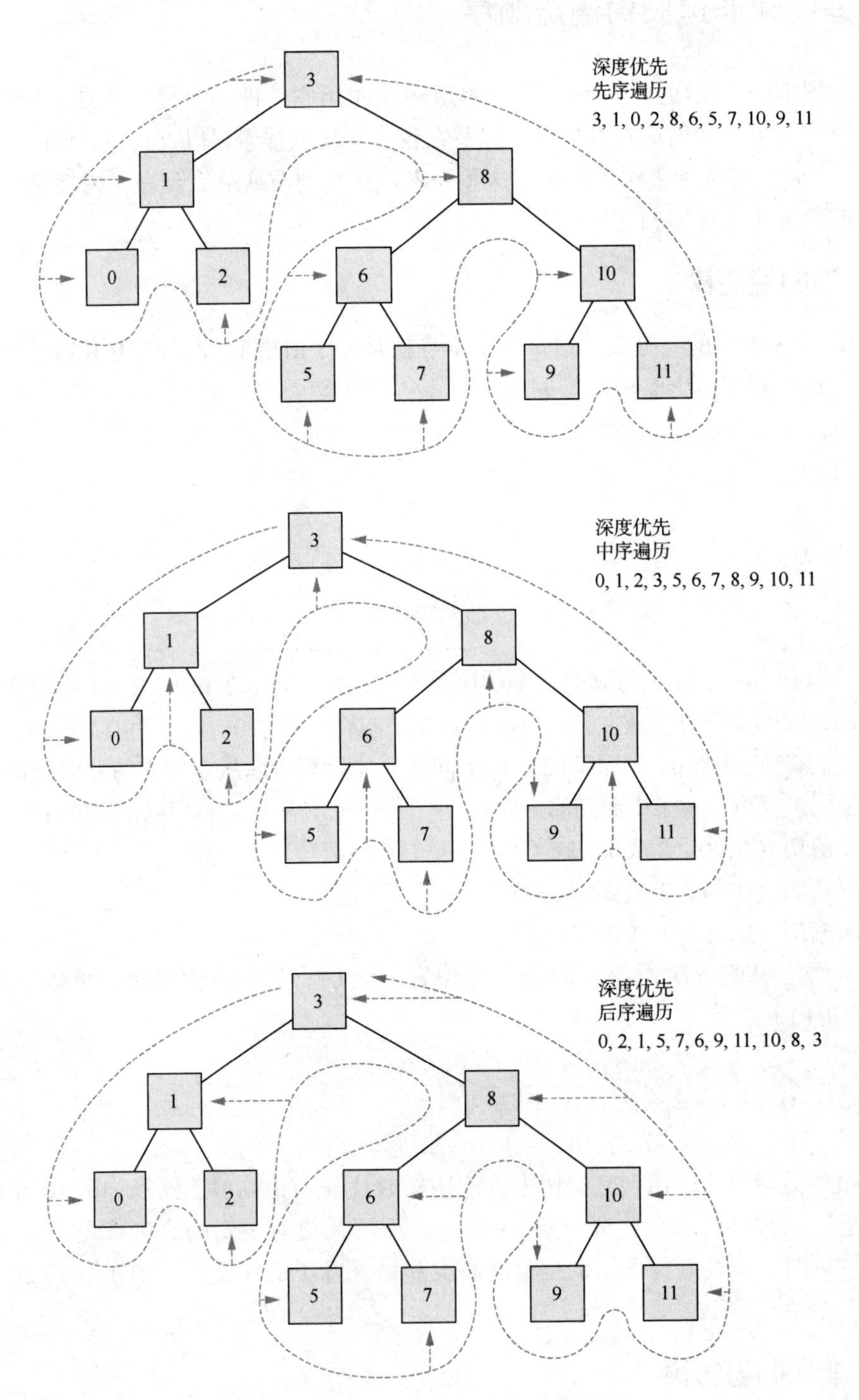

图 10-6　深度优先遍历就是在遍历树的时候给深度最高的优先级。主要可以应用于三种遍历方式：先序、中序、后序遍历

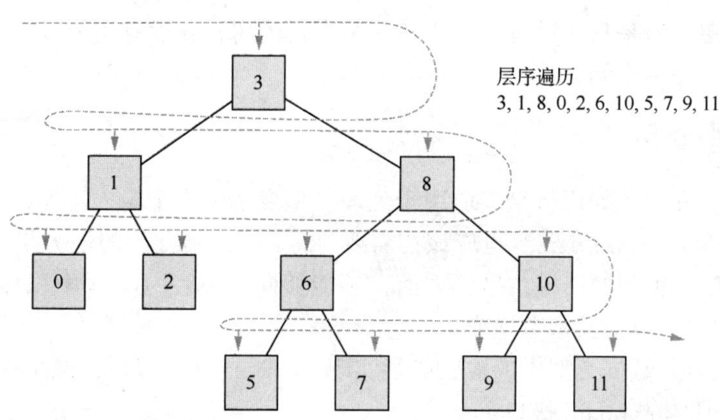

图 10-7　层序遍历就是在进入下一层之前遍历完这层的所有元素

10.9　实现二叉搜索树

可以用与单链表相同的方式实现二叉树，包含一个头部（*value*，称为值）和两个尾部（分支，称为左和右）。在本节中，定义一个抽象 `Tree` 类，该类有两个子类，分别命名为 `T` 和 `Empty`。`T` 表示一个非空树，而 `Empty` 则表示空树。

与 `List` 一样，由于 Kotlin 有型变，空树可以由单例对象表示。这个单例对象将是一个 `Tree<Nothing>`。清单 10-1 展示了最小的 `Tree` 的实现。

清单 10-1　最小树实现

Tree类在A上是协变的，但是Comparable接口是逆变的，所以必须进行处理

Tree类是参数化的，参数类型必须扩展为Comparable

```
sealed class Tree<out A: Comparable<@UnsafeVariance A>> {

    abstract fun isEmpty(): Boolean

    internal object Empty : Tree<Nothing>() {

        override fun isEmpty(): Boolean = true

        override fun toString(): String = "E"
    }

    internal class T<out A: Comparable<@UnsafeVariance A>>(
                     internal val left: Tree<A>,
                     internal val value: A,
                     internal val right: Tree<A>) : Tree<A>() {

        override fun isEmpty(): Boolean = false

        override fun toString(): String =
                "(T $left $value $right)"
    }

    companion object {

        operator fun <A: Comparable<A>> invoke(): Tree<A> =
                                        Empty
    }
}
```

空树由参数化为Nothing的单例对象表示

所有属性都是内部的，因此不能直接从其它模块访问

T子类代表一个非空树

invoke函数返回空的单例

toString函数是查看树内容的最新实现

这个类很简单，但是只要没有办法构建一个真正的树，就没有用处了。不过在添加这个类之前，必须考虑到一个问题。

10.9.1 理解型变和树

在第 5 章中，介绍了如何将型变应用于列表。型变也适用于树。比如，使树的参数协变是有意义的。毕竟，Tree < int >也应该在需要 Tree < Number >的地方可用。这就是使用 out 关键字使树协变得到的结果。另一方面，不能够向 Tree < int >中添加 Number。如果这样的话，Tree 类型就对其参数逆变了。

问题在于，Tree 数据类型中的参数必须实现 Comparable 接口，但是这个接口不是 Java 中的而是一个具体的 Kotlin 接口：

```
Public interface Comparable < in T > {
    Public operator funcompareTo(other T):Int
}
```

可以看出，Comparable 是 T 上的逆变，这意味着类型参数 T 只出现在 in 位置。这通常使得 Tree 类的协变成为不可能。可以处理这个问题，但每次在需要使用 Tree < T >中的 Empty 单例对象时会强制性地显式转换。也仍然可以将此强制转换为如下的函数：

```
Operator fun  < A: Comparable < A > > invoke() = Empty as Tree < A >
```

然后，编译器会发出有关未检查强制类型转换的警告。使用哪种解决方案取决于读者，但是@ unsafevariance 的使用更简洁，因为它可以使 Tree 协变，所以也更有用。

现在，需要一种方法来构造树，即从空树开始，将元素添加到此树中。

【练习 10-1】

定义一个 plus 函数，将值插入树中。和往常一样，Tree 结构是不可变的和持久化的，所以必须构建一个具有附加值的新树，使原始树保持不变。调用这个函数 plus 可以使用 + 运算符向树中添加元素。

提示

如果要添加的元素等于根，则必须返回一个插入值为根的新树，并保持两个原始分支不变。否则，应将小于根的值添加到左分支，将高于根的值添加到右分支。在 Tree 父类中创建一个有以下函数签名的函数：

```
operator fun plus(element: @ UnsafeVariance A): Tree < A >
```

如果读者更喜欢在父 Tree 类中定义一个抽象函数并在每个子类中实现，也可以尝试这样做。

答案

函数使用模式匹配来根据 this 树的类型选择实现。如果 this 树是 Empty，则返回一个新的 T（非空树），该 T 以要添加的元素构造作为值，将两个空树作为分支。如果参数树不为空，则可能出现三种情况。

- 要添加的元素小于根。在这种情况下，使用相同的根和右分支构造一棵新的树，而新的左分支由元素插入到原来的左分支中形成。
- 要添加的元素高于根。在这种情况下，使用相同的根和相同的左分支构造一棵新的树，而新的右分支由元素插入到原来的右分支中形成。
- 要添加的元素等于根。在这种情况下，函数返回一棵新的树，该树由要添加的元素作为根和两个原始分支。

```
operator fun plus(element: @ UnsafeVariance A): Tree<A> =when (this) {
    Empty-> T(Empty, element, Empty)
    is T-> when {
        element < this.value-> T(left+element, this.value, right)
        element > this.value-> T(left, this.value, right+element)
        else-> T(this.left, element, this.right)
    }
}
```

这与许多实现（例如，Java 的 TreeSet）中发生的情况不同，如果尝试插入一个与集合中已有元素相等的元素，则集合是不变的。虽然这种行为对于可变元素可以接受，但是当元素是不可变时，就不理想了。读者可能认为，既然可以返回 this，用相同的左分支、相同的右分支和与当前根相同的根来构造 T 的新实例就是浪费时间和内存空间的。返回 this 相当于返回：

```
T(this.left, this.value, this.right)
```

如果这是读者需要的，返回原始的树将是一个很好的优化。这是可行的，但要获得与树元素的突变相同的结果将是非常烦琐的。在插入具有某些已更改属性的相等元素之前，必须删除该元素。在第 11 章中实现映射时，将会遇到这个用例。

10.9.2　Tree 类中的抽象函数

在 Tree 父类中定义一个抽象函数，在每个子类中使用不同的实现，对于面向对象的程序员来说是一个更好的选择。但这无法实现。Empty 对象中的实现如下所示：

```
override fun <A: Comparable<A>> plus(element: Nothing): Tree<Nothing> =T(Empty, element,
            Empty)
```

这其实无法编译。使用 Nothing 类型的 element 参数（在 T(Empty, element, Empty) 中）总是会失败，因为 Nothing 不能实例化。虽然知道 element 不是 Nothing 类型，但不能指定该类型，因为对象不允许使用类型参数。因此，需要使用模式匹配在 Tree 类中定义函数。在 Empty 的情况下，参数仍然是 A 类型，不会出现问题。

10.9.3　重载操作符

Kotlin 允许操作符重载。通过使用 operator 关键字并命名为函数 plus，就可以使用 + 号来调用操作符：

```
val Tree =Tree<Int>() +5 +2 +8
```

没有办法避免指定参数类型，即使它是在等号的左边指示的。下面的代码将不会通过编译：

```
val tree: Tree<Int> =Tree() +5 +2 +8
```

10.9.4　树中递归

读者可能想知道是否应该为辅助函数实现堆栈安全递归，因为 plus 函数是递归的。正如之前所说，不需要使用平衡树，因为高度（决定递归步骤的最大数目）通常比大小小得多。但情况并非总是如此，特别是如果要插入的元素是有序的。这样最终可能导致一棵树只有一个分支，它的高度等于它的大小（减 1），并且会溢出堆栈。

但现在不需要处理这个问题。可以使用自动平衡树方法，而不是实现堆栈的安全递归操作。现在研究的这棵简单的树只是为了学习，它永远不会用于实际生产。但是平衡树的实现更为复杂，所以从简单的不平衡树开始更容易。

【练习 10-2】

从其他类型的集合中构建树通常很有用。最有用的两种情况是从 `List` 中构建树和从数组中构建树。为每种情况实现一个函数，使用在前面章节中定义的 `List` 类型，而不是 Kotlin 的 `List` 类型。

答案

用 `vararg` 的解决方案和用于 `List` 的相似：

```
operator fun <A: Comparable<A>> invoke(vararg az: A): Tree<A> =az.foldRight(Empty, {a: A,
    tree: Tree<A>-> tree.plus(a)})
```

如果想对 Kotlin 中的 `List` 做同样的事，需要改变函数签名的类型而不是实现方式：

```
operator fun <A: Comparable<A>> invoke(az: List<A>): Tree<A> =az.foldRight(Empty, {a: A,
    tree: Tree<A>-> tree.plus(a)})
```

在第 5 章和第 8 章中定义的 `List` 数据类型在此看来有一些区别：`foldRight` 函数是柯里化的，而且 `List.foldRight` 函数不是堆栈安全的。在这种情况下，最好使用 `foldLeft`：

```
operator fun <A: Comparable<A>> invoke(list: List<A>): Tree<A> = list.foldLeft(Empty as
    Tree<A>, {tree: Tree<A>->
        {
            a: A->
                tree.plus(a)
        }
    })
```

使用 `foldLeft` 和 `foldRight` 会产生不同的树，因为插入元素的顺序不会相同。

【练习 10-3】

通常用于树的一个操作是检查树中是否存在特定元素。实现一个执行此检查的 `contains` 函数。函数签名如下：

```
fun contains(a: @UnsafeVariance A): Boolean
```

答案

现在需要做的是将参数与树的 `value`（树根处的值）进行比较。

- 如果参数较小，则递归地将比较应用于左分支。
- 如果参数较大，则递归地将比较应用于右分支。
- 如果 `value` 和参数相等，则返回 `true`。

和往常一样，要在 `Tree` 类中定义此函数，同时在参数上使用 `@UnsafeVariance` 注释以禁用型变检查：

```
fun contains(a: @UnsafeVariance A): Boolean = when (this) {
    is Empty-> false
    is T-> when {
            a < value-> left.contains(a)
            a > value-> right.contains(a)
            else-> value == a    }
}
```

还有另一种解决方法：

```
fun <A: Comparable<@UnsafeVariance A>> contains(a: A): Boolean = when (this) {
        isEmFpty-> false
        is T-> a == value || left.contains(a) || right. contains(a)
}
```

这种方法更简单且完全正确，尽管在用递归地查看右分支的方式搜索时，速度会稍慢。但是还有另一个更重要的区别：这种实现允许测试与树元素不同类型的元素，因为此实现的 A 类型参数不是 Tree 类的参数。它隐藏了 Tree 类型参数。如果重命名参数，就更清楚了：

```
fun <B: Comparable<@UnsafeVariance B>> contains(b: B): Boolean = when (this) {
        is Empty-> false
        is T-> b == value || left.contains(b) || right.contains(b)
}
```

使用这种实现方法，可以编写类似 Tree(1, 2, 3).contains1("2")的代码，而不会导致编译错误。两种实现方法的选择取决于读者。

【练习 10-4】

写两个函数来计算树的 size（大小）和 height（高度）。以下是 Tree 类中的声明：

```
abstract fun size(): Int
abstract fun height(): Int
```

读者可以试着做出一种更好的解答，就像第 8 章解决列表长度的问题一样。

答案

size 函数的 Empty 实现返回 0。如前文所述，height 函数的 Empty 实现返回 -1。T 类中 size 函数的实现返回 1 加上每个分支的大小。height 函数的实现返回 1 加上两个分支的最大高度 height：

```
import kotlin.math.max
...
override fun size(): Int = 1 + left.size() + right.size()
override fun height(): Int = 1 + max(left.height(), right.height())
```

这样就可以明白为什么空树的高度需要等于 -1。如果它是 0，那么高度将等于路径中的元素数，而不是段数。

但这些函数效率较低。首先，长度和高度是在每次调用时计算的。这些结果应该被记忆化。但最糟糕的是，如果树很大且不平衡，这些函数可能会导致 stackOverflowException 异常。更好的解决方案是在 Tree 父类中创建两个抽象属性：

```
abstract val size: Int
abstract val height: Int
```

然后可以在每个子类中实现这些属性：

```
internal object Empty : Tree<Nothing>() {
    override val size: Int = 0
    override val height: Int = -1
}
internal class T<out A:...>(override val left: Tree<A>,
                            override val value: A,
                            override val right: Tree<A>) :Tree<A>() {
    override val size: Int = 1 + left.size + right.size
```

```
    override val height: Int = 1 + max(left.height, right.height)
}
```

记住，默认情况下创建公共属性会自动创建访问器函数。唯一的特殊性是这些函数与属性同名，同时 getter 函数不使用括号。

【练习 10-5】

编写 max 和 min 函数来计算树中的最大值和最小值。

提示

考虑 Empty 类中函数的返回值。

答案

在空树中，没有最小值或最大值。解决方案是返回一个 Result <A>，同时，Empty 实现应该返回 Result.empty()。

T 类的实现有点难度。对于 max 函数，解决方案是返回右分支的最大值 max。如果右分支不为空，这将是一个递归调用。如果右分支为空，则会得到一个 Result. Empty。然后，已知 max 值是当前树的值，可以对 right.max() 函数的返回值调用 orElse 函数：

```
override fun max(): Result<A> = right.max().orElse {Result(value)}
```

重复调用 orElse 函数会惰性地计算其参数，这意味着它传入一个 {()→Result <A>>} 但是 ()→部分可以省略。min 函数是完全对称的：

```
override fun min(): Result<A> = left.min(). orElse {Result(value)}
```

10.9.5　从树中移除元素

与单链表不同，树允许检索特定的元素，正如在【练习 10-3】中编写 contains 函数那样。同样，也可以从树中删除特定元素。

【练习 10-6】

编写一个从树中移除元素的移除函数 remove。此函数将以一个元素作为其参数。如果这个元素存在于树中，它将被删除，函数将返回一个没有这个元素的新树。这个新树将遵循这样的要求：左分支上的所有元素必须小于根，右分支上的所有元素必须大于根。如果元素不在树中，函数将返回原始的树。函数签名如下：

```
Tree<A> remove(A a)
```

提示

需要定义一个函数来合并两棵树，其特殊性在于，一棵树的所有元素都大于或小于另一棵树的所有元素。确保根据需要处理型变。

答案

当树是 Empty 的时候，这个函数不会移除任何东西并且返回 this，否则，需要实现以下算法。

- 如果 a < this.value，则从左分支移除。
- 如果 a > this.value，则从右分支移除。
- 否则合并左右分支并删除根元素，返回结果。

此处的合并是一个简化的合并，因为已知左分支中的所有元素都低于右分支中的所有元素。首先，必须使用以下函数签名定义 merge 函数：

```
fun removeMerge(ta: Tree<@UnsafeVariance A>): Tree<A>
```

这一次，如果 this 树为空，则函数返回其参数。否则，将使用以下算法：

- 如果 ta 为空，返回 this（this 不会是空的）。
- 如果 ta.value < this.value，合并左分支中的 ta。
- 如果 ta.value > this.value，合并右分支中的 ta。

实现过程如下：

```
fun removeMerge(ta: Tree<@UnsafeVariance A>): Tree<A> = when (this) {
    Empty-> ta
    is T  -> when (ta) {
            Empty-> this
            is T-> when{
                ta.value < value-> T(left.removeMerge(ta), value, right)
                else           -> T(left, value, right.removeMerge(ta))
            }
    }
}
```

请注意，两棵树的根不能相等，因为要合并的两棵树应该是原始树的左右分支。现在可以编写删除函数 remove：

```
fun remove(a: @UnsafeVariance A): Tree<A> = when(this) {
    Empty-> this
    is T  ->  when {
        a < value-> T(left.remove(a), value, right)
        a > value-> T(left, value, right.remove(a))
        else-> left.removeMerge(right)
    }
}
```

10.9.6　合并任意树

在上一节中使用了一个受限制的合并函数，该函数只能在一棵树中的所有值都低于另一棵树的所有值时合并树。树的合并相当于列表的串联。现在需要一个更通用的函数来处理任意树的合并。

【练习 10-7】（难）

到目前为止，只实现了简单情况下的合并：其中一棵树中的所有元素都大于另一棵树中的所有元素。现在编写合并任意树的合并函数 merge。它的函数签名如下：

```
abstract fun merge(tree: Tree<@UnsafeVariance A>): Tree<A>
```

答案

Empty 实现返回它的参数：

```
override fun merge(tree: Tree<Nothing>): Tree<Nothing> = tree
```

T 子类的实现使用以下算法，其中 this 表示定义函数的树。

- 如果参数树为空，则返回 this。
- 如果参数的根值大于 this 的根值，则删除参数树的左分支，并将结果与 this 的右分支合并，然后将结果与参数的左分支合并。
- 如果参数的根值小于 this 的根值，则删除参数树的右分支，并将结果与 this 的左分支合并，然后将结果与参数的右分支合并。

- 如果参数的根值等于 this 的根值，则将参数的左分支与 this 的左分支合并，并将参数的右分支与 this 的右分支合并。

T 子类的实现如下：

```
override fun merge(tree: Tree<@UnsafeVariance A>): Tree<A> = when (tree) {
    Empty-> this
    is T->  when  {
        tree.value > this.value->
            T(left,value,right.merge(T(Empty,tree.value,tree.right))).merge(tree.left)
        tree.value < this.value->
            T(left.merge(T(tree.left,tree.value,Empty)),value,right).merge(tree.right)
        else->T(left.merge(tree.left),value,right.merge(tree.right))
    }
}
```

使用此实现，如果两个根都相等，则不会用参数树的根替换树的根。这可能不符合读者的需求。如果希望合并根替换初始根，请将实现的最后一行更改为：

```
T(left.merge(tree.left),tree.value,right.merge(tree.right))
```

该算法如图 10-8 ~ 图 10-17 所示。在这些图中，空分支是显式表示的。注意，this 是指定义函数的树。

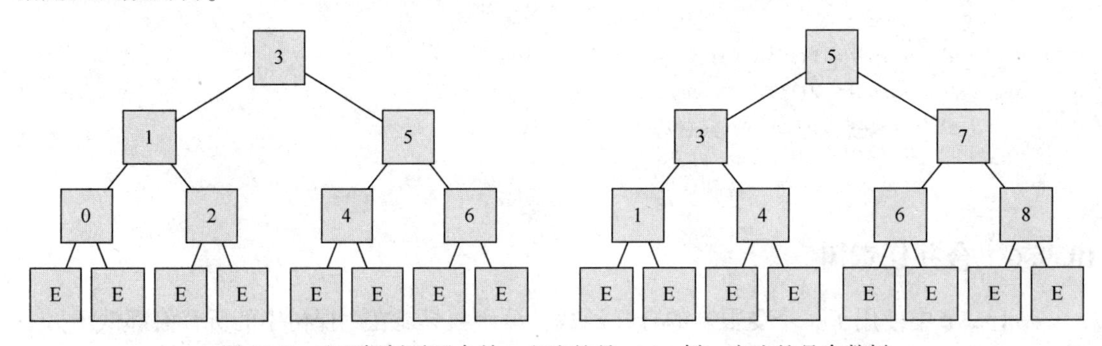

图 10-8　这两棵树需要合并，左边的是 this 树，右边的是参数树

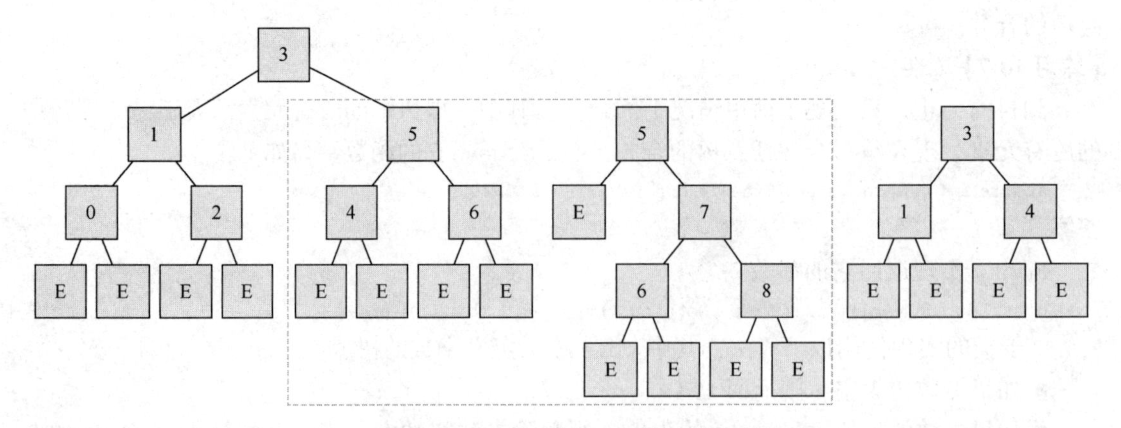

图 10-9　参数树的根值大于 this 树的根值。将此树的右分支与其删除左分支的参数树合并（合并操作由虚线框表示）

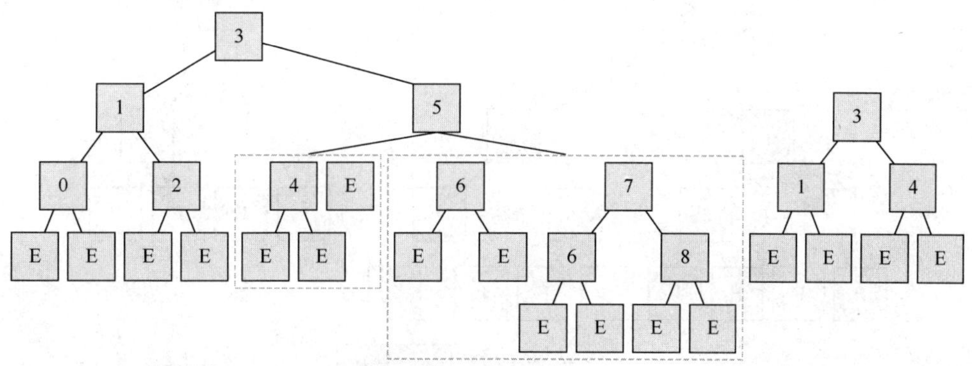

图 10-10　要合并的每棵树的根值相等，可以将 this 值用于合并结果。左分支是合并两个左分支的结果，右分支是合并两个右分支的结果

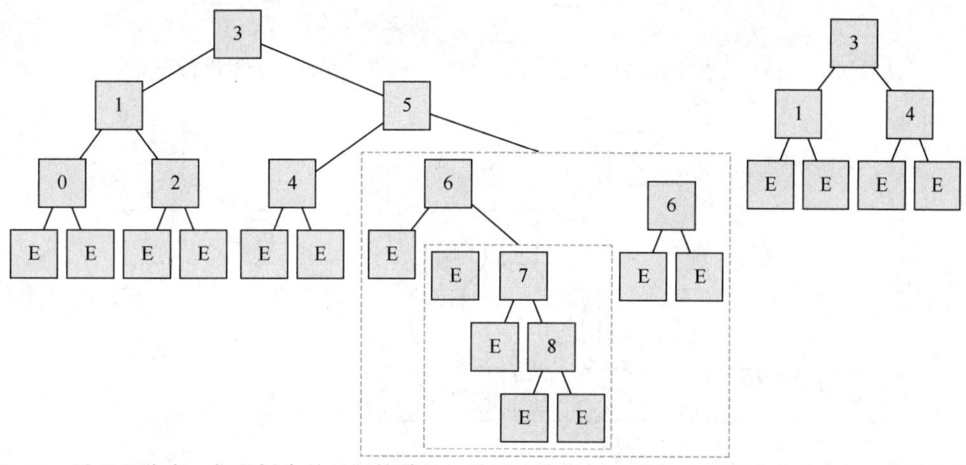

图 10-11　对于左分支，与空树合并是很简单的，并返回原始树（根为 4 和两个空分支）；对于右分支，第一棵树有空分支，根为 6，第二棵树有 7 作为根，因此删除以 7 为根的树的左分支，并使用结果与以 6 为根的树的空右分支合并。删除的左分支将与上一次合并的结果合并。右边以 6 为根的树来自以 7 为根的树，它被一棵空树取代

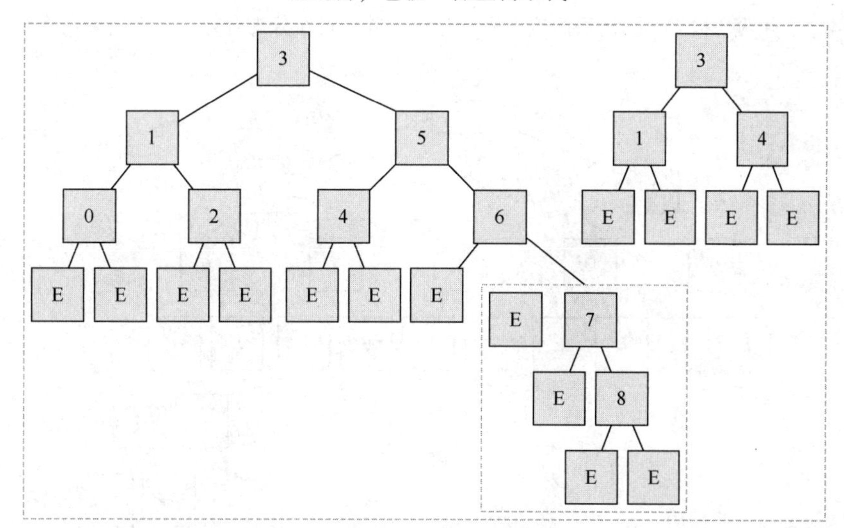

图 10-12　将要合并的两棵树具有相等的根（6），因此合并了分支（左分支与左分支，右分支与右分支）。因为要合并的树的两个分支都是空的，所以实际上没有什么可做的

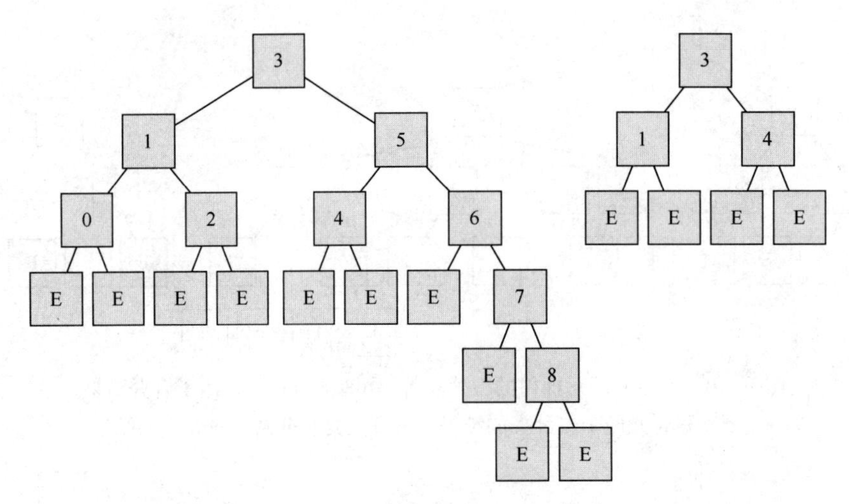

图 10-13　合并空树将导致有树需要合并。两棵树用同一个根进行合并

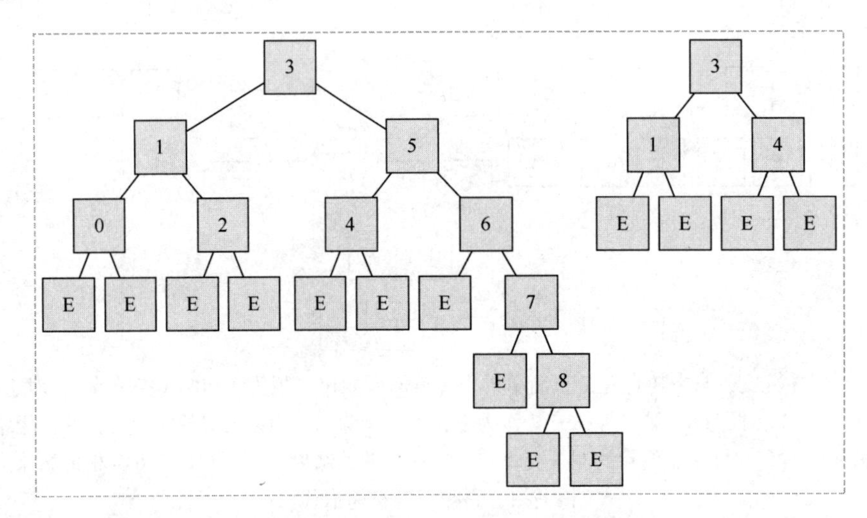

图 10-14　合并两个根相同的树很简单：将右分支合并，将左分支合并，并将结果用作新的分支

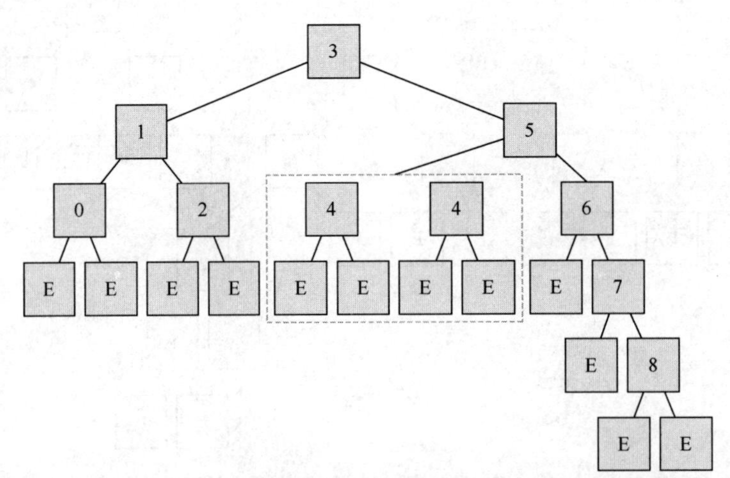

图 10-15　左边的合并是很简单的，因为根是相等的，要合并的树的两个分支都是空的。在右侧，要合并的树有一个较小的根（4），因此可以删除右分支（E），并将保留的内容与原始树的左分支合并

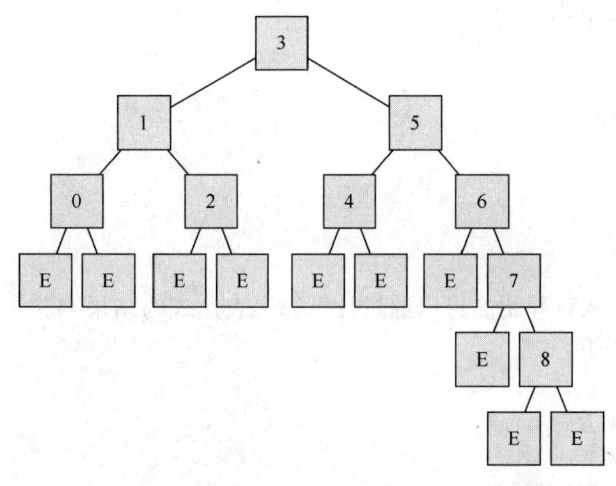

图 10-16　合并两棵相同的树（不需要解释）

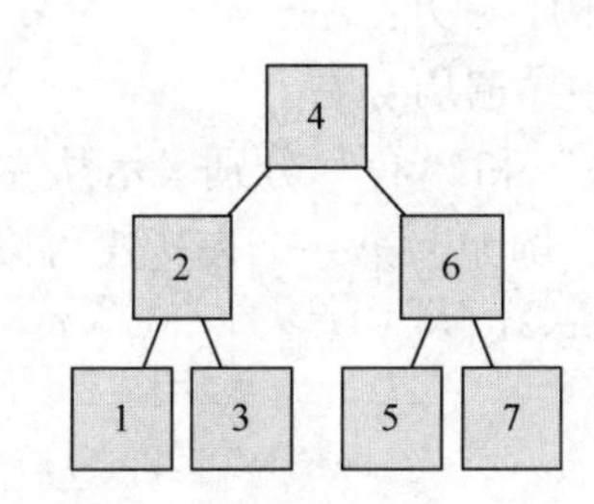

图 10-17　合并完最后一棵空树的结果

从这些图中可以看出，由于重复的元素被自动删除，两个树合并后的大小（即元素数）比原始大小之和更小。

另一方面，生成的树的高度比想象中要高。合并两个高度为 3 的树可以生成一个高度为 5 的树。显然，最优高度不应该比 log2（大小）更高。最优高度是比最终大小高的两次幂的最小值，在这个例子中，两个最优树的大小是 7，它们的高度是 3。合并后的大小为 9，最优高度是 4 而不是 5。在这个简单的例子中，这可能不是个大问题。但是在合并大的树时，应该避免平衡性不好的树，这样的树会带来不好的性能，甚至在使用递归函数式时可能导致栈溢出。

10.10　关于折叠树

折叠树类似于折叠列表，即将树转换为单个值。例如，在一个数值树中，计算所有元素的和可以通过一个折叠来表示。但是折叠一棵树要比折叠一个列表复杂得多。

计算整数树中元素的和是很简单的，因为加法在两个方向上都是关联的，并且是可交换的。以下表达式具有相同的值。

- `(((1 + 3) + 2) + ((5 + 7) + 6)) + 4`。
- `4 + ((2 + (1 + 3)) + (6 + (5 + 7)))`。
- `(((7 + 5) + 6) + ((3 + 1) + 2)) + 4`。
- `4 + ((6 + (7 + 5)) + (2 + (3 + 1)))`。
- `(1  + (2 + 3)) + (4 + (5 + (6 + (7))))`。
- `(7 + (6 + 5)) + (4 + (3 + (2 + 1)))`。

从这些表达式可以看到，它们表示了在使用加法折叠以下树时的一些可能结果：

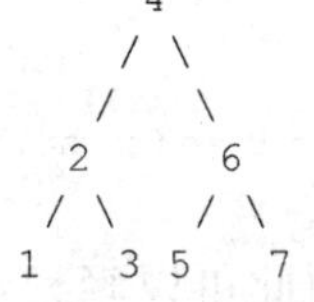

仅考虑元素的处理顺序，可以得出以下内容。

- 后序遍历：左。
- 先序遍历：左。
- 后序遍历：右。
- 先序遍历：右。
- 中序遍历：左。
- 中序遍历：右。

“左”和“右”分别表示从左开始和从右开始。可以通过计算每个表达式的结果来验证这一点。例如，第一个表达式可以简化如下：

```
(((1 +3) +2) + ((5 +7) +6)) +4
((  4    + 2)  + ((5 +7) +6)) +4        计算过的:1, 3
(        6     + ((5 +7) +6)) +4        计算过的:1, 3, 2
(        6     + (  12   +  6)) +4      计算过的:1, 3, 2, 5, 7
(        6     +        18    ) +4      计算过的:1, 3, 2, 5, 7, 6
24             + 4                      计算过的:1, 3, 2, 5, 7, 6
28                                      计算过的:1, 3, 2, 5, 7, 6, 4
```

虽然还有其他的可能性，但这 6 个是最有意思的。尽管这些操作与加法等效，但它们可能不适用于其他操作，例如，向字符串添加字符或向列表添加元素。

10.10.1 双函数折叠

折叠树时产生的问题是：递归的方法实际上是双递归的。虽然可以使用给定的操作折叠每个分支，但需要一种方法将两个结果组合成一个结果。

是不是想起了在第 8 章学到的列表折叠并行化？不过，在使用这一技术的基础上还要需要额外的操作。如果折叠 Tree <A>需要一个从 B 到 A 到 B 的函数，则还缺少一个从 B 到 B 到 B 的附加函数来合并左右结果。

【练习 10-8】

基于上面对两个函数的描述，编写一个 foldLeft 函数来折叠一棵树。Tree 类中的函数签名如下：

```
abstract fun <B> foldLeft(identity: B,
                          f: (B)-> (A)-> B,
                          g: (B)-> (B)-> B): B
```

答案

子类 Empty 的实现很简单。它返回 identity 元素。子类 T 的实现有点困难，需要递归地计算每个分支的折叠，然后将结果与根结合起来。问题在于，每个分支折叠都返回一个 B 类型，但是根是一个 A 类型，并且没有从 A 到 B 的函数可供使用。解决方法如下。

- 递归地折叠左分支和右分支，给出两个 B 值。
- 将这两个 B 值与 g 函数组合，然后将结果与根结合并返回。

这是一种解决方法：

```
override fun <B> foldLeft(identity: B, f: (B)-> (A)-> B, g: (B)-> (B)-> B): B = g(right.fold-
    Left(identity, f, g)) (f(left .foldLeft(identity, f, g))  (this.value))
```

看起来简单？但并不是。问题是 g 函数是一个 B 到 B 到 B 的函数，因此可以轻松地交换参数：

```
override fun <B> foldLeft(identity: B, f: (B)-> (A)-> B, g: (B)-> (B)-> B): B = g(*left*
    .foldLeft(identity,g))  (f(*right*.foldLeft(identity, f, g))(this.value))
```

为什么这是个问题？如果用一个可交换的操作折叠一棵树，如加法，结果不会改变。但如果用的是不可交换的操作，就会发生问题，最终导致这两种解决方案会产生不同的结果。例如，此函数：

```
fun main(args: Array<String>) {
    val result = Tree(4, 2, 6, 1, 3, 5, 7).foldLeft(List(),
                {list: List<Int>-> {a: Int-> list.cons(a)}})
                {x-> {y-> y.concat(x)}}
    println(result)}
}
```

用第一种方案会产生如下的结果：

```
[7, 5, 3, 1, 2, 4, 6, NIL]
```

然而用第二个会产生如下的结果：

```
[7, 5, 6, 3, 4, 1, 2, NIL]
```

哪个才是正确的？事实上，两个列表虽然顺序不同，但表示同一棵树。图 10-18 展示了这两种情况。

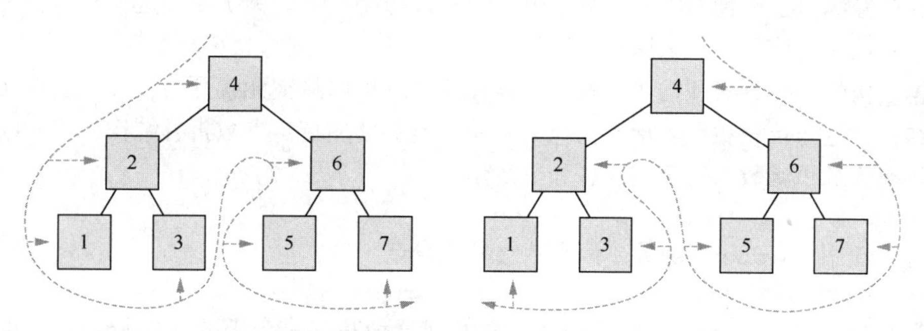

图 10-18　从左到右和从右到左读这一棵树。尽管顺序是不同的，但是它们代表同一棵树

这与 List 类的 foldLeft 和 foldRight 之间的区别不同。从右到左折叠实际上是列表颠倒之后的左折叠。右边的折叠看起来像是这样：

```
override fun <B> foldRight(identity: B, f: (A)-> (B)-> B, g: (B)-> (B)-> B): B = g(f(this.value)
    (left.foldRight(identity,f,g))) (right.foldRight(identity, f, g))
```

因为有许多遍历顺序，所以有许多可能的实现方法通过非交换操作给出不同的结果。

10.10.2　单函数折叠

也可以折叠一个传入了一个附加参数的函数，例如，一个从 B 到 A 到 B 到 B 的函数。同样，根据不同的遍历顺序，有许多可能的实现方法。

【练习 10-9】

编写三个函数 foldInOrder、foldPreOrder 和 foldPostOrder 来折叠一棵树。使用图 10-18 中的树，元素的操作顺序应该如下所述。

- 中序：1234567。

- 先序：4213657。
- 后序：1325764。

函数签名如下：

```
abstract fun <B> foldInOrder(identity: B, f: (B)-> (A)-> (B)-> B): B
abstract fun <B> foldPreOrder(identity: B, f: (A)-> (B)-> (B)-> B): B
abstract fun <B> foldPostOrder(identity: B, f: (B)-> (B)-> (A)-> B): B
```

答案

Empty 的返回值都是 identity。T 类的实现如下：

```
override fun <B> foldInOrder(identity: B, f: (B)-> (A)-> (B)-> B): B =
    f(left.foldInOrder(identity,f))(value)(right.foldInOrder(identity, f))

override fun <B> foldPreOrder(identity:B, f:(A)-> (B)-> (B)-> B): B =
    f(value)(left.foldPreOrder(identity,f))(right.foldPreOrder(identity, f))

override fun <B> foldPostOrder(identity: B, f: (B)-> (B)-> (A)-> B): B =
    f(left.foldPostOrder(identity, f))(right.foldPostOrder(identity, f))(value)
```

10.10.3 如何选择折叠实现

现在已经编写了 5 种不同的折叠函数。应该选择哪一个？为了回答这个问题，可以先考虑一下折叠函数应该具有什么属性。

数据结构的折叠方式和构造方式之间存在关系。可以从空元素开始，逐个添加元素来构造数据结构，这与折叠相反。理想情况下，应该能够使用特定参数折叠结构，这种结果可以将折叠转换为标识函数。对于列表，如下所示：

```
list.foldRight(List()) {i-> {l-> l.cons(i)}}
```

也可以使用 foldLeft 函数，但函数会稍微复杂一些：

```
list.foldLeft(List()) {l-> {i-> l.reverse().cons(i).reverse()}}
```

如果观察过 foldRight 的实现的话，会发现这种写法是合理的。foldRight 可以通过 foldLeft 和 reverse 函数实现。

能用同样的方法把树折叠起来吗？要实现这一点，需要一种新的方法来构建树：将左树、根树和右树组合。这样，就可以从三个只带一个函数参数的折叠函数中任选其一。

【练习 10-10】（难）

编写一个函数，将两棵树和一个根结合在一起以创建一棵新的树。它在伴生对象中的函数签名是

```
operator fun <A: Comparable<A>> invoke(left: Tree<A>, a: A, right: Tree<A>): Tree<A>
```

此函数应允许使用以下三个折叠函数之一重建一个与原始树相同的树：foldPreorder、foldInorder 和 foldPostorder。

提示

此处有两种情况必须以不同的方式处理。如果要合并的树是有序的，这意味着第一棵树的最大值低于第二棵树的根，第二棵树的最小值高于第一棵树的根，可以使用 T 构造函数来组装这三棵树。否则，应该返回到构造结果的另一种方法。

同时，还需要一个 Result 类中的函数（称为 mapEmpty），如果结果为 Empty，则返回

Success，否则，返回 Failure。可以在 com.fpinkotlin.common.Result 类中找到此函数。

答案

有几种方法来实现这个功能。一种是定义一个函数来测试两棵树，以检查它们是否被排序。为此，可以首先定义函数以返回比较的结果：

```
fun <A: Comparable<A>> lt(first: A, second: A): Boolean = first < second
fun <A: Comparable<A>> lt(first: A, second: A, third: A): Boolean = lt(first, second) && lt
        (second, third)
```

接下来可以定义 ordered 函数以实现树的比较：

```
fun <A: Comparable<A>> ordered(left: Tree<A>,
                               a: A,
                               right: Tree<A>): Boolean =
    (left.max().flatMap { lMax ->
        right.min().map { rMin ->
            lt(lMax, a, rMin)
        }
    }.getOrElse(left.isEmpty() && right.isEmpty()) ||
        left.min()
            .mapEmpty()
            .flatMap{
                    right.min().map{ rMin ->
                        lt(a,rMin)
                    }
            }.getOrElse(false) ||
        right.min()
            .mapEmpty()
            .flatMap {
                    left.max().map { lMax ->
                        lt(lMax, a)
                    }
                }.getOrElse(false))
```

如果两棵树都不为空，并且左最大值（max）、A 和右最小值（min）是有序的，则第一个测试（在第一个 || 运算符之前）返回 true。第二个和第三个测试处理左树或右树为空的情况（但不能同时处理这两个）。如果 Result 为 Empty，Result.mapEmpty 函数会返回 Success<Any>，否则返回 Failure。使用此函数编写 invoke 函数很简单：

```
operator fun <A: Comparable<A>> invoke(left: Tree<A>,
                                       a: A, right: Tree<A>): Tree<A> =
    when {
        ordered(left, a, right)-> T(left, a, right)
        ordered(right, a, left)-> T(right, a, left)
        else                   -> Tree(a).merge(left).merge(right)
    }
```

如果没有对树进行排序，则在返回到正常的插入算法或合并算法之前测试逆顺序。现在，可以折叠一棵树并获得与原始树相同的树（前提是使用正确的函数）。可以在本书附带的测试代码中找到以下示例：

```
tree.foldInOrder(Tree<Int>(),{t1-> {i-> {t2-> Tree(t1, i, t2)}}})
tree.foldPostOrder(Tree<Int>(), {t1-> {t2-> {i-> Tree(t1, i, t2)}}})
tree.foldPreOrder(Tree<Int>(), {i-> {t1-> {t2-> Tree(t1, i, t2)}}})
```

还可以定义一个折叠函数，它只接受一个带有两个参数的函数，就像对 List 类所做的那样。诀窍是首先将树转换为单链表，如下面的 foldLeft 所示：

```
//Tree 中的抽象和 T 中 this 的实现
override fun <B>foldLeft(identity: B, f: (B)-> (A)-> B): B =
                    toListPreOrderLeft(). foldLeft(identity, f)
//在 Tree 中:
override funtoListPreOrderLeft(): List<A> =
    left.toListPreOrderLeft().concat(right.toListPreOrderLeft()).cons(value)
```

这可能不是最快的实现方法，但是仍然是有效的。

10.11 映射树

和列表一样，树也可以被映射，但是将函数映射到树比将函数映射到列表要复杂一些。对树的每个元素应用一个函数似乎是微不足道的，但事实并非如此。问题在于，并非所有的函数都保持顺序。将给定的值添加到整数树的所有元素中是可以的，但是如果该树包含负值，使用函数 $f(x) = x * x$ 会更加复杂，因为就地应用该函数不会生成二叉搜索树。

【练习 10-11】

为树定义一个 map 函数。如果可能，尽量保留树结构。例如，通过取平方值的方式映射整数树可能会生成具有不同结构的树，但通过添加常量的方式进行映射不会这样。

提示

使用其中一个折叠函数可以让问题变简单。

答案

使用不同的折叠函数会有几个可能的实现。下面是一个可以在 Tree 类中定义的示例：

```
fun <B: Comparable<B>> map(f: (A)-> B): Tree<B> =
    foldInOrder(Empty) {t1: Tree<B>->
        {i: A->
            {t2: Tree<B>->
                Tree(t1, f(i), t2)
            }
        }
    }
```

10.12 平衡树

正如前面所说，树在平衡时性能最佳，这意味着从根元素到叶元素的所有路径的长度几乎相同。在完全平衡的树中，如果更深的层次没有满，这些长度之间的差异不会超过 1（只有大小为 2^{n+1} 的完全平衡树的根到叶元素的所有路径长度相等）。

使用不平衡的树可能会导致性能不佳，因为操作可能需要与树的大小成比例的时间，而不是与 log2（大小）成比例的时间。更重要的是，不平衡的树在使用递归操作时会导致堆栈溢出。有两种方法可以避免这个问题。

- 使不平衡的树平衡。
- 用自平衡的树。

一旦有了平衡树的方法，在每次可能改变树结构的操作后，会很容易使树自动启动平衡过程，从而实现树的自平衡。

10.12.1　旋转树

在能够使树平衡之前，需要知道如何增量地更改树的结构。这里使用的技术称为旋转（*rotating*）树，如图 10-19 和图 10-20 所示。

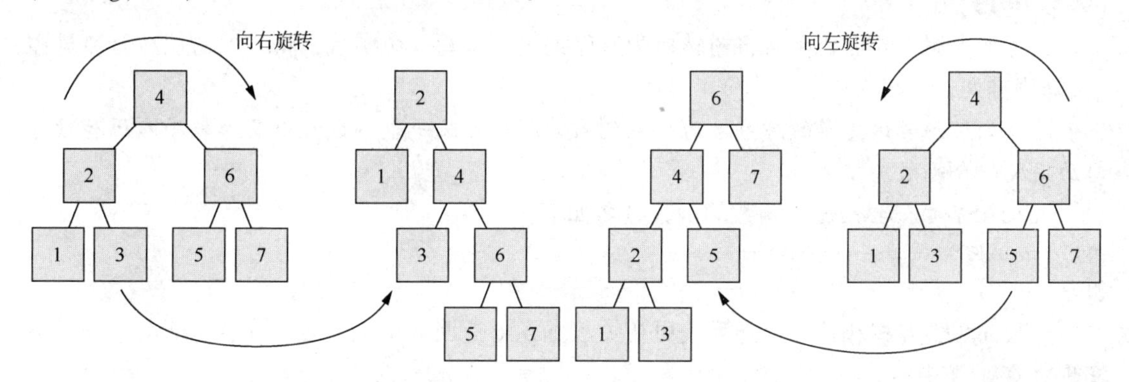

图 10-19　向右旋转一棵树。在旋转过程中，2 和 3 之间的线被 2 和 4 之间的线取代，所以元素 3 变成了 4 的左元素

图 10-20　向左旋转一棵树。元素 6 的左元素变成了 4（之前 6 的父亲），所以元素 5 变成了 4 的右元素

【练习 10-12】

编写 `rotaterLight` 和 `rotateLeft` 函数以在两个方向上旋转树。注意保持分支顺序：左元素必须始终小于根，右元素必须始终大于根。在父类中声明抽象函数，它们只能从 `Tree` 类内部使用。父类中的函数签名如下：

```
protected abstract funrotateRight(): Tree<A>
protected abstract funrotateLeft(): Tree<A>
```

答案

`Empty` 返回 `this`。在 `T` 类中，右旋转的步骤如下所述。

1）测试左分支是否为空。

2）如果左分支为空，则返回 `this`，因为向右旋转会将左元素提升为根元素（不能提升空树）。

3）如果左元素不为空，它将成为根元素，因此将以 `left.value` 作为根创建新的 `T`。左元素的左分支将成为新树的左分支。对于右分支，构建一棵新的树，以原始根为根，原始左分支的右分支为左分支，原始右分支为右分支。

左旋转是对称的：

```
override funrotateRight(): Tree<A> = when (left) {
```

```
        Empty-> this
        is T-> T(left.left, left.value,
                        T(left.right, value, right))
    }
    override funrotateLeft(): Tree<A> =when (right) {
        Empty-> this
        is T-> T(T(left, value, right.left),
                        right.value, right.right)
    }
```

这个解释似乎很复杂，但实际上很简单。将代码与图 10-19 和图 10-20 进行比较，看看发生了什么。如果试图多次旋转一棵树，会到达一个空的分支，并且树不能再朝同一个方向旋转。

【练习 10-13】

为了平衡树，还需要函数将树转换为有序列表。编写一个函数，将一棵树从右至左排序（按降序排列）。

注：如果想尝试更多的练习，为从左到右的顺序定义一个函数，以及为先序遍历和后序遍历定义一个函数。

toListInOrdeRright 函数的函数签名如下：

```
funtoListInOrderRight():List<A>
```

答案

这很简单，与树相比，这与列表更相关。Empty 返回一个空列表。读者可能会想到以下实现（在 T 类中）：

```
Override funtoListInOrderRight(): List<A> =
        right.toListInOrderRight()
                .concat(List(value))
                .concat(left.toListInOrderRight())
```

不幸的是，如果树不平衡，这个函数就会溢出堆栈。当需要这个函数来平衡一棵树时，如果它不能和一棵不平衡的树一起工作，那就太可惜了。

现在需要的是一个堆栈安全的共递归版本。它使用一个共递归辅助函数来平衡树，该树可以放在伴生对象中，同时，主函数放在 Tree 类中。辅助函数如下：

```
private tailrec
fun <A: Comparable<A>> unBalanceRight(acc: List<A>,
                                      tree: Tree<A>): List<A> =
    when (tree) {
        Empty -> acc
        is T -> when (tree.left) {
            Empty -> unBalanceRight(acc.cons(tree.value),
                                tree.right)              ← 把树加入累加器列表
            is T -> unBalanceRight(acc,
                                tree.rotateRight())      ← 旋转树直至左分支变为空
        }
    }
```

以下是 Tree 类中的主函数：

```
fun toListInOrderRight(): List<A> =unBalanceRight(List(), this)
```

unbalancedLight 函数将树向右旋转，直到左分支为空。然后，在将树值添加到累加器列表之后，它递归地调用自己，对所有正确的子树执行相同的操作。最后，树参数为空，函数返回列表累加器。

10.12.2　使用 Day-Stout-Warren 算法

Day-Stout-Warren 算法是一种有效平衡二叉搜索树的简单方法。

1）将二叉搜索树转化为完全不平衡的二叉搜索树。

2）进行旋转，直到树完全平衡。

将树转换成完全不平衡的树是一个简单的事情：可以创建一个有序的列表并从中创建一个新的树。当希望以升序创建树时，必须以降序创建一个列表，然后开始向左旋转。同理也可以生成一个降序的树。

获得完全平衡树的算法如下所述。

1）向左旋转树，直到结果的分支尽可能相等。这意味着，如果总大小为奇数，分支大小将相等；如果总大小为偶数，分支大小将相差 1。得到的结果是一棵树有两个大小接近相等完全不平衡的分支。

2）将同一进程递归应用于右分支。将对称过程（向右旋转）应用于左分支。

3）当结果的高度等于 log2（大小）时停止。为此，需要以下辅助函数：

```
fun log2nlz(n: Int): Int = when (n) {
    0-> 0
    else-> 31-Integer.numberOfLeadingZeros(n)
}
```

下面是 Javadoc 中对 numberOLeadingZeros 方法的解释。

返回指定 int 值的二进制补码表示形式中，最高顺序（最左边）前的 0 的数目。如果指定的值的二进制补码没有 1 位，即如果它等于零，则返回 32。

该方法与对数底数 2 密切相关。对于所有正的 int 值 x：

- floor（log2（x））＝31-numberOfLeadingZeros（x）。
- ceil（log2（x））＝32-numberOfLeadingZeros（$x-1$）。

【练习 10-14】

实现完全平衡任何树的 balance 函数。此函数将在伴生对象中定义，并将要平衡的树作为其参数。

提示

此实现基于几个辅助函数：第一个函数通过调用 toListInOrderRight 函数来创建完全不平衡的树。生成的列表被折叠成一棵（完全不平衡的）树，这样更容易平衡。

还需要一个函数来测试树是否完全平衡，以及一个函数来递归地旋转树。读者可能想这样在伴生对象中实现一个能够旋转树的函数。

```
fun <A> unfold(a: A, f: (A)-> Result<A>): A {
    tailrec fun <A> unfold(a: Pair<Result<A>, Result<A>>,
                           f: (A)-> Result<A>): Pair<Result<A>, Result<A>>
    {
        val x = a.second.flatMap {f(it)}
        return x.map {unfold(Pair(a.second, x), f)}.getOrElse(a)   }
    return Result(a).let {unfold(Pair(it, it), f).second.getOrElse(a)}
}
```

不幸的是，这样是错误的，因为辅助函数不是尾递归函数。要使其尾部递归，需要一种方法来确定 Result 是否为 Success。可以通过以下两种方法之一来确定。

- 通过模式匹配，如果 Result 类和 Tree 类在同一个模块中（因为 Result 子类声明为 internal）。
- 通过在 Result 类中添加 isSuccess 函数。

选择自己更倾向的解决方案。本书已经将 Result 类复制到本章模块中（以及其他必要的类）。可以按如下的方式实现：

```
fun <A> unfold(a: A, f: (A)-> Result<A>): A {
    tailrec fun <A> unfold(a: Pair<Result<A>, Result<A>>,
                           f: (A)-> Result<A>): Pair<Result<A>, Result<A>> {
    val x = a.second.flatMap {f(it)}
    return when (x) {
            is Result.Success-> unfold(Pair(a.second, x), f)
            else-> a
    }
    }
    return Result(a).let{unfold(Pair(it,it),f).second.getOrElse(a)}
}
```

类比 List.unfold 或 Stream.unfold，此函数称为 unfold。它执行相同的操作，只是函数的结果类型与它的输入类型相同，但是它忽略了大部分结果，只保留最后两个结果。这使得它运行更快，占用的内存更少。同时，还需要定义内部函数来访问树的值和分支。

答案

首先，需要定义一个工具函数来测试树是否不平衡。要使其平衡，如果分支的总大小为偶数，则两个分支的高度差必须为 0；如果分支的总大小为奇数，则高度差必须为 1：

```
fun <A : Comparable<A>>isUnBalanced(tree: Tree<A>): Boolean =
    when (tree) {
        Empty-> false
        is T-> Math.abs(tree.left.height-tree.right.height) > (tree.size-1) % 2
    }
```

然后，必须创建函数来访问树中的值和分支。可以使用与高度和大小相同的技术来实现这一点。在 Tree 类中定义抽象属性：

```
internal abstract val value: A
internal abstract val left: Tree<A>
internal abstract val right: Tree<A>
```

Empty 的实现在访问时会引发异常。这是因为定义的是属性而不是函数，不可以像下面这样写：

```
override val value: Nothing = throw IllegalStateException("No value in Empty")
override val left: Tree<Nothing> = throw IllegalStateException("No left in Empty")
override val right: Tree<Nothing> = throw IllegalStateException("No right in Empty")
```

这样做将导致在初始化属性后，即一旦创建了对象，立即抛出异常。如果还记得在第 9 章中所学的内容，就知道必须使用惰性初始化：

```
override val value: Nothing by lazy {throw IllegalStateException("No value in Empty")}
override val left: Tree<Nothing> by lazy {throw IllegalStateException("No left in Empty")}
```

```
override val right: Tree<Nothing> by lazy {throw IllegalStateException("No right in Empty")}
```

注：编程者要确保从不调用这些函数。

需要修改 T 类中的构造函数：

```
internal
class T<out A: Comparable<@UnsafeVariance A>>(override val left: Tree<A>,
                                              override val value: A,
                                              override val right: Tree<A>)
                                                              :Tree<A>() {
```

通过重写构造函数中的属性，将自动为它们提供与被重写属性相同的可见性（internal），而不是默认（public）可见性。现在编写使树平衡的主函数：

```
fun <A: Comparable<A>> balance(tree: Tree<A>):
        Tree<A> =balanceHelper(tree.toListInOrderRight().foldLeft(Empty) {
                t: Tree<A>-> {
                a: A->
                T(Empty, a, t)
                }
        })
fun <A: Comparable<A>>balanceHelper(tree: Tree<A>): Tree<A> =when {
    ! tree.isEmpty() && tree.height > log2nlz(tree.size)-> when {
        Math.abs (tree.left.height-tree.right.height) > 1->balanceHelper(balanceFirstLevel
            (tree))
        else-> T(balanceHelper(tree.left), tree.value, balanceHelper(tree.right))
    }
    else-> tree
}
private fun <A: Comparable<A>>balanceFirstLevel(tree: Tree<A>): Tree<A> =
        unfold(tree) {Tree<A>->
            when {
                isUnBalanced(t)-> when {
                    tree.right.height > tree.left.height-> Result(t.rotateLeft())
                    else-> Result(t.rotateRight())
                }
                else-> Result()
            }
}
```

10.12.3　自动平衡树

对于大多数树，balance 函数都可以使之平衡，但它不能用于不平衡的大型树，因为这些树会溢出堆栈。可以通过只在小的、完全不平衡的树上，或任何大小的、部分平衡的树上使用 balance 函数来解决这个问题。这意味着必须在树变得太大之前平衡它。问题在于，每次修改之后，是否可以使平衡自动进行。

【练习 10-15】

转换之前构造的树，使其在插入、合并和删除时自动平衡。

答案

显而易见的解决方案是在每次修改树的操作之后调用 balance 函数，如下代码所示：

```
operator fun plus(a: @ UnsafeVariance A): Tree < A > balance(plusUnBalanced(a))
private fun plusUnBalanced(a: @ UnsafeVariance A): Tree < A > =plus(this, a)
```

这对小树有效（事实上，小树不需要平衡），但对大树无效，因为太慢了。一种解决方案是只平衡部分的树。例如，只有当树的高度是完全平衡树理想高度的 100 倍时，才能运行平衡函数：

```
operator fun plus(a: @ UnsafeVariance A): Tree < A > {
  fun plusUnBalanced(a: @ UnsafeVariance A, t: Tree < A >): Tree < A > =
      when (t) {
          Empty-> T(Empty, a, Empty)
          is T-> when {
                a < t.value-> T(plusUnBalanced(a, t.left), t.value, t.right)
                a > t.value-> T(t.left, t.value,plusUnBalanced(a, t.right))
                else       -> T(t.left, a, t.right)
          }
          }
  return plusUnBalanced(a, this).let {
    when {
       it.height > log2nlz(it.size) * 100-> balance(it)
       else    -> it
    }
    }
}
```

用于平衡的解决方案的性能似乎不是最佳的，但这是一个折中方案。从 100000 个元素的有序列表中创建树需要 2.5s，并生成高度为 16 的完全平衡树。将 plusUnbalanced 函数中的值 100 替换为 20 将使时间加倍，但没有任何好处，同时，将 100 替换为 1000 将使用 5 倍的时间。

10.13 本章小结

- 树是递归数据结构，一个元素链接到一棵或多棵子树。在某些树中，每个节点都可以链接到数量可变的子树。不过，大多数情况下，它们都与固定数量的子树相链接。
- 在二叉树中，每个节点都链接到两个子树。这些链接称为分支（*branch*），这些分支称为左分支和右分支。二进制搜索树允许更快地检索可比较的元素。
- 树或多或少是平衡的。完全平衡树提供最佳性能，而完全不平衡树具有与列表相同的性能。
- 树的大小是它所包含的元素数；它的高度是树中最长的路径。
- 树结构取决于树元素的插入顺序。
- 树可以按许多不同的顺序（先序、中序、后序）和两个方向（从左到右或从右到左）遍历。
- 树可以很容易地合并，而不需要遍历。
- 树可以被映射或旋转，也可以以多种方式折叠。
- 可以使树平衡，以获得更好的性能，并避免递归操作中的堆栈溢出。

第 11 章 用高级树解决问题

在本章中

- 使用自平衡树避免栈溢出。
- 实现红黑树。
- 实现映射。
- 实现优先级队列。

上一章中，介绍了二叉树的结构和树的基本操作。但是为了充分利用树，必须要有具体的用例，例如，处理随机排序的数据，或者一个为了避免出现堆栈溢出的有限数据集。由于每一个计算步骤都涉及两个递归调用，所以在树中实现堆栈安全比在列表中困难得多。这样就无法在树中创建尾递归版本。本章将学习两种特殊的树。

- 红黑树是一种具有高性能的自平衡通用树，它适用于一般的用途，并且可以处理任意规模的数据。
- 左倾堆是一种适合实现优先级队列的特殊树。

本章将介绍如何使用树存储键/值元组来实现映射，并且还会看到如何为不可比较元素创建优先级队列。

11.1 自平衡树的性能更好，栈更安全

在上一章使用的 Day-Stout-Warren 平衡算法对于平衡不可变树并不理想，因为它是为就地修改设计的。为了编写更安全的程序，必须尽可能避免就地修改。

每一处更改都利用不可变的数据结构创建一个新的结构。因此需要定义一个平衡过程，该过程在重构完全不平衡树并且最终使之平衡之前，不会将树转变为列表。优化此过程的两种方法如下所述。

- 直接旋转原始树（消除列表/不平衡树过程）。
- 接受一定程度的不平衡。

红黑树是最有效的自平衡树设计之一，这种结构是由 Guibas 和 Sedgewick 于 1978 年发

明的[1]。1999 年，Chris Okasaki 发布了红黑树算法的函数化版本[2]。在 Standard ML 中的一个实现阐明了这个类型，之后又增加了一个 Haskell 的实现。这就是将在 Kotlin 中实现的算法。

如果读者对不可变数据结构有兴趣，强烈建议阅读 Okasaki 的书。也可以阅读其 1996 年发表的与其书标题相同的论文。论文远不如书详细，但是可以免费下载（http://www.cs.cmu.edu/~rwh/theses/okasaki.pdf）。

11.1.1 了解基本的红黑树结构

红黑树是一个带有结构增补的二叉搜索树，也是一个能够平衡结果的改进的插入算法。不幸的是，Okasaki 并没有描述删除，这恰恰是一个无比复杂的过程。但是在 2014 年，Germane 和 Might 描述了这种缺失的方法[3]。

在红黑树中，每棵树（包括子树）都有一个表示其颜色的附加属性。值得注意的是，可以是任意颜色甚至是任意属性来表示一个二叉选择。除此之外，红黑树的结构与二叉树的结构完全相同，如清单 11-1 所示。

清单 11-1　红黑树基础结构

```
package com.fpinkotlin.advancedtrees.listing01

import com.fpinkotlin.advancedtrees.listing01.Tree.Color.B    ← 导入颜色以简化代码
import com.fpinkotlin.advancedtrees.listing01.Tree.Color.R
import kotlin.math.max

sealed class Tree<out A: Comparable<@UnsafeVariance A>> {

    abstract val size: Int
                                              抽象属性在父类中定义
    abstract val height: Int    ←

    internal abstract val color: Color
                                              isTR和isTB函数分别测试树是
    internal abstract val isTB: Boolean    ←  红色非空还是黑色非空的

    internal abstract val isTR: Boolean

    internal abstract val right: Tree<A>

    internal abstract val left: Tree<A>
                                              Empty(一个抽象类)允许在此类
    internal abstract val value: A            中实现函数，而不是在此树的父
                                              类中使用模式匹配
    internal abstract
    class Empty<out A: Comparable<@UnsafeVariance A>>:
                                          Tree<A>() {    ←
```

[1] Leo J. Guibas and Robert Sedgewick, "A dichromatic framework for balanced trees," Foundations of Computer Science (1978), http://www.computer.org/csdl/proceedings/focs/1978/5428/00/542800008-abs.html.

[2] Chris Okasaki, Purely Functional Data Structures (Cambridge University Press, 1999).

[3] Kimball Germane and Matthew Might, "Functional Pearl: Deletion, The curse of the red-black tree," JFP 24, 4 (2014): 423-433; http://matt.might.net/papers/germane2014deletion.pdf.

```
    override val isTB: Boolean = false

    override val isTR: Boolean = false

    override val right: Tree<Nothing> by lazy {
        throw IllegalStateException("right called on Empty tree")
    }

    override val left: Tree<Nothing> by lazy {
        throw IllegalStateException("left called on Empty tree")
    }

    override val value: Nothing by lazy {
        throw IllegalStateException("value called on Empty tree")
    }

    override val color: Color = B

    override val size: Int = 0

    override val height: Int = -1

    override fun toString(): String = "E"
}

internal object E: Empty<Nothing>()

internal
class T<out A: Comparable<@UnsafeVariance A>>(
                        override val color: Color,
                        override val left: Tree<A>,
                        override val value: A,
                        override val right: Tree<A>) : Tree<A>() {
    override val isTB: Boolean = color == B

    override val isTR: Boolean = color == R

    override val size: Int = left.size + 1 + right.size

    override val height: Int = max(left.height, right.height) + 1

    override fun toString(): String = "(T $color $left $value $right)"
}

companion object {

    operator
    fun <A: Comparable<A>> invoke(): Tree<A> = E

}

sealed class Color {

    //红
    internal object R: Color() {
        override fun toString(): String = "R"
    }

    //黑
    internal object B: Color() {
        override fun toString(): String = "B"
    }
}
}
```

在Empty类中没有意义的属性惰性地抛出异常

空树是黑色的

空树由E单例表示

非空树可以是黑色或红色的

此函数返回一个空树

颜色是单例对象

contains 函数没有被表示出来，其他的函数如 fold…、map 等同样未被表示，因为它们与标准树版本没有区别。只有 plus 和 minus 函数是不同的。

11.1.2 向红黑树中添加元素

红黑树的主要特征是必须验证不变量。在改变树时，需要对其进行测试以检查这些不变量是否被破坏，并在必要时通过旋转和改变颜色来恢复它们。这些不变量如下所述。

- 空树是黑色的（这不会改变，所以不需要验证）。
- 红树的左右子树是黑色的。将树自顶向下遍历不可能找到两个连续的红色元素。
- 从根节点到一个空子树的每条路径都有相同数量的黑色元素。

将一个元素添加到红黑树是一个比较复杂的过程，包括在插入后检查不变量（并在必要时使红黑树重新平衡）。相应的算法如下所述。

- 空树总是黑色的。
- 正确的插入操作与普通树中的操作完全相同，但随之而来的是平衡操作。
- 将元素插入空树中会生成一个红色树。
- 平衡之后，根节点会变成黑色。

图 11-1 ~ 图 11-7 演示了将整数 1 ~ 7 插入到空树的过程。这种按顺序的插入是最糟糕的情况。如果使用一个普通的二叉树，将会导致这个树完全不平衡。图 11-1 显示了元素 1 插入到空树中的情况。因为要插入到空树中，所以初始颜色为红色。一旦插入元素，根节点就会变为黑色。

图 11-2 显示了元素 2 的插入过程。插入的元素是红色的，根已经是黑色的了，所以仍然不需要进行平衡。

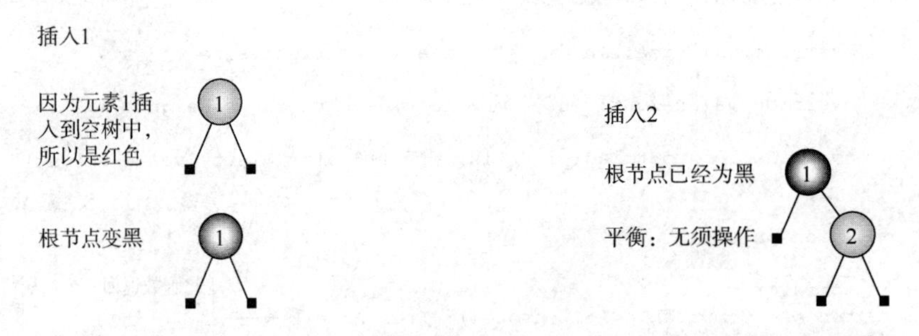

图 11-1　步骤 1：将整数 1 插入到初始状态为空的树中　　图 11-2　步骤 2：插入整数 2

图 11-3 显示了元素 3 的插入。插入的元素是红色的，因为有两个连续的红色元素，所以此树要平衡。由于红色元素现在有两个子结点，所以它们将变成黑色（红色元素的子结点必须始终是黑色）。最终，根部变黑。

图 11-4 显示了元素 4 的插入过程。无须进一步的操作。

图 11-5 显示了元素 5 的插入。由于现在出现了两个连续的红色元素，要使树重新平衡，必须将元素 3 变成 4 的左子树，元素 4 变成 2 的右子树。

图 11-6 显示了元素 6 的插入。无须进一步的操作。

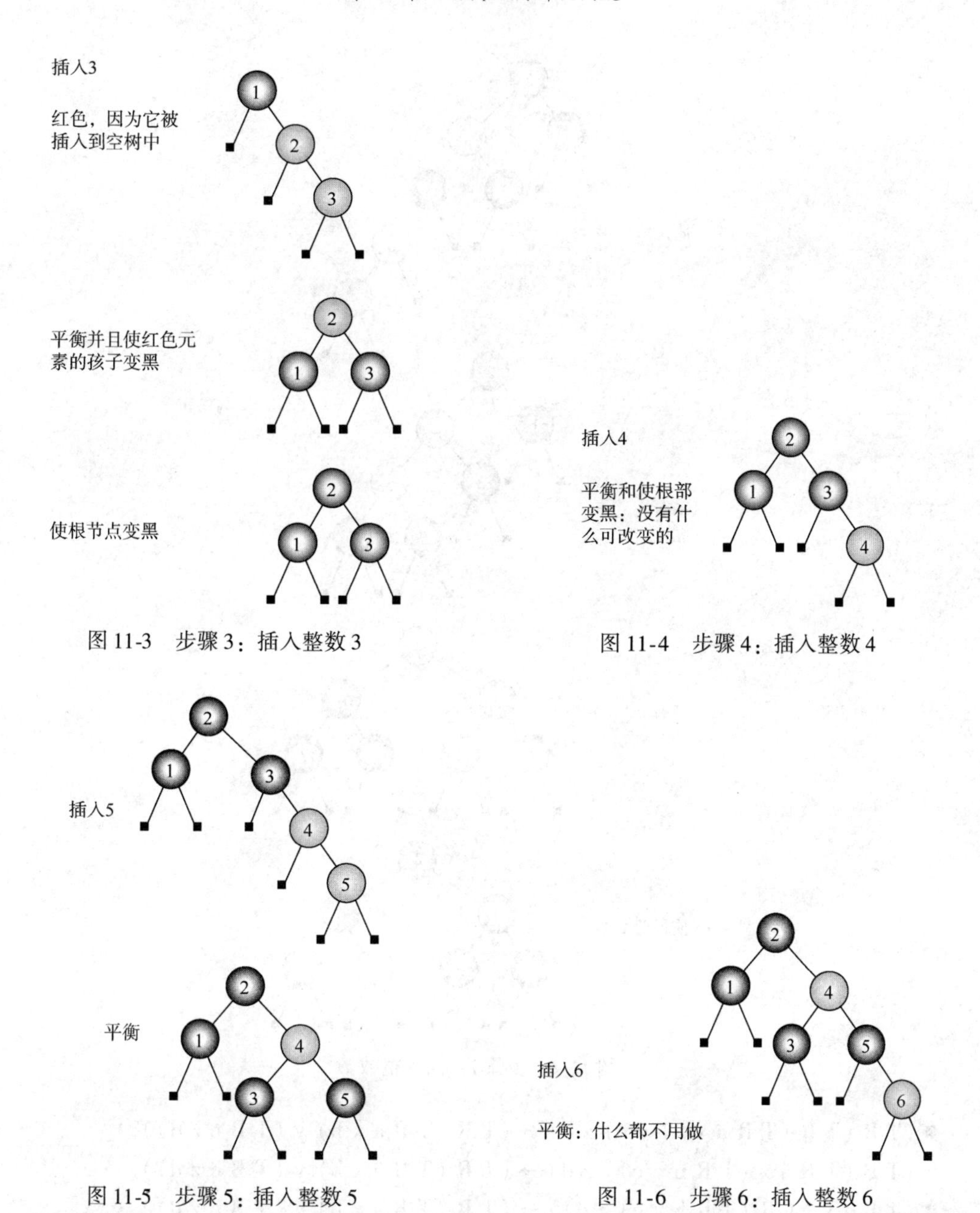
插入3
红色，因为它被
插入到空树中
平衡并且使红色元
素的孩子变黑
使根节点变黑
插入4
平衡和使根部
变黑：没有什
么可改变的
插入5
平衡
插入6
平衡：什么都不用做

图 11-3　步骤 3：插入整数 3

图 11-4　步骤 4：插入整数 4

图 11-5　步骤 5：插入整数 5

图 11-6　步骤 6：插入整数 6

在图 11-7 中，元素 7 被添加到树中。由于元素 6 和元素 7 是两个连续的红色元素，所以必须使树平衡。第一步是使元素 5 成为 6 的左子元素，元素 6 成为 4 的右子元素，这将会产生两个连续的红色元素：4 和 6。将元素 4 变成根，元素 2 成为 4 的左子元素，元素 3 成为 2 的右子元素，树会再次平衡。因为从根到空子树的每条路径都必须有相同数量的黑色元素，所以元素 6 是黑色的。最后一个操作是将根部变成黑色。

balance 函数采用与树的构造函数相同的参数：color、left、value 和 right。针对各种模式测试这 4 个参数，并相应地构造结果。balance 函数替换了树的构造函数，需要将任何使用了该构造函数的过程修改为 balance 函数。以下列表显示了此函数如何转换每个参数模式：

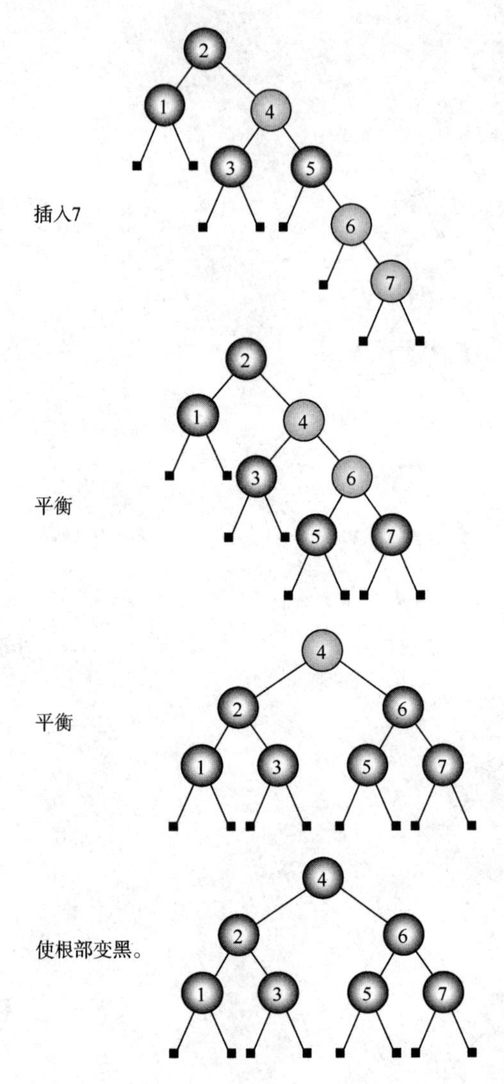

图 11-7　步骤 7：插入整数 7

- (T B (T R (T R a x b) y c) z d)→ (T R (T B a x b) y (T B c z d))。
- (T B (T R a x (T R b y c)) z d)→ (T R (T B a x b) y (T B c z d))。
- (T B a x (T R (T R b y c) z d))→ (T R (T B a x b) y (T B c z d))。
- (T B a x (T R b y (T R c z d)))→ (T R (T B a x b) y (T B c z d))。
- (T color a x b)→ (T color a x b)。

括号中的每一个表达式对应于一棵树。字母 T 表示非空树，B 和 R 分别表示黑色和红色。小写字母是任意值的占位符，这些值在相应位置上有效。每一个左侧的模式（箭头→左侧）按降序应用，这意味着如果找到匹配项，则将对应右侧的模式应用为结果树。这种表示方式类似于 when 表达式，最后一行是默认情况。

【练习 11-1】

编写 plus、balance 和 blacken 函数以便向红黑树中添加元素，相应的函数签名如下：

```
operator fun plus(value: @ UnsafeVariance A): Tree<A>
fun balance(color: Color, left: Tree<A>, value: A, right: Tree<A>): Tree<A>
fun <A: Comparable<A>> blacken(): Tree<A>
```

提示

用 protected 声明一个 add 函数，该函数执行对元素的常规添加，然后将构造函数的调用替换为 balance 函数的调用。接下来，编写 blacken 函数，最后在父类中编写 plus 函数，并在 add 的结果上调用 blacken。除了 plus 函数是公共（public）的之外，其余所有函数都应该是私有的（private）或者受保护的（protected）。

答案

balance 函数可以在 Tree 类中实现，它的模式可以用 when 表达式表示，同时使用类型的别名来简化代码：

```
protected fun balance(color: Color,
                      left: Tree<@ UnsafeVariance A>,
                      value: @ UnsafeVariance A,
                      right: Tree<@ UnsafeVariance A>): Tree<A> =when{
// balance B (T R (T R a x b) y c) z d=T R (T B a x b) y (T B c z d)
          color==B && left.isTR && left.left.isTR->
             T(R, left.left.balance(), left.value, T(B, left.right, value, right))
// balance B (T R a x (T R b y c)) z d=T R (T B a x b) y (T B c z d)
          color==B && left.isTR && left.right.isTR->
             T(R,T(B,left.left,left.value,left.right.left), left.right.value
               T(B, left.right.right, value, right))
// balance B a x (T R b y c) z d)=T R (T B a x b) y (T B c z d)
          color==B && right.isTR && right.left.isTR->
             T(R,T(B,left.value,right.left.left), right.left.value
               T(B, right.left.right, right.value, right.right))
// balance B a x (T R b y (T R c z d))=T R (T B a x b) y (T B c z d)
          color==B && right.isTR && right.right.isTR->
             T(R,T(B,left,value,right.left),right.value,
             right.right.blacken())
// blance color a x b=T color a x b
           else-> T(color, left, value, right)
         }
```

每一个 when 都实现了上一节中列出的一个模式（在注释中标识），如果要进行比较，在文本编辑器中比在打印页面上要更容易。

add 函数与在标准二叉搜索树中所做的操作类似，但是其中 balance 函数替换了 T 构造函数。add 函数可以作为 Tree 类中的抽象函数实现，并实现于 Empty 和 T 中，Empty 类中的实现如下：

```
override fun add(newVal: @ UnsafeVariance A): Tree<A> =T(R, E, newVal, E)
```

T 类中的实现如下：

```
override fun add(newVal: @ UnsafeVariance A): Tree<A> =when {
        newVal < value-> balance(color, left.add(newVal), value, right)
        newVal > value-> balance(color, left, value, right.add(newVal))
```

```
            else          -> when (color) {
                B-> T(B, left,newVal, right)
                R-> T(R, left,newVal, right)
            }
        }
```

在之前的类中，某些函数无法在 Empty 单例中实现，因为 A 参数不可访问（单例被 Nothing 参数化）。使用一个被 A 参数化的抽象 Empty 类，并且使用 E <Nothing> 单例对象对其进行扩展，就可以在 Empty 类中实现函数，并仍然具有表示空树的单例对象。

blacken 函数也在 Tree 类中作为抽象函数实现。有两种实现方式，Empty 的实现如下：

```
override fun blacken(): Tree<A> =E
```

T 的实现如下：

```
override fun blacken(): Tree<A> =T(B, left, value, right)
```

最后，在 Tree 类中使用 operator 关键字定义 plus 函数，使用 + 操作符来调用它，返回 add 函数调用 blacken 后的结果：

```
operator fun plus(value: @UnsafeVariance A): Tree<A> =add(value).blacken()
```

11.1.3 从红黑树中移除元素

Germane 和 Might 讨论了从红黑树中删除一个元素的问题[⊖]。使用 Kotlin 实现的代码太长，无法包含在书中，但读者可以在附带的代码中找到（http://github.com/pysaumont/fpinKotlin）。这将在下一个练习中使用。

11.2 一个红黑树的用例：Map

整数树通常不太有用（尽管有时会有用）。二叉搜索树的一个重要用途是映射（*map*），也称为字典或者关联数组。映射是键值对的集合，允许每对插入、删除和快速检索。

身为程序员会很熟悉映射，Kotlin 提供了几种实现方法，其中最常见的是 Map 和 MutableMap 类型。但是如果没有提供一些难以正确设计和使用的保护机制，MutableMap 就无法在多线程环境中应用。而 Map 类型可以避免这种问题。但由于没有数据共享，它的效率不高，因此必须为每次插入或者删除创建一个全新的映射。

11.2.1 实现 Map

红黑树这样的函数化树具有不变性的优点，可以在多线程的环境中使用，而不必担心锁和同步的问题。这也提供了良好的性能，因为在添加或者删除一个元素时，大多数数据在旧树和新树之间共享，清单 11-2 显示了可以使用红黑树实现的 Map 的接口。

清单 11-2 功能性映射

```
class Map<out K: Comparable<@UnsafeVariance K>, V> {
```

⊖ Kimball Germane and Matthew Might, "The missing method: Deleting from Okasaki's red-black trees" (http://matt.might.net/articles/red-black-delete/).

```
    operator fun plus(entry:Pair<@ UnsafeVariance K,V>):Map<K,V> =TODO()
    operator fun minus(key: @ UnsafeVariance K): Map<K, V> =TODO()
    fun contains(key: @ UnsafeVariance K): Boolean =TODO()
    fun get(key:@ UnsafeVariance K):Result<MapEntry<@ UnsafeVariance K, V>> =TODO()
    fun isEmpty(): Boolean =TODO()
    fun size(): Int =TODO("size")
    companion object {
        operator fun invoke(): Map<Nothing, Nothing> =Map()
    }
}
```

【练习 11-2】

通过实现所有函数来完成 Map 类。

提示

此时应该使用一个委托，在该委托过程中，所有功能都可以用一行代码实现。唯一的问题是选择如何在映射中存储数据，不过这应该很容易。读者可能必须更改 plus 函数参数类型，或者修改 get 函数的返回类型。另外，需要向 Tree 类添加 get 函数来获取元素，这个函数的签名如下：

```
fun operator get(element: @ UnsafeVariance A): Result<A>
```

这个函数不返回它的参数，但是如果树中包含这样一个元素或者一个空的 result，则返回与这个参数相等的元素的 Result。还要在 Tree 类中定义一个 isEmpty 函数，然后定义一个 MapEmpty 类来表示键/值对，并将此组件的实例存储在树中。

答案

MapEntry 组件类似于一个具有这一重要区别的 Pair：它必须是可比较的，并且比较必须基于键 key。equals 和 hashCode 函数也将基于键的相等和哈希码。以下是一个可能的实现：

```
class MapEntry<K: Comparable<@ UnsafeVariance K>, V>
        private constructor(privatevalkey:K,valvalue: Result<V>):
                                Comparable<MapEntry<K, V>> {
        override fun compareTo(other: MapEntry<K, V>): Int =
                                this.key.compareTo(other.key)
        override fun toString():String ="MapEntry($key, $value)"
        override fun equals(other: Any?): Boolean =
            this === other ||when (other) {
                isMapEntry<*, *>-> key ==other.key
                else-> false
            }
        override funhashCode(): Int =key.hashCode()
        companion object {
            fun <K:Comparable<K>,V>of(key:K,value:V):MapEntry<K,V> =
                MapEntry(key, Result(value))
            operator
            fun <K:Comparable<K>,V>invoke(pair:Pair<K,V>):MapEntry<K,V> =
                MapEntry(pair.first, Result(pair.second))
```

```
        operator fun <K: Comparable<K>, V> invoke(key: K): MapEntry<K, V> =
                MapEntry(key, Result())
        }
}
```

实现 Map 组件只需将所有操作委托给 Tree<MapEntry<Key, Value>>。以下是一个可能的实现：

```
class Map<out K: Comparable<@UnsafeVariance K>, V>(
    private val delegate:Tree<MapEntry<@UnsafeVariance K,V>> =Tree()) {
    operator fun plus(entry:Pair<@UnsafeVariance K,V>):Map<K, V> =
                                            Map(delegate +MapEntry(entry))
    operator fun minus(key: @UnsafeVariance K): Map<K, V> =Map(delegate-MapEntry(key))
    fun contains(key: @UnsafeVariance K): Boolean =delegate.contains(MapEntry(key))
    operator fun get(key: @UnsafeVariance K):Result<MapEntry<@UnsafeVariance K, V>> =
                                                    delegate[MapEntry(key)]
    fun isEmpty(): Boolean =delegate.isEmpty
    fun size() =delegate.size
    override fun toString() =delegate.toString()
    companion object {
        operator fun <K: Comparable<@UnsafeVariance K>, V> invoke():
                Map<K, V> =Map()
    }
}
```

11.2.2 扩展 Map

并不是所有的树操作都被委托了，因为在当前条件下，某些操作没有多大的意义。在某些特殊用例中，可能需要执行额外的操作。实现这些操作很容易：扩展 Map 类并添加委托函数。

例如，可能需要使用最大或最小键来查找对象。或者可能需要折叠映射，以获得包含值的列表，实现委托功能的 foldLeft 函数的示例如下：

```
fun <B>foldLeft(identity: B, f: (B)->
        (MapEntry<@UnsafeVariance K, V>)-> B, g: (B)-> (B)-> B): B =
            delegate.foldLeft(identity, {b->
                    {me:MapEntry<K, V>->
                        f(b)(me)
                    }
            },g)
```

值得注意的是，映射的折叠通常发生在特定的用例中，这些用例需要在 Map 类中进行抽象。

【练习 11-3】

在 Map 类中编写一个 values 函数，该函数以列表的形式，以键的升序返回 Map 中包含的值。

提示

必须在 Tree 中创建一个新的折叠函数，并从 Map 类委托给它。

答案

values 函数有几种可能的实现方式。可以将其委托给 foldInOrder 函数，但是该函数会按升序遍历树值。使用此函数构造列表将导致列表按降序排列。

虽然可以将结果颠倒，但是这样做是低效的。一个更好的解决方案是在 Tree 类中添加一个 foldInReverseOrder 函数。回想一下 foldInOrder 函数：

```
override fun <B>foldInOrder(identity: B, f: (B)-> (A)-> (B)-> B): B =
    f(left.foldInOrder(identity,f))(value)(right.foldInOrder(identity, f))
```

只需颠倒顺序：

```
override fun <B>foldInReverseOrder(identity: B,
                              f: (B)-> (A)-> (B)-> B): B =
    f(right.foldInReverseOrder(identity, f))(value)(left
                              .foldInReverseOrder(identity, f))
```

像往常一样，Empty 的实现返回 identity。现在，可以在 Map 类中委托给此函数：

```
fun values(): List<V> =
        sequence(delegate.foldInReverseOrder(List<Result<V>>()) {lst1->
            {me->
                {lst2->
                    lst2.concat(lst1.cons(me.value))
                }
            }
        }).getOrElse(List())
```

11.2.3　使用具有不可比较键的 Map

Map 类很有用而且相对高效，但是与大多数人习惯的映射相比，它有一个很大的缺点：键必须具有可比性。尽管用于键的类型通常是可比较的，如整数或者字符串，但是如果使用非可比类型的键，该怎么办？

【练习 11-4】

实现具有不可比较键的 Map 版本。

提示

需要修改两件事：首先，尽管键是不可比较的，但是应该让 MapEntry 类具有可比性。其次，不相等的值可能保存在相等的映射条目中，因此应该同时保留冲突条目来解决冲突。

答案

首先要做的是通过解除对键的可比性的需求来修改 MapEntry 类：

```
class MapEntry<K: Any, V> private constructor(val key: K,
                                              val value: Result<V>):
                                              Comparable<MapEntry<K, V>>{
```

注意，尽管 K 类型是不可比较的，但是 MapEntry 仍然是可比较的。

其次，必须使用不同方法实现 compareTo 函数。一种可能方式是基于键的哈希码来比较映射条目。注意，需要稍微修改类的类型参数，使键类扩展为 Any。默认情况下，它扩展了一个可空类型 Any?，因此需要在 compareTo 实现中处理空值。否则，调用 other.

hashCode()可能抛出 NullPointerException 异常：

```
class MapEntry<K: Any, V> private constructor(val key: K,
                                              val value: Result<V>):
                                              Comparable<MapEntry<K, V>> {
    override funcompareTo(other: MapEntry<K, V>): Int =
            hashCode(). compareTo(other.hashCode())
        ...
```

然后，必须处理当两个映射条目具有相同哈希码但不同键时发生的冲突。在这种情况下，应该两者都保留。最简单的解决方案是将映射项存储在列表中。为此，必须修改 Map 类。首先，被委托的树要修改类型（在构造函数中）：

```
private val delegate: Tree<MapEntry<Int, List<Pair<K, V>>>> =Tree()
```

接下来，需要一个函数来检索对应于相同键哈希码的键/值元组列表：

```
private fun getAll(key: @ UnsafeVariance K): Result<List<Pair<K, V>>> =
        delegate[MapEntry(key.hashCode())]
                .flatMap {x->
                x.value.map {lt->
                    lt.map {t-> t}
                }
            }
```

然后，根据 getAll 函数定义 plus、contains、minus 和 get 函数。plus 函数如下：

```
operator fun plus(entry: Pair<@ UnsafeVariance K, V>): Map<K, V> {
        val list =getAll(entry.first).map {lt->
            lt.foldLeft(List(entry)) {lst->
                {pair->
                if (pair.first ==entry.first)lst else lst.cons(pair)
                }
            }
        }.getOrElse{List(entry)  }
    return Map(delegate +MapEntry.of(entry.first.hashCode(),  list))
}
```

minus 函数如下：

```
operator fun minus(key: @ UnsafeVariance K): Map<K, V> {
        val list =getAll(key).map {lt->
            lt.foldLeft(List()) {lst: List<Pair<K, V>>->
                {pair->
                    if (pair.first ==key)lst else lst.cons(pair)
                }
            }
            }. getOrElse {List()}
            return when {
                list.isEmpty()-> Map(delegate-MapEntry(key.hashCode()))
                else-> Map(delegate  +MapEntry.of(key.hashCode(),  list))
          }
}
```

contains 函数如下：

```
fun contains(key: @ UnsafeVariance K): Boolean =
        getAll(key).map {list->
            list.exists {pair->
                pair.first == key
            }
        }.getOrElse(false)
```

get 函数如下：

```
fun get(key: @ UnsafeVariance K): Result<Pair<K, V>> =
        getAll(key).flatMap {list->
            list.filter {pair->
                pair.first == key
            }.headSafe()
        }
```

请注意，values 函数和 foldLeft 函数将不再编译。可以将解决这个问题作为一个附加练习，虽然看起来很难，但其实并不难，只需依照类型更改。如果有问题可以在 GitHub 库的代码中找到解决方案（https://github.com/pysaumont/fpinkotlin）。

通过这些修改，Map 类现在可以与不可比较的键一起使用。因为在列表中搜索所需的时间与元素的数量成正比，所以使用列表存储键/值元组可能不是最有效的实现方式。但在大多数情况下，列表只包含一个元素，因此搜索会立即返回。出于同样的原因，优化 get 函数中对第一个匹配的 key 的搜索是没有意义的。如果想这样做，可以使用中断折叠（带有 0 参数的折叠），而不是使用 filter 和 headSafe，它将在获取第一个元素之前先遍历整个列表。如果不记得如何操作，请参阅【练习 8-13】。

关于这个实现需要注意的一点是，minus 函数测试得到的对列表是否为空。如果为空，则列表会在 delegate 上调用 minus 函数。否则，它会调用 plus 函数来重新插入已经被删除的相应条目的新列表。请回忆第 10 章的【练习 10-1】。由于 plus 函数的实现方法，这种情况是可能的，因为一个映射中的元素在原先的位置上被一个相等的元素取代。如果没有这样做，则必须首先删除元素，再插入带有修改列表的新元素。

11.3　实现功能优先级队列

众所周知，队列是一种具有特定访问协议的列表。队列可以是单端的，就像在前面章节中经常使用的单链表一样。在这种情况下，访问协议是后进先出（LIFO）。队列也可以是双端的，允许先进先出（FIFO）访问协议。但也有数据结构具有更专业的协议，其中就包括优先级队列（*priority queue*）。

11.3.1　查看优先级队列访问协议

值可以按任何顺序插入优先级队列，但只能按特定顺序检索。所有值都具有优先级，并且只有具有最高优先级的元素可用。优先级（*priority*）由元素的顺序表示，这意味着元素必须在某种程度上具有可比性。

优先级对应于理论等待队列中元素的位置。最高优先级属于具有最低位置的元素（第一个元素）。按照惯例，最高优先级由最低值表示。

由于优先级队列包含可比较的元素，因此它非常适合树状结构。但是从用户的角度来看，优先级队列被视为具有头部（具有最高优先级的元素，意味着最低值）和尾部（队列的其余部分）的列表。

11.3.2 探索优先级队列用例

优先级队列有许多不同的用例。人们很快想到的是排序。可以按随机顺序将元素插入优先级队列并按顺序检索。这不是此结构的主要用例，但它对于小数据集的排序十分有效。

另一个常见用例是在异步并行处理之后对元素重新排序。假设需要处理多个页面的数据。为了加快处理速度，可以在多个并行工作的线程之间分配数据。但是不能保证线程会按照接收工作的顺序返回它们的工作。为了重新同步页面，可以将它们放在优先级队列中。进程应该使用页面，然后轮询队列以检查可用元素（队列的头部）是否是预期的元素。例如，如果将 1 ~ 8 页分配给要并行处理的 8 个线程，则消费者会轮询队列以查看第 1 页是否可用。如果可用，则会使用它。否则，则等待。

在这种情况下，队列既充当缓冲区，又充当重新排序元素的方式。这通常意味着大小的变化有限，因为从队列中删除元素的速度或多或少与插入元素的速度相同。如果消费者消耗元素的速度与 8 个线程产生元素的速度大致相同，则情况确实如此。如果不是这种情况，则可能会使用多个消费者。

如前所述，程序的实现方式是一个时间与空间的权衡，或者时间与时间的权衡。在这种情况下，是在插入和检索时间之间做出选择。一般用例中，检索时间必须优于插入时间，因为插入和检索操作数量之间的比例越大，通常越有利于检索（头部经常被读取而不被移除）。

11.3.3 查看实现需求

可以基于红黑树实现优先级队列，因为查找最小值非常快。但检索并不意味着删除。如果搜索最小值，却发现它不是想要的值，则必须稍后返回并再次搜索。对此，一个可能的解决方案是记住插入时的最低值。还可以改变删除的过程。删除元素相对较快，但是由于总是删除最低的元素，可以优化此操作的数据结构。

另一个需要考虑的问题关于重复。虽然红黑树不允许重复，但优先级队列必须这样做，因为完全有可能有多个具有相同优先级的元素。解决方案可以与映射中的相同——使用相同的优先级储存元素的列表（而不是单个元素），但这对性能来说可能不是最佳的选择。

11.3.4 左倾堆数据结构

为了满足优先级队列的要求，将使用 Okasaki 描述的左倾堆[⊖]。Okasaki 将左倾堆定义为带有左属性的堆有序树。

- 堆有序树是指一个元素的每个分支都大于或等于该元素本身的树。这保证了树中最低的元素始终是根元素，从而可以立即访问最低值。

⊖ Chris Okasaki, Purely Functional Data Structures (Cambridge University Press, 1999).

- 有了左属性，对于每个元素来说，左分支的秩大于或者等于右分支的秩。
- 元素的秩（*rank*）是右路径（也称为右脊）到空元素的长度。左属性保证从任何元素到空元素的最短路径都是正确的路径。其结果是元素总是能以升序沿着任何下降路径找到。图 11-8 显示了一个左倾树的示例。

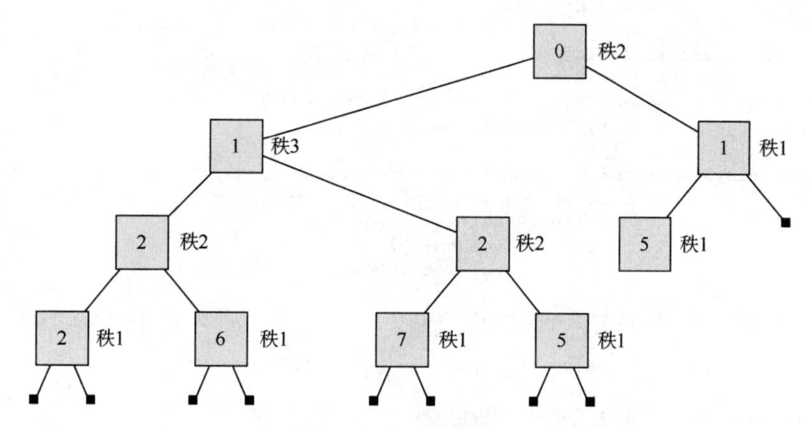

图 11-8　一种堆排序的左倾树。显示元素的每个分支高于或等于元素本身，并且每个左分支的秩大于或者等于相应右分支的秩

正如图 11-8 所示，在一定时间内检索最高优先级元素是可能的，因为它始终是树的根。该元素称为结构的头部（*head*）。与列表类似，删除元素会在删除根后返回树的其余部分。此返回值称为结构的尾部（*tail*）。

11.3.5　实现左倾堆

左倾堆主类称为 Heap，是一种树的实现。清单 11-4 显示了它的基本结构。到目前为止开发的树的主要区别在于，诸如 right、left 和 head（相当于前面示例中所称的value）之类的函数返回的是一个 Result 而不是原始值。还要注意，rank 是由构造函数的调用者而不是构造函数本身计算的。这是一种无动机的设计选择，表示了另一种方式。由于构造函数是私有的，因此差值不会泄漏到 Heap 类之外。

清单 11-4　左倾堆结构

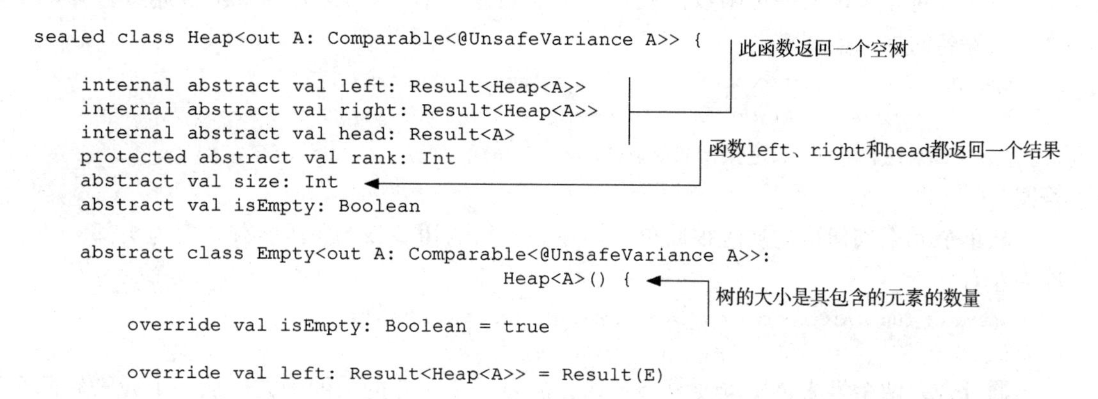

```
sealed class Heap<out A: Comparable<@UnsafeVariance A>> {

    internal abstract val left: Result<Heap<A>>
    internal abstract val right: Result<Heap<A>>
    internal abstract val head: Result<A>
    protected abstract val rank: Int
    abstract val size: Int
    abstract val isEmpty: Boolean

    abstract class Empty<out A: Comparable<@UnsafeVariance A>>:
                                            Heap<A>() {

        override val isEmpty: Boolean = true

        override val left: Result<Heap<A>> = Result(E)
```

```
        override val right: Result<Heap<A>> = Result(E)

        override val head: Result<A> =
            Result.failure("head() called on empty heap")

        override val rank: Int = 0

        override val size: Int = 0
    }

    internal object E: Empty<Nothing>()      ◄── 空类是抽象的

    internal class H<out A: Comparable<@UnsafeVariance A>>(
                        override val rank: Int,      ◄── 秩属性在H子类之外计算并传递给构造函数
                        private val lft: Heap<A>,
                        private val hd: A,
                        private val rght: Heap<A>): Heap<A>()  {

        override val isEmpty: Boolean = false

        override val left: Result<Heap<A>> = Result(lft)

        override val right: Result<Heap<A>> = Result(rght)

        override val head: Result<A> = Result(hd)

        override val size: Int = lft.size + rght.size + 1
    }

    companion object {

        operator fun <A: Comparable<A>> invoke(): Heap<A> = E      ◄── E单例对象表示所有空树
    }
}
```

【练习 11-5】

要添加到 heap 实现中的第一个功能是添加元素。为此，需要定义一个 plus 函数。使其成为 heap 类中的实例操作符函数，签名如下：

```
operator fun plus(element: @ UnsafeVariance A): Heap<A>
```

现在的要求是，如果该值小于堆中的任何元素，它应该成为新堆的根。否则，堆的根不应该更改。此外，应满足关于正确路径的秩和长度的其他要求。

提示

在伴生对象中定义一个函数，从一个元素创建一个 Heap，另一个函数通过合并两个具有以下签名的堆来创建堆：

```
operator fun <A: Comparable<A>> invoke(element: A): Heap<A>
fun <A:Comparable<A>>merge(first: Heap<A>, second: Heap<A>): Heap<A>
```

然后根据这两个堆来定义 plus 函数。

答案

从单个元素创建堆的功能很简单。创建一棵新的树，秩为 1，参数元素为头部，两个空堆为左右分支：

```
operator fun <A:Comparable<A>> invoke(element: A):Heap<A> =
                            H(1, E, element, E)
```

通过合并两个堆来创建堆要复杂一些，需要一个额外的辅助函数，从一个元素和两个堆创建一个堆：

```
protected
fun <A : Comparable<A>> merge(head: A,
                              first: Heap<A>,
                              second: Heap<A>): Heap<A> =
    when {
        first.rank >= second.rank-> H(second.rank+1, first, head, second)
        else-> H(first.rank+1, second, head, first)
    }
```

此代码首先检查第一个堆的秩是否大于或等于第二个堆的秩。如果是，则将新秩设置为第二个堆的秩 +1，并且以先 first 再 second 的顺序使用两个堆。否则，新秩被设置为第一个堆的秩 +1，并且两个堆以相反顺序（先 second 再 fisrt）使用。现在合并两个堆的功能，可以如下缩写：

```
fun <A:Comparable<A>>merge(first: Heap<A>, second: Heap<A>): Heap<A> =
        first.head.flatMap {fh->
            second.head.flatMap {sh->
                when {
                    fh <=sh-> first.left.flatMap {fl->
                        first.right.map {fr->
                            merge(fh, fl, merge(fr, second))
                        }
                    }
                    else-> second.left.flatMap {sl->
                        second.right.map {sr->
                            merge(sh, sl, merge(first, sr))
                        }
                    }
                }
            }
        }.getOrElse(when (first) {
                E-> second
                else-> first
                })
```

如果要合并的堆其中之一为空，则返回另一个堆。否则，计算合并的结果。定义了这些函数后，很容易创建 plus 函数：

```
operator fun plus(element: @UnsafeVariance A): Heap<A> =
                merge(this, Heap(element))
```

11.3.6　实现类似队列的接口

尽管它是作为树实现的，但是从用户的角度看，堆就像一个优先级队列，即一种链表，其中头始终是最小的元素。通过类比，树的根元素称为头部，移除头部后剩余的部分称为尾部。

【练习 11-6】

定义一个 tail 函数，该函数返回删除头部后剩下的内容。这个函数与 head 函数一样，返回一个 Result，以便在空队列上调用它时确保它是安全的。它在 Heap 父类中的签名如下：

```
abstract fun tail(): Result<Heap<A>>
```

答案

Empty 实现显而易见，并返回 Failure：

```
override fun tail(): Result<Heap<A>> =
    Result.failure(IllegalStateException("tail() called on empty heap"))
```

考虑到在前面的练习中定义的函数，H 实现并不复杂。它返回合并左右分支的结果：

```
override fun tail(): Result<Heap<A>> = Result(merge(lft, rght))
```

【练习 11-7】

实现一个 get 函数，该函数接受一个 int 参数并按优先级顺序返回第 n 个元素。此函数将返回一个 Result 以处理未找到元素的情况。这是 Heap 父类中的签名：

```
fun get(index: Int): Result<A>
```

答案

Empty 的实现显而易见，并返回一个失败消息：

```
override fun get(index: Int): Result<A> =
    Result.failure(NoSuchElementException("Index out of bounds"
    ))
```

H 实现同样简单。首先测试索引。如果为 0，则返回 head 值的 Success。否则，它以递归方式在尾部搜索索引为 index-1 的元素。因为尾部不存在，只是 tail 函数返回的值（一个 Result），此结果通过一个对 get 函数的递归调用进行扁平化映射：

```
override fun get(index: Int): Result<A> = when (index) {
        0-> Result(hd)
        else-> tail().flatMap {it.get(index-1)}
    }
```

当没有找到元素时，可能需要更显式的消息。不能在 Empty 的实现中使用 index 的值，因为它已经被减 1 了。为了解决这个问题，有许多可行的方案。将此视为额外的可选练习。

11.4 元素和有序列表

有时将 Heap 转换为有序列表十分有效。这似乎是一项简单的任务：只需一次从堆中取出一个元素并将它们添加到列表中。但这是更普遍的折叠操作的特例。

【练习 11-8】

创建一个从堆中弹出元素的函数 pop，返回包含堆的头部和尾部的一对选项（Option）。如果堆为空，则此 Option 将为 None。然后编写一个从堆中创建有序列表的函数。

提示

pop 函数的签名如下：

```
fun pop(): Option<Pair<A, Heap<A>>>
```

答案

下面是一个可能的 pop 函数的实现。首先在 Heap 类中定义一个抽象函数：

```
abstract fun pop(): Option<Pair<A, Heap<A>>>
```

Empty 类中的实现返回一个空选项：

```
override fun pop(): Option<Pair<A, Heap<A>>> = Option()
```

在 H 类中，pop 函数返回包含一对堆的头部和尾部的 Option：

```
override fun pop(): Option<Pair<A, Heap<A>>> =
                    Option(Pair(hd, merge(lft, rght)))
```

pop 函数的返回类型使其非常适合为 List 类型定义的 unfold 函数。以下是如何在父 Heap 类中实现 toList 函数：

```
fun toList(): List<A> = unfold(this) {it.pop()}
```

【练习 11-9】

在前面的练习中，使用 unfold 函数生成了一个 List<A>。不过这里有抽象的空间。如果 List<A>是 B 的一种可能实现，则这个函数可以生成任何 B 类型。

在 Heap 中编写 unfold 函数，生成 B 而不是 List<A>，并根据此函数重写 toList 函数。然后编写一个 foldLeft 函数，其函数签名与 List. foldLeft 的相同。

提示

首先将 List 的 unfold 函数的实现复制到 Heap 类中，然后进行必要的更改，将 List<A> 类型替换为更通用的 B 类型。生成 List 的 unfold 函数的实现如下：

```
fun <A, S> unfold(z: S, getNext: (S)-> Option<Pair<A, S>>): List<A> {
    tailrec fun unfold(acc: List<A>, z: S): List<A> {
        val next = getNext(z)
        return when (next) {
            is Option.None-> acc
            is Option.Some->
            unfold(acc.cons(next.value.first), next.value.second)
        }
    }
    return unfold(List.Nil, z).reverse()
}
```

答案

要使这个函数通用，需要用 B 替换 List<A>的所有引用。

- List.Nil 应替换为 B 标识，必须将其作为附加参数传递给函数。
- acc.cons(next.value.first)是用于创建链表的，类型为 (List<A>)→A→(List <A>)的函数的实现。在通用版本中，此函数实现在编译时是未知的，因此它将作为附加参数传递。
- 返回列表之前对 reverse 的调用特定于 List 的，必须删除：

```
fun <A, S, B> unfold(z: S,
                     getNext: (S)-> Option<Pair<A, S>>,
                     identity: B,
                     f: (B)-> (A)-> B): B {
    tailrec fun unfold(acc: B, z: S): B {
        val next = getNext(z)
        return when (next) {
            is Option.None-> acc
            is Option.Some->
                unfold(f(acc)(next.value.first), next.value.second)
```

```
        }
    }
    return unfold(identity, z)
}
```

现在可以将 foldLeft 函数重写为：

```
fun <B>foldLeft(identity: B, f: (B)-> (A)-> B): B =
        unfold(this, {it.pop()}, identity, f)
```

然后可以将 toList 函数重写为：

```
fun toList(): List<A> =
    foldLeft(List<A>()) {list-> {a-> list.cons(a)}}.reverse()
```

11.5 不可比较元素的优先级队列

要将元素插入优先级队列，必须能够比较它们的优先级。但优先级并不总是元素的属性；并非所有元素都实现 Comparable 接口。没有执行此接口的元素仍然可以使用 Comparator 进行比较，那么可以对优先级队列进行比较吗？

【练习 11-10】

修改 Heap 类，以便其可以与 Comparable 元素一起使用，也可以与单独的 Comparator 一起使用。

答案

首先，必须更改 Heap 类的声明，将下列声名：

```
sealed class Heap<out A: Comparable<@UnsafeVariance A>>
```

替换为：

```
sealed class Heap<out A>
```

然后，必须相应地更改子类的声明，并将属性添加到 Heap 类以保存 Comparator。由于比较器是可选的，因此该属性将保存可能为空的 Result <Comparator>。Heap 类中的抽象属性如下：

```
internal abstract val comparator:Result<Comparator<@UnsafeVariance A>>
```

移除 E 单例对象。Empty 类不再是抽象类，而是使用 Result<Comparator>构造，其中 Empty 为默认值：

```
internal class Empty<out A>(
    override val comparator:Result<Comparator<@UnsafeVariance A>> =
        Result.Empty): Heap<A>(){
```

除了要使用现有的构造函数（如果有的话）作为默认值之外，需要在 H 类中进行同样的操作：

```
internal class H<out A>(override val rank: Int,
    internal vallft: Heap<A>,
    internal val hd: A,
    internal valrght: Heap<A>,
    override val comparator: Result<Comparator<@UnsafeVariance A>> =
        lft.comparator.orElse {rght.comparator}): Heap<A>()   {
```

用于创建空 Heap 的伴生对象函数存在于多个版本中：一个不使用比较器，另一个采用

Result<Comparator>。为了简化使用，将添加一个带有比较器（Comparator）的版本。另外，需要一个从单个元素创建 Heap 的函数：

```
operator fun <A: Comparable<A>> invoke(): Heap<A> =Empty()
operator fun <A> invoke(comparator: Comparator<A>): Heap<A> =
        Empty(Result(comparator))
operator fun <A> invoke(comparator: Result<Comparator<A>>): Heap<A> =
        Empty(comparator)
operator fun <A> invoke(element: A, comparator:
  Result<Comparator<A>>):
      Heap<A> =H(1, Empty(comparator), element,
        Empty(comparator), comparator)
```

请注意，不带参数的 invoke()函数只能为 Comparable 类型调用。因此，如果不提供比较器，则无法为不可比较的类型创建空堆。这会由编译器检查。以一个元素作为参数的函数将被更改为：创建一个比较器或以一个比较器作为附加参数：

```
operator fun <A: Comparable<A>> invoke(element: A): Heap<A> =
    invoke(element, Comparator {o1: A, o2: A-> o1.compareTo(o2)})
operator fun <A> invoke(element: A, comparator: Comparator<A>): Heap<A> =
    H(1, Empty(Result(comparator)), element,
       Empty(Result(comparator)), Result(comparator))
```

merge 函数将一个元素和两个堆作为参数，需要做相应的修改。但是这一次，将从堆参数中提取比较器：

```
protected fun <A> merge(head: A, first: Heap<A>, second: Heap<A>): Heap<A> =
    first.comparator.orElse {second.comparator}.let {
        when {
            first.rank >=second.rank-> H(second.rank+1,
                      first, head, second, it)
            else-> H(first.rank+1, second, head, first, it)
        }
}
```

对于以两个 Heap 为参数的 merge 函数，可以使用两个树中任意一个的 Comparator 进行合并。如果没有比较器，则可以使用 Result.Empty。为了不从每个递归调用的参数中提取比较器，可以将函数一分为二：

```
fun <A> merge(first: Heap<A>, second: Heap<A>,
              comparator: Result<Comparator<A>> =
              first.comparator.orElse {second.comparator}):Heap<A> =
    first.head.flatMap {fh->
        second.head.flatMap {sh->
            when {
                compare(fh, sh, comparator) <=0->
                        first.left.flatMap {fl->
                        first.right.map {fr->
                    merge(fh, fl, merge(fr, second, comparator))
                }
            }
```

```
            else-> second.left.flatMap {sl->
                second.right.map {sr->
                    merge(sh, sl, merge(first, sr, comparator))
                }
            }
        }
    }
}.getOrElse(when (first) {
            is Empty-> second
            else-> first
            })
```

第二个函数使用一个名为 compare 的辅助函数：

```
private fun <A> compare(first: A, second: A,
                        comparator: Result<Comparator<A>>): Int =
                          comparator.map {comp->
        comp.compare(first, second)
}.getOrElse {(first as Comparable<A>).compareTo(second)}
```

这个函数会执行它的一个参数的转换，但是已知现在没有抛出 ClassCastException 异常的风险。这是因为，如果类型参数没有扩展 Comparable，则能确保不会在没有比较器的情况下创建堆。plus 函数也必须修改如下：

```
operator fun plus(element: @UnsafeVariance A): Heap<A> =
        merge(this, Heap(element, comparator))
```

最后，必须按如下方式更改 Empty 类中的 left 和 right 函数：

```
override val left: Result<Heap<A>> = Result(this)
override val right: Result<Heap<A>> = Result(this)
```

11.6 本章小结

- 为了更好的性能和避免递归操作中的堆栈溢出，可以对树进行平衡。
- 红黑树是一种自我平衡的树形结构，不必担心树的平衡。
- 可以通过委托存储键值元组的树来实现映射。
- 具有不可比较键的映射必须处理冲突，以便存储具有相同键表示的元素。
- 优先级队列是允许按优先级顺序检索元素的结构。
- 可以使用左倾堆实现优先级队列，左倾堆是有序堆的二叉树。
- 可以使用附加比较器来构造不可比元素的优先级队列。

第 12 章 函数式输入/输出

在本章中

- 从内部环境安全应用作用。
- 组合成功和失败效果。
- 安全地读取数据。
- 使用 IO 类型和命令式控制结构。
- 组合 IO 操作。

前几章介绍了如何编写一个并不产生任何可用结果的安全程序，也讲解了如何通过组合纯函数去创建更强大的函数。更有趣的部分是如何以安全、函数式的方式进行非函数式的操作。非函数式操作（*Nonfunctional operation*）会产生副作用，比如抛出异常、改变外部环境或依赖于外部环境来产生结果。前几章介绍过如何实现整数除法，这个操作可能不安全，但可以通过在计算环境中运行，将其转换为安全的操作。以下是前面章节中曾创建的计算环境的例子。

- 在第 7 章中，`Result` 类型允许使用一种能够以安全、无差错的方式产生错误的函数。
- 在第 6 章中，`Option` 类型也是一个计算环境，被用来安全地运行那些有时（对于某些参数）不产生数据的函数。
- 在第 5 章和第 8 章中，`List` 类是一个计算环境，但不用来处理错误。它允许在一个元素集合的环境中使用那些处理单个元素的函数，它还会通过用一个空列表来代表数据缺失。
- 第 9 章中的 `Lazy` 类型是一个对于直到用时才需要初始化的数据的计算上下文，同时，对于集合而言，`Stream` 环境同 `Lazy` 类型的作用一样。

当学习这些类型时，产生可用的结果并不是目标。本章将要学习一系列用于在程序中产生实际效果的技术，具体包括为用户显示一个结果或将一个结果传递给另一个程序。

12.1 作用在环境中是什么意思

回忆一下前文用函数来对一项整数操作的结果做了什么？假设现在想要编写一个 `inverse` 函数来计算一个整数的倒数：

```
val inverse: (Int)-> Result<Double> = {x->
    when {
        x ! =0-> Result(1.toDouble()/x)
        else  ->Result.failure("Divisionby 0")
    }
}
```

这个函数可以用于处理整数值参数，但当与其他函数组合时，参数值可能是另一个函数的输出值！通常它会早已存在于相同类型的环境中。下面是一个例子：

```
val ri: Result<Int> =…
val rd: Result<Double> =ri.flatMap(inverse)
```

有必要指出的是，在应用函数时不用将 ri 中的值从环境中取出。反之亦然——将函数传递给环境（Result 类型），以便可以在其内部应用该函数，从而生成可能包装结果值的新环境。在上面的代码段中，将函数传递给了 ri 环境，从而生成了新的 rd 环境。

这样是整洁和安全的，不会出错，也不会抛出任何异常。这就是使用纯函数来编程的美妙之处：无论使用什么数据作为输入，程序永远会正常工作。但问题是怎么才能使用这个结果呢？假设现在想在控制台上显示结果，该怎么做？

12.1.1 处理作用

纯函数（*pure function*）被定义为无任何可观察的副作用的函数。这里的作用（*effect*）就是能在程序之外被观察到的任何东西。一个函数的作用是返回一个值，而副作用（*side effect*）就是除了在函数外可被观察到的返回值之外的任何东西。它之所以被称为副作用就是因为它是在返回值之外出现的。与此相反，一个作用（*effect*）就像一个副作用，但它却是一个程序的主要部分，并且通常是唯一的。通过以函数式的方式编写具有纯函数（没有副作用）和纯作用（不返回任何值）的程序可以确保程序的安全。

问题是，以函数式的方式处理作用意味着什么？在此阶段可以给出的最接近的解释是：以不干扰函数式编程原则的方式来处理作用，最重要的原则是引用的透明性。

有多种方法来接近或达到这个目标，但完全实现它可能很复杂。通常简单地接近它就足够了，技术的选择取决于自己。在环境中应用作用是使其他函数式程序产生可观察作用的最简单方式。

12.1.2 实现作用

正如上文所说，一项作用就是在程序之外可被观察到的任何东西。为了使其更有价值，作用必须大致反映该程序的结果。既然如此，通常需要获取程序的结果并用它做一些可观察的事。

注意，可观察的（*observable*）并不总是意味着可被操作人员观察到。通常一个程序的结果可由另一个程序观察到，之后该程序可能以同步或者异步的方式将这个作用转化为可由操作人员观察到的事务。

将结果打印到电脑屏幕上可被操作人员看到，这就是它的意义所在。此外，将结果写入数据库可能并不总是对用户直接可见。有时用户会查找结果，但通常，结果会在稍后被其他程序读取。第 13 章将会介绍程序是如何使用这种作用与其他程序进行通信。

由于一项作用通常应用于某个值，所以可以将纯作用建模为一类不返回任何值的特殊函数。这在 Kotlin 中由以下类型表示：

```
(T)-> Unit
```

可以使用 Any 类型来实例化此类型，因为它是所有类型的父类：

```
val display = {x: Any-> println(x)}
```

或者更好的是，可以使用一个函数引用：

```
val display: (Any)-> Unit = ::println
```

但最通常的情况是，如下面例子所示，像函数一样的作用都是匿名使用的：

```
val ri: Result<Int> =…
val rd: Result<Double> = ri.flatMap(inverse)
rd.map {it * 1.35}
```

在这里，{it * 2.35}函数并没有名字，但为了可以重用，可以给它起个名字：

```
val ri: Result<Int> =…
val rd: Result<Double> = ri.flatMap(inverse)
val function: (Double)-> Double = {it * 2.35}
val result = rd.map(function)
```

为了应用作用，需要一些等效的东西，例如：

```
val ri: Result<Int> =…
val rd: Result<Double> = ri.flatMap(inverse)
val function: (Double)-> Double = {it * 2.35}
val result = rd.map(function)
val ef: (Double)-> Unit = ::println
result.map(ef)
```

这样是可行的！因为 ef 是一个返回 Unit 类型的函数（Unit 相当于 Java 中的 void 类型，或者说与 Void 等价）。先前的代码等价于：

```
val ri: Result<Int> =…
val rd: Result<Double> = ri.flatMap(inverse)
val function: (Double)-> Double = {it * 2.35}
val result = rd.map(function)
val ef: (Double)-> Unit = ::println
val x: Result<Unit> = result.map(ef)
```

为了应用一项作用，可以运用这项技术，即对作用进行映射并忽略结果。但还可以做得更好，正如在第 7 章中看到的那样，在 Result 类中编写了一个 forEach 函数，它获取一个作用并将其应用到可能的值上。这个函数在 Empty 类中的实现如下：

```
override fun forEach(onSuccess: (Nothing)-> Unit,
                     onFailure: (RuntimeException)-> Unit,
                     onEmpty: ()-> Unit) {
    onEmpty()
}
```

在 Success 类中，它的实现如下：

```
override fun forEach(onSuccess: (A)-> Unit,
                     onFailure: (RuntimeException)-> Unit,
                     onEmpty: ()-> Unit) {
    onSuccess(value)
}
```

在 Failure 类中，它的实现如下：

```
override fun forEach(onSuccess: (a)-> Unit,
                     onFailure: (RuntimeException)-> Unit,
                     onEmpty: ()->Unit){
    onFailure(exception)
}
```

forEach 函数将三个作用作为其参数：一个用于 Success 类，一个用于 Failure 类，还有一个用于 Empty 类。此外，Result 父类中的抽象声明声明了每个作用的默认值：

```
abstract fun forEach(onSuccess: (A)-> Unit={},
                     onFailure: (RuntimeException)-> Unit={},
                     onEmpty: ()->Unit={})
```

对于该函数，无法为其编写单元测试。为了验证它是否有效，可以运行清单 12-1 中的程序并且在屏幕上查看结果（可以编写一些测试来更改某些全局变量或参数的状态，然后对这些变化启用断言，但这并不是单元测试）。

清单 12-1　输出数据

```
fun main(args: Array<String>) {
    val ra = Result(4)
    val rb = Result(0)
    val inverse: (Int) -> Result<Double> = { x ->      模拟可能失败的函数返回数据
        when {
            x != 0 -> Result(1.toDouble() / x)
            else   -> Result.failure("Division by 0")
        }
    }
    val showResult: (Double) -> Unit = ::println
    val showError: (RuntimeException) -> Unit =
                    { println("Error - ${it.message}")}

    val rt1 = ra.flatMap(inverse)
    val rt2 = rb.flatMap(inverse)

    print("Inverse of 4: ")
    rt1.forEach(showResult, showError)    ← 输出结果值

    System.out.print("Inverse of 0: ")
    rt2.forEach(showResult, showError)    ← 输出错误消息
}
```

此程序产生如下结果：

```
Inverse of 4: 0.25
Inverse of 0: Error-Division by 0
```

【练习 12-1】

在 List 类中编写一个 forEach 函数，该函数传入一个作用并将其应用于所有列表元素，其签名如下：

```
fun forEach(ef: (A)-> Unit)
```

答案

可以在父类 List 中实现此函数，或将其声明为抽象函数，并在两个子类中将其实现。与 Result.Empty 不同，不可以在列表为空时处理任何作用（尽管当它适合用例时是可以这样做的）。Nil 的实现如下：

```
override fun forEach(ef: (Nothing)-> Unit) {}
```

Cons 类最简单的递归实现如下：

```
override fun forEach(ef: (A)-> Unit) {
    ef(head)
    tail.forEach(ef)
}
```

不幸的是，如果有超过几千个元素，这种实现方式导致爆栈。解决方法是把这个函数变成尾递归。最简单的方法是在 forEach 函数中定义一个局部的尾递归辅助函数：

```
override fun forEach(ef: (A)-> Unit) {
    tailrec fun forEach(list: List<A>) {
        when (list) {
            Nil-> {}
            is Cons-> {
                ef(list.head)
                forEach(list.tail)
            }
        }
    }
    forEach(this)
}
```

12.2　读取数据

到目前为止只解决了输出问题。通常，一旦计算出结果，就会在程序结束时产生输出数据。这样就使得大多数程序在编写时不受函数式编程范型的影响。只有输出部分不是函数式的。

目前还没有讲过如何将数据输入程序，本节就解决这一问题，稍后读者将会看到一种更加函数式的数据输入方式。但是，首先将看到如何以整洁的（尽管是命令式的）方式完成与函数式部分的完美匹配。

12.2.1　从控制台读取数据

举个例子，即使是命令式的，若想从控制台读取数据，它会允许使用令程序具有确定性的方式来进行测试。首先编写一个读取整数和字符串的示例。清单 12-2 展示了需要实现的接口。

清单 12-2　一个输出数据的接口

```
interface Input: Closeable {                                  // 继承 Closeable 接口

    fun readString(): Result<Pair<String, Input>>             // 分别输入一个整型
                                                              // 数据和字符串
    fun readInt(): Result<Pair<Int, Input>>

    fun readString(message: String): Result<Pair<String, Input>> =   // 将消息作为
                                        readString()                 // 参数传递

    fun readInt(message: String): Result<Pair<Int, Input>> =
                                        readInt()
}
```

在清单 12-2 中，扩展 Closeable 接口将自动关闭需要关闭的资源。将消息作为参数传递有助于提示用户。

但是，这里提供的默认实现方式忽略了消息。请注意，这些函数返回的是 Result < Pair < String, Input > >，而不是 Result < String >，它允许将函数调用以透明引用的方式链接起来。

读者可以为此接口编写具体的实现，但首先要编写一个抽象的实现（因为可能想要从某个其他源来读取数据，如文件）。将公共代码放在一个抽象类中，并让每种类型的输入来继承它。清单 12-3 展示了此种方法的实现。

清单 12-3　AbstractReader 类的实现

```
abstract class AbstractReader (
        private val reader: BufferedReader): Input {    ← 为这个类构建一个reader，使之能够读取来自不同源的输入

    override fun readString():
                Result<Pair<String, Input>> = try {    ← 从reader中读取一行，如果这一行为空则返回Result.Empt，如果读取成功则返回Success，如果出错则返回Result.Failure
        reader.readLine().let {
            when {
                it.isEmpty() -> Result()
                else         -> Result(Pair(it, this))
            }
        }
    } catch (e: Exception) {
        Result.failure(e)
    }

    override fun readInt(): Result<Pair<Int, Input>> = try {
        reader.readLine().let {
            when {
                it.isEmpty() -> Result()
                else         -> Result(Pair(it.toInt(), this))
            }
        }
    } catch (e: Exception) {
        Result.failure(e)
    }

    override fun close(): Unit = reader.close()    ← 代表BufferReader的close函数
}
```

现在需要实现具体类以便从控制台读取数据，如清单 12-4 所示，该类负责提供 reader。此外，还需要重新实现接口中的两个默认函数以向用户显示提示符。

清单 12-4　ConsoleReader 类的实现

```
import com.fpinkotlin.common.Result

import java.io.BufferedReader
import java.io.InputStreamReader

class ConsoleReader(reader: BufferedReader): AbstractReader(reader) {

    override fun readString(message: String):
                    Result<Pair<String, Input>> {    ← 两个重新实现的默认函数被用来向用户显示提示符
        print("$message ")
        return readString()
    }

    override fun readInt(message: String):
                    Result<Pair<Int, Input>> {    ←
```

```
        print("$message ")
        return readInt()
    }

    companion object {
        operator fun invoke(): ConsoleReader =
            ConsoleReader(BufferedReader(
                    InputStreamReader(System.`in`)))

    }
}
```

因为in是Kotlin中的保留字，必须使用反引号来引用Java System类的in字段

现在可以运用 ConsoleReader 类和之前所学的内容来编写一个从输入到输出的完整程序，如清单 12-5 所示。

清单 12-5　一个从输入到输出的完整程序

```
fun main(args: Array<String>) {

    val input = ConsoleReader()

    val rString = input.readString("Enter your name:")
                        .map { t -> t.first }

    val nameMessage = rString.map { "Hello, $it!" }

    nameMessage.forEach(::println, onFailure =
                        { println(it.message)})

    val rInt = input.readInt("Enter your age:").map  { t -> t.first }

    val ageMessage = rInt.map { "You look younger than $it!" }

    ageMessage.forEach(::println, onFailure =
      { println("Invalid age. Please enter an integer")})
}
```

用一个用户提示符来调用readString并返回一个Result<Tuple<String,Input>>，将其映射为Result<String>

程序的业务部分（从用户的角度来看程序应该做什么），可以是纯函数式的

创建一个reader

将上一节中的模式应用于结果或错误消息

输出一个与异常消息不同的信息

值得注意的是无法在 ageMessage.forEach 作用中引用输入值。为此，需要使用一个特定的验证环境而非结果。

这个程序并不使人印象深刻，而大多数编程书籍中，它相当于无处不在的 Hello 程序后的第二个例子（就在 Hello world 之后）。当然，这只是一个例子，有趣的是很容易将其改进成更有用的程序。

【练习 12-2】

编写一个程序，重复要求用户输入整型 ID、名字和姓氏，然后在控制台上显示人员列表。一旦用户输入空白 ID，就停止数据输入，然后显示输入的数据列表。

提示

需要一个类来保存每一行数据。使用如下显示的 Person 数据类：

```
data class Person (val id: Int, val firstName: String, vallastName: String)
```

在包级别的 main 函数中实现解决方案。使用 Stream.unfold 函数生成一个 Person 的流。读者可能会发现创建一个单独的函数来输入对应于单个人的数据，并使用函数引用作为 unfold 的参数，这样会更容易实现。此函数的签名如下所示：

```
fun person(input: Input): Result < Pair < Person, Input > >
```

答案

解决方案很简单。考虑到已经有了为单个人输入数据的函数，在此可以创建一个 person 的流并按如下方式打印结果（在这种情况下忽略任何错误且不用关注资源的关闭）：

```
import com.fpinkotlin.common.List
import com.fpinkotlin.common.Stream
fun readPersonsFromConsole(): List<Person> =
    Stream.unfold(ConsoleReader(), ::person).toList()
fun main(args: Array<String>) {
    readPersonsFromConsole().forEach(::println)
}
```

现在需要的只是实现 person 函数。此函数请求 ID、名字和姓氏，并生成三个 Result 实例，这些实例可以与前几章介绍的推导模式进行组合：

```
fun person(input: Input): Result<Pair<Person, Input>> =
    input.readInt("Enter ID:").flatMap {id->
        id.second.readString("Enter first name:")
            .flatMap {firstName->
                firstName.second.readString("Enter last name:")
                    .map {lastName->
            Pair(Person(id.first,
                firstName.first,
                lastName.first), lastName.second)
        }
    }
}
```

推导模式是函数式编程中最重要的模式之一，因此需要掌握它。其他语言如 Scala 或 Haskell 有它的语法糖，但 Kotlin 没有。在伪代码中与之对应的如下所示：

```
for {
  id in input.readInt("Enter ID:")
  firstName in id.second.readString("Enter first name:")
  lastName in firstName.second.readString("Enter last name:")
} return Pair(Person(id.first, firstName.first, lastName.
    first), lastName.second))
```

不应该错过语法糖。flatMap 用法可能起初很难掌握，但它显示了正在发生的事情。许多程序员都知道如下这种模式：

```
a.flatMap {b->
    flatMap {c->
        map {d->
            getSomething(a, b, c, d)
        }
    }
}
```

通常认为其模式是以 map 为结尾的一系列 flatMap，但事实并非如此。无论是 map 还是 flatMap，都只取决于返回类型。通常最后一个函数（此处为 getSomething）返回一个空值，这就是该模式以 map 结束的原因。但如果 getSomething 返回一个 Result 类，那么该模式如下所示：

```
a.flatMap {b->
```

```
    flatMap {c->
        flatMap {d->
            getSomething(a, b, c, d)
        }
    }
}
```

12.2.2　从文件中读取数据

前文的程序设计方式易于读取文件。FileReader 类与 ConsoleReader 类似，如清单 12-6 所示，它们的区别是伴生对象 invoke 必须处理在创建 BufferedReader 时可能引发的异常，因此它的返回值是 Result<Input>而不是一个空值/裸值。

清单 12-6　FileReader 类的实现

```
class FileReader private constructor(private val reader: Buffer
                                edReader) : AbstractReader(reader), AutoCloseable {
    override fun close() {
        reader.close()
    }

    companion object {

        operator fun invoke(path: String): Result<Input> = try {
            Result(FileReader(File(path).bufferedReader()))
        } catch (e: Exception) {
            Result.failure(e)
        }
    }
}
```

【练习 12-3】

编写一个类似于 ReadConsole 的 ReadFile 程序，该程序读取包含条目的文件，其中每个条目都是单独一行。随书附带的代码中提供了一个示例文件（http://github.com/pysaumont/fpinkotlin）。

提示

虽然它与 ReadConsole 程序类似，但必须处理 invoke 函数返回 Result 的问题。尝试重用 person 函数，并需留意关闭资源。为此，应该使用 Kotlin 标准库中的 use 函数。

答案

在如下解决方案中，请注意如何使用 use 函数以确保在任何情况下文件都能被正确关闭：

```
fun readPersonsFromFile(path: String): Result<List<Person>> =
        FileReader(path).map {
            it.use {
                Stream.unfold(it, ::person).toList()
}}
fun main(args: Array<String>) {
    val path = "<path>/data.txt"
    readPersonsFromFile(path).forEach({list: List<Person>->
```

```
            list.forEach(::println)
        },onFailure = ::println)
    }
```

it 的引用在 readPersonsFromFile 函数中使用了两次，每次都代表当前 lambda 表达式的参数。如果这一点难以理解，可以使用特定的名称，例如：

```
fun readPersonsFromFile(path: String): Result < List < Person > > =
        FileReader(path).map {input1->
            input1.use {input2->
                Stream.unfold(input2, ::person).toList()
            }
        }
```

但在这种特定情况下，两个名称代表相同的对象。

12.3 输入测试

前文中所示方法的一个优势是易于测试，可以通过文件而不是用户输入来测试程序。但是也可以用接口将程序与另一个生成要输入的命令的程序连接起来，这样测试同样简单。清单 12-7 展示了可用于测试的 ScriptReader 类。

清单 12-7 允许使用输入命令列表的 ScriptReader 类

```
class ScriptReader : Input {

    constructor(commands: List<String>) : super() {   ← ScriptReader类可由一列命令创建
        this.commands = commands
    }

    constructor(vararg commands: String) : super() {   ← 或用一个可变参数
        this.commands = List(*commands)
    }

    private val commands: List<String>

    override fun close() {
    }

    override fun readString(): Result<Pair<String, Input>> = when {
        commands.isEmpty() ->
            Result.failure("Not enough entries in script")
        else -> Result(Pair(commands.headSafe().getOrElse(""),
                ScriptReader(commands.drop(1))))
    }

    override fun readInt(): Result<Pair<Int, Input>> = try {
        when {
            commands.isEmpty() ->
                Result.failure("Not enough entries in script")
            Integer.parseInt(commands.headSafe().getOrElse("")) >= 0 ->

                Result(Pair(Integer.parseInt(
                        commands.headSafe().getOrElse("")),
                        ScriptReader(commands.drop(1))))
                else -> Result()
            }
        } catch (e: Exception) {
            Result.failure(e)
        }
}
```

清单 12-8 展示了使用 ScriptReader 类的示例。在本书随附的代码中可以找到单元测试的示例。

清单 12-8　使用 ScriptReader 类来输入数据

```
fun readPersonsFromScript(vararg commands: String): List<Person> =
        stream.unfold(ScriptReader(*commands), ::person).toList()
fun main(args: Array<String>) {
    readPersonsFromScript("1", "Mickey", "Mouse",
                          "2", "Minnie", "Mouse",
                          "3", "Donald", "Duck").forEach(::println)
}
```

12.4　全函数式输入/输出

到目前为止所学的内容对于大多数 Kotlin 程序员来说已经足够。将程序的函数部分与非函数部分分离很有必要，也足够满足函数性的要求。但是研究如何使 Kotlin 程序更具函数性也很有意思。

是否在 Kotlin 程序产品中使用以下技术取决于读者自己，这些技术可能不值得额外投入，但学习这些技术有助于读者做出明智的选择。

12.4.1　使输入/输出全函数式

针对“如何使输入/输出（I/O）全函数式”这一问题有几种答案，其中最简单的答案是：无法实现。根据函数式编程的定义，该种程序除了返回值之外没有其他可观察的作用，因此无法进行任何输入或输出。

但是许多程序不需要做任何输入或输出，有些库就属于这一类。库旨在供其他程序使用，它们接收参数值并返回基于参数值计算得到的结果。在本章的前两部分中，程序被分成了三个部分：一部分执行输入，一部分执行输出，第三部分充当库并且是全函数式的。

另一种解决这个问题的方法是直接编写库的部分，并将其作为最终返回的另一个（非函数式）程序来处理所有输入和输出。这在概念上与惰性相似。可以处理 I/O，因为稍后在某个单独程序中发生的事情将是纯函数式程序的返回值。

12.4.2　实现纯函数式的输入/输出

在本节中，读者将了解如何实现纯函数式的 I/O。先从输出开始，想象一下，若想在控制台显示欢迎消息，相比如下形式：

```
fun sayHello(name: String) = println("Hello, $name!")
```

可以让 sayHello 函数返回一个程序，使其每次执行都有同样的效果：

```
fun sayHello(name: String): () -> Unit = {println("Hello, $name!")}
```

可以这样使用该函数：

```
fun main(args: Array<String>) {
    val program = sayHello("Georges")
}
```

此代码是纯函数式的。读者可能会说它没有做任何可见的事情。确实如此，但是实际上，它生成了一个程序，通过运行该程序可以产生想要的效果。这个程序可以通过计算其结果来运行。程序的结果是一个非函数式的程序，但不用担心，主程序是函数式的。

正如前文多次所说的那样，使程序安全的最佳方法是将函数部分与作用明确区分开来。这里展示的技术可能不是最容易实现的，但显然是将函数与作用分离的最终解决方案。

这是作弊吗？不是。考虑用任何函数式语言编写的程序，最终，程序被编译成一个绝对非函数式的可执行程序，可以在计算机上运行。现在除了程序是用 Kotlin 编写的之外，所做的事情相同。但是，实际上并非如此。读者正在构建的程序是由某种特定域语言（Domain-Specific Language，DSL）编写的。若要执行此程序，可以编写：

```
program()
```

此示例生成的程序的类型为()→Unit。这个可行，但是利用这个结果做更多的事情会比仅仅计算它更有意义。例如，可以以多种有效的方式组合几个这样的结果。为此，读者需要更强大的功能，因此将创建一个名为 IO 的新类型。这要从一个单独的 invoke 函数开始。在现阶段，它与()→Unit 没有太大的不同：

```
class IO(private val f: ()-> Unit) {
    operator fun invoke() = f()
}
```

假设已有如下三个函数：

```
fun show(message: String): IO = IO {println(message)}
fun <A> toString(rd: Result<A>): String =
        rd.map {it.toString()}.getOrElse {rd.toString()}
fun inverse(i: Int): Result<Double> = when (i) {
          0-> Result.failure("Div by 0")
          else-> Result(1.0/i)
}
```

可以编写如下的纯函数式程序：

```
val computation: IO = show(toString(inverse(3)))
```

此程序产生另一个之后可被执行的程序：

```
computation()
```

12.4.3 结合输入/输出

使用新的 IO 接口可以构建任何程序，但要作为单个单元使用。这些程序的组合很有趣，最简单的组合方式是将两个程序合为一组，这正是在【练习 12-4】中要做的事情。

【练习 12-4】

在 IO 类中创建一个函数来将两个 IO 实例合为一组。这个函数将被称为 plus，其具有默认的实现。函数签名如下：

```
operator fun plus(io: IO): IO
```

答案

解决方案是用 run 的实现返回一个新 IO，该实现首先执行当前 IO，然后执行参数 IO：

```
operator fun plus(io: IO): IO = IO {
        f()
        io.f()
}
```

然后，需要一个 do nothing（不产生作用）的 IO 作为某些 IO 组合的零元素。可以在 IO 的伴生对象中轻松创建此项，如下所示：

```
companion object {
        val empty: IO = IO {}
}
```

使用这些新函数，可以通过组合 IO 实例的方式来创建更复杂的程序：

```
fun getName() = "Mickey"

val instruction1 = IO { print("Hello, ") }
val instruction2 = IO { print(getName()) }
val instruction3 = IO { print("!\n") }

val script: IO = instruction1
                 + instruction2
                 + instruction3
script()
```

这三行不输出任何东西，
类似于DSL指令
将三条指令组合起来
创建一个新程序
执行此程序

也可以用函数调用方式来替代操作符：

```
instruction1.plus(instruction2).plus(instruction3)()
```

还可以将一列指令创建为一个程序：

```
val script = List(
        IO {print("Hello, ")},
        IO {print(getName())},
        IO {print("! \n")}
)
```

这是一个命令式程序。为了能够执行它，必须首先将其编译为单个 IO，可以用 foldRight 来实现：

```
val program: IO = script.foldRight(IO.empty) {io-> {io + it}}
```

或者用 forldLeft 来实现：

```
val program: IO = script.foldLeft(IO.empty) {acc-> {acc + it}}
```

读者现在应该明白为什么需要一个 do nothing 的实现。最后，运行该程序：

```
program()
```

请注意，使用 foldLeft 会将标识 IO 置于第一个位置，而 foldRight 则将标识 IO 置于最后的位置。在使用 IO.empty 作为标识时没有任何区别。但是，如果要使用另外的 IO（例如，某个初始化任务），可能就需要先被执行，此时只能使用 foldLeft。如果要将某些结束任务作为标识，则使用 foldRight。

12.4.4　用 IO 处理输入

此时的 IO 类型仅能处理输出。为了使它能处理输入，需要使用输入值的类型对其进行参数化，以便可以使用它处理该输入值。新的参数化的 IO 类型如下：

```
class IO<out A>(private val f: () -> A) {       ◄── IO类是参数化的，它所构建的
                                                    函数返回该类参数类型的实例
    operator fun invoke() = f()

    companion object {                          空实例使用Unit进行参数化，
                                                并被创建成一个不返回任何值
        val empty: IO<Unit> = IO { }   ◄──      的函数（注意这与返回
                                                Nothing不同）
        operator fun <A> invoke(a: A): IO<A> = IO { a }  ◄──
    }
}                                           伴生对象的invoke函数采用一个
                                            裸值，并在IO上下文中返回
```

如上所示，IO 接口与 Option、Result、List、Stream、Lazy 等一样，以同样的方式为计算创建环境。它同样具有一个返回空实例的函数，以及一个将空值/裸值输出到环境中的函数。

为了对 IO 值执行计算操作，现在需要 map 和 flatMap 等函数将函数绑定到 IO 环境上。但是为了能够测试这些函数，首先要定义一个代表计算机控制台的对象。

【练习 12-5】

定义一个含有如下三个函数的 Console 对象：

```
object Console {
    fun readln(): IO<String> = TODO("")
    fun println(o: Any): IO<Unit> = TODO("")
    fun print(o: Any): IO<Unit> = TODO("")
}
```

答案

print 和 println 函数通过参数调用 Kotlin 等效函数的方式如下：

```
fun println(o: Any): IO<Unit> = IO {
    kotlin.io.println(o.toString())
}
fun print(o: Any): IO<Unit> = IO {
    kotlin.io.print(o.toString())
}
```

必须使用完全限定函数名来避免函数的自身调用。

readln 函数调用包装了 System.in 的 BufferedReader 中的 realLine 函数。记住必须使用反引号，因为 in 是 Kotlin 中的保留字：

```
private val br = BufferedReader(InputStreamReader(System.`in`))
fun readln(): IO<String> = IO {
    try {
        br.readLine()
    } catch (e:IOException) {
        throw IllegalStateException(e)
    }
}
```

为简单起见，如果出现问题可以抛出异常。如果读者愿意，可以以更加函数式的方式来解决这个问题。

在此阶段，Console 对象只会带来额外的复杂度而没有任何好处。为了能够组合 IO 实

例，还需要一个 map 函数。

【练习 12-6】

在 IO<A>中定义一个 map 函数，该函数将从 A 到 B 的函数作为参数，并返回 IO<B>：

答案

如下所示是将函数应用于 this 值，并将结果返回到新的 IO 环境中的实现：

```
fun <B> map(g: (A)-> B): IO<B> =IO {
    g(this())
}
```

如下展示的是如何使用该函数：

```
fun main(args: Array<String>) {
    val script = sayHello()
    script()
}
private funsayHello(): IO<Unit> =Console.print("Enter your name: ")
        .map {Console.readln()()}
        .map {buildMessage(it)}
        .map {Console.println(it)()}
private fun buildMessage(name: String): String = "Hello, $name!"
```

【练习 12-7】

在 Console.readln()和 Console.println(it)()中重复调用 IO 很麻烦，但这是必要的，因为 readln 和 println 函数都返回 IO 实例而不是原始值。编写一个 flatMap 函数来抽象这个过程，此函数将从 A 到 IO<B>的函数作为其参数，并返回 IO<B>。

答案

答案很明显，需要做的就是调用 map 函数返回的 IO<IO<B>>，以便将其存入 IO<B>：

```
fun <B>flatMap(g: (A)-> IO<B>): IO<B> = IO {
    g(this())()
}
```

很明显这是一种递归，一开始它不会出现问题，因为只有一个递归步骤，但如果要链接大量的 flatMap 调用，它可能就会出现问题。现在，可以用函数式的方式编写 I/O：

```
fun main(args: Array<String>) {
    val script = sayHello()
    script()
}
private funsayHello(): IO<Unit> =Console.print("Enter your name: ")
        .flatMap {Console.readln()}
        .map {buildMessage(it)}
        .flatMap {Console.println(it)}
private funbuildMessage(name: String): String = "Hello, $name!"
```

sayHello 函数是非常安全的。因为它不执行任何 I/O 操作，所以它永远不会抛出 IO-Exception 异常。它只返回一个一旦运行就执行这些 I/O 操作的程序，这是通过调用返回值（script()）来完成的。只有这种调用才会抛出异常。

12.4.5 扩展 IO 类型

通过使用 IO 类型，可以以纯函数式方式创建非纯程序（具有作用的程序）。但在此阶段，这些程序只能对诸如 Console 类的元素进行读取和输出。但是，可以通过添加指令来扩展 DSL，以创建循环和条件等控制结构。

首先，实现一个类似于 for 索引循环的循环。这将采用 repeat 函数的形式将迭代次数和要重复的 IO 作为其参数。

【练习 12-8】

在 IO 伴生对象中实现具有如下签名的 repeat 函数：

```
fun <A> repeat(n: Int, io: IO<A>): IO<List<A>>
```

提示

为了简化 IO 类中的编码，可能需要在 Stream 伴生对象中添加额外的 fill 函数。此函数创建一个流，包含 n 个未计算的元素：

```
fun <A> fill(n: Int,elem: Lazy<A>): Stream<A> {
    tailrec
    fun <A> fill(acc: Stream<A>, n: Int,elem: Lazy<A>): Stream<A> =
        when {
            n <=0-> acc
            else-> fill(Cons(elem, Lazy {acc}), n-1, elem)
        }
    return fill(Empty, n,elem)
}
```

在此应该创建一个 IO 集合来代表每次迭代，然后通过整合 IO 实例来遍历此集合。要做到这一点，需要一些比 plus 函数更强大的东西。首先从实现具有以下签名的 map2 函数开始：

```
fun <A, B, C> map2(ioa: IO<A>, iob: IO<B>, f: (A)->  (B)-> C): IO<C>
```

答案

map2 函数可按如下方式实现：

```
fun <A, B, C> map2(ioa: IO<A>, iob: IO<B>, f: (A)->  (B)-> C): IO<C> =
        ioa.flatMap {a->
            iob.map {b->
                f(a)(b)
            }
        }
```

这是推导模式的简单应用。有了这个函数，就可以轻松实现 repeat 函数：

```
fun <A> repeat(n: Int, io: IO<A>): IO<List<A>> =
        Stream.fill(n, Lazy {io})
            .foldRight(Lazy {IO {List<A>()}}) {ioa->
                {sioLa->
                    map2(ioa, sioLa()) {a->
                        {la: List<A>-> cons(a, la)}
                    }
                }
            }
```

看起来可能有点复杂，部分原因是该行为了进行输出而被封装，部分原因是为了优化而被编写为一种单行形式。它相当于：

```
fun <A> repeat(n: Int, io: IO<A>): IO<List<A>> {
    val stream: Stream<IO<A>> = Stream.fill(n, Lazy {io})
    val f: (A)-> (List<A>)-> List<A>  =
        {a->
            {la: List<A>-> cons(a, la)}
        }
    val g: (IO<A>)-> (Lazy<IO<List<A>>>)-> IO<List<A>> =
        {ioa->
            {sioLa->
                map2(ioa, sioLa(), f)
            }
        }
    val z: Lazy<IO<List<A>>> = Lazy {IO {List<A>()}}
    return stream.foldRight(z, g)
}
```

小提示：如果使用的是 IDE，则可以相对轻松地找到类型。例如，在 IntelliJ 中，只需要将鼠标指针放在引用上，同时按住 <Ctrl> 键就可以显示其类型。

通过这些函数，可以编写：

```
val program = IO.repeat(3, sayHello())
```

这提供了一个与调用如下函数相当的 sayHello(3)：

```
fun sayHello(n: Int) {
    val br = BufferedReader(InputStreamReader(System.`in`))
    for (i in 0 until n) {
        print("Enter your name: ")
        val name = br.readLine()
        println(buildMessage(name))
    }
}
```

然而，重要的区别在于调用 sayHello(3) 会快速地执行三次作用，而 IO.repeat(3, sayHello()) 返回一个未执行的程序，该程序仅在其 invoke 函数被调用时才执行相同的操作。

也可以定义许多其他的控制结构，可以在随附的代码中找到示例并从 http://github.com/pysaumont/fpinkotlin 下载。

清单 12-9 展示了使用 condition 和 doWhile 函数的示例，其与大多常见语言中的 if 和 while 完全相同。

清单 12-9　使用 IO 来包装命令式编程

```
private valbuildMessage = {name: String->
            IO.condition(name.isNotEmpty(), Lazy {
                IO("Hello, $name!").flatMap {Console.println(it)}
            })
}
```

```
fun program(f: (String)-> IO<Boolean>, title: String): IO<Unit> {
        return IO.sequence(Console.println(title),
              IO.doWhile(Console.readln(), f),
              Console.println("bye!")
        )
}
fun main(args: Array<String>) {
        val program = program(buildMessage,
                     "Enter the names of the persons to welcome: ")
        program()
}
```

展示这个例子并不意味着建议读者像这样编程。只对 I/O 操作使用 IO 类型，把所有计算在函数式编程中进行当然更好。无论如何，在函数式代码中实现命令式 DSL 可能不是最有效的解决方案。但重要的是要将它作为练习来理解它的工作原理。

12.4.6 使 IO 类型堆栈安全

在前面的练习中，读者可能没注意到某些 IO 函数使用堆栈的方式与递归函数相同。以 repeat 函数为例，如果重复次数太高，则堆栈会溢出。这里的“太高”究竟是多少取决于堆栈大小以及当程序从运行的函数返回时栈有多满（到目前为止，希望读者能理解调用 repeat 函数并不会爆栈，只有运行它返回的程序才可能会爆栈）。

【练习 12-9】

为了爆栈的试验，创建一个 forever 函数，它以 IO 作为参数，并返回一个在无限循环中执行这个参数的新 IO。IO 伴生对象中的函数签名如下：

```
fun <A, B> forever(ioa: IO<A>): IO<B>
```

答案

这个程序很容易实现。所要做的就是使构造的程序无限递归。请注意，forever 函数本身不应该是递归的，只有返回的程序才是递归的。

解决方案是用一个 ()→IO 类型的辅助函数，并通过一个调用该辅助函数的函数，对 forever 函数的 IO 参数进行 flatMap 操作：

```
fun <A, B> forever(ioa: IO<A>): IO<B> {
    val t: ()-> IO<B> = {forever(ioa)}
    return ioa.flatMap {t()}
}
```

这个函数可以这样使用：

```
fun main(args: Array<String>) {
    val program = IO.forever<String, String>(IO {"Hi again!"})
        .flatMap {Console.println(it)}
    program()
}
```

注意，这个程序在上千次递归后会爆栈，它等效于以下代码：

```
IO.forever<Unit, String>(Console.println("Hi again!"))()
```

如果不明白它为什么会爆栈，请考虑以下伪代码（伪代码不会被编译），其中 forever 函数实现中的 t 变量被相应的表达式所替换：

```
fun <A, B> forever(ioa: IO<A>): IO<B> {
    returnioa.flatMap {{forever(ioa)}()}
}
```

现在用 forever 函数实现中的相应代码替换递归调用：

```
fun <A, B> forever(ioa: IO<A>): IO<B> {
    return ioa.flatMap {{ioa.flatMap {{forever<A, B>(ioa)}()}}()}
}
```

本应该可以使之永远递归下去。值得注意的是对 flatMap 的调用是嵌套的，导致在每次调用时当前状态都会被压入堆栈。几千次后，这确实会爆栈。与命令式代码不同，在命令式代码中是一个接一个地执行指令，而在此是以递归方式调用 flatMap 函数。

为了使 IO 堆栈安全，可以使用一种称为蹦床（*trampolining*）的技术。首先，需要表示程序的三种状态。

- Return 表示计算已经完成，意味着需要返回结果。
- Suspend 表示当某些作用必须在恢复当前计算之前被应用时挂起的计算。
- Continue 表示程序在继续下一个计算之前必须首先运行子计算的状态。

这些状态由清单 12-10 中显示的三个类表示。

注： 清单 12-9 ~ 清单 12-11 是一个程序的不同部分，它们应该一起使用。

清单 12-10　使 IO 堆栈安全所需的三个类

```
sealed class IO<out A> {

    internal
    class Return<out A>(val value: A): IO<A>()

    internal
    class Suspend<out A>(val resume: () -> A): IO<A>()

    internal
    class Continue<A, out B>(val sub: IO<A>,
                             val f: (A) -> IO<B>): IO<A>()
```

IO此时是一个密封类以防止从类的外部实例化

这个值将通过计算返回

此函数不使用任何元素来应用（副）作用并返回一个值

通过将这个函数应用到返回值使计算继续进行

这个IO首先被执行，并产生一个值

封闭 IO 类需要进行一些修改，具体如清单 12-11 和清单 12-12 所示。

清单 12-11　IO 堆栈安全版本的更改

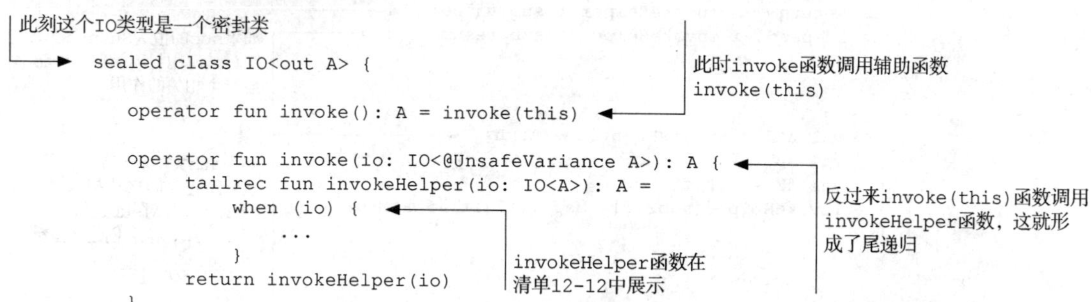
此刻这个IO类型是一个密封类
sealed class IO<out A> {
operator fun invoke(): A = invoke(this)
operator fun invoke(io: IO<@UnsafeVariance A>): A {
tailrec fun invokeHelper(io: IO<A>): A =
when (io) {
...
}
return invokeHelper(io)
}
此时invoke函数调用辅助函数invoke(this)
反过来invoke(this)函数调用invokeHelper函数，这就形成了尾递归
invokeHelper函数在清单12-12中展示

```
fun <B> map(f: (A) -> B): IO<B> =
            flatMap { Return(f(it)) }

fun <B> flatMap(f: (A) -> IO<B>): IO<B> =
            Continue(this, f) as IO<B>

class IORef<A>(private var value: A) {

     fun set(a: A): IO<A> {
         value = a
         return unit(a)
     }

     fun get(): IO<A> = unit(value)

     fun modify(f: (A) -> A): IO<A> = get().flatMap({ a -> set(f(a)) })
}

internal class Return<out A>(val value: A): IO<A>()

internal class Suspend<out A>(val resume: () -> A): IO<A>()

internal class Continue<A, out B>(val sub: IO<A>,
                                  val f: (A) ->  IO<B>): IO<A>()

companion object {

     val empty: IO<Unit> = IO.Suspend { Unit }

     internal fun <A> unit(a: A): IO<A> =
                IO.Suspend { a }

     //省略类的剩余部分
  }
}
```

map函数此时根据将flatMap应用于f和Return的组合结构来定义

flatMap函数返回一个Continue并映射为IO<B>

空的IO此时是一个Suspend

Unit函数返回一个Suspend

清单 12-12　堆栈安全的 invokeHelper 函数

```
tailrec fun invokeHelper(io: IO<A>): A = when (io) {
    is Return  -> io.value
    is Suspend -> io.resume()
    else       -> {
        val ct = io as Continue<A, A>
        val sub = ct.sub
        val f = ct.f
        when (sub) {
           is Return  -> invokeHelper(f(sub.value))
           is Suspend -> invokeHelper(f(sub.resume()))
           else       -> {

              val ct2 = sub as Continue<A, A>
              val sub2 = ct2.sub
              val f2 = ct2.f
              invokeHelper(sub2.flatMap { f2(it).flatMap(f) })
           }
        }
    }
}
```

如果接收到的IO是Return，则计算结束

如果返回的IO是Suspend，则在返回恢复值之前执行包含的作用

如果收到的IO是Continue，则读取其包含的sub IO。

如果sub值为Return，则行递归调用该函数，并将封闭函数应用于该函数

如果sub的值为Suspend，则对其应用封闭函数，可能会产生相关的作用

如果sub为Continue，则从它所包含的IO中提取(sub2)，并对sub进行flatMap，这会创建一个链

清单 12-13 展示了如何去使用新的堆栈安全版本。

清单 12-13　Console 类的新堆栈安全版本

```
object Console {
    private val br = BufferedReader(InputStreamReader(System.`in`))
    /**
     * val 函数 veadLine 的其中一种实现
     */
    val readLine2: ()-> IO<String> = {
        IO.Suspend {
            try {
                br.readLine()
            } catch (e:IOException) {
                throw IllegalStateException(e)
            }
        }
    }
    /**
     * readLine 函数更简单的一种实现。由于名称
     * 冲突,无法使用函数引用,需要使用
     * 不同名称命名 fun 函数和 val 函数
     */
    val readLine = {readLine()}
    /**
     * readLine 的 fun 函数版本
     */
    fun readLine(): IO<String> = IO.Suspend {
            try {
                br.readLine()
            } catch (e:IOException) {
                throw IllegalStateException(e)
            }
        }
    /**
     * printLine 的 val 函数版本
     */
    val printLine: (String)-> IO<Unit> = {s: Any->
        IO.Suspend {
            println(s)
        }
    }
    /**
     * printLine 的 fun 函数版本
     */
    fun printLine(s: Any): IO<Unit> = IO.Suspend {println(s)}
    /**
```

```
    * 打印函数。注意使用完全限定名称引用
    */
    fun print(s: Any): IO<Unit> = IO.Suspend {kotlin.io.print(s)}
}
```

现在便可以使用 forever 或 doWhile 函数而不会有堆栈溢出的风险。可以重写 repeat 以使其保持堆栈安全。在这里不会展示新的实现方式，但可以在随附的代码中找到。(http://github.com/pysaumont/fpinkotlin)

请记住，这不是推荐的编写函数式程序的方法。把它当作最终可以做什么的例子，而不是一种好的做法。另请注意，“最终”在此处适用于 Kotlin 编程。使用函数式友好的语言，可以编写出更强大的程序。

12.5 本章小结

- 可以将作用传递到 List、Result 和其他环境中，以便安全地应用于值，而不是从这些环境中提取值并在外部应用作用，如果没有值，则可能会产生错误。
- 处理成功和失败的两种不同作用的过程可以抽象到 Result 类型中。
- 通过 Reader 抽象类从文件中读取的方式与从控制台读取或从内存中读取的方式完全相同。
- 通过 IO 类型可以构建更多的函数式输入/输出。
- IO 类型可被扩展为更通用的类型，通过构建稍后执行的程序，能够以函数式的方式执行任何命令性任务。
- 通过使用蹦床技术，可以使 IO 类型堆栈安全。

第 13 章 与参与者共享可变状态

在本章中

- 理解角色模型。
- 使用异步消息传递。
- 构建一个角色框架。
- 让角色投入工作。
- 优化角色模型的表现。

先前的章节已经介绍了很多技术，它们可以帮助读者编写更加安全的程序。那些技术大部分来自函数式编程。其中一种技术使用不可变数据来避免状态的变化。不含可变状态的程序更安全、可靠并且更容易设计与拓展。

本书已经讲解了如何以函数方式通过将状态作为参数，并将其传递给函数来处理可变状态。在此之前，读者已经见过了几个这种技术的例子，并且了解了如何通过将生成器状态和每个新值一起传递来产生数据流（如果不记得这一点，请回顾【练习 9-29】，练习中将每个生成的值和生成器的新状态一起传递来实现 `unfold` 函数）。在 12 章中，还讲解了如何把控制台作为参数来将输出传到屏幕上并且获取键盘的输入。这些技术可以被广泛应用到很多领域。但这也常常被理解为函数式编程有助于安全的共享可变状态，这其实是完全错误的。

举个例子，使用不可变数据结构并不能有助于共享可变状态。它通过消除状态突变来防止无意识的状态共享。将状态作为函数参数的一部分传递并且返回一个新的（不可变）状态作为结果的一部分（形式是一个结果和新状态的对），这在处理单线程时完全没有问题。但只要在线程中共享状态突变（现代应用程序中总是如此），那不可变数据结构就无济于事。为了共享这类数据，需要对其进行可变引用，这样新的不变数据可以替换前一个数据。

想象一下，现在需要计算函数被调用的次数。在单线程应用程序中，读者或许会在函数参数中添加计数器并将增量计数器作为结果的一部分返回。但是大部分命令式程序员会将计数器的增加编写为副作用。由于只有单个线程，因此不需要上锁来防止潜在的并发访问。这和住在沙漠、荒岛上是一样的。如果读者是唯一的居民，那么就没有必要锁门了。但是在多线程程序中，如何以安全的方式增加计数器，避免并发访问呢？答案通常是使用锁或者使操作原子化，或者两者一起使用。

在函数式编程中，共享资源必须作为一种作用来被实现。这或多或少意味着每次访问共享资源时，都必须保持函数的安全性，并且要像在第 12 章中处理输入/输出一样处理访问。这是否意味着每次需要共享可变状态时都必须管理锁和同步呢？完全不是。

正如在前面章节中所学到的，函数式编程也会尽可能地抽象。共享可变状态可以抽象，在使用时可以不用了解细节。实现此目的的一种方法是使用角色框架。

在本章中，不必开发一个真实、完整的角色框架。创建一个完整的角色框架是一项巨大的工作，使用已有的框架即可。在这里将开发一个极简的角色框架，它可以让读者了解角色框架为函数式编程带来了什么。

13.1 角色模型

在角色模型中，一个多线程应用被分成多个单线程组件，称之为角色（*actor*）。如果每个角色是单线程的，那么就不需要使用锁和同步来共享数据了。

角色与角色之间通过作用来沟通，这种沟通就好像是消息的 I/O 一样。这意味着角色依赖于一种机制来序列化（*serialization*）收到的消息（这里，序列化意味着一个接一个地处理一个消息，不要与对象序列化混淆）。由于这种机制，角色可以一次处理一个消息而不必担心内部资源的并发访问。因此，一个角色系统可以被看成是通过作用来和彼此通信的一系列函数程序。每个角色都可以是单线程的，因此没有对内部资源的并发访问。并发在框架内被抽象化。

13.1.1 理解异步消息传递

作为消息处理的一部分，一个角色可以向其他角色发送消息。消息是以异步方式（*asynchronously*）发送的，这意味着角色不需要等待一个回复再发送消息——事实上也没有回复。一旦消息发出了，发送者就可以继续其工作，工作主要是一次处理一条接收消息队列中的消息。处理消息队列意味着需要对队列进行一些并发访问。这项管理工作在角色框架里是抽象的，所以不需要担心。

在某些情况下可能需要对消息的回复。假设一个角色负责一个长时间的计算。客户端可以利用异步通信，在为其处理计算的同时继续自己的工作。但是一旦计算完成，必须有一种途径让客户端接收结果。这是通过让负责计算的角色回调其客户端，并以异步方式再次发送结果来完成的。请注意，客户端是原始发送方，但这不是强制性的。

13.1.2 并行化处理

角色模型允许使用管理员角色来并行化任务。管理员角色负责将任务分解为子任务，并将它们分发给许多工人角色。当工人角色每次将结果返回给管理员时，都会给它一个新的子任务。与其他并行化模型相比，此模型具有一个优势，即在子任务列表为空之前，任何工作参与者都不会处于空闲状态。缺点是管理员角色不参与计算。但在实际应用中，这通常没有明显的区别。

对于某些任务，当子任务的结果被接收时需要被重新排序。这种情况下，管理员角色可能会将结果发送给完成此工作的特定角色。读者将在第 13.3 节中看到一个这样的例子。在小程序中，管理员自己可以处理此任务。在图 13-1 中，这个角色被称为接收角色。

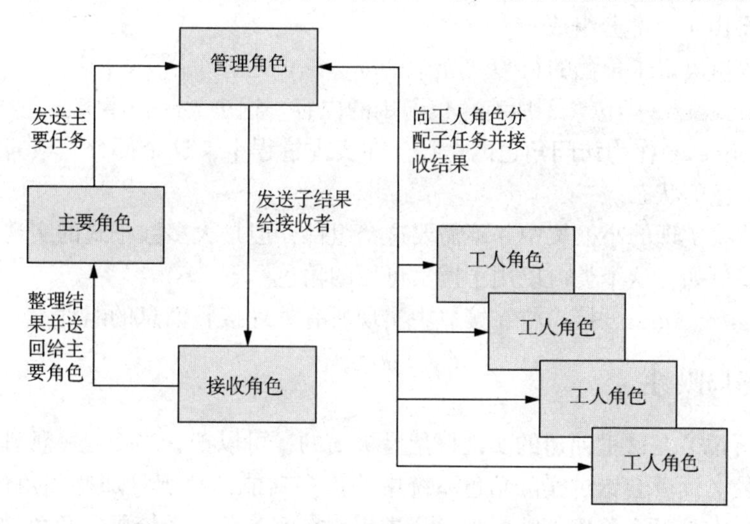

图 13-1 主要角色产生主要任务并将其发送给管理角色，管理角色将任务分成由多个工人角色并行处理的子任务。子结果被送回管理角色，管理角色将其传给接收角色。整理好子结果后，接收角色将最终结果发送给主要角色

13.1.3 处理角色状态突变

角色可以是无状态的（不可变的）或有状态的，这意味着它们应该根据接收到的消息改变自己的状态。举个例子，一个同步器角色可以接收一个计算结果，该结果在使用前必须被重新排序。

例如，假设有一个必须经过大量计算才能提供结果列表的数据列表。简而言之，这是种映射。它可以通过将列表分成几个子列表并将子列表交给一些工人角色处理来实现并行化。但是并不能保证工人角色会按照它们收到工作的顺序来完成工作。

可通过对任务编号来解决重新同步结果的问题。当工人角色返回结果时，它会添加相应的任务编号以便接收者将结果放入优先级队列。这样不仅会使得任务自动排序，也使得把结果作为异步流处理成为可能。每当接收角色接收到一个结果时，它都会将该结果的任务编号和期望编号进行比较。如果两者匹配，接收角色就将结果传递给客户端。然后，查看优先级队列，确认队列中第一个可用结果是否与下一个的期望任务编号匹配。如果匹配，则结果持续出列，直到不再匹配为止。如果不匹配，就将其添加到优先级队列中。

在这种设计中，接收角色必须处理两个可变的数据块：优先级队列和预期的结果编号。这是否意味着角色必须使用可变属性呢？因为角色是单线程的，所以用可变属性就没有必要了。属性变化的处理可以被包含并抽象在一个通用的状态突变过程中，这就使得程序员只能使用不可变数据。

13.2 角色框架的实现

本节将介绍如何构建一个小型但是功能齐全的角色框架。在构建框架时，读者将了解到角色框架如何实现可变状态的安全共享、简单且安全的并行化和再序列化，还有应用程序的

模块化架构。在本章最后，还将看到使用角色框架的一般用途。

角色框架将由 4 个部分组成。

- Actor 接口决定了角色的行为。
- AbstractActor 类包含了所有角色通用的内容。这个类将由事务角色继承。
- ActorContext 作为访问角色的途径。在实现过程中，这个部分是极简的，它主要用于访问角色的状态。

  本节将实现的小框架中并不需要这个组件，但是大多数正式的实现都使用这样一个组件。例如，这个类可以用于搜索可用的角色。
- MessageProcessor 接口将在接口中实现所有处理接收消息的组件。

13.2.1 理解局限性

正如之前所说，在这里创建的实现框架是极简的，可以把它当作是一种理解和练习使用角色模型的途径。读者会错过实际角色系统中的许多功能，特别是那些和角色环境相关的。另一个简化的地方是每个角色都映射到一个进程。在实际角色系统中，角色被映射到线程池中，这使得成千甚至数百万个角色可以在几十个线程上运行。

这个实现框架的另一个局限是关于远程角色的。大多数角色框架允许以透明的方式处理远程角色，这就意味着可以使用在不同机器上运行的角色而不必关心通信过程。这点使得角色框架成为构建可扩展应用程序的理想方法。在本书中不会讨论这方面的内容。

13.2.2 设计角色框架接口

首先，需要定义构成角色框架的接口。其中，最重要的是定义了几个函数的 Actor 接口。此接口的主函数如下：

```
fun tell(message: T, sender: Result<Actor<T>>)
```

这个函数用于向 this 角色（即持有该函数的那个角色）发送消息。这意味着要向角色发送消息，必须有一个对它的引用（这与真正的角色框架不同，真正的角色框架中的消息不是发送给角色，而是发送给角色的引用、委托或其他一些替代对象。如果不这样，就不可能向远程参与者发送消息）。这个函数（实际上是一种作用）把 Result<Actor>作为第二个参数。该参数应该表示发送者，但有时设置为“无人”（即空结果）或者设置为不同的角色。

其他的函数用于管理角色的生命周期，以简化角色的使用，如清单 13-1 所示。这段代码并不打算使用前几章练习的结果，而是使用本书随附的代码（https://github.com/pysaumont/fpinkotlin）中提供的 fpinkotlin-conmmon 模块。这与练习题答案的代码大体一致，只不过增加了一些功能。

清单 13-1 Actor 接口

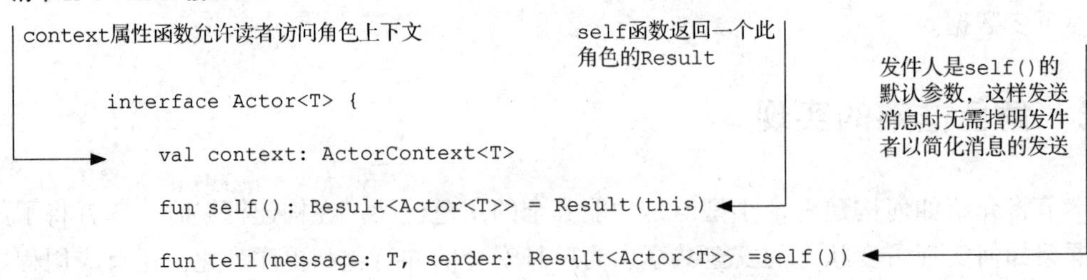

```
    fun shutdown()

    fun tell(message: T, sender: Actor<T>) =
                        tell(message, Result(sender))

    companion object {

        fun <T> noSender(): Result<Actor<T>> = Result()
    }
}
```

这是一个便捷函数，它发送带有角色的消息而不是带有 Result<Actor>的消息

noSender函数是一个为 Result.Empty提供 Result<Actor>类型的辅助函数

shutdown函数告诉角色它应该自行终止。在小型框架中，它简洁地终止了角色线程

清单 13-2 显示了另外两个必需的接口：ActorContext 和 MessageProcessor。

清单 13-2　ActorContext 和 MessageProcessor 接口

允许访问角色的行为

```
interface ActorContext<T> {

    fun behavior(): MessageProcessor<T>

    fun become(behavior: MessageProcessor<T>)
}

interface MessageProcessor<T> {

    fun process(message: T,
                sender: Result<Actor<T>>)
}
```

允许角色通过注册新的MessageProcessor来改变其行为

MessageProcessor接口只有一个函数，该函数表示一条消息的处理

这里，最重要的元素是 ActorContext 接口。其中的 become 函数允许角色改变自身的行为，即改变它处理消息的方式。角色的行为看起来像是一种作用，它把要处理的消息和发送者作为其参数。

在应用程序的生命周期中，角色的行为是允许改变的。一般来说，这种行为的改变是由角色状态的改变引起的，即用一个新的行为替换原来的行为。读者看到实现代码后会更加明白。

13.3　AbstractActor 的实现

AbstractActor 的实现对所有角色都是通用的。所有消息管理操作都是通用的，由角色框架提供，因此只需要实现业务部分。清单 13-3 展示了 AbstractActor 的实现。

清单 13-3　AbstractActor 的实现

```
abstract class AbstractActor<T>(protected val id: String) : Actor<T> {

    override val context: ActorContext<T> =
                        object: ActorContext<T> {

        var behavior: MessageProcessor<T> =
                    object: MessageProcessor<T> {

            override fun process(message: T, sender: Result<Actor<T>>) {
                onReceive(message, sender)
            }
        }
```

将context属性初始化为新的ActorContext

将默认行为委托给onReceived函数

```
        @Synchronized
        override
        fun become(behavior: MessageProcessor<T>) {  ◄── 要改变其行为，ActorContext
            this.behavior = behavior                      需要注册新行为。这里是突变发
        }                                                 生的地方，但它被框架隐藏了

        override fun behavior() = behavior
    }                                                     初始化基础的ExecutorService

    private val executor: ExecutorService =  ◄──
          Executors.newSingleThreadExecutor(DaemonThreadFactory())

    abstract fun onReceive(message: T,
                           sender: Result<Actor<T>>)  ◄── 保存由API用户实现的业务处理

    override fun self(): Result<Actor<T>> {
        return Result(this)
    }

    override fun shutdown() {
        this.executor.shutdown()
    }                                                     tell函数表明角色是如何接收消息
                                                          的。它是同步的，以确保每次处理
    @Synchronized                                         一个消息
    override fun tell(message: T,
                      sender: Result<Actor<T>>) {  ◄──
        executor.execute {                                当收到消息时，消息将由
            try {                                         角色环境所返回的当前行
                context.behavior()                        为来处理
                       .process(message, sender)  ◄──
            } catch (e: RejectedExecutionException) {
                /*
                 * 这可能是一个常见的情况：由于角色终止，
                 * 所有待执行的任务都会取消
                 */
            } catch (e: Exception) {
                throw RuntimeException(e)
            }
        }
    }
}
```

ExecutorService 用一个单线程执行器初始化，它使用一个守护线程工厂来允许执行器在主线程终止时自动关闭。还需注意，当 ExecutorService 被初始化时，DaemonThreadFactory 会创建守护程序线程，这样当主线程停止时，角色就不会阻止应用程序停止（读者可以在代码库中找到相应代码）。

现在角色框架已经完成了，不过正如前面提到的，这无法用于生产，只是一个演示角色框架如何工作的小例子。

13.4 让角色投入工作

现在有了一个可供使用的角色框架了，下面将它应用到一些具体的问题上。当多个线程要共享某个可变状态时，当一个线程生成一个计算结果，并且必须将该结果传递给另一个线程以进行进一步处理的时候，可以用到角色框架。

通常，这种可变状态的共享是通过在共享可变属性中存储值来完成的，这意味着要进行

锁和同步。首先尝试一个极简的角色的示例，它可以被视为角色的 Hello, World!。然后构建一个更加完整的应用程序，在该应用中，角色用于将任务分配给其他并行工作的角色。

第一个例子是用于测试角色的传统示例。角色为两名乒乓球运动员和一名裁判。当球（用整数表示）给一个运动员时，游戏就开始了。然后每个运动员不断把球传给对方，直到传 10 次，球就被送回裁判手中。

13.4.1　实现乒乓球例子

首先需要实现裁判员。要做的是创建一个角色，然后实现它的 onReceive 函数。在此函数中，读者将如清单 13-4 那样展示一条消息。

清单 13-4　创建裁判对象

```
val referee = object :AbstractActor < Int > ("Referee") {
    override funonReceive(message: Int, sender: Result < Actor < Int > >) {
        println("Game ended after $message shots")
    }
}
```

接下来将创建两个运动员。因为有两个实例，所以有两个选项。清单 13-5 所示，对象方法是创建 Player 类。

清单 13-5　Player 类

该类是私有的，因为它是在包级别定义的。也可以在程序的主函数内将其定义为局部类

每个运动员创建时都有一个对裁判的引用，这样运动员可以在游戏结束时将球送回给裁判。但如果Player类定义在局部并且和裁判在相同的函数中（如在主函数中），则不需要这样做

sound字符串是一条消息，当运动员接到球时它会由运动员显示(乒或者乓)

```
private class Player(id: String,
                     private val sound: String,
                     private val referee: Actor<Int>):
                         AbstractActor<Int>(id) {

    override fun onReceive(message: Int, sender: Result<Actor<Int>>) {
        println("$sound - $message")
        if (message >= 10) {
            referee.tell(message, sender)
        } else {
            sender.forEach(
                { actor: Actor<Int> ->
                    actor.tell(message + 1, self())
                },
                { referee.tell(message, sender) }
            )
        }
    }
}
```

这是角色的业务部分，也就是用户期望看到的部分

如果游戏结束，将球送回给裁判

否则，将其送回给其他运动员(如果存在)

如果其他运动员不存在，则向裁判登记该问题

如果更喜欢函数式，可以创建一个返回 Actor 的函数，如清单 13-6 所示。

清单 13-6　player 函数

sound字符串是一条消息，当运动员接到球时它会由运动员显示(乒或者乓)

每个运动员创建时都有一个对裁判的引用，这样运动员可以在游戏结束时将球送回给裁判

```
fun player(id: String,
           sound: String,
           referee: Actor<Int>) =
        object : AbstractActor<Int>("id") {
```

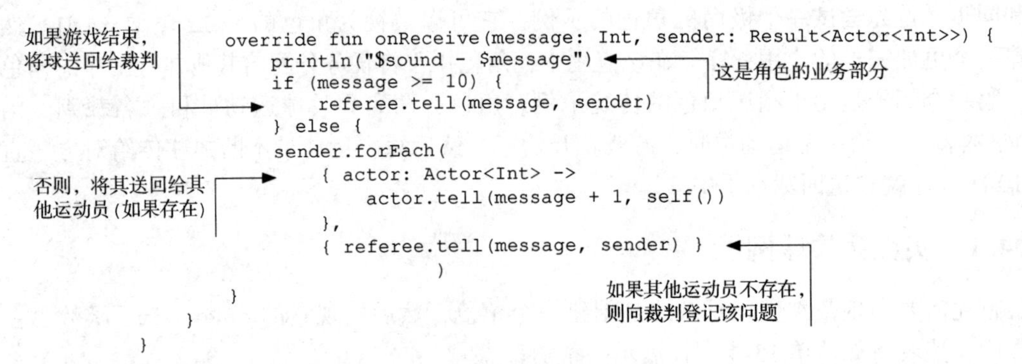
如果游戏结束，将球送回给裁判
override fun onReceive(message: Int, sender: Result<Actor<Int>>) {
println("$sound - $message")
这是角色的业务部分
if (message >= 10) {
referee.tell(message, sender)
} else {
sender.forEach(
否则，将其送回给其他运动员(如果存在)
{ actor: Actor<Int> ->
actor.tell(message + 1, self())
},
{ referee.tell(message, sender) }
)
如果其他运动员不存在，则向裁判登记该问题
}
}
}

这两种方法几乎是一样的，对象实际上是函数。

通过创建 player 函数（或 player 类），可以完成程序。但是需要一种方法保持应用程序运行，直到游戏结束。如果不这样的话，主应用程序的线程将在游戏开始后立即终止，运动员将没有游戏的机会。这可以通过使用信号量来实现，如清单 13-7 所示。

清单 13-7　乒乓球的例子

```
private val semaphore = Semaphore(1)

fun main(args: Array<String>) {
    val referee = object : AbstractActor<Int>("Referee") {

        override fun onReceive(message: Int, sender: Result<Actor<Int>>) {
            println("Game ended after $message shots")
            semaphore.release()
        }
    }

    val player1 =
        player("Player1", "Ping", referee)
    val player2 = player("Player2", "Pong", referee)

    semaphore.acquire()
    player1.tell(1, Result(player2))
    semaphore.acquire()
    // main thread terminates
}
```

- 用一个许可证创建一个信号量（指向 `private val semaphore = Semaphore(1)`）
- 当游戏结束时，信号量被释放，使一个新的许可证可用，该许可证允许主线程继续（指向 `semaphore.release()`）
- 如果更想定义一个Player类，唯一的区别是大写的Player而不是player（指向 `player("Player1", "Ping", referee)`）
- 当前线程获得单一可用许可证，游戏开始（指向第一个 `semaphore.acquire()`）
- 主线程试图获得一个新的许可证。由于没有可用的许可证，它会阻塞，直到信号量被释放（指向第二个 `semaphore.acquire()`）
- 当继续时，主线程终止。所有角色线程都是守护进程，因此它们也会自动停止（指向 `// main thread terminates`）

此程序输出如下：

```
Ping-1
Pong-2
Ping-3
Pong-4
Ping-5
Pong-6
Ping-7
Pong-8
Ping-9
Pong-10
Game ended after 10 shots
```

13.4.2　并行运行计算

现在是时候看一个更正式的角色模型的例子了：并行运行计算。为了模拟长时间运行的计算，选择一个 0 ~ 30 之间的随机数列表，并使用慢速算法计算相应的斐波那契值。

应用程序由三种角色组成：管理者（Manager），负责创建给定数目的工人角色并且给工人分配任务；几个工人实例；客户，它在主程序类中作为匿名角色。清单 13-8 显示了这些类中最简单的一个，即工人角色（Worker）。

清单 13-8　负责运行计算部分的 Worker

```
class Worker(id: String) : AbstractActor<Int>(id) {

    override fun onReceive(message: Int, sender: Result<Actor<Int>>) {
        sender.forEach (onSuccess = { a: Actor<Int> ->
            a.tell(slowFibonacci(message), self())
        })
    }

    private fun slowFibonacci(number: Int): Int {
        return when (number) {
            0    -> 1
            1    -> 1
            else -> slowFibonacci(number - 1)
                + slowFibonacci(number - 2)
        }
    }
}
```

当Worker接收到一个数字时，它计算相应的斐波那契值并将其发送回调用者

使用一种低效率算法来创建持久的任务

可以看出，这个角色是无状态的。它计算出结果，并将其发送回已收到引用的发送者。这可能是一个与调用者不同的角色。

由于数字是在 0 ~ 35 之间随机选取的，因此计算结果所需要的时间是变化的。此清单模拟的任务需要可变的时间来执行。与第 8 章中的自动并行化示例不同，所有线程或角色都保持忙状态，一直到整个计算完成。

Manager 类稍微有点复杂。清单 13-9 显示类的构造函数和初始化的属性。

清单 13-9　Manager 类的构造函数和属性

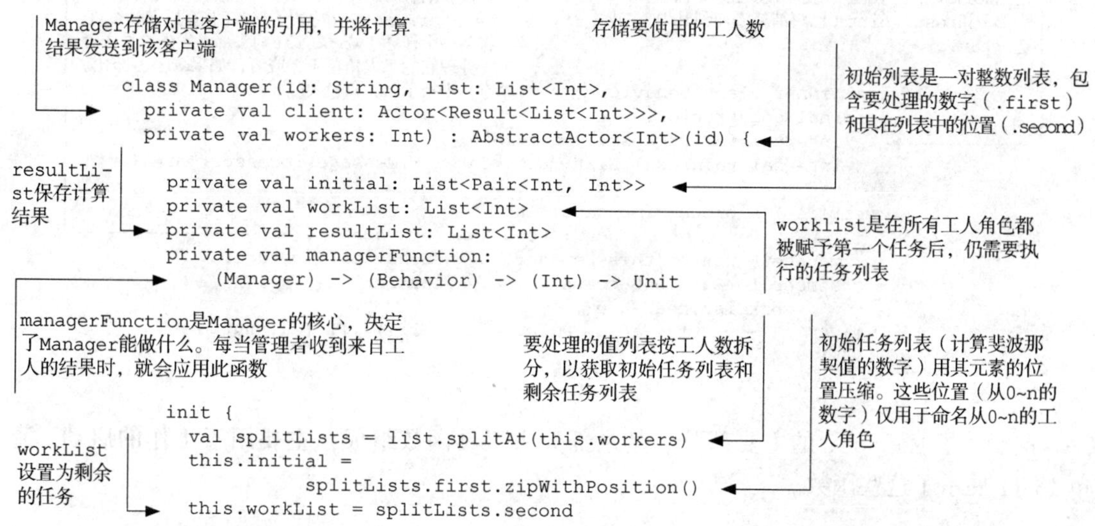

```
class Manager(id: String, list: List<Int>,
  private val client: Actor<Result<List<Int>>>,
  private val workers: Int) : AbstractActor<Int>(id) {

    private val initial: List<Pair<Int, Int>>
    private val workList: List<Int>
    private val resultList: List<Int>
    private val managerFunction:
        (Manager) -> (Behavior) -> (Int) -> Unit

    init {
      val splitLists = list.splitAt(this.workers)
      this.initial =
                  splitLists.first.zipWithPosition()
      this.workList = splitLists.second
```

Manager存储对其客户端的引用，并将计算结果发送到该客户端
存储要使用的工人数
初始列表是一对整数列表，包含要处理的数字（.first）和其在列表中的位置（.second）
resultList保存计算结果
worklist是在所有工人角色都被赋予第一个任务后，仍需要执行的任务列表
managerFunction是Manager的核心，决定了Manager能做什么。每当管理者收到来自工人的结果时，就会应用此函数
要处理的值列表按工人数拆分，以获取初始任务列表和剩余任务列表
初始任务列表（计算斐波那契值的数字）用其元素的位置压缩。这些位置（从0~n的数字）仅用于命名从0~n的工人角色
workList设置为剩余的任务

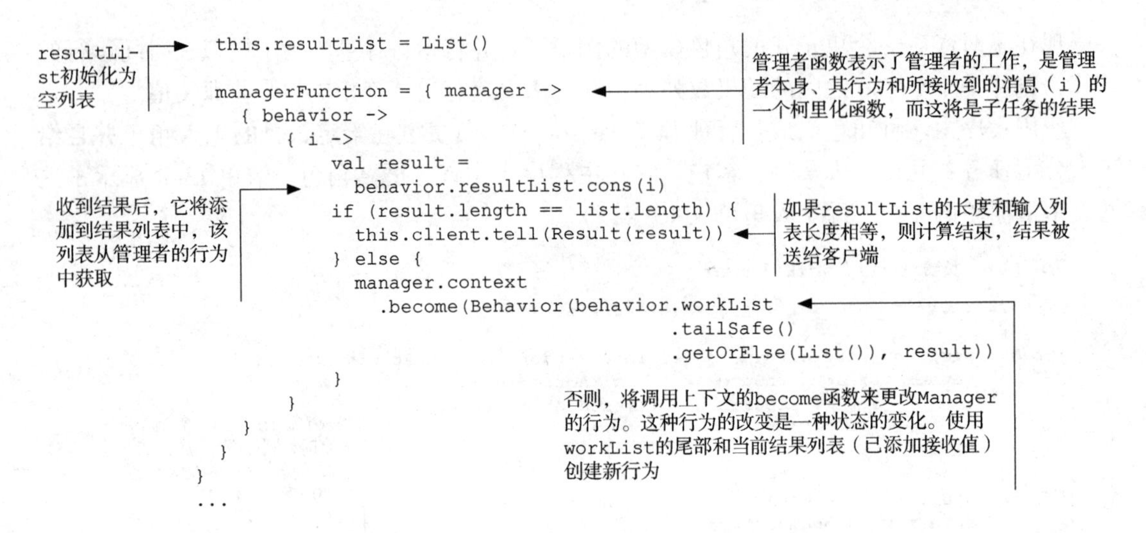

由此可见，如果计算结束了，结果会被添加到结果列表并且送到客户端。否则，结果会被添加到当前结果列表。在传统编程中，这可以通过改变 Manager 持有的结果列表来实现。这里正是这种情况，但是有两点不同。

- 结果列表存储在行为中。
- 行为和列表都不会发生变化。相反，会创建一个新的行为，并且改变环境以用新行为替换旧行为。但不必处理这种变化。就读者而言，一切都是不可变的，因为变化过程被角色框架抽象了。

清单 13-10 显示了作为内部类实现的 Behavior 类。Behavior 内部类允许对角色变化进行抽象。

清单 13-10　Behavior 内部类

使用workList（在调用构造函数之前从中删除了头部）和resultList（已将结果添加到其中）构造Behavior

在接收消息时调用的process函数。首先将managerFunction应用于接收的消息。然后，它将下一个任务（workList的头部）发送给发送者（处理它的工人角色），或者，如果workList为空，则指示工人角色关闭。

```
internal inner class Behavior
    internal constructor(
        internal val workList: List<Int>,
        internal val resultList: List<Int>) : MessageProcessor<Int> {

    override fun process(message: Int,
                         sender: Result<Actor<Int>>) {
        managerFunction(this@Manager)(this@Behavior)(message)
        sender.forEach(onSuccess = { a: Actor<Int> ->
            workList.headSafe()
                    .forEach({ a.tell(it, self()) }) { a.shutdown() }
        })
    }
}
```

这涵盖了 Manager 的主要部分。其余部分由工具函数组成，主要用于工作的启动。清单 13-11 展示了这些函数。

清单 13-11　Manager 的工具函数

```
class Manager(id: String, list: List<Int>, . . .

    . . .

    fun start() {
        onReceive(0, self())
        sequence(initial.map { this.initWorker(it) })
            .forEach(onSuccess = { this.initWorkers(it) },
                     onFailure =
                         { this.tellClientEmptyResult(
                             it.message ?: "Unknown error") })
    }

    private fun initWorker(t: Pair<Int, Int>):
                                Result<() -> Unit> =
        Result({ Worker("Worker " + t.second).tell(t.first, self()) })

    private fun initWorkers(lst: List<() -> Unit>) {
        lst.forEach { it() }
    }
    private
    fun tellClientEmptyResult(string: String) {
        client.tell(Result.failure("$string caused by empty input list."))
    }

    override fun onReceive(message: Int,
                           sender: Result<Actor<Int>>) {
        context.become(Behavior(workList, resultList))
    }

    . . .
}
```

Manager向自己发送消息来启动工作。消息是什么并不重要，因为行为尚未初始化

然后创建并初始化工人

此函数创建类型为 ( ) ->Unit 的函数，用于创建工人角色

此函数执行角色的创建

如果有错误，将通知客户端

这是Manager的初始行为。作为其初始化的一部分，它会切换行为，从包含剩余任务的workList和空resultList开始

onReceive 函数表示当角色收到第一条消息时将做什么，理解这一点很重要。当工人把结果发送给管理者时，此函数不会被调用。

此程序的最后一部分在清单 13-12 中展示。清单 13-12 展示了应用程序的客户端代码。但不同于 Manager 和 Worker，它不是角色。相反，代码中的 main 函数使用了角色，这是一种实现选择。选择这个或者其他方案并没有特别的原因。但客户端角色是必需的，用于接收结果。

清单 13-12　客户端应用程序

```
import com.fpinkotlin.common.List
import com.fpinkotlin.common.Result
import com.fpinkotlin.common.range
import java.util.concurrent.Semaphore

private val semaphore = Semaphore(1)
private const val listLength = 20_000
private const val workers = 8
private val rnd = java.util.Random(0)
private val testList =
    range(0, listLength).map { rnd.nextInt(35) }

fun main(args: Array<String>) {
    semaphore.acquire()
    val startTime = System.currentTimeMillis()
    val client =
        object: AbstractActor<Result<List<Int>>>("Client") {
            override fun onReceive(message: Result<List<Int>>,
```

创建信号量以允许主线程等待角色完成其工作

任务数已初始化

工人角色数量在此设置

任务列表是通过随机生成0~35之间的数字来创建的

当程序开始时获取信号量

客户端actor被创建为匿名单例对象

```
                sender: Result<Actor<Result<List<Int>>>>) {
            message.forEach({ processSuccess(it) },
                    { processFailure(it.message ?: "Unknown error") })
            println("Total time: "
                + (System.currentTimeMillis() - startTime))
            semaphore.release()
        }
    }
    val manager =
        Manager("Manager", testList, client, workers)
    manager.start()
    semaphore.acquire()
}

private fun processFailure(message: String) {
    println(message)
}

fun processSuccess(lst: List<Int>) {
    println("Input: ${testList.splitAt(40).first}")
    println("Result: ${lst.splitAt(40).first}")
}
```

当接收到结果时，客户端释放信号量
客户端的唯一职责就是处理结果或任何发生的错误
manager被实例化并启动
信号量再次被获取以等待工作结束

可以使用不同长度的任务列表和不同数量的工人角色来测试该程序。在 8 核 Linux 机器上，运行长度为 20000 的任务会产生以下结果。

- 1 个工人角色：73s。
- 2 个工人角色：37s。
- 4 个工人角色：19s。
- 8 个工人角色：12s。
- 16 个工人角色：12s。

这些数字并不精确，但它们表明，使用比可用内核数量更多的线程是无用的。程序显示的结果如下（仅显示前 11 个结果）：

```
输入：[5, 23, 4, 2, 25, 28, 16, 1, 34, 9, 22, …, NIL]
结果：[8, 5, 2, 1597, 46368, 121393, 2, 55, 28657, 1, 2, …, NIL]
总时间：12558
```

可以发现这里存在一个问题。

13.4.3 重排结果

可能读者已经注意到，结果并不正确。当观察第二个随机值（23）和对应结果（5）时，这很明显。也可以比较后面的值和结果。如果在计算机上运行该程序，每次运行都会得到不同的结果。

这里发生的事情是并非所有任务都需要相同的时间来执行。在这里故意将计算设置为以这种方式执行，以便某些任务（低参数值的计算）快速返回，而其他任务（高参数值的计算）需要更长的时间。因此，返回的值顺序并不正确。

为了解决这个问题，需要用它们对应参数的顺序来排序结果。一种解决方案是使用在第 11 章中开发的堆（Heap）数据类型，可以为每个任务编号，并将此编号用作优先级队列中的优先级。

首先需要改变的是工人角色的类型。现在不再处理整数，而是处理整数的元组：用一个整数表示计算的参数，另一个整数表示任务的编号。清单 13-13 展示了 Worker 类中的相应变化。

清单 13-13　追踪任务编号的 Worker

```
class Worker(id: String) :
    AbstractActor<Pair<Int, Int>>(id) {          ← 类型参数从Int更改为 Pair<Int,Int>

    override fun onReceive(message: Pair<Int, Int>,
              sender: Result<Actor<Pair<Int, Int>>>) {   ← onReceive函数的签名已更改，以反映新的参与者类型
        sender.forEach(onSuccess =
          { a: Actor<Pair<Int, Int>> ->
            a.tell(Pair(slowFibonacci(message.first),     ← 返回消息已更改为包括任务编号的形式
                        message.second) , self())
          })
    }
  ...
}
```

任务编号是元组中的第二个元素。任务编号和计算参数属于同一类型（Int），不易阅读。在现实生活中，这不应该发生，因为读者应该为任务使用特定的类型。但如果愿意，也可以使用特定类型而不是 Pair 包装任务和任务编号，例如，使用具有数字属性的 Task 类型。

Manager 类中的变化更多。需要改变类、workList 和结果属性的类型：

```
class Manager(id: String, list: List<Int>,
        private val client: Actor<Result<List<Int>>>,
        private val workers: Int) :AbstractActor<Pair<Int, Int>>(id) {
    private val initial: List<Pair<Int, Int>>
    private val workList: List<Pair<Int, Int>>
    private val resultHeap: Heap<Pair<Int, Int>>
    private val managerFunction: (Manager)-> (Behavior)-> (Int)-> Unit
```

这些属性在如下的构造器中初始化：

```
init {
    val splitLists = list.zipWithPosition().splitAt(this.workers)
    this.initial = splitLists.first
    this.workList = splitLists.second
    this.resultHeap = Heap(Comparator {
        p1: Pair<Int, Int>, p2: Pair<Int, Int>->
                    p1.second.compareTo(p2.second)
})
```

workList 现在包含 Pair（如前一个示例中的 initial 列表那样），结果是一个由 Pair 组成的优先级队列（Heap）。根据对队列第二个元素进行比较，使用比较器（Comparator）初始化此堆。

使用同时包装任务和任务编号的 Task 类型可以使此类型可比（Comparable），这样 Comparator 就没有用处了（这项优化留作练习）。managerFunction 也是不同的：

```
private val managerFunction: (Manager)-> (Behavior)-> (Pair<Int, Int>)-> Unit
```

它在构造器中被这样初始化：

```
managerFunction = { manager ->
    { behavior ->
        { p ->
            val result = behavior.resultHeap + p          ← 收到的结果现在被插入到堆中
            if (result.size == list.length) {
                this.client.tell(Result(result.toList()
                        .map { it.first }))             ← 一旦计算完成，堆会在被送到客户端之前转化为列表
            } else {
                ...
            }
        }
    }
}
```

Behavior 内部类必须改变以反映角色类型的变化：

```
workList的类型现在是List<Pair<Int, Int>>

                                                     结果类型现在是
    internal inner class Behavior                    Heap<Pair<Int, Int>>
        internal
        constructor(internal
                val workList: List<Pair<Int, Int>>,
            internal val resultHeap: Heap<Pair<Int, Int>>):
                MessageProcessor<Pair<Int, Int>> {   ← Behavior类的类型参数现在是Pair<Int, Int>

        override
        fun process(message: Pair<Int, Int>,
                sender: Result<Actor<Pair<Int, Int>>>) {   ← 修改处理函数的签名以反映类型参数的更改
            managerFunction(this@Manager)(this@Behavior)(message)
            sender.forEach(onSuccess = { a: Actor<Pair<Int, Int>> ->
                workList.headSafe()
                        .forEach({ a.tell(it, self()) }) { a.shutdown() }
            })
        }
    }
```

仍需要对 Manager 类的剩余部分做一些小修改。start 函数必须修改为：

```
fun start() {
    onReceive(Pair(0, 0), self())       ← 开始消息的类型必须和管理角色的类型参数匹配
    sequence(initial.map { this.initWorker(it) })
        .forEach({ this.initWorkers(it) },
                 { this.tellClientEmptyResult(
                         it.message ?: "Unknown error") })
}
```

Worker 的初始化过程也略有不同：

```
private fun initWorker(t: Pair<Int, Int>): Result<()-> Unit> =
    Result({Worker("Worker " + t.second)
               .tell(Pair(t.first, t.second), self())})
```

最后，onReceive 函数被修改为：

```
override fun onReceive(message: Pair<Int, Int>,
                     sender: Result<Actor<Pair<Int, Int>>>) {
    context.become(Behavior(workList, resultHeap))
}
```

现在，结果就可以正确顺序显示了。

13.4.4 优化性能

尽管现在的实现还可以，但是离最优还差得远。主要原因在于所有的结果都放在结果优

先级队列中排序。正如在第 11 章中所说，这不是优先级队列的正确用法。

优先级队列的设计初衷是存放必须按给定顺序（根据优先级）处理的元素。元素应该在生成时就被使用，从而确保队列一次不会包含多个元素。在本例中，只有存在尚未处理的高优先级元素时，才应存储元素。这不是优先级队列的唯一用例，但它是完美的。

要在实践中查看问题，请尝试使用有效的函数替换 Worker 类中的 slowFibonnacci 函数，例如：

```
private fun fibonacci(number: Int): Int {
    tailrec fun fibonacci(acc1: Int, acc2:Int, x: Int):Int = when (x) {
        0-> 1
        1-> acc1 + acc2
        else-> fibonacci(acc2, acc1 + acc2, x-1)
    }
    return fibonacci(0, 1, number)
}
```

在客户端程序中，将 listLength 设置为 500000，然后尝试使用 1 个、2 个、4 个或 8 个角色（如果计算机有足够的内核）。这是得到的一个结果：

```
1 actor: 40567 ms 2 actors: 24399 ms 4 actors: 22394 ms 8 actors: 22389 ms
```

读者可能注意到这里有一个有趣的事情：当任务较短时，多个并发角色带来的优势要小得多。通常情况下，从一个角色到两个角色会有所增加。投入更多的角色并不会带来更高的性能。可能这并不明显，因为这些数字取决于所用的计算机，但它们非常慢。作为比较，可以使用以下代码，重用 WorkersExample 程序中的 testList：

```
println(testList.map {fibonacci(it)}.splitAt(40).first)
```

这在 700ms 内执行，比使用 2 个、4 个或 8 个角色快 30 倍。原因之一是堆（Heap）所造成的瓶颈。堆数据结构不是用来排序的。只要元素的数量保持在较低的水平，堆会提供良好的性能，但是这里将所有的 200000 个结果插入到堆中，并对每次插入时的完整数据集进行排序，这样的效率不高。

显然，低效不是一个实现的问题，而是使用错误的工具来完成工作的问题。通过存储所有结果并在计算结束时对它们进行排序，可以获得更好的性能，不过需要使用正确的工具进行排序。

另一个选择是改变程序的设计。当前设计的一个问题是不仅插入堆需要很长时间，而且该工作是由 Manager 线程完成的。Manager 不会在工人角色完成计算后立即分发任务，而是让工人等待，直到完成对堆的插入。一种可能的解决方案是使用一个单独的角色来完成对堆的插入。

但有时候更好的方法是给工具找正确的工作。事实上，同步地使用结果可能不是必需的。如果不是必需的，那么就添加了一个隐式需求，这使得问题更难解决。一种可能的方法是将结果单独传递给客户端。这样，只有当结果顺序混乱时才会使用堆，从而防止堆变得太大。

这就是优先级队列的正确使用方式。考虑到这一点，可以向程序中添加 Receiver 角色。Receiver 角色在清单 13-14 中展示：

清单 13-14　负责异步接收结果的 Receiver 角色

```
import com.fpinkotlin.common.List
import com.fpinkotlin.common.Result

class Receiver(id: String,
               private val client: Actor<List<Int>>):
                          AbstractActor<Int>(id) {

    private val receiverFunction: (Receiver) -> (Behavior) -> (Int) -> Unit

    init {
        receiverFunction = { receiver ->
            { behavior ->
                { i ->
                    if (i == -1) {
                        this.client.tell(behavior.resultList.reverse())
                        shutdown()
                    } else {
                    receiver.context
                            .become(Behavior(behavior.resultList.cons(i)))
                    }
                }
            }
        }
    }

    override fun onReceive(i: Int, sender: Result<Actor<Int>>) {
        context.become(Behavior(List(i)))
    }

    internal inner class Behavior internal constructor(
        internal val resultList: List<Int>) :
                              MessageProcessor<Int> {

        override fun process(i: Int, sender: Result<Actor<Int>>) {
            receiverFunction(this@Receiver)(this@Behavior)(i)
        }
    }
}
```

Receiver类是一个由它要接收的数据类型参数化的角色：Int

Receive客户端是由List<Int>类型参数化的角色

Receiver函数接收到一个Int。如果是-1，意味着计算已经完成，它将把结果送给其客户端并自行关闭

否则，它会通过将结果添加到结果列表来更改其行为

最初的onReceive实现包括用包含第一个结果的新列表替换角色行为

该行为保留当前结果列表

主程序（WorkersExample.kt）和之前的例子差别并不大，唯一的区别是增加了 Receiver：

```
fun main(args: Array<String>) {
    semaphore.acquire()
    val startTime = System.currentTimeMillis()
    val client =
        object: AbstractActor<List<Int>>("Client") {
            override fun onReceive(message: List<Int>,
                        sender: Result<Actor<List<Int>>>) {
                println("Total time: "
                        + (System.currentTimeMillis() - startTime))
                println("Input: ${testList.splitAt(40).first}")
                println("Result: ${message.splitAt(40).first}")
                semaphore.release()
            }
        }

    val receiver = Receiver("Receiver", client)
    val manager =
       Manager("Manager", testList, receiver, workers)
    manager.start()
    semaphore.acquire()
}
```

创建Receiver时将主角色作为其客户端

此时创建Manager并以Receiver作为其客户端

Worker 角色与前一个示例中的完全相同，这使得在 Manager 类中保留了最重要的更改。第一个更改是 Manager 将具有 Actor < Int >类型的客户端，并跟踪任务列表的长度：

```
        class Manager(
                id: String, list: List<Int>,
                private val client: Actor<Int>,      ◄── Manager具有Actor<Int>类型的客户端
                private val workers: Int) : AbstractActor<Pair<Int, Int>>(id) {

    private val initial: List<Pair<Int, Int>>
    private val workList: List<Pair<Int, Int>>
    private val resultHeap: Heap<Pair<Int, Int>>
    private val managerFunction: (Manager) -> (Behavior) -> (Pair<Int, Int>)
     -> Unit
    private val limit: Int      ◄── 管理者继续跟踪任务列表的长度
```

现在，Receiver 客户端一个接着一个异步地接收结果。managerFunction 则不同：

Function is different:

```
managerFunction = { manager ->
    { behavior ->
        { p ->
            val result =
                streamResult(behavior.resultHeap + p,
                        behavior.expected, List())      ◄── 调用streamResult函数
            result.third.forEach { client.tell(it) }
            if (result.second > limit) {
                this.client.tell(-1)      ◄── 发送终止代码
            } else {
                manager.context
                    .become(Behavior(behavior.workList
                        .tailSafe()
                        .getOrElse(List()), result.first, result.second))
            }
        }
    }
}
```

此函数现在调用 streamResult 函数，返回一个 Triple。第一个元素是已添加接收结果的结果堆，第二个元素是下一个期望的结果编号，第三个元素是按预期顺序排列的结果列表。如果所有任务都已执行，则会向客户端发送特殊的终止代码。可以发现，大部分工作都是在 streamResult 函数中完成的：

```
private fun streamResult(result: Heap < Pair < Int, Int > >,
                         expected: Int, list: List < Int >):
        Triple < Heap < Pair < Int, Int > >, Int, List < Int > > {
    val triple = Triple(result, expected, list)
    val temp = result.head
        .flatMap {head- >
            result.tail().map {tail- >
                if (head.second == expected)
                    streamResult(tail, expected + 1, list.cons(head.first))
                else
                    triple
            }
        }
    return temp.getOrElse(triple)
}
```

streamResult 函数将结果堆、下一个预期任务编号和最初为空的整数列表作为参数：

- 如果结果堆的头部与期望的任务结果编号不同，则不需要执行任何操作，并且三个参数将作为 Triple 返回。
- 如果结果堆的头部与期望的任务结果编号匹配，则将其从堆中删除并添加到列表中。然后递归地调用该函数，直到头部不再匹配，按期望的顺序构造结果列表，将其他函数留在堆中。

通过这种处理方式，堆总是保持得很小。例如，在计算 200000 个任务时，发现堆最大为 121。有 12 次超过了 100，95% 以上的时间小于 2。图 13-2 显示了 Manager 接收结果的整个过程。

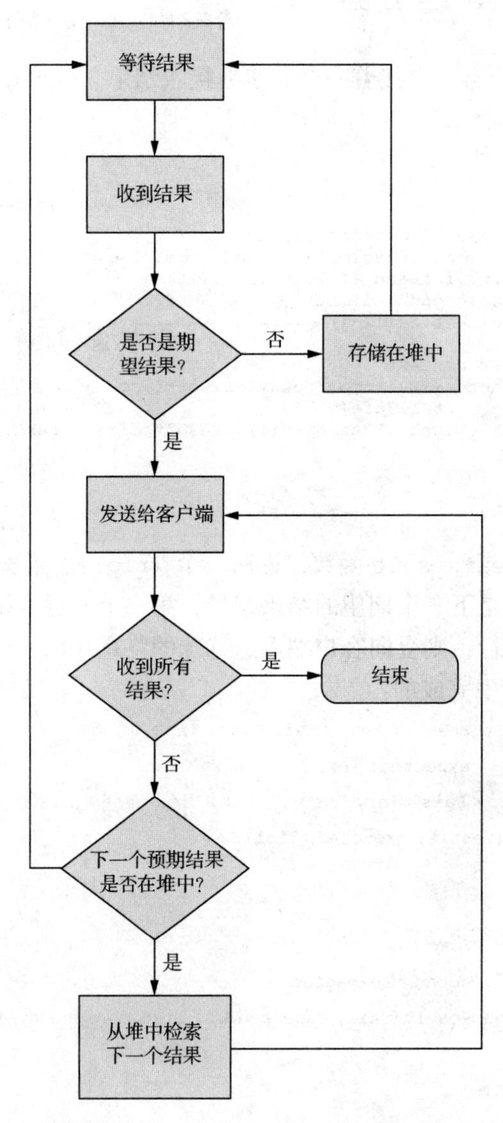

图 13-2　Manager 接收一个结果，并将其存储在堆中（如果它与期望的数字不对应），或者将其发送到客户端。在后一种情况下，它会查看 Heap，以确认是否已经收到下一个期望的结果

onReceive 函数是不同的，因为在开始时，期望的结果编号为 0：

```
override fun onReceive(message: Pair<Int, Int>,
```

```
                     sender: Result<Actor<Pair<Int, Int>>>) {
    context.become(Behavior(workList, resultHeap, 0))
}
```

Behavior 类也必须修改。它现在保留了期望的任务编号：

```
internal inner class Behavior
    internal constructor(internal val workList: List<Pair<Int, Int>>,
                         internal val resultHeap: Heap<Pair<Int, Int>>,
                         internal val expected: Int) :
                             MessageProcessor<Pair<Int, Int>> {
...
```

最后一个改变在 Manager.start 函数中，因为客户端现在是 Actor<Int>：

```
fun start() {
    onReceive(Pair(0, 0), self())
    sequence(initial.map {this.initWorker(it)})
        .forEach({this.initWorkers(it)},
                 {client.tell(-1)})
}
```

经过这些改进，程序快多了。例如，在与前一个示例相同的条件下，以下分别是使用 1 个、2 个、4 个和 8 个工人角色处理 1000000 个数字所需的时间：

```
1 actor: 40567 ms
2 actors: 12251 ms
4 actors: 11055 ms
8 actors: 11043 ms
```

这个过程显然不如将 fibonacci 函数映射到数字列表的速度快。但请记住，现在已经是该函数的快速版本。并行化对短任务来说并没有帮助。但是如果切换回函数的慢速版本，结果会有很大不同（使用 200000 个数字的列表）：

```
simple mapping: 12 mn 46 s
1 actor: 12 mn 2 s
2 actors: 6 mn 2 s
4 actors: 3 mn 3 s
8 actors: 1 mn 40 s
```

现在可以看到，只要并行运行的任务是持久的，并行地使用角色就可以显著地提高性能。这只是一个展示如何使用角色的例子。可以通过其他方法更好地解决这类问题，如列表的自动并行化（正如第 8 章所示的那样）。

角色的主要用途不是并行化，而是对共享可变状态的抽象。在这些示例中，使用了任务之间共享的列表。如果没有角色，就必须同步对 workList 和 resultHeap 的访问以处理并发。角色允许在框架中对同步和突变进行抽象。

如果查看之前编写的业务代码（除了角色框架本身），将会发现没有可变数据，不需要关心同步，也没有线程饥饿或死锁的风险。尽管它们是基于效果的（而不是基于函数的），但是角色提供了一种很好的方法来让代码中函数式的部分同时运行，以抽象的方式共享可变状态。

角色框架是极简的，不能在任何正式的代码中使用。对于 Kotlin 的这种用途，可以使用 Java 的一个可用的角色框架，尤其是 Akka。虽然 Akka 是用 Scala 编写的，但它也可以用在

Kotlin 程序中。使用 Akka 时，除非需要，否则永远不会看到一行 Scala 代码。要了解有关角色的更多信息，特别是 Akka，请参阅雷蒙德 · 罗斯腾伯格（Raymond Roestenburg），罗勃 · 贝克尔（Rob Bakker）和罗勃 · 威廉姆斯（Rob Williams）的书，《Akka 实战》（机械工业出版社，2019）。

13.5 本章小结

- 角色是以异步方式接收消息并逐个处理消息的组件。
- 可把共享可变状态抽象到角色中。
- 抽象可变状态的共享可以缓解同步和并发问题。
- 角色模型基于异步消息传递，是对函数式编程的一个很好的补充。
- 角色模型提供简单而安全的并行化。
- 角色突变由框架从程序员那抽象出来。
- Kotlin 程序员可以使用多个角色框架。
- Akka 是 Kotlin 程序员最常用的角色框架之一。

第 14 章 函数式地解决常见问题

在本章中

- 使用断言。
- 对出错的函数或作用应用进行自动重试。
- 读取属性文件。
- 适应命令式库。
- 转向命令式程序。
- 重复作用。

借助函数式编程所引入的安全编程模式，程序员可以利用多种工具来方便自己的编程工作。但仅仅了解工具还远远不够，想要更高效地使用函数式编程技术，应该把这种技术养成一种直觉，以函数式的思想思考问题。正如面向对象（OO）的程序员以模式的思维认识世界那样，函数式编程的程序员也应该以函数的思维认识世界，解决问题。

当面向对象程序员需要解决一个问题时，会倾向于寻找熟悉的设计模式，将问题简化成一系列模式的组合。一旦问题得以分解，面向对象程序员会实现上述模式并加以组合。

函数式编程程序员以函数的方式完成上述过程，但有一点不同：当发现能够解决问题的函数时，不需要重新实现这个函数。因为函数与设计模式不同，是可重用的。

函数式编程程序员倾向于将每一个问题简化为先前实现过的一系列函数。不过有时也需要手动实现一些新的函数。当然，这些函数会加入自己的工具箱。函数式风格的程序员和面向对象风格的程序员最大的不同在于，前者总是在寻求抽象的方法，因为抽象使复用成为可能。

所有的程序员使用库的目的都相同：将问题抽象成可使用现成代码的问题，这样一来就不至于每次遇到新问题时浪费时间做无用功。程序员之间的区别在于抽象的级别。在面向对象编程看来，不成熟的抽象简直是一种罪恶，但在函数式编程眼中，不成熟的抽象反而是一种基本的工具。抽象的思想不仅方便了代码的复用，而且使得程序员理解问题时直达本质。

本章将介绍程序员在日常工作中会遇到的常见问题，并讲解如何通过函数式编程使这些问题迎刃而解。除了学习如何使用函数式风格解决问题之外，很多时候也不可避免地需要使用命令式风格的代码，那么如何将两者有效地结合使用呢？下文将首先介绍一个命令式程序，并逐步修改，提升代码的效率和性能。

14.1 断言和数据验证

断言通常用于检查不变量，如先决条件、后置条件、控制流条件以及类条件。函数式风格的编程没有控制流，同时，类通常是不可变的，因此函数式编程中的断言只用于检查先决条件和后置条件。同理，由于类的不可变性以及不使用控制流，需要检查方法和函数接收到的参数，并且在提交返回结果前进行验证。在偏函数中，检测参数的值十分必要，举例如下：

```
fun inverse(x: Int): Double = 1.0/x
```

除了输入 0 时该函数会返回无穷大，其他情况下该函数可以接受任意的输入。由于编程中返回的无穷大几乎毫无用处，应该特殊处理这一值。在命令式编程中，可以这么写：

```
fun inverse(x: Int): Double {
    assert(x == 0)
    return 1.0/x
}
```

这段代码使用了标准的 Java 断言形式，Kotlin 支持这种风格的代码。但在运行过程中断言可能被取消，为了杜绝这种潜在的风险，可以通过以下代码防止断言失效：

```
if (! Thread.currentThread().javaClass.desiredAssertionStatus()) {
    throw RuntimeException("Asserts must be enabled!!!")
}
```

注： 如果在老版本的 IntelliJ 上运行程序，断言默认是生效的。这种情况下只能显式使用-da 参数配置虚拟机来模拟常规执行。在本例中，按照如下写法更为简便：

```
fun inverse(x: Int): Double = when (x) {
    0-> throw IllegalArgumentException("div. By 0")
    else-> 1.0/x
}
```

安全起见，上面的函数应该改写为如下这种全函数的形式：

```
fun inverse(x: Int): Result<Double> = when (x) {
    0-> Result.failure("div. By 0")
    else-> Result(1.0/x)
}
```

断言最常规的使用场景是特定情况下的参数检测，当情况不匹配时返回 Result.Failure，否则返回 Result.Success。举例来说，对一个 Person 类型运行 invoke 操作函数：

```
class Person private constructor(val id: Int,
                                 val firstName: String,
                                 val lastName: String) {
    companion object {
        operator
        fun invoke(id: Int?,
                firstName: String?,
                lastName: String?): Person =
                    Person(id, firstName, lastName)
```

```
    }
}
```

这个函数可能会使用外部数据库提取出来的数据：

```
val person = Person(rs.getInt("personId"),
                    rs.getString("firstName"),
                    rs.getString("lastName"))
```

在这种情况下，需要在函数调用之前验证数据。比如，需要检查 ID 是否真实有效，姓和名是否为 null 或空，是否都以小写字母开头。在命令式编程中，一般在调用前使用断言函数测试每个条件。

```
class Person private constructor(val id: Int,
                                 val firstName: String,
                                 val lastName: String) {
        companion object {
            operator
        fun invoke(id: Int?, firstName: String?, lastName: String?) =
            Person(assertPositive(id, "null or negative id"),
                    assertValidName(firstName, "invalid first name"),
                    assertValidName(lastName, "invalid last name"))
        private funassertPositive(i: Int?,message: String): Int = when (i) {
            null-> throw IllegalStateException(message)
            else-> i
        }
        private funassertValidName(name: String?,message: String): String = when {
            name == null
                ||name.isEmpty()
                ||name[0].toInt() < 65
                ||name[0].toInt() > 91->
                            throw IllegalStateException(message)
            else-> name
        }
    }
}
```

但如果想要确保程序的安全性，则不应该抛出异常。恰恰相反，应该使用像 Result 这样的特殊环境来进行错误处理。这种验证被抽象为 Result 类型。要做的仅仅是编写验证函数，需要通过函数编写和函数引用来实现。常规的验证函数可以像下面这样构建在包级别：

```
fun isPositive(i: Int?): Boolean = i ! = null && i > 0

fun isValidName(name: String?): Boolean =
    name ! = null && name[0].toInt() > = 65 && name[0].toInt() < = 91
```

然后通过如下方式验证数据：

```
class Person private constructor(val id: Int,
                                 val firstName: String,
                                 val lastName: String) {
```

```
        companion object {
            fun of(id: Int, firstName: String, lastName: String) =
                Result.of(::isPositive, id, "Negative id").flatMap {validId->
                    Result.of(::isValidName, firstName, "Invalid first name")
                        .flatMap {validFirstName->
                            Result.of(::isValidName, lastName, "Invalid last name")
                                .map {validLastName->
                                    Person(validId, validFirstName, validLastName)
                    }
                }
            }
        }
}
```

但也可以通过把操作抽象成更通用的函数来实现问题的简化：

```
fun assertPositive(i: Int, message: String): Result<Int> =
        Result.of(::isPositive, i, message)

fun assertValidName(name: String, message: String): Result<String> =
        Result.of(::isValidName, name, message)
```

然后，通过以下形式构建 Person：

```
fun of(id: Int, firstName: String, lastName: String) =
    assertPositive(id, "Negative id")
        .flatMap {validId->
            assertValidName(firstName, "Invalid first name")
                .flatMap {validFirstName->
                    assertValidName(lastName, "Invalid last name")
                        .map {validLastName->
                            Person(validId, validFirstName, validLastName)
                }
        }
    }
```

下面将列举一些验证函数的例子：

清单 14-1　函数式断言示例

```
fun <T>assertCondition(value: T, f: (T)-> Boolean): Result<T> =
    assertCondition(value, f,
        "Assertion error: condition should evaluate to true")


fun <T>assertCondition(value: T, f: (T)-> Boolean,
                          message: String): Result<T> =
        if (f(value))
            Result(value)
        else
            Result.failure(IllegalStateException(message))


fun assertTrue(condition: Boolean,
```

```
        message: String = "Assertion error: condition should be true"):
            Result<Boolean> =
    assertCondition(condition, {x-> x}, message)

fun assertFalse(condition: Boolean,
        message: String = "Assertion error: condition should be false"):
            Result<Boolean> =
    assertCondition(condition, {x-> !x}, message)

fun <T> assertNotNull(t: T): Result<T> =
    assertNotNull(t, "Assertion error: object should not be null")

fun <T> assertNotNull(t: T, message: String): Result<T> =
    assertCondition(t, {x-> x != null}, message)

fun assertPositive(value: Int,
    message: String = "Assertion error: value $value must be positive"):
        Result<Int> =
    assertCondition(value, {x-> x > 0}, message)

fun assertInRange(value: Int, min: Int, max: Int): Result<Int> =
  assertCondition(value, {x-> x in min..(max-1)},
              "Assertion error: value $value should be > $min and < $max")

fun assertPositiveOrZero(value: Int,
  message: String = "Assertion error: value $value must not be < 0"):
      Result<Int> =
  assertCondition(value, {x-> x >= 0}, message)

fun <A: Any> assertType(element: A, clazz: Class<*>): Result<A> =
  assertType(element, clazz,
      "Wrong type: ${element.javaClass}, expected: ${clazz.name}")

fun <A: Any> assertType(element: A, clazz: Class<*>,
                        message: String): Result<A> =
  assertCondition(element, {e-> e.javaClass == clazz}, message)
```

14.2　函数和作用重试

通常，如果非纯函数和作用在初次调用时未能成功，会引发重试。调用不成功往往意味着抛出异常，但是在抛出异常时对某个函数的重试操作既麻烦又容易出错。

假设现在通过某设备读入一个值，如果设备未就绪将抛出 IOException 错误。读者可能会以 100ms 为间隔连续三次重试该函数，通过命令式编程的实现如下：

```
fun get(path: String): String =
        Random().nextInt(10).let {
            when {
                it < 8 -> throw IOException("Error accessing file $path")
                else -> "content of $path"
            }
        }

var retries = 0
var result: String? = null
(0 .. 3).forEach rt@ {
    try {
        result = get("/my/path")
        return@rt
    } catch(e: IOException) {
        if (retries < 3) {
            Thread.sleep(100)
            retries += 1
        } else {
            throw e
        }
    }
}
println(result)
```

模拟一个运行时80%概率会抛出异常的函数

作为forEach函数的参数；rt@指代想要从函数内部的何处返回函数

return@rt表示从函数内部返回，同时作为forEach函数的参数，当调用成功时函数被触发

如果抛出异常且尝试次数小于3，则等待100ms之后重试

如果抛出了异常且重试次数不小于3，则再次抛出该异常

但这种实现并不好，理由如下。

- 被迫使用 var 引用。
- 对于结果被迫使用一个可空类型。
- 虽然重试的概念常被使用，但这段代码却无法重用。

现在需要的其实是一个有着如下参数的 retry 函数。

- 用于重试的函数。
- 重试的最大次数。
- 两次重试之间的时间间隔。

这个函数不应该重新抛出任何异常，反而应该返回一个 Result。

其签名如下：

```
fun <A, B> retry(f: (A)-> B,
                 times: Int,
                 delay: Long = 10): (A)-> Result<B>
```

使用该函数时可以如下编写：

```
val functionWithRetry = retry(::get, 10, 100)
functionWithRetry("/my/file.txt")
        .forEach({println(it)}, {println(it.message)})
```

实现该结果有多种途径。一种是使用短路进行折叠，从 0 折叠到重试的最大次数，当 get 函数调用成功时则中断。可以通过一个标签和标准 Kotlin 中的 fold 函数轻松实现：

```
fun <A, B> retry(f: (A)-> B, times: Int, delay: Long = 10) = rt@ {a:A->
        (0 .. times).fold("Not executed") {_, n->
        try {
            print("Try $n: ")
            return@ rt "Success $n: ${f(a)}"
        } catch (e: Exception) {
            Thread.sleep(delay)
            "${e.message}"
```

```
        }
    }
}
```

但是另一方面，这对【练习 8-19】中使用 List 类开发的 range 函数不起作用。这可能是 Kotlin 自身的问题，在任何情况下都无法正常编译通过[⊖]。还记得在第 4 章提到的吗，可以通过显式共递归解决这一问题。和往常一样，需要定义一个局部辅助函数：

```
fun <A, B> retry(f: (A)-> B,
                 times: Int,
                 delay: Long =10): (A)-> Result<B> {
fun retry(a: A, result: Result<B>, e: Result<B>,tms: Int): Result<B> =
        result.orElse {
            when (tms) {
                0-> e
                else-> {
                    Thread.sleep(delay)
                    // log the number of retries
                    println("retry ${times-tms}")
                    retry(a, Result.of {f(a)}, result,tms-1)
                }
            }
        }
    return {a-> retry(a, Result.of {f(a)}, Result(), times-1)}
}
```

这种实现方式使用一个递归地调用自身的局部函数。递归时，重试次数递减，直到次数为 0 或 f 调用成功时退出。在这里没法使用 tailrec 关键字来优化，因为 Kotlin 不会把这个函数当成递归的。不过不必担心，重试的次数通常很低。上面代码段中的 println 指令只是用来帮助显示函数运行时的情况。

与通常情况不同的一点在于，局部函数最初被调用时以 Result.of {f(a)}作为参数。一般而言，可以使用与主函数相同的参数和额外的参数调用局部函数。这个用例的特殊之处在于除去了一开始的延迟。

可以利用这个函数把任何函数转换为有自动重试功能的函数，而且可以像下面的代码段这样给函数附加上纯作用（返回 Unit）：

```
fun show(message: String) =
    Random().nextInt(10).let {
    when {
        it < 8-> throw IllegalStateException("Failure !!!")
        else->println(message)
    }
}
fun main(args: Array<String>) {
```

⊖ 了解一下这个 Kotlin 错误，问题 KT-24055，“不正确地使用带有本地返回的标签会导致编译器内部异常”链接为 https://youtrack.jetbrains.com/issue/KT-24055。

```
    retry(::show, 10, 20)("Hello, World!").forEach(onFailure =
                                              {println(it.message)})
}
```

14.3 从文件中读取属性

大部分软件都在启动时读取一个属性文件，并依此进行配置。属性是键/值对，而且键和值都是字符串。不管选中的属性格式如何（key = value、XML、JSON、YAML 等），程序员总要读取字符串并将其转换为对象，这一过程既麻烦又容易出错。

读者可以用专门的库来读取属性文件，但一旦出错，就会抛出异常。为了实现更多函数式的行为，应该自己写库。库的功能如下所述。

- 以字符串形式读取属性。
- 以不同类型的数值形式读取属性。
- 以枚举类型或任意类型读取属性。
- 以上述类型集合的方式读取属性。
- 当程序得到默认值和有意义的错误消息时读取属性，以免出错。
- 读取属性时永远不会抛出异常。

14.3.1 加载属性文件

不管属性使用哪一种格式，其过程基本都是完全一致的：读文件并处理此过程中可能抛出的任何异常情况。首先需要读属性文件，得到一个 `Result<Properties>` 返回值，这一过程如清单 14-2 所示：

清单 14-2　读取属性文件

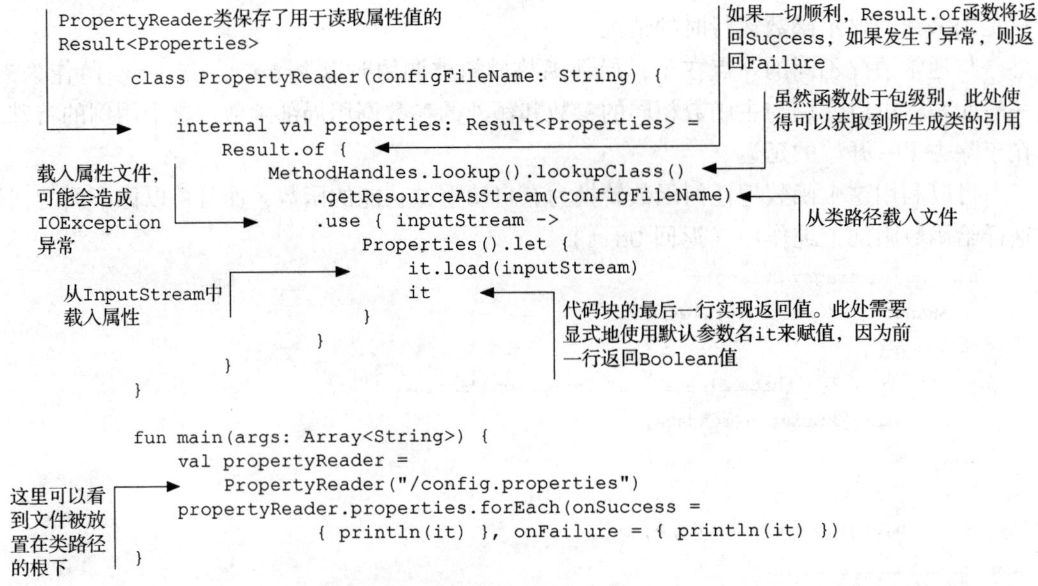


```
class PropertyReader(configFileName: String) {

    internal val properties: Result<Properties> =
        Result.of {
            MethodHandles.lookup().lookupClass()
              .getResourceAsStream(configFileName)
              .use { inputStream ->
                  Properties().let {
                      it.load(inputStream)
                      it
                  }
              }
        }
}

fun main(args: Array<String>) {
    val propertyReader =
        PropertyReader("/config.properties")
    propertyReader.properties.forEach(onSuccess =
              { println(it) }, onFailure = { println(it) })
}
```

如果未能找到该文件，`use` 函数并不会抛出一个 `IOException` 异常，而是返回一个空的 `inputSream`，引起 `NullPointerException` 异常。这个函数能保证任何情况下文件流都会被关闭。

注：如果在 IntelliJ 中想要复现本清单中的代码，需要在运行之前重建整个项目。如果运行前没有进行重建，虽然构建了类，但是无法将资源复制到输出文件夹中。这是因为从类路径载入属性文件。如果通过硬盘、远端 URL 或其他源进行载入，就无须进行重建。

14.3.2　以字符串形式读取属性

对属性文件进行操作时，最简单的用例是以字符串形式读取属性。虽然听起来简单，但要小心，像下面这种代码就无法正常运行：

```
properties.map {it.getProperty("name")}
```

如果这个属性不存在，getProperty 函数会返回 null，并触发 Success("null")。Properties 类在构建时有一个默认的属性列表，而 getProperty 函数能以一个默认值为参数进行调用，但并不是每个参数都有默认值。为了解决这一问题，需要将 Result.of 同 flatMap 函数一起使用：

```
fun readProperty(name: String) =
    properties.flatMap {
        Result.of {
            it.getProperty(name)
        }
    }
```

现在假设在类路径中有一个包含以下属性的属性文件：

```
host=acme.org
port=6666
name=
temp=71.3
price=$45
list=34,56,67,89
person=id:3;firstName:Jeanne;lastName:Doe
id=3
type=SERIAL
```

这个文件被称为 config.properties 并且被置于类路径的根目录下。通过以下代码可以安全地访问其属性：

```
fun main(args: Array<String>) {
    val propertyReader = PropertyReader("/config.properties")
    propertyReader.readProperty("host")
            .forEach(onSuccess = {println(it)}, onFailure = {println(it)})   ①
    propertyReader.readProperty("name")
            .forEach(onSuccess = {println(it)}, onFailure = {println(it)})   ②
    propertyReader.readProperty("year")
            .forEach(onSuccess = {println(it)}, onFailure = {println(it)})   ③
}
```

给定属性文件可以得到下面这个结果。

```
acme.org java.lang.NullPointerException
```

①对应于 host 属性，结果正确。②对应 name 属性，它是个空字符串，这个结果可能

对也可能不对。无法保证结果的正确性，因为这取决于从应用角度来看这个 name 属性是否选填。

③对应缺失的 year 属性，但没有提示。year 属性包含在 Result < String > 中，由 year 变量表示，所以能得知哪一个属性是缺失的。不过最好还是在消息中体现属性名，下面就来改进这一错误提示消息，使其发挥更好的效果。

14.3.3 生成更好的错误消息

这里提到的问题在实际应用中最好永远不要出现。Kotlin 依赖于 Java 标准库，所以读者应该有自信不出错。特别是如果遇到了文件未找到或无法读取的情况，将会得到一个 IOException 异常。此时，读者可能希望能直接提示文件的完整路径，因为未找到文件的错误通常是由文件位置错误引起的。因此在这里比较好的错误提示信息应该像这样：I am looking for file 'abc' in location 'xyz' but can't find it。下面来分析一下 Java 的 getResourcesAsStream 方法：

```
public InputStream getResourceAsStream(String name) {
    URL url = getResource(name);
    try {
        return url ! = null ? url.openStream() : null;
    } catch (IOException e) {
        return null;
    }
}
```

没错，这就是 Java 的写法。看出来了吧！在未阅读对应代码之前绝不应该从 Java 标准库中调用相关方法。

Javadoc 中对于这个方法的介绍是它会返回“一个读取资源的输入流，当无法获取资源时返回 null”。这就意味着出错的点有很多。当找不到文件或者文件读取出错时都有可能抛出 IOException 异常。当然也有可能文件名为空，也可能 getResoure 方法抛出异常或者返回 null（看看代码就知道是什么意思了）。

编写错误提示信息的最低要求是针对每一种出错情况提供不同的消息。虽然大概不会直接抛出 IOException 异常，但也应该编写处理这种错误的代码。同时也需要处理清单 14-3 中常见的这些异常：

清单 14-3　产生特定的的错误信息

```
//属性现在可以用 private 声明
private val properties: Result < Properties > =
    try {
        MethodHandles.lookup().lookupClass()
            .getResourceAsStream(configFileName)
            .use {inputStream- >
            when (inputStream) {
                null- >
                    Result.failure("File $ configFileName not found in classpath")
                else- > Properties().let {
```

```
                it.load(inputStream)
                Result(it)
            }
        }
    }
} catch (e:IOException) {
    Result.failure("IOException reading classpath resource $configFileName")
} catch (e: Exception) {
    Result.failure("Exception: ${e.message}" +
            " while reading classpath resource $configFileName")
}
```

如果没有找到文件，错误信息应该如下：

```
File /config.properties not found in classpath
```

有时也需要处理和属性有关的错误信息，如针对下述代码：

```
val year: Result<String> =propertyReader.readProperty(properties, "year")
```

显然当收到 NullPointerException 错误消息时，就意味着未能找到 year 属性。但在下面的例子中，并没有给出哪一个属性缺失的错误消息：

```
data class Person(val id: Int, val firstName: String, val lastName: String)
fun main(args: Array<String>) {
    val propertyReader = PropertyReader("/config.properties")
    val person =propertyReader.readProperty("id")
        .map(String::toInt)
        .flatMap {id->
            propertyReader.readProperty("firstName")
                .flatMap {firstName->
                    propertyReader.readProperty("lastName")
                        .map {lastName-> Person(id, firstName, lastName)}
            }
        }
    person.forEach(onSuccess = {println(it)}, onFailure = {println(it)})
}
```

想要解决这一问题有多种解决途径，最简单的方法是在 PropertyReader 类中的 readProperty 辅助函数里映射各种错误：

```
fun readProperty(name: String) =
    properties.flatMap {
        Result.of {
            it.getProperty(name)
        }.mapFailure("Property \"$name\" no found")
}
```

前述的例子会生成如下的错误信息，能够清楚地表明在属性文件中没有 id 属性：

```
java.lang.RuntimeException: Property "firstName" not found
```

当把 id 属性的字符串值转换为整型值时，也有可能发生错误。举例来说，如果属性是：

```
id=three
```

错误消息将提示如下：

```
java.lang.NumberFormatException: For input string: "three"
```

这个错误消息没有提供足够的信息，因为它是标准 Java 中表示解析出错的提示信息。大部分的 Java 错误提示信息都是这种风格。它就和 NullPointerException 错误一样，只告诉了某个引用是 null，但没有说是哪一个。现在真正需要的是引起异常的属性的名称——如下所示：

```
propertyReader.readProperty("id")
    .map(String::toInt)
    .mapFailure("Invalid format for property \"id\": ???")
```

但上述的写法需要把每一个变量名写两次，而且如果能把??? 替换成找到的值就更好了（这个没法做到，因为值已经丢失了）。由于需要对所有非字符串类型的属性进行解析，因此首先要在 PropertyReader 类中抽象这一操作。为此，第一步将 readProperty 函数重命名：

```
fun readAsString(name: String) =
    properties.flatMap {
        Result.of {
            it.getProperty(name)
        }.mapFailure("Property \"$name\" no found")
    }
```

然后添加 readAsInt 函数：

```
fun readAsInt(name: String): Result<Int> =
    readAsString(name).flatMap {
        try {
            Result(it.toInt())
        } catch (e: NumberFormatException) {
            Result.failure<Int>(
                "Invalid value while parsing property '$name' to Int: '$it'")
    }
}
```

此时就再也不需要担心转换成整数时发生的各种错误了：

```
val person = propertyReader.readAsInt("id")
    .flatMap {id->
        propertyReader.readAsString("firstName")
            .flatMap {firstName->
                propertyReader.readAsString("lastName")
                    .map {lastName-> Person(id, firstName, lastName)}
            }
    }
person.forEach(onSuccess = {println(it)}, onFailure = {println(it)})
```

如果在解析 id 属性过程中发生了异常，将会收到：

```
java.lang.IllegalStateException:
        Invalid value while parsing property 'id' to Int: 'three'")
```

14.3.4 将属性作为列表读取

上文中对整型数值的操作可以拓展到其他数值类型上，如 Long 或者 Double。不过能做的远不止这些，如可以将属性作为列表读取：

```
list=34,56,67,89
```

只需要添加一个特别的函数就能处理这种情况。为此，可以使用下面的这个函数以整型列表形式读取一个属性：

```
fun readAsIntList(name: String): Result<List<Int>> =
    readAsString(name).flatMap {
        try {
            Result(fromSeparated(it, ",").map(String::toInt))
        } catch (e: NumberFormatException) {
            Result.failure<List<Int>>(
                "Invalid value while parsing property '$name' to List<Int>: '$it'")
        }
    }
```

上面这段代码使用了 List 类中定义的 fromSeparated 函数，读者可以在 com.fpinkotlin.common 模块中找到这个函数。该模块可以在本书附带的代码中找到（https://github.com/pysaumont/fpinkotlin）。通过一行代码的改动就能把该函数改成使用 Kotlin 标准的 List 函数：

```
fun readAsIntList(name: String): Result<List<Int>> =
    readAsString(name).flatMap {
        try {
            //下面这行使用了 Kotlin 的 List 函数
            Result(it.split(",").map(String::toInt))
        } catch (e: NumberFormatException) {
            Result.failure<List<Int>>(
                "Invalid value while parsing property '$name' to List<Int>: $it")
        }
    }
```

但是，能做的远不止这些，在编写下面这样的转换函数之后，就能将属性读入为任意数值类型变量组成的列表形式：

```
fun <T> readAsList(name: String, f: (String) -> T): Result<List<T>> =
    readAsString(name).flatMap {
        try {
            Result(fromSeparated(it, ",").map(f))
        } catch (e: Exception) {
            Result.failure<List<T>>(
                "Invalid value while parsing property '$name' to List: $it")
        }
    }
```

并且能根据 readAsList 的格式定义各类数值格式的函数：

```
fun readAsIntList(name: String): Result<List<Int>> =
                          readAsList(name, String::toInt)

fun readAsDoubleList(name: String): Result<List<Double>> =
                          readAsList(name, String::toDouble)
```

```
fun readAsBooleanList(name: String): Result<List<Boolean>> =
                          readAsList(name, String::toBoolean)
```

一种常见的用例包括将属性读取为枚举值（enum），这是将属性读取为任何类型的一种特殊情况。

14.3.5 读取枚举值

可以先编写一个把某个属性转换为 T 类型的函数，将 String 转换为 Result<T>：

```
fun <T> readAsType(f: (String)-> Result<T>, name: String) =
    readAsString(name).flatMap {
        try {
            f(it)
        } catch (e: Exception) {
            Result.failure<T>(
                "Invalid value while parsing property '$name': '$it'")
        }
}
```

接下来就能根据 readAsType 编写 readAsEnum 函数：

```
inline
fun <reified T:Enum<T>> readAsEnum(name: String,
                                   enumClass: Class<T>): Result<T> {
    val f: (String)-> Result<T> = {
        try {
            val value = enumValueOf<T>(it)
            Result(value)
        } catch (e: Exception) {
            Result.failure("Error parsing property '$name': " +
                    "value '$it' can't be parsed to ${enumClass.name}.")
        }
    }
    return readAsType(f, name)
}
```

注意，上面代码段中 reified 关键字的意思是 T 类型在运行时是可以访问的。与 Java 不同，Kotlin 能通过 reified 关键字标记能在运行时访问的类型参数，使得其不被清除。只有使用 inline 声明的函数才有可能在运行时进行访问，即允许编译器在调用端复制函数的代码，而不是只能引用原始的代码，这样的操作会增加编译后代码的大小。

给定以下属性：

```
type=SERIAL
```

以及如下的 enum：

```
enum class Type {SERIAL, PARALLEL}
```

现在可以使用以下代码读取属性：

```
val type = propertyReader.readAsEnum("type", Type::class.java)
```

以上内容介绍了如何把属性读取为 String、Int、Double、Boolean、列表或者 enums 类型。想要将属性读取为任意对象也十分有趣，需要在属性文件中把对象文件写成序列化的格式，然后载入这些属性，并进行反序列化。

14.3.6　读取任意类型的属性

可以使用 getAsType 函数来把属性读取成任意类型。举例来说，可以通过读取以下属性得到 Person：

```
person=id:3,firstName:Jane,lastName:Doe
```

只需要编写一个把 String 转换成 Result<Person>类型的函数。这个函数能从字符串 id: 3, firstName: Jane, LastName: Doe 创建一个 Person。为了方便调用，可以编写一个 readAsPerson 函数，但由于该函数针对特定类型，不应该将其加入到 PropertyReader 类中。相比之下，更好的解决方案是添加一个函数，将 PropertyReader 和属性名作为参数添加到 Person 类中。

该函数的实现方法多种多样，比如将属性作为列表处理，然后将各个元素分割，在映射中添加键/值对。从这个映射中创建一个 Person 会很方便。还有一种做法是再写一个 PropertyReader，把所有的逗号替换成换行符，然后读取字符串。清单 14-4 将介绍从一串属性字符串中构造 Person 类实例的两种不同的函数。

清单 14-4　将属性读取为对象或对象列表的方法

```
data class Person(val id: Int,
                  val firstName: String,
                  val lastName: String) {
    companion object {
        fun readAsPerson(propertyName: String,
                         propertyReader: PropertyReader): Result<Person> {
            val rString = propertyReader.readAsPropertyString(propertyName)
            val rPropReader = rString.map {stringPropertyReader(it)}
            return rPropReader.flatMap {readPerson(it)}
        }
        fun readAsPersonList(propertyName: String,
                             propertyReader: PropertyReader):
                                               Result<List<Person>> =
            propertyReader.readAsList(propertyName, {it}).flatMap {list->
                sequence(list.map {s->
                    readPerson(PropertyReader
                        .stringPropertyReader(PropertyReader.toPropertyString(s)))
                })
            }

private fun readPerson(propReader: PropertyReader): Result<Person> =
    propReader.readAsInt("id")
        .flatMap {id->
            propReader.readAsString("firstName")
                .flatMap {firstName->
                    propReader.readAsString("lastName")
                        .map {lastName-> Person(id, firstName, lastName)}
```

```
            }
        }
    }
}
```

利用 readAsPersonList 函数，可以读取下面这样的向量属性：

```
employees = \
    id:3;firstName:Jane;lastName:Doe, \
    id:5;firstName:Paul;lastName:Smith, \
    id:8;firstName:Mary;lastName:Winston
```

这些函数需要对 PropertyReader 类进行一些更改，如清单 14-5 所示：

清单 14-5　要添加到 PropertyReader 类中的函数

```
class PropertyReader(
    private val properties: Result<Properties>,     ◄── 利用Result<Properties>构建PropertyReader
    private val source: String) {                   ◄── 注册source，在报错消息中使用

    ...

    fun readAsPropertyString(propertyName: String):
                                    Result<String> =     ◄── 将单一属性值转换为能作为嵌套PropertyReader输入的属性字符串
        readAsString(propertyName).map { toPropertyString(it) }

    companion object {

        fun toPropertyString(s: String): String =
                                s.replace(";", "\n")     ◄── 读取属性并将值转换为属性字符串

        private
        fun readPropertiesFromFile(configFileName: String):
                                Result<Properties> =     ◄── 读取属性文件的原始版本实现方式
            try {
                MethodHandles.lookup().lookupClass()
                  .getResourceAsStream(configFileName)
                  .use { inputStream ->
                    when (inputStream) {
                        null -> Result.failure(
                          "File $configFileName not found in classpath")
                        else -> Properties().let {
                            it.load(inputStream)
                            Result(it)
                        }

                    }
                }
            } catch (e: IOException) {
                Result.failure(
                  "IOException reading classpath resource $configFileName")
            } catch (e: Exception) {
                Result.failure("Exception: ${e.message}reading classpath"
                                               + " resource $configFileName")
            }

        private fun readPropertiesFromString(propString: String):

                            Result<Properties> =     ◄── 从属性字符串读入属性的新函数

          try {
              StringReader(propString).use { reader ->
                  val properties = Properties()
                  properties.load(reader)
                  Result(properties)
              }
```

```
        } catch (e: Exception) {
            Result.failure("Exception reading property string " +
                                    "$propString: ${e.message}")
        }

    fun filePropertyReader(fileName: String):              从文件名创建
                            PropertyReader =               PropertyReader
        PropertyReader(readPropertiesFromFile(fileName),
                                    "File: $fileName")
从属性字符串创建
PropertyReader
    fun stringPropertyReader(propString: String):
                            PropertyReader =
        PropertyReader(readPropertiesFromString(propString),
                                    "String: $propString")

    }
}
```

对于 XML、JSON 以及 YAML 格式的属性文件可以进行相同的操作。

14.4　转换命令式风格的程序：XML 阅读器

对必须完成的任务用新的函数式编程听起来很有意思，但是大多数程序员都没时间这么做。通常都会在编程中使用现成的命令式风格的程序，即调用一个现成的库。

虽然从头开始写一个 100% 函数式风格的程序听起来就很有意思，但从现实考虑，有限的时间和预算都不允许这么任性地进行开发。同时，直接在函数式风格的开发中使用现成的非函数式库会导致各种问题，比如，各式各样 null 类型的数据，抛出的各种异常，而非纯函数也可能会在外部调用时发生参数的篡改。

随着学习的深入，一旦习惯了函数式风格的编程，要回过头去写命令式风格的代码会很难受。这一矛盾的解决方案通常是对这些命令式风格的库用简单的函数式包装器处理。接下来就以一个常见的 XML 文件读取库——JDOM 2.0.6 为例介绍该过程，这个库是读 XML 文件中最常用的库，并且完全可以在 Kotlin 中使用。

14.4.1　第 1 步：命令式风格的解决方案

首先从清单 14-6 中的示例代码开始介绍。这一段程序是从最大的 JDOM 使用教程网站之一上（http://www.mkyong.com/java/how-to-read-xml-file-in-java-jdom-example/）摘录下来的，之所以选取这一段代码是因为它长度不大，放在书里面分析正好合适。以下就是使用该库的 Java 程序。

清单 14-6　用 JDOM 读取 XML 数据：Java 版本

```
import org.jdom2.Document;
import org.jdom2.Element;
import org.jdom2.JDOMException;
import org.jdom2.input.SAXBuilder;
import java.io.File;
import java.io.IOException;
import java.util.List;
```

```
public classReadXmlFile {

    public static void main(String[] args) {
        SAXBuilder builder = new SAXBuilder();
        FilexmlFile = new File("path_to_file");
        try {
            Document document = (Document) builder.build(xmlFile);
            Element rootNode = document.getRootElement();
            List list = rootNode.getChildren("staff");
            for (int i = 0; i < list.size(); i + +) {
                Element node = (Element) list.get(i);
                System.out.println("First Name : " +
                                   node.getChildText("firstname"));
                System.out.println("\tLast Name : " +
                                   node.getChildText("lastname"));
                System.out.println("\tNick Name : " +
                                   node.getChildText("email"));
                System.out.println("\tSalary : " + node.getChildText("salary"));
            }
        } catch (IOException io) {
            System.out.println(io.getMessage());
        } catch (JDOMException jdomex) {
            System.out.println(jdomex.getMessage());
        }
    }
}
```

这段代码能很容易地用命令式风格的 Kotlin 重写，实现如下：

清单 14-7　用 JDOM 读取 XML 数据：命令式风格 Kotlin 版本

```
import org.jdom2.JDOMException
import org.jdom2.input.SAXBuilder
import java.io.File
import java.io.IOException
/**
 * 无法测试,且会抛出异常
 */
fun main(args: Array<String>) {

    val builder = SAXBuilder()
    val xmlFile = File("/path/to/file.xml") // Fix the path

    try {
        val document = builder.build(xmlFile)
        val rootNode = document.rootElement
        val list = rootNode.getChildren("staff")
```

```
        list.forEach {
            println("First Name: ${it.getChildText("firstName")}")
            println("\tLast Name: ${it.getChildText("lastName")}")
            println("\tEmail: ${it.getChildText("email")}")
            println("\tSalary: ${it.getChildText("salary")}")
        }
    } catch (io:IOException) {
        println(io.message)
    } catch (e:JDOMException) {
        println(e.message)
    }
}
```

本例中使用的数据文件如清单 14-8 所示：

清单 14-8　需要读取的 XML 文件

```
<?xml version="1.0"?>
<company>
    <staff>
        <firstName>Paul</firstName>
        <lastName>Smith</lastName>
        <email>paul.smith@acme.com</email>
        <salary>100000</salary>
    </staff>
    <staff>
        <firstName>Mary</firstName>
        <lastName>Colson</lastName>
        <email>mary.colson@acme.com</email>
        <salary>200000</salary>
    </staff>
</company>
```

先看一下将本例重写为函数式风格有什么好处吧。当直接使用原来的代码时，第一个问题就是——基本上没有哪一部分程序可以直接重用。虽然这只是一个例子，但它至少要写成能重用、可测试的代码。不过上述代码在测试时只能观察控制台所打印的预期结果或错误消息。读者接下来会看到，有时其显示结果甚至会出错。

14.4.2　第 2 步：将命令式风格的代码转换为函数式

要想取舍出必要的函数并将程序转换为函数式风格，可以从以下步骤开始。

- 列举所需要的基本函数。
- 将这些函数写成自主、可重用、能测试的单元。
- 用上述单元函数组合成示例程序。

程序中，主函数的工作包括以下内容。

- 读文件并以 XML 字符串形式返回内容。
- 将 XML 字符串转换为元素列表。
- 将上面的元素列表转换成由这些元素的字符串表示所组合成的列表。

同时需要一个作用来把字符串组成的列表显示到屏幕上。

注：*此描述只适用于可以完全在内存中加载的小文件。*

第一个函数需要读文件，并以 XML 字符串形式返回内容，可通过如下代码编写：

```
fun readFile2String(path: String): Result<String>
```

这个函数不会抛出异常，它会返回 Result<String>。

第二个函数会将 XML 字符串转换为一组元素列表，因此该函数需要知道 XML 根元素的名称，其函数签名如下：

```
fun readDocument(rootElementName: String,
                 stringDoc: String): Result<List<Element>>
```

第三个函数以一组元素列表作为参数，返回由这些元素的字符串表示所组成的列表。其函数签名如下：

```
fun toStringList(list: List<Element>, format: String): List<String>
```

最终需要在数据上应用一个作用，使用以下函数签名：

```
fun <A> processList(list: List<A>)
```

以上介绍的函数分解过程看起来和命令式风格编程没什么两样。毕竟将命令式风格的代码分解成一个个各司其职的小函数也是很好的实践，不过这一过程其实与看起来不同。

这里需要留意，readDocument 函数将一个函数所返回的字符串作为第一个参数，这有可能导致抛出异常（在命令式风格编程中）。因此应该添加附加函数：

```
fun getRootElementName(): Result<String>
```

同理，文件路径也有可能由同样的函数返回：

```
fun getXmlFilePath(): Result<String>
```

关键是参数类型和这些函数返回值的类型不匹配！由于这些命令式风格的函数是偏函数，所以对它们进行显式类型转换有可能抛出异常。

会抛出异常的函数往往不能很好地组合在一起，但这些函数可以巧妙地整合。

1. 组合函数并应用作用

虽然参数和所返回的类型不匹配，但此处可以利用下面这样的推导模式来整合函数：

```
const val format = "First Name : %s\n" +
    "\tLast Name : %s\n" +
    "\tEmail : %s\n" +
    "\tSalary : %s"

fun main(args: Array<String>) {
    val path = getXmlFilePath()
    val rDoc = path.flatMap(::readFile2String)
    val rRoot = getRootElementName()
    val result = rDoc.flatMap {doc->
        rRoot.flatMap {rootElementName->
            readDocument(rootElementName, doc)
        }.map {list->
            toStringList(list, format)
        }
    }
    ...
}
```

然后用对应的作用来展示结果：

```
result.forEach(onSuccess =
    {processList(it)}, onFailure = {it.printStackTrace()})
```

上述函数式风格的程序看起来更加简洁和完全可测试（至少在实现所有必要函数后是这样）。

2. 实现函数

现在程序已经相当优雅了，但仍然需要实现函数和作用来让整个程序跑起来。好消息是现在每个函数都很简单，并且测试起来很容易。

首先，需要实现 getXmlFilePath 以及 getRootElementName 函数。本例中这些常量将替换为实际应用中特定的实现：

```
fun getRootElementName(): Result<String> =
    Result.of {"staff"} // 触发一个异常


fun getXmlFilePath(): Result<String> =
    Result.of {"file.xml"} // <-调整路径
```

然后需要实现 readFile2String 函数，以下是该函数的一种实现方法：

```
fun readFile2String(path: String): Result<String> =
    Result.of {File(path).readText()}
```

接下来实现 readDocument 函数。这个函数的参数是一个 XML 字符串，包含 XML 数据以及根元素名：

```
fun readDocument(rootElementName: String,
                 stringDoc: String): Result<List<Element>> =
  SAXBuilder().let { builder ->
    try {
      val document =
        builder.build(StringReader(stringDoc))      ← 可能抛出一个NullPointerException异常
      val rootElement = document.rootElement        ← 可能抛出一个IllegalStateException异常
      Result(List(*rootElement.getChildren(rootElementName)
                        .toTypedArray()))           ← 该语句开始中的*号表示得到的数组应该作为可变参数来使用，而不应该被当作对象
    } catch (io: IOException) {
      Result.failure("Invalid root element name '$rootElementName' "
                     + "or XML data $stringDoc: ${io.message}")
    } catch (jde: JDOMException) {
      Result.failure("Invalid root element name '$rootElementName' "
                     + "or XML data $stringDoc: ${jde.message}")
    } catch (e: Exception) {
      Result.failure("Unexpected error while reading XML data "
                     + "$stringDoc: ${e.message}")
    }
  }
```

上面的代码首先捕获 IOException（由于当前是读取字符串，这种问题一般不会发生）和 JDOMException 异常，两者都是检查型异常，它们将返回一个相应的错误消息。但如果看一下 JDOM 的源代码（前面提到如果没看过一个库里面的函数究竟是怎样实现的，就不应该调用这个方法），就会发现这个代码有可能抛出 IllegalStateException 或者 NullPointerException 异常。必须再次捕获可能发生的新异常。toStringList 函数将列表映射到负责该转换的函数：

```
fun toStringList(list: List<Element>, format: String): List<String> =
      list.map {e->processElement(e, format)}

fun processElement(element: Element, format: String): String =
      String.format(format, element.getChildText("firstName"),
              element.getChildText("lastName"),
              element.getChildText("email"),
              element.getChildText("salary"))
```

最后，要对程序执行的结果应用以下作用：

```
fun <A> processList(list: List<A>) = list.forEach(::println)
```

14.4.3 第3步：将程序转换得更函数式

现在整个程序已经变得更模块化以及更可测试，并且一部分代码已经可重用。不过还能做得更好，目前使用的 4 个非函数式元素如下。

- 文件路径。
- 根元素名。
- 将元素转换成字符串的数据格式。
- 应用到结果上的作用。

所谓非函数式是指上述元素可以从函数的实现中直接访问，使其非引用式透明。为了使程序达成完全的函数式风格，需要把这些元素设计成程序的参数。

processElement 函数也通过元素名称使用特定数据，这些元素名称作为 format 的参数。可以用 Pair 来替换形式参数，于是 processElement 函数变为：

```
fun toStringList(list: List<Element>,
              format: Pair<String, List<String>>): List<String> =
      list.map {e->processElement(e, format)}

fun processElement(element: Element,
                 format: Pair<String, List<String>>): String {
    val formatString = format.first
    val parameters = format.second.map {element.getChildText(it)}
    return String.format(formatString, *parameters.toArrayList().toArray())
}
```

现在整个程序变成了一个纯函数，它接收 4 个参数并返回一个新的（非函数式）可执行程序作为结果。完整程序如清单 14-9 所示：

清单 14-9 完全函数式的 XML 阅读器程序

```
import com.fpinkotlin.common.List
import com.fpinkotlin.common.Result
import org.jdom2.Element
import org.jdom2.JDOMException
import org.jdom2.input.SAXBuilder
import java.io.File
import java.io.FileInputStream
import java.io.IOException
import java.io.StringReader

fun readXmlFile(
        sPath: () -> Result<String>,
        sRootName: () -> Result<String>,
        format: Pair<String, List<String>>,
        effect: (List<String>) -> Unit): () -> Unit {
```

现在以常函数形式接收路径和根元素名。该格式包括参数名和使用一个(List<String>)→Unit类型的操作作为额外参数的函数

```
        val path = sPath()
        val rDoc = path.flatMap(::readFile2String)
        val rRoot = sRootName()
        val result = rDoc.flatMap { doc ->
            rRoot.flatMap { rootElementName ->
                readDocument(rootElementName, doc) }
                    .map { list -> toStringList(list, format) }
        }
        return {
            result.forEach(onSuccess = { effect(it) },
                    onFailure = { it.printStackTrace() })
        }
    }

    fun readFile2String(path: String): Result<String> =
                                      Result.of { File(path).readText() }

    fun readDocument(rootElementName: String,
                     stringDoc: String): Result<List<Element>> =
        SAXBuilder().let { builder ->
            try {
                val document = builder.build(StringReader(stringDoc))
                val rootElement = document.rootElement
                Result(List(*rootElement.getChildren(rootElementName)
                                               .toTypedArray()))
            } catch (io: IOException) {
                Result.failure("Invalid root element name '$rootElementName' "
                        + "or XML data $stringDoc: ${io.message}")
            } catch (jde: JDOMException) {
                Result.failure("Invalid root element name '$rootElementName' "
                        + "or XML data $stringDoc: ${jde.message}")
            } catch (e: Exception) {
                Result.failure("Unexpected error while reading XML data "
                        + "$stringDoc: ${e.message}")
            }
        }

    fun toStringList(list: List<Element>,
                     format: Pair<String, List<String>>): List<String> =
            list.map { e -> processElement(e, format) }

    fun processElement(element: Element,
                       format: Pair<String, List<String>>):
                                            String {
        val formatString = format.first
        val parameters = format.second.map { element.getChildText(it) }
        return String.format(formatString, *parameters.toArrayList().toArray())
    }
```

利用函数得到参数值

将要用到的操作参数化

该函数返回一段程序，即type()→Unit类型转换的函数，它会将接收到的操作作为参数应用到结果上。这个函数会抛出异常。由于此处是一个无法返回值的操作，因此这是最好的解决方案

processElement函数不再是特指的了

此时可以用清单 14-10 中的客户端代码进行程序测试。

清单 14-10　用于测试 XML 阅读器的客户端程序

```
import com.fpinkotlin.common.List
import com.fpinkotlin.common.Result

fun <A> processList(list: List<A>) = list.forEach(::println)
```

```
fun getRootElementName(): Result<String> =
    Result.of {"staff"} // Simulating a computation that may fail.

fungetXmlFilePath(): Result<String> =
    Result.of {"/path/to/file.xml"} // <-adjust path

private val format = Pair("First Name : % s\n" +
    "\tLast Name : % s\n" +
    "\tEmail : % s\n" +
    "\tSalary : % s", List("firstName", "lastName", "email", "salary"))

fun main(args: Array<String>) {
    val program = readXmlFile({getXmlFilePath()},
                              {getRootElementName()},
                              format, {processList(it)})
    program()
}
```

上述程序其实还没有达到理想状态，因为它并不能处理由无效元素名称引起的潜在错误。举例来说，如果使用了下述元素名：

```
<company>
    <staff>
        <firstname></firstname>
        <lastName>Smith</lastName>
        <email>paul.smith@ acme.com</email>
    <salary>100000</salary>
        </staff>
        <staff>
            <firstname>Mary</firstname>
            <lastName>Colson</lastName>
            <email>mary.colson@ acme.com</email>
        <salary>200000</salary>
    </staff>
</company>
```

就会得到如下结果：

```
First Name : null
    Last Name : Smith
    email : paul.smith@ acme. com
    Salary : 100000
First Name : null
    Last Name : Colson
    email : mary.colson@ acme. com
    Salary : 200000
```

可以从 `First Name` 结果为 `null` 看出发生了什么错误，但如果能把 `null` 显式地替换成包含错误元素名称的报错信息就更好了。更严重的问题在于，如果忘记了列表中某个元素的名称，`String.format` 函数会因为以下代码抛出一个异常：

```
val parameters = format.second.map {element.getChildText(it)}
return String.format(formatString, *parameters.toArrayList().toArray())
```

在这一段代码中，参数数组不会如预期那样有 4 个元素，而仅仅包括 3 个元素，但要从异常中追溯具体出错的根源就太难了。实际上，这一问题的真正根源是从 readXmlFile 函数中取到了所有的特定数据，比如根元素名、文件路径以及需要应用的作用，但是 processElement 函数仍然是特定于具体客户端业务用例的。readXmlFile 函数只允许读取根元素的直接子元素，获取它们一部分直接子元素的值（元素名随着格式一起传递）。

第 3 个问题是 readXmlFile 函数接收两个类型相同的元素。如果元素的顺序交换了，编译器将无法检测出来，就会引起错误。这个问题比较容易修复，因此接下来先解决这个问题，再来修复前两个问题。

14.4.4　第 4 步：修复参数类型问题

应用第 3 章介绍的值类型检测技术可以很轻松地修复第 3 个问题。与其使用 Result < String >参数，不如使用 Result < FilePath > 和 Result < ElementName >。FilePath 和 ElementName 都表示字符串的类，具体实现如下：

```
data class FilePath private constructor(val value: Result<String>) {
    companion object {
        operator fun invoke(value: String):FilePath =
            FilePath(Result.of({isValidPath(it)}, value,
                                "Invalid file path: $value"))
        //替换为用于验证的代码
        private funisValidPath(path: String): Boolean = true
    }
}
```

ElementName 类和上面的实现十分相似，不过如果想要增加验证的功能就需要额外写一些验证代码。最简单的做法是检查值是否合乎常规的表示方法。为了使用这些新类型，readXmlFile 可以修正如下：

```
fun readXmlFile(sPath: ()-> FilePath,
                sRootName: ()-> ElementName,
                format: Pair<String, List<String>>,
                effect: (List<String>)-> Unit): ()-> Unit {
    val path = sPath().value
    val rDoc = path.flatMap(::readFile2String)
    val rRoot = sRootName().value
```

可以看到改动微乎其微。客户端类也需要做如下改动：

```
fun getRootElementName(): ElementName =
    ElementName("staff") // 触发一个异常

fun getXmlFilePath(): FilePath =
    FilePath("/path/to/file.xml") // <-调整路径
```

改进后，当参数顺序改变时，编译器会发出警告。

14.4.5 第5步：使元素处理函数成为参数

剩下的两个问题能通过一个改动解决：将元素处理函数作为参数传递给 readXmlFile 方法。这样一来该函数就只有一个任务：从文件中读取第一级元素所组成的列表，对该列表应用可配置函数，然后返回结果。当前函数与改动前的区别在于，现在函数不会生成字符串列表，也不会对每个字符串应用作用。要把函数变得更通用，需要进行如下改动：

```
fun <T> readXmlFile(
        sPath: () -> FilePath,              // 该函数是通用式风格
        sRootName: () -> ElementName,
        function: (Element) -> T,           // Pair<String,List<String>>格式参数消失，并被一个新的函数参数替换。此函数会用来把元素组成的列表转换成T组成的列表
        effect: (List<T>) -> Unit): () -> Unit {   // 要应用的作用被List<T>参数化
    val path = sPath().value
    val rDoc = path.flatMap(::readFile2String)
    val rRoot = sRootName().value
    val result = rDoc.flatMap { doc ->
        rRoot.flatMap { rootElementName ->
            readDocument(rootElementName, doc) }
                .map { list -> list.map(function) }   // 移除toStringList和processElement函数，并用一个接收到的函数程序替代
    }
    return {
        result.forEach(onSuccess = { effect(it) },
                onFailure = { throw it })
    }
}
```

客户端程序也要相应地改动。现在不再需要使用 Pair 来同时传递字符串格式以及由参数名组成的集合：

```
const val format = "First Name : %s\n" +       // 格式又一次被设置成了简单字符串
    "\tLast Name : %s\n" +
    "\tEmail : %s\n" +
    "\tSalary : %s"

private val elementNames =                      // 列表中的元素名也被分别设置
    List("firstName", "lastName", "email", "salary")

private fun processElement(element: Element): String =    // 现在由客户端实现processElement函数
    String.format(format, *elementNames.map { element.getChildText(it) }
        .toArrayList()
        .toArray())

fun main(args: Array<String>) {
    val program = readXmlFile(::getXmlFilePath,
                              ::getRootElementName,
                              ::processElement,     // processElement函数作为一个参数进行传递
                              ::processList)
  ...
```

processList 操作并没有变，现在是由客户端提供函数来转换元素，并对该元素应用作用。

14.4.6 第6步：对元素名称进行错误处理

现在只剩下读取元素时出错的问题了。被传递给 readXmlFile 函数的函数会返回一个未处理过的类型，按理来说该函数应该是一定会有返回值的全函数，然而事实并不是这样。在原本的例子中该函数的确是全函数，因为如果报错会生成 null 字符串。而现在利用函数把 Element 转换为 T，虽然能够用 Result <String>来实现 T，但这种做法并不现实，因为这样一来所得到的 List <Result <T> >还需要转换成 <List <T> >。这一过程其实应该抽象化。

真正的解决方法是利用函数把 Element 转换成 Result<T>，然后使用 sequence 函数来把结果转换为 Result<List<T>>。新的函数实现如下：

```
fun <T> readXmlFile(sPath: () -> FilePath,
                    sRootName: () -> ElementName,
                    function: (Element) -> Result<T>,    // 作为参数接收的函数现在从元素转变为Result<T>类型
                    effect: (List<T>) -> Unit): () -> Unit {
    val path = sPath().value
    val rDoc = path.flatMap(::readFile2String)
    val rRoot = sRootName().value
    val result = rDoc.flatMap { doc ->
        rRoot.flatMap { rootElementName ->
            readDocument(rootElementName, doc) }
                .flatMap { list ->
                    sequence(list.map(function)) }    // 结果是顺序的，生成Result<List<T>>。需要用flatMap来替换map函数
    }
    return {
        result.forEach(onSuccess = { effect(it) },
                       onFailure = { throw it })
    }
}
  ...
```

现在还需要做的是处理 processElement 函数运行时可能发生的错误。同样，解决这一问题时最好还是看看 JDOM 里面 getChildText 的代码究竟是怎样实现的。该方法实现如下：

```
/**
 * 返回已命名的 child 元素中的文字内容,无该元素则返回 null。
 * 这个方法是合理的,因为调用 <code>getChild().getText()</code>
 * 会抛出 NullPointerException 异常。
 * @param cname child 的名字(name)
 * @return 已命名的 child 元素中的文字内容,无该元素则返回 null。
 */
public StringgetChildText(final String cname) {
    final Element child = getChild(cname);
    if (child == null) {
        return null;
    }
    return child.getText();
}
```

继续查看 getChild 方法的代码，读者会发现这个方法并不会抛出异常，但是当元素不存在时，它将返回 null。可以改进 processElement 函数，如下所示：

```
fun processElement(element: Element): Result<String> =    // 现在函数返回一个Result<String>
    try {
        Result(String.format(format, *elementNames.map {
                                    getChildText(element, it) }
            .toArrayList()
            .toArray()))
    } catch (e: Exception) {
        Result.failure(
            "Exception while formatting element. " +    // 对于会抛出异常的结果，会显式地生成一个错误消息
            "Probable cause is a missing element name in element " +
            "list $elementNames")
    }
```

```
fun getChildText(element: Element,
                 name: String): String =
    element.getChildText(name) ?:
        "Element $name is not a child of ${element.name}"
```

若返回值为null，会显式地返回一个错误消息

现在大部分潜在的错误都以函数式的风格进行了处理，但并不是所有错误都能以函数式进行处理。正如前文所提到那样，传递给 readXmlFile 方法的操作引发的异常，不能用这种方法处理。这些由程序抛出的异常是由函数返回的，当函数返回到程序中时，它还没有被执行。因此这些异常一定要在执行结果程序时被捕获，如下所示：

```
fun main(args: Array<String>) {
    val program = readXmlFile(::getXmlFilePath,
                              ::getRootElementName,
                              ::processElement,
                              ::processList)
    try {
        program()
    } catch (e: Exception) {
        println("An exception occurred: ${e.message}")
    }
}
```

可以在 http://github.com/pysaumont/fpinkotlin 上找到完整的示例代码。

14.4.7 第7步：对先前命令式代码的额外改进

有读者可能反对通过 processElement 封闭 format 和 elementNames 的引用，因为这看起来不像是函数式的风格（如果不理解闭包是什么意思，请参阅第3章）。事实上在本文的例子中不成问题，因为那些都是常量。不过在真实生产环境下，它们倒不一定是常量。

解决上述问题的方法其实很简单。这些闭包是附加在 processElement 函数上的隐含参数，而问题在于——与函数的定义不同，format 和 elementNames 的值应该是客户端程序的一部分，即 main 函数。

同样可以把 processElement 函数放到 main 函数中（作为局部函数），但这样做的后果是代码无法再重用。解决方案是显式地使用第3章介绍的柯里化 val 函数作为参数：

```
val processElement: (List<String>)-> (String)-> (Element)->
                                    Result<String> = {elementNames->
    {format->
        {element->
            try {
                Result(String.format(format,
                    *elementNames.map {getChildText(element, it)}
                        .toArrayList()
                        .toArray()))
            } catch (e: Exception) {
```

```
                Result.failure("Exception while formatting element. " +
                    "Probable cause is a missing element name in" +
                    " element list $elementNames")
            }
        }
    }
}
```

现在可以使用部分应用版本的 processElement 函数调用 readXmlFile 函数。format 和 elementNames 的值是特定于客户端实现的，虽然 processElement 函数仍然是通用的，但它不会封闭这两个参数的值。可以把 processElement 和 getChildText 通用函数存入 ReadXmlFile. kt 文件中，然后在 main 函数中定义局部的 processList、getRootElementName 以及 getXmlFilePath：

```
fun main(args: Array<String>) {
    fun <A>processList(list: List<A>) = list.forEach(::println)

    // Simulating a computation that may fail.
    fun getRootElementName(): ElementName = ElementName("staff")

    fun getXmlFilePath(): FilePath =
                FilePath("/path/to/file.xml") // <-adjust path

    val format = "First Name : %s\n" +
        "\tLast Name : %s\n" +
        "\tEmail : %s\n" +
        "\tSalary : %s"

    val elementNames =
            List("firstName", "lastName", "email", "salary")

    val program = readXmlFile(::getXmlFilePath,
                              ::getRootElementName,
                              processElement(elementNames)(format),
                              ::processList)
    try {
        program()
    } catch (e: Exception) {
        println("An exception occurred: ${e.message}")
    }
}
```

可以对所有的程序应用上述介绍的处理过程。通过尽可能抽象各个子任务为函数，能够把代码变得更易于测试，因此也更可靠。同时能在不测试这些函数的前提下就直接在别的程序中重用代码。附录 B 将介绍如何在测试中应用抽象化手段。

14.5 本章小结

- 在 Result 环境中保存值是函数式风格中实现断言的方法。
- 使用 Result 环境能以更安全的模式读取属性文件。
- 使用函数式风格的程序实现属性读取能避免处理类型转换的错误。
- 能通过抽象的形式以任何类型、枚举类型以及集合形式读取属性。
- 自动化重试能抽象成函数。
- 可以用函数式的包装器封装传统的命令式风格代码库。

附　录

附录 A　将 Kotlin 与 Java 结合

Kotlin 最初是作为一种在 Java 虚拟机（JVM）上运行的语言。JetBrains 团队随后开发出了 Kotlin JS——可运行在 JavaScript 虚拟机上的版本；以及 Kotlin/Native——可直接编译为原生二进制文件运行时无须虚拟机的版本。然而，绝大多数 Kotlin 程序都是为在 JVM 环境中运行而设计的。

这些 Kotlin 程序可以调用 Java 标准库中的任何方法，但是在使用 Kotlin 前，要首先验证它是否提供了更好的解决方案。反之，Java 程序也可以调用基于 Kotlin 开发的库，尽管有些困难。Kotlin 提供的功能比 Java 多得多，并非所有库都对 Java 程序可用。对于 Java 中不可用的那些特性，必须格外注意。

程序员的两种解决方案为：在 Kotlin 程序中调用 Java 库或在 Java 程序中调用 Kotlin 库。不过通过一些限制，Kotlin 和 Java 源代码也可以混合在同一个项目中。附录 A 将展示以下内容

- 如何使用 Gradle 创建和管理混合 Kotlin 项目。
- 如何在 Kotlin 代码中调用 Java 库。
- 如何在 Java 代码中调用 Kotlin 库。
- 混合 Kotlin/Java 项目的问题。

注：本附录中的示例代码可以在 https://github.com/pysaumont/fpinkotlin 的 examples 目录中找到。

A.1　创建和管理混合项目

创建和管理 Kotlin 项目的最有效方法是使用 Gradle，它是构建 Kotlin 程序的实际标准。同时，Gradle 也是管理 Java 项目的最佳工具之一。因此，它是混合 Java/Kotlin 项目的最佳选择。对于混合项目，可以利用大量开源和 Kotlin 程序中的 Java 代码。

如果已经使用过 Gradle 来构建 Java 程序，则可以用同样的方法构建和管理 Kotlin 或混合的 Kotlin/Java 项目。如果没有使用过 Gradle，现在可能是更换构建工具的正确时机。但是，即便已经是 Gradle 的用户，学习如何使用 Kotlin 编写 Gradle 脚本也是一件好事。

2016 年 5 月，Gradle 团队宣布 Kotlin 将成为 Gradle 脚本的首选语言。在此之前，团队的首选语言是 Groovy。但这个声明并不意味着在 Gradle 中不支持 Groovy，Groovy 仍然可以用于编写 Gradle 脚本，只是 Kotlin 更加实用。如果是第一次接触 Gradle，建议直接考虑 Kotlin。

Kotlin 在为 Kotlin 项目或混合 Java/ Kotlin 项目编写 Gradle 脚本时提供了许多优势。最大

的优势是不必再学习另一种语言。但更重要的是，开发者将在 IDE 中获得对 Kotlin Gradle 脚本更好的支持（至少在使用 IntelliJ 时是这样）。IntelliJ 为 Kotlin Gradle 脚本提供了与 Kotlin 程序相同的支持级别，包括语法检查、自动补全和重构。

A.1.1 利用 Gradle 创建一个简单的项目

创建一个简单的 Gradle Kotlin/Java 项目并不容易。这里给出一个例子：

```
plugins {
        application
        kotlin("jvm") version "1.3.21"
        //根据需要更换版本
}

application {
        mainClassName = "com.mydomain.mysimpleproject.MainKt"
}

repositories {
        jcenter()
}

dependencies {
        compile(kotlin("stdlib"))
}
```

将此脚本保存在名为 build.gradle.kts 的目录下，例如，MySimpleProject。在该目录中，添加如下子目录结构：

```
MySimpleProject
    src
        main
            java
            kotlin
        test
            java
            kotlin
```

完成之后，可以将 Kotlin 和 Java 文件添加到项目中，并使用各种 Gradle 命令管理项目。要创建具有 Java 依赖的 Kotlin 程序，请将以下文件添加到项目中。

- MySimpleProject/src/main/java/com/mydomain/mysimpleproject/MyClass.java
- MySimpleProject/src/main/kotlin/com/mydomain/mysimpleproject/Main.kt

编写 MyClass.java：

```
package com.mydomain.mysimpleproject;

public class MyClass {
```

```
    public static String getMessage(Lang language) {
        switch (language) {
            case ENGLISH:
                return "Hello";
            case FRENCH:
                return "Bonjour";
            case GERMAN:
                return "Hallo";
            case SPANISH:
                return "Hola";
            default:
                return "Saluton";
        }
    }
}
```

编写 Main. kt：

```
package com.mydomain.mysimpleproject

fun main(args: Array<String>) {
    println(MyClass.getMessage(Lang.GERMAN))
}

enum class Lang {GERMAN, FRENCH, ENGLISH, SPANISH}
```

现在可以在目录（MySimpleProject）中使用如下 Gradle 命令运行项目：

```
<path_to_Gradle>/bin/gradle run
```

如果希望将项目构建并组装成 ZIP 或 TAR 文件，可以在目录（MySimpleProject）中使用如下 Gradle 命令：

```
<path_to_Gradle>/bin/gradle assembleDist
```

由此创建两个文件。

- MySimpleProject/build/distributions/MySimpleProject.tar。
- MySimpleProject/build/distributions/MySimpleProject.zip。

然后，可以在某处提取这些归档文件之一，并使用其中的 shell 脚本启动它。

A. 1. 2　将 Gradle 项目导入 IntelliJ

将 Gradle 项目导入 IntelliJ 非常简单。

- 从 Existing Sources 中依次选择 File→New→Project，选择项目目录，然后单击“确定”（OK）按钮。
- 从 External Model 中选择 Import Project，然后单击 Gradle，单击“继续”（Next）按钮。
- 选择 Use Default Gradle Wrapper，然后单击“结束”（Finish）按钮。

或者也可以选择 Gradle 的本地发行版本。还可以选择一个最小的 JDK 版本，如 JDK 6（Android 使用的版本）。对于仅创建了构建脚本的空项目，可以选择 Create directory for empty Content Roots Automatically 选项。这将自动创建必要的目录结构，包括 Java 和 Kotlin 的 main 目录、test 目录，以及 resource 目录，已经存在的目录将会被保存下来。现在就可以继续开发项目，添加 Kotlin 和 Java 文件。

A.1.3 为项目增加依赖

为项目增加依赖需要 Gradle 标准语法：

```
val kotlintestVersion = "3.1.10"
val logbackVersion = "1.2.3"
val slf4jVersion = "1.7.25"

plugins {
        application
        kotlin("jvm") version "1.3.21" //根据需要更换版本
}

application {
        mainClassName = "com.mydomain.mysimpleproject.MainKt"
}

repositories {
        jcenter()
}

dependencies {
        compile(kotlin("stdlib"))
        testCompile("io.kotlintest:kotlintest-runner-junit5: $kotlintestVersion")
        testRuntime("org.slf4j:slf4j-nop: $slf4jVersion")
}
```

在 plugins 代码块中，不能使用变量标识版本，只允许使用文本。因此如果需要在其他地方访问 Kotlin 版本号，可能需要在文件中两次注明版本。这是一个已知的缺陷，应该在 Gradle 的下一个版本中修复。

A.1.4 创建多模块项目

复杂的项目不止包含一个模块。如果要创建多模块的项目，需要项目目录下的两个文件：settings.gradle.kts 和 build.gradle.kts。settings.gradle.kts 文件包含模块列表，例如：

```
include("server", "client", "common")
```

build.gradle.kts 文件包含常规配置：

```
ext["kotlintestVersion"] = "3.1.10"
ext["logbackVersion"] = "1.2.3"
ext["slf4jVersion"] = "1.7.25"

plugins {
    base
    kotlin("jvm") version "1.3.21" //根据需要更换版本
```

```
}

allprojects {
    group = "com.mydomain.mymultipleproject"
    version = "1.0-SNAPSHOT"
    repositories {
        jcenter()
        mavenCentral()
    }
}
```

在项目目录中，为每个子项目创建一个子目录，每个子项目都有自己的 build.gradle.kts 文件。server 模块的文件如下：

```
plugins {
        application
        kotlin("jvm")
}

application {
        mainClassName = "com.mydomain.mymultipleproject.server.main.Server"
}

dependencies {
        compile(kotlin("stdlib"))
        compile(project(":common"))
}
```

注：不能为 Kotlin 插件指定版本。Gradle 会自动从父项目中选择版本。

server 项目依赖于 common 项目，该项目模块的依赖关系是通过在名称前面加上冒号来指定的。application 配置指示项目主类的名称，但并非所有子项目都有一个主类。该多模块项目的整体结构如下：

```
MyMultipleProject
        settings.gradle.kts
        build.gradle.kts
        client
            build.gradle.kts
        common
            build.gradle.kts
        server
            build.gradle.kts
```

以上就是所需的步骤。现在可以在 IntelliJ 中创建一个新的项目，如前所述。创建了 Java 源（main 和 test）、Kotlin 源（main 和 test）和 resources 的所有必要子目录。

A.1.5 为多模块项目增加依赖

在每个模块中，可以像添加单个模块项目一样添加依赖项。此外，在单个位置声明版本号便于维护。这样，当需要更新一个版本时，只需要在父模块中执行一次，而不是在每个模块中执行。为此，需要使用一个名为 ext 的特殊对象，它可以在父构建脚本中设置，并在子项目中使用。在父构建脚本中，添加以下行：

```
ext["slf4jVersion"] = "1.7.25"
```

然后，可以在每个子项目中使用这个值：

```
dependencies {
        compile(kotlin("stdlib"))
        testRuntime("org.slf4j:slf4j-nop:${project.rootProject.
        ext["slf4jVersion"]}")
}
```

A.2 Java 库方法和 Kotlin 代码

从 Kotlin 代码调用 Java 库方法是两种语言之间最常见的交互。实际上，任何在 JVM 上运行的 Kotlin 程序都不能避免调用 Java 方法，无论是显式的还是隐式的。这是因为大多数 Kotlin 标准库函数调用 Java 标准库方法。

如果 Kotlin 和 Java 的类型是一样的，那么在 Kotlin 代码中调用 Java 方法会很容易，但是它们并不一样。不过这是一件幸运的事，因为 Kotlin 类型比 Java 类型强大得多。但这也意味着在处理这两种类型之间的区别和转换时需要小心。

A.2.1 使用 Java 基本类型

两种语言最明显的区别可能是 Kotlin 中没有基本类型。在 Java 中，int 和 Integer 分别是整数值的基本类型和对象表示形式。Kotlin 只使用 Int——有时称为值类型（*value type*），这意味着它可以像对象一样处理，但使用起来像基本类型一样。但是 Java 在不久的将来很可能会有值类型[⊖]。

虽然 Int 在 Kotlin 中是一个对象，但是计算是在后台进行的，就好像它是一个基本类型一样。在 Kotlin 中具有相同值类型的其他 Java 基本类型也是如此（如 byte、short、long、float、double 和 boolean；在 Kotlin 中都有对应的值类型）。在 Kotlin 中，除了必须作为对象处理之外，Kotlin 和 Java 的唯一区别就是，第一个字母是大写字母。

Kotlin 自动执行 Java 基本类型和 Kotlin 值类型之间的转换。仍然可以在 Kotlin 中使用 Java 的 Integer 类型，但是不能使用值类型的特性。在 Kotlin 中，还可以使用其他数值 Java 对象类型，但是由于名称是相同的，所以必须使用完全限定名称，如 Java.lang.Long。但是会得到以下编译警告：

```
Warning:(...)Kotlin: This class shouldn't be used in Kotlin.Use kotlin.Long instead.
```

应该始终避免使用 Java 数值对象类型，因为 Kotlin 在处理转换方面需要大量工作。考虑如下代码：

```
val a: java.lang.Long = java.lang.Long.valueOf(3L)
```

这段代码不会编译，而是会得到以下错误信息：

```
Error:(...)Kotlin: Type mismatch: inferred type is kotlin.Long! but java.lang.Long was expected
```

⊖ 单击 http://cr.openjdk.java.net/~jrose/values/values-0.html，在 Project Valhalla 中查看关于数值类型的描述。

Kotlin 自动将 java.lang.Long.valueOf()方法的调用结果转换为 kotlin.Long，所以这段代码不会编译。然而，可以更改为：

```
val a: java.lang.Long = java.lang.Long(3)
```

不过这样做没有必要。Java 基本类型会被转换为非空类型（例如，Java 的 int 被转换为 Int），但是对象数值类型会被转换为空类型（例如，Java 的 Integer 被转换为 Int?）。

A. 2. 2　使用 Java 数值对象类型

Java 也提供了没有等效基本类型的数值类型，例如，BigInteger 和 BigDecimal。在 Kotlin 中，这些类型的使用简化了它们的处理，比如：

```
val a = BigInteger.valueOf(3)
val b = BigInteger.valueOf(5)
println(a + b == BigInteger.valueOf(8))
```

这段代码的输出为：

```
true
```

不仅可以对 BigInteger 使用 + 运算符，还可以用 == 比较是否相等。这是因为 Kotlin 将 + 转换为对 add 方法的调用，将 == 转换为对 equals 方法的调用（在 Kotlin 中，使用 === 操作符来比较是否恒等）。

A. 2. 3　对 null 值快速失败

Java 对象类型总是可空的，但是基本类型不是。Kotlin 在可空类型和不可空类型之间进行了区分。例如，BigInteger.valueof()的推断类型是 Kotlin 的 BigInteger?。Kotlin 还提供了 BigInteger 类型，它是 BigInteger? 的子类型且不可为空。如果要显式地编写类型，就会得到：

```
val a:BigInteger? = BigInteger.valueOf(3)
```

但是这种情况下不能使用 + 运算符，因为这会导致可能的 NullPointerException 异常。反引用操作符 . 也不能用。应该这样做：

```
val a:BigInteger? = BigInteger.valueOf(3)
val b:BigInteger? = BigInteger.valueOf(5)
println(a?.add(b) == BigInteger.valueOf(8))
```

这里用的是?.，一种安全的反引用操作符。如果操作的数值是 null，它会返回 null。如果让 Kotlin 推断数值类型，可以这样做：

```
val a:BigInteger! = BigInteger.valueOf(3)
```

这段代码不会编译，但是它显示 Kotlin 做了什么。BigInteger! 是所谓的匿名类型（*non denotable*，或称为无法表示类型），即不能在程序中编写但 Kotlin 编译器在内部使用的类型（IntelliJ 将显示这些类型在何处被推断）。这段代码实际上是：

```
val a:BigInteger = BigInteger.valueOf(3)
```

如果 Java 方法返回的值为 null，Kotlin 将抛出 NullPointerException 异常。当然，BigInteger.valueOf 不会引起这种情况。但是使用可能返回 null 的 Java 方法（Java 标准库中有很多这样的方法），可以确保程序尽可能快地运行失败，防止代码中出现 null 泄漏。

如果愿意的话，仍然可以显式地将类型声明为空，如 BigInteger?。有关 Kotlin 中可空类型的更多信息，请参见第 2 章。

A.2.4 使用 Kotlin 和 Java 的字符串类型

Kotlin 使用一种叫作 Kotlin. String 的特殊字符串类型，而 Java 使用 java.lang.String 类型。再一次，Kotlin 类型更加强大。以下是一个简单的示例——如何删除 Java 中字符串的最后一个字符：

```
String string = "abcde";
String string2 = string.substring(0, string.length() -1);
```

Kotlin 编写的等效代码为：

```
val s: String = "abcde".dropLast(1)
```

kotlin.String 类提供了很多这样有用的函数。除此之外，对于开发者来说，它和 java.lang.String 之间的转换是完全自动和透明的。

A.2.5 实现其他类型的转换

当调用 Java 方法时，集合和数组提供其他主要类型的转换。基本类型数组被转换为特殊类型：ByteArray、IntArray、LongArray 等。类型为 T 的对象数组被转换为不可变类型 Array <T> （如同 Java 数组）。但是可以指定变量数组，例如，Array <out T>。

默认情况下，集合被转换为不可空数据类型的可变集合。例如，java.util.List <String>会被转换为 kotlin.collections.MutableList <String>。

虽然 Kotlin 将 Java 集合转换为不可空数据类型的 Kotlin 不可空集合，但它只验证集合是否为 null，而不检查集合是否包含 null 元素。这是一个潜在的大问题，因为读者可能认为它会在运行时执行此项检查。考虑以下 Java 代码：

```
package test;
import java.util.Arrays;
import java.util.List;
public class Test {
    public static List<Integer> getIntegerList() {
        return Arrays.asList(1, 2, 3, null);
    }
}
```

读者也许会想在 Kotlin 中调用 getIntegerList

```
val list:MutableList<Int> = test.Test.getIntegerList()
println(list)
```

这样不会报错，且程序输出

```
[1, 2, 3, null]
```

但如果这样写：

```
val list:MutableList<Int> = test.Test.getIntegerList()
list.forEach {println(it +1)}
```

当 Kotlin 尝试对 null 调用 add 函数时，将会抛出 NullPointerException 异常。

A.2.6 使用 Java 可变参数

当在 Kotlin 代码中调用一个 Java 方法，并将一个 vararg 作为参数时，Kotlin 会使用一

个以操作符 * 作为前缀的数组。考虑以下 Java 方法：

```
public static void show(String … strings) {
    for (String string : strings) {
        System.out.println(string);
    }
}
```

在 Kotlin 中调用这个方法需要使用一个数组：

```
val stringArray = arrayOf("Mickey", "Donald", "Pluto")
MyClass.show(*stringArray)
```

A.2.7　在 Java 中指定可空性

如前所述，所有非 Java 基本类型都是可空的。另一方面，可以对它们进行注释，许多工具使用这种注释来指示某些类型的引用永远不应该为空。尽管已经有了一个标准（JSR-305 javax.annotation），许多工具更倾向于使用自带的注释集。

- 在 Java 中，IntelliJ 使用 org.jetbrains.annotations 包的@ Nullable and @ NotNull 来指定可空性。
- Eclipse 使用 org.eclipse.jdt.annotation 包
- Andriod 使用 com.android.annotations 和 android.support.annotations 包。
- FindBugs 使用 edu.umd.cs.findbugs.annotations 包。

当用于指定可空性时，Kotlin 可以理解所有这些注释（还有其他的）。例如，Java 中属性可以被注释为：

```
@NotNull
public static List<@NotNull Integer> getIntegerList() {
    return null;
}
```

IntelliJ 使用一句话标记 null 元素：在将 null 作为参数时需要用@ NotNull 标记，但是这不会阻止 Java 代码的编译。当在 Kotlin 中调用这个方法时，推断类型为 (Mutable) List<Int>而不是 (Mutable)List<Int! >!，同时编译器会报错：

```
java.lang.IllegalStateException: @NotNull method test/MyClass.getIntegerList must not return null
```

不幸的是，这对类型参数不起作用。考虑下面的 Java 方法：

```
@NotNull
public static List<@NotNull Integer> getIntegerList() {
    return Arrays.asList(1, 2, 3, null);
}
```

在 Java 中，这会导致关于 null 值的警告，但是在 Kotlin 中什么也不会发生，除非使用 null 值触发 NullPointerException 异常。在类型参数上使用@ NotNull 与在 Kotlin 端指定非空参数类型（甚至不指定任何类型）没有什么不同。这是因为 Kotlin 推断 List<Int!>（不可表示的类型）时给出了完全相同的结果。但是，如果希望使用参数类型注释，则必须至少使用 org.jetbrains.annotation 的 1.5.0 版本。并将编译目标级别设置为至少 Java 8。

注：Kotlin 支持 JSR-305 标准，如果需要更多注解的相关信息，请参阅 https://kotlinlang.org/docs/reference/java-interop.html.

A.2.8 调用 getter 方法和 setter 方法

Java 的 getter 和 setter 方法可以在 Kotlin 代码中作为标准方法调用。Kotlin 还允许（并推荐）使用 Kotlin 属性语法调用它们。假设有以下 Java 类：

```
public class MyClass {
    private int value;
    public int getValue() {
        return value;
    }
    public void setValue(int value) {
        this.value = value;
    }
}
```

可以使用方法或者属性获取 value 的属性：

```
val myClass = MyClass()
myClass.value = 1
println(myClass.value)

myClass.setValue(2)
println(myClass.getValue())
```

前者是极力推荐的做法。如果字段在构造函数中初始化，没有 setter 方法时，可以使用属性读取 Java 字段，即使根本没有字段。比如：

```
public class MyClass {
    public int getValue() {
        return 0;
    }
}
```

但这个方法不适用在没有 getter 方法的情况下设定属性。对于一个拥有以 is 开头的 getter 方法的布尔属性，Kotlin 属性的名称以 is 作为前缀。考虑以下 Java 类：

```
public class MyClass {
        boolean started = true;
        boolean working = false;
        public booleanisStarted() {
            return started;
        }
        public booleangetWorking() {
            return working;
        }
}
```

在 Kotlin 中，这些属性可以用以下语法读取：

```
val myClass = MyClass()

myClass.started = true
```

```
myClass.working = false
println(myClass.started)
println(myClass.isStarted)
println(myClass.working)
```

这避免了在 Java 类同时具有 isSomething 和 getSomething 方法时发生冲突。Java 中的 setter 方法实际上是返回了 void。如果使用方法/函数语法从 Kotlin 调用这些方法，它们将返回 Unit，这是一个单例对象：

```
val result: Unit = myClass.setWorking(false)
```

A.2.9　使用保留字获取 Java 属性

有时候可能需要从 Kotlin 访问一个 Java 属性，该属性的名称与 Kotlin 中的保留字冲突，如 in 和 is，它们是 input 或 inputStream 的简称。如果同时编写 Java 和 Kotlin 代码，最好的方法是避免使用这样的名称。但是，如果正在使用一个不受控制的库，则可以使用反号转义属性名。例如：

Java 类：

```
public class MyClass {
    private InputStream in;
    public void setIn(InputStream in) {
        this.in = in;
    }
    public InputStream getIn() {
        return in;
    }
}
```

Kotlin 代码：

```
val input = myClass.`in`
```

A.2.10　调用检查型异常

在 Kotlin 中，所有异常是非检查型异常。因此，Kotlin 在调用抛出异常的 Java 方法时不会使用 try…catch 代码块。

Java：

```
try {
    Thread.sleep(10);
} catch (InterruptedExceptione) {
    //处理异常
}
```

Kotlin：

```
Thread.sleep(10)
```

与 Java 不同，它不能用作包装器。如果使用 try...catch 代码块并抛出异常，它仍然是一个原始的异常而不是未检查的包装器异常。

A.3　SAM 接口

不同于 Kotlin，Java 没有函数类型；函数的处理是通过将 lambda 表达式转换为等价的单个抽象方法（*Single Abstract Method*，即 SAM）接口（它不是接口的实现，但它的行为就好像它是接口一样）。

另一方面，Kotlin 具有真正的函数类型，因此不需要这样的转换。但是当调用以 SAM 接口作为参数的 Java 方法时，Kotlin 函数会自动转换。例如，可以编写以下 Kotlin 代码：

```
val executor = Executors.newSingleThreadExecutor()
executor.submit {println("Hello, World!")}
```

Java 方法 submit 将 Runnable 作为它的参数。可以用 Java 实现这段代码：

```
ExecutorService executor = Executors.newSingleThreadExecutor();
executor.submit(()-> System.out.println("Hello, World!"));
```

注意，可以在 Kotlin 中显式地创建 java.lang.Runnable：

```
val runnable = Runnable {println("Hello, World!")}
```

但这不是解决之道。应该创建一个 Kotlin 函数，并在调用 Java 方法时将其自动转换为 Runnable：

```
val executor = Executors.newSingleThreadExecutor()
val runnable: ()-> Unit = {println("Hello, World!")}
executor.submit(runnable)
```

A.4 Kotlin 函数和 Java 代码

在 Java 代码调用 Kotlin 函数并不比在 Kotlin 代码调用 Java 函数更困难。但是，由于 Kotlin 的特性比 Java 更丰富，因此经常会丢失一些功能。

A.4.1 转换 Kotlin 属性

Java 中的属性包含在编码规范中。在 Kotlin 中，属性是一种语言特性。虽然 Kotlin 程序被编译成 Java 字节码，但是编译器负责转换。Kotlin 属性被转换为 Java 字段和访问器的标准集。

- 私有字段与属性同名。
- getter 方法名由 get 和属性名首字母大写组成。
- setter 方法名由 set 和属性名首字母大写组成。

唯一的例外是，如果 Kotlin 属性名以 is 开头，则此名称用于 getter；通过用 set 替换 is 获得 setter 名称。

A.4.2 使用 Kotlin 公共字段

Kotlin 公共字段公开为 Java 属性（即带有 getter 和 setter）。如果想使用它们作为 Java 字段，必须在 Kotlin 代码中像这样对它们进行注释：

```
@ JvmField
val age = 25
```

在这种情况下，不能再使用访问器从 Java 访问 Kotlin 属性。同时，使用 lateinit 声明的 Kotlin 属性既可以作为字段访问，也可以使用 getter 访问。它们不能用@ JvmField 注释。

A.4.3　静态字段

Kotlin 没有显式的静态字段，但是一些 Kotlin 字段可以被看作是静态的。这是在对象中声明的字段的情况，包括伴生对象，以及在包级别声明的字段。所有这些字段都可以从 Java 代码中以与属性相同的方式访问，尽管存在一些差异。使用以下语法，可以使用 getter 和 setter 访问在伴生对象中声明的字段：

```
int weight = MyClass.Companion.getWeight();
```

如果字段使用 const 声明，只能将其作为封闭类的静态字段访问：

```
int weight = MyClass.weight;
```

如果字段被@ JvmField 注释，则可以得到相同的结果。对于在独立对象中声明的字段，使用以下语法：

```
String firstName = MyObject.INSTANCE.getFirstName();
```

同样，如果字段是用 const 声明的，或者用@ JvmField 注释的，那么它必须像静态字段一样被访问：

```
String firstName = MyObject.firstName;
```

在包级别声明的字段可以被访问，就像它们是一个类的静态字段一样，该类的名称中没有 .kt 扩展名，而是后缀为 Kt。比如，MyFile.kt 中的代码：

```
const val length = 12
val width = 3
```

这些字段可以在 Java 中访问：

```
int length = MyFileKt.length;
int width = MyFileKt.getWidth();
```

但是请注意，包级别的字段不能用@ JvmField 注释。

A.4.4　将 Kotlin 函数作为 Java 方法调用

用 fun 声明的函数可以在 Java 中作为方法访问，在对象或包级别声明的函数可以作为静态方法访问。考虑 MyFile.kt 程序：

```
fun method1() = "method 1"

class MyClass {
    companion object {
        fun method2() = "method 2"
        @ JvmStatic
        fun method3() = "method 3"
    }
}

object MyObject {
    fun method4() = "method 4"
    @ JvmStatic
    fun method5() = "method 5"
}
```

在 Java 中，这些函数可以用多种不同方式调用：

```
String s1 = MyFileKt.method1();
String s2 = MyClass.Companion.method2();
String s3a = MyClass.method3();
String s3b = MyClass.Companion.method3();
String s4 = MyObject.INSTANCE.method4();
String s5a = MyObject.method5();
String s5b = MyObject.INSTANCE.method5();
```

注意，如果在类实例上调用 Java 静态方法，`MyObject.INSTANCE.method5()`会给出警告“静态元素通过实例引用”。

1. 在 Java 中调用扩展函数

Kotlin 中的扩展函数编译为静态函数，接收器作为附加参数。可以在 Java 中以它们编译后的形式调用。考虑一下在名为 `MyFile.kt` 的文件中定义的以下扩展函数：

```
fun List<String>.concat(): String = this.fold("") {acc, s-> "$acc$s"}
```

虽然这个函数在 Kotlin 中使用时就像它是字符串列表中的一个实例函数一样，但是在 Java 中必须把它作为一个静态方法来调用：

```
String s = MyFileKt.concat(Arrays.asList("a", "b", "c"));
```

2. 用不同名称调用函数

可以更改在 Java 代码中调用的 Kotlin 函数的名称。为此，需要在 Kotlin 函数上使用 `@JvmName("newName")` 注释。从 Java 的角度来看，这样做有几个原因，而且即使从未在 Java 代码中调用函数，也可能被强制这样做。考虑下面的两个函数：

```
fun List<String>.concat(): String = this.fold("") {acc, s-> "$acc$s"}
fun List<Int>.concat(): String = this.fold("") {acc, i-> "$acc$i"}
```

这样不会被编译，原因如下所述。

- Kotlin 函数被编译为了 Java 字节码。
- 类型擦除导致在编译时删除类型参数。

所以，这两个函数等效于以下 Java 方法：

```
MyFileKt.concat(List<String> list)
MyFileKt.concat(List<Integer> list)
```

这两个方法无法共存于同一类（`MyFileKt`），因为它们编译为：

```
MyFileKt.concat(List list)
MyFileKt.concat(List list)
```

即使从未在 Java 调用这些函数，也需要将它们放在单独的文件中，或者使用注释更改其中至少一个函数的编译名称：

```
fun List<String>.concat(): String = this.fold("") {acc, s-> "$acc$s"}
@JvmName("concatIntegers")
fun List<Int>.concat(): String = this.fold("") {acc, i-> "$acc$i"}
```

为 Kotlin 属性生成的 Java getter 和 setter 的名称可以通过相同的方式更改：

```
@get:JvmName("retrieveName")
@set:JvmName("storeName")
var name: String?
```

3. 处理默认值和参数

在 Kotlin 中，函数参数可以有默认值。这些函数可以从 Java 代码调用，但是必须指定所有参数，即使是那些具有默认值的参数。处理默认值的 Java 方法是通过重载。要使函数作为重载的 Java 方法，需要使用@ jvmoverloaded 注释：

```
@ JvmOverloads
funcomputePrice(price: Double,
                tax: Double = 0.20) = price * (1.0 + tax)
```

Kotlin 函数 computePrice 在 Java 中可写为：

```
Double computePrice(Double price,)
Double computePrice(Double price, Double tax)
```

如果多个参数都有默认值，则不会得到所有不同的参数组合：

```
@ JvmOverloads
fun computePrice(price: Double,
                 tax: Double = 0.20,
                 shipping: Double = 8.75) = price * (1.0 + tax) + shipping
```

在这种情况下，可以使用以下 Java 方法：

```
Double computePrice(Double price,)
Double computePrice(Double price, Double tax)
Double computePrice(Double price, Double tax, Double shipping)
```

由此可见，没有办法只传入 price 和 shipping，并使用 tax 的默认值。此外，@ Jvmoverloaded 注释也可以用于构造函数：

```
class MyClass @ JvmOverloads constructor(name: String, age: Int = 18)
```

4. 处理抛出异常的函数

Kotlin 不会检查异常。因此，在 Java 代码中，如果试图捕获 Kotlin 函数抛出的异常，将会出现编译错误。考虑下面的 Kotlin 函数：

```
fun readFile(filename: String): String = File(filename).readText()
```

如果在 Java 的一个 try…catch 代码块中调用这个方法，例如：

```
try {
    System.out.println(MyFileKt.readFile("myFile"));
} catch (IOException e) {
    e.printStackTrace();
}
```

这不会编译，反而会出现以下错误：

```
Error: exception java.io.IOException is never thrown in body of corresponding try statement
```

为了避免这个错误，应该使用@ Throws 显式地表明抛出了哪种异常：

```
@ Throws(IOException::class)
fun readFile(filename: String): String = File(filename).readText()
```

注意，@ Throws 注释是不可重复的。如果函数要抛出几个在 Java 中会检查到的异常，请使用以下语法：

```
@ Throws(IOException::class, IndexOutOfBoundsException::class)
fun readFile(filename: String): String = File(filename).readText()
```

不需要显式地指出非检查型异常，因为 Java 允许自由捕获异常。

A.4.5　将 Kotlin 的类型转换为 Java 类型

Kotlin 区分了可空类型和不可空类型，但 Java 没有。这两种类型的差别在转换过程中丢失了。

数值类型根据 Java 端声明的内容转换为基本类型或对象类型。不可变集合被转换为 Java 集合。例如，在 Kotlin 中使用 listOf 创建的列表被转换为 Java 的 Arrays.ArrayList。Arrays.ArrayList 是 Arrays 中的一个私有类，它继承了 AbstractList，但没有实现 add 方法。因此，如果试图添加一个元素，将出现一个 UnsupportedOperationException 异常。列表不能添加或删除元素，但是可以通过调用 set 方法将元素的索引传递给它来替换新元素。在将 Kotlin 中的不可变列表转换为 Java 时，不可变列表的不可变性降低了很多。

同时，Kotlin 也有不存在于 Java 中的特定类型。

- Unit 被转换为 void，尽管它们准确来说不是同等的（在 Kotlin 中，Unit 是单例对象）。从本质上讲，它可能看起来更接近 Void，但是在功能方面，它更倾向于 void。
- Any 被转换为 Object。
- Nothing 没有被转换，因为 Java 中没有对应的类型。当用作类型参数时，如 Set<Nothing>，将被转换为原生类型（Set）。

包含 1 ~ 22 个参数的函数被转换为特殊的 Kotlin 类，依次为 kotlin.jvm.functions.Function1 ~ kotlin.jvm.functions.Function22。这些是 SAM 接口，比 Java 函数接口更有意义。

A.4.6 函数类型

没有参数的函数被转换为 kotlin.jvm.functions.Function0，与 Java Supplier 接口相对应。

()→Unit 类型的 Kotlin 函数被转换为 kotlin.jvm.functions.Function0<Unit>的实例，与 Java 的 Runnable 相对应。Function1<A, Unit>与 Java 的 Consumer<A>相对应；Function2<A, B, Unit> 与 Java 的 BiConsumer<A, B>相对应。其他返回 Unit 的 Kotlin 函数属于多消费者，在 Java 中没有等价的转换。

所有转换后的函数可以像在 Java 中一样使用，只是它们都实现了一个名为 invoke 的方法，而不是 Java 的 apply、test、accept 或 get。在将这些转换后的函数转换回 Java 类型时，如果 Java 中又存在对应的类型，就能很容易地实现。例如，Function1<Int, Boolean>类型的 Kotlin 函数：

```
@ JvmField
val isEven: (Int)-> Boolean = {it % 2 == 0}
```

可以在 Java 中直接使用这个函数：

```
System.out.println(MyFileKt.isEven.invoke(2));
```

在 Java 中，这个函数的类型为 kotlin.jvm.functions.Function1<Integer, Boolean>。要将它转换为 IntPredicate，需要如下编写：

```
IntPredicate p = MyFileKt.isEven::invoke;
```

A.5 混合 Kotlin/Java 项目的特定问题

虽然在同一个项目中混合 Kotlin 和 Java 很简单（不管是使用 Gradle 还是 IntelliJ，或者两者同时使用)，但是增量编译需要被重视。增量编译（*incremental compiling*）是一种只编译指定部分程序的技术。它可以只编译自上次编译以来已更改的类，也可以在输入代码时逐行编译。

Gradle 和 IntelliJ 都可以进行增量编译，但是只查找自上次编译以来发生了变化的类是不够的。如果一个类没有改变，但是依赖于另一个已经改变的类，那么这两个类都应该重新编译。

Java 或 Kotlin 项目不用考虑这个问题，但是混合项目更麻烦一些。在处理项目中有几个模块依赖于一个名为 `common` 的模块时，可能会遇到问题。在处理模块 `A` 时，可能需要修改模块 `common`。在这种情况下，在开发过程中运行代码时，IntelliJ 或 Gradle 只从模块 A 和 `common` 编译必要的类。如果稍后修改模块 `B`，将更改引入模块 `common`，则运行更改只编译这两个模块（`B` 和 `common`）。因此，模块 `A` 可能在修改它对 `common` 的依赖关系时被破坏了，但是人们不会注意到这一点。

避免这个问题的最好方法是定期重建整个项目。这样做，可以立即看到是否有模块被破坏了。否则，可能会需要做出许多更改，并需要额外的工作来修复。

还可能遇到的另一个问题是当使用 IntelliJ 和 Gradle 运行代码时，会得到不同的结果。在专业环境中，在编程时使用 IntelliJ 编译和运行代码是很常见的，尽管该项目稍后将使用 Gradle 在构建服务器上构建。在将更改从构建的地方移植到存储库之前，需要在工作站上测试 Gradle 构建。在这个时候，读者可能会惊讶地发现 IntelliJ 没有出现编译错误。

这种情况的原因很简单，而且很容易避免或修复。但是如果不知道怎么做，可能会花上几个小时去理解为什么在用 Gradle 编译时，编译器不会通过 Java 代码知道编程者在 Kotlin 中添加的新函数，尽管 IntelliJ 不会发生这种问题。原因是，与 IntelliJ 不同，Gradle 可能不会清除 Kotlin 生成的字节码，而是继续使用之前编译后的版本（没有新添加的函数）。

如果遇到这个问题，请在 Gradle 中进行显式的 `clean`。这样可以消除所有编译后的代码，会使编译时间更长，但是更安全。要意识到自己很幸运：使用该函数的旧版本运行程序，不会导致编译问题，但是会产生错误的结果。在这种情况下，可能会需要很长一段时间才找到原因。

A.6　小结

本附录介绍了如何在项目中混合使用 Java 和 Kotlin。Kotlin 项目总是隐式地依赖于 Java 代码（Java 标准库），所以即使不需要创建显式的混合项目，也需要掌握这里介绍的一些内容。已经介绍的技术总结如下。

- 使用 Gradle 或 IntelliJ 创建和管理一个混合项目（单模块或多模块），包括使用 Kotlin 编写 Gradle 构建脚本。如果想使用 Eclipse，必须创建一个 Gradle 项目并将其导入。而且，尽管可以直接在 IntelliJ 中构建一个项目，但是使用 Gradle 构建和导入项目要容易得多。主要的优点是项目描述符是可读的，并且可以在代码存储库中进行版本控制。
- 在 Kotlin 代码中调用 Java 程序。

■ 在 Java 代码中调用 Kotlin 程序。

混合项目同时利用了 Java 和 Kotlin 的优点，大量 Java 代码开源且可以用于 Kotlin 程序中。

附录 B　Kotlin 中基于属性的测试

测试可能是编程中最具争议的话题之一。争论涉及测试的所有方面：是否测试、测试时间、测试内容、测试总量、测试频率、测试质量评估、最佳测试范围标准等。但这些问题都不能单独考虑，而且几乎都依赖于一些其他很少被讨论的问题。

本附录将介绍如何编写有效的测试，并使用基于属性的测试使程序更便于测试。读者将会学习如何做到以下几点：

■ 设计一组程序的结果必须满足的属性。

■ 先编写接口，然后测试，最后再实现。这样使测试不会依赖于实现。

■ 通过删除确信的部分，使用抽象未简化测试。

■ 编写生成器为测试生成随机值，以及可用来检查属性的伴随值。

■ 设置包含上千输入数据的测试，并在每次构建之前运行。

注：本附录中的示例代码可以在 https://github.com/pysaumont/fpinkotlin 的 examples 目录中找到。

B.1　为何使用基于属性的测试

几乎每个程序员都同意单元测试是必要的，尽管测试肯定不是确保程序正确的理想方法。测试并不能证明程序是正确的。

失败的测试结果证明程序可能是不正确的（仅仅是“可能”，因为测试本身可能存在问题）。成功的测试当然也不能证明测试的程序是正确的。它们只能证明编程者不够聪明，没有发现 bug。如果在开发测试上和编写程序上付出同样的努力，仍然是不够的。而且，通常在测试上的投入要比编写程序少得多。

更好的方法是证明自己的程序是正确的。这就是函数式编程试图做到的，但是几乎不可能完全做到。理想的程序是只有一种实现方法的程序。这听起来可能有点疯狂，但仔细想想，发现 bug 的风险与程序可能实现方式的数量成正比。因此，应该尽量减少可能的实现方法。

一种方法是通过抽象。现在以一个程序为例，该程序会在一个整数列表中查找一个给定整数的所有倍数，并取其中的最大值。在传统的编程中，可能会用如下的一个索引循环（程序中的 bug 是刻意的）：

```
// example00
fun maxMultiple(multiple: Int, list: List<Int>): Int {
    var result = 0
    for (i in 1 until list.size) {
        if (list[i]/multiple * multiple == list[i] && list[i] > result) {
    result = list[i]
```

```
        }
    }
    return result
}
```

如何测试这样的程序？当然，如果能看到错误，应该在编写测试之前先修复它们。但如果编程者是这些 bug 的罪魁祸首，就不会发现它们。相反，应该会使用极限值测试程序。程序的两个参数是整数和列表，读者可能希望测试时传入 0，作为 int 参数或空列表。前者会导致一个 java.lang.ArithmeticException: /by zero 异常。第二个会输出一个为 0 的结果。

注意，向这个程序传递 0 和一个空列表不会导致异常，但是会输出 0 的结果。

这个例子的另一个 bug 是列表的第一个元素被忽略了，在下述情况下，不会造成任何问题。

- 当列表为空时。
- 当第一个参数为 0 时（因为已经修复了 0 作为被除数的 bug）。
- 当第一个元素不是第一个参数的倍数时。
- 当第一个元素是第一个参数的倍数，但不是最大值时。

当然，现在知道要做什么了：编写第一个参数非零的测试和第一个元素为最高倍数的列表测试。但是如果自己足够聪明，就不会犯这个错误，所以在这种情况下，测试是没有必要的。

一些程序员认为应该在实现之前编写测试。虽然本书完全同意这一点，但在这里有什么用呢？

读者可能会为 0 和空列表编写一个测试，但是如何事先知道应该编写一个第一个参数为非零还是第一个元素为最高倍数的列表的测试呢？只有当读者知道程序的具体实现时才能这样做。

在知道实现时进行测试是不理想的，因为如果是编写实现的人，就会有偏见。另一方面，如果正在为一个没有实现的程序编写测试，那么尝试让它失败可能会很有趣。

但真正的挑战是在看不到程序具体实现的情况下破坏程序。因为同时编写了测试和实现程序，所以在具体实现之前编写测试是最好的时机。

那么，过程应该如下所述。

1）编写接口。

2）编写测试程序。

3）编写实现程序，检查测试是否通过。

在这里将逐一讲解。

B.1.1 编写接口

编写接口很简单，它包括编写函数的签名：

```
fun maxMultiple(multiple: Int, list: List<Int>): Int = TODO()
```

B.1.2 编写测试程序

现在需要编写测试程序。对于传统的测试：

```
// example00 test
import io.kotlintest.shouldBe
import io.kotlintest.specs.StringSpec
internal class MyKotlinLibraryKtTest:StringSpec() {
    init {
        "maxMultiple" {
            val multiple = 2
            val list = listOf(4, 11, 8, 2, 3, 1, 14, 9, 5, 17, 6, 7)
            maxMultiple(multiple, list).shouldBe(14)
        }
    }
}
```

可以使用特定的值编写任意数量的测试。当然，现在将测试所有特殊值，如 0 和空列表，但是还能做什么呢？

通常，程序员所做的是选择一些输入值并验证相应的输出是否正确。前面的示例中正在测试传入 2 和 [4, 11, 8, 2, 3, 1, 14, 9, 5, 17, 6, 7] 结果与 14 是否相等。

但是是怎么找到 14 的呢？将与函数实现相同的过程应用于传入的参数。这样可能会失败，因为人类并不完美。但大多数情况下会成功，因为这个测试做了两次同样的事情：一次在脑海中，一次用计算机程序。这与先编写实现程序，然后使用给定的参数运行它，最后编写测试来验证输出是否相同没有什么区别。

注： 这是在测试是否编写了自己认为正确的实现，并没有测试这是否是解决问题的正确实现。为了进行更好的测试，需要检查代码计算的结果与头脑中计算的结果是否相等。这就是基于属性的测试。

在了解如何编写实现之前，更深入地研究一下基于属性的测试。

B.2 什么是基于属性的测试

基于属性的测试是为了查看测试结果是否验证了与输入数据相关的某些属性。例如，如果要编写一个程序来连接字符串（写作 +），要检查的属性可能是：

- (string1 + string2).length == string1.length + string2.length。
- string + "" == string。
- "" + string == string。
- string1.reverse() + string2.reverse() == (string2 + string1).reverse()。

测试这些属性就足以确保程序是正确的（前三种甚至都不需要）。这样，就可以检查数百万随机生成的字符串，而不必担心实际结果。唯一重要的是对属性进行验证。

甚至在开始编码之前（无论是主程序还是测试程序），需要做的第一件事就是根据属性思考问题，这些属性在考虑函数的输入和输出时就应该被验证。可以立即看到，在这种情况下，没有副作用的函数更容易处理。

再回到最大倍数的问题，当编写接口时，寻找属性并不总是简单的。请记住，必须找到一组可以在所有((Int, List<Int>), Int)类型元组上被验证的属性。如果元组最后的那个 Int 是将一对 Int 和 List<Int>传入函数后的正确结果，那么该属性为正确的属性。

以下是函数签名的提示：

```
fun maxMultiple(multiple: Int, list: List<Int>): Int = TODO()
```

找到一些属性可能看起来很容易，但是找到重要的属性就比较难。理想情况下，应该找到保证结果正确的最小属性集。但是必须使用不同于函数的实现逻辑执行该操作。有两种寻找这种属性的方法。

- 寻找应该成立的条件。
- 寻找不应该成立的条件。

例如，在遍历列表中的元素时，不应该找到既等于第一个参数的倍数又大于结果的元素。问题是，在测试这个函数时，可能会使用与实现函数时相同的算法，所以它不会比调用函数两次并验证结果是否相同更相关！这里的解决方案是抽象。

B.3　抽象及基于属性的测试

现在应该做的是找到一种方法来抽象问题的各个部分，编写实现每个部分的函数，并分别测试它们。如果读者还记得在第5章学习的内容，可以将这个操作视作一个折叠。将问题抽象为两个函数——折叠函数和作为折叠函数第二个参数的函数：

```
fun maxMultiple(multiple: Int, list: List<Int>): Int =
    list.fold(initialValue) {acc, int-> …}
```

这里使用的是标准的Kotlin的 `fold` 函数处理Kotlin列表。如果读者更喜欢第5章中的 `List`，它将是：

```
fun maxMultiple(multiple: Int, list: List<Int>): Int =
    list.foldLeft(initialValue) {acc-> {int-> …}}
```

注：后文全部使用标准Kotlin类型。

现在需要测试用作折叠的函数。因此，将不会使用一个匿名函数（如前文中的lambda表达式），而是像这样：

```
fun maxMultiple(multiple: Int, list: List<Int>): Int =
    list.fold(0, ::isMaxMultiple)
fun isMaxMultiple(acc: Int, value: Int) = …
```

现在已经将程序变得可能更容易测试。原因是已经抽象了迭代部分，无须测试这部分。它应该已经在其他地方测试过了。如果使用Kotlin的 `fold` 函数，只需信任该语言。如果使用了第5章中的 `foldLeft` 函数，那么已经对它进行了测试，所以也可以信任它。

重要提示：永远不要从语言或外部库测试函数。如果不信任它，就不要使用它。

现在需要解决的问题有一点棘手，假设这个 `multiple` 参数的值是2。实现过程很简单：

```
fun isMaxMultiple(acc: Int, elem: Int): Int =
    if (elem/2 * 2 == elem && elem > acc) elem else acc
```

需要将2替换为 `multiple` 参数的值。可以使用本地函数：

```
fun maxMultiple(multiple: Int, list: List<Int>): Int {
    fun isMaxMultiple(acc: Int, elem: Int): Int =
        if (elem/multiple * multiple == elem && elem > acc) elem else acc
    return list.fold(0, ::isMaxMultiple)
```

```
}
```

这种实现的困难之处在于它不能解决测试问题。再次强调，抽象是解决之道。可以将 multiple 参数抽象为：

```
// example01
fun isMaxMultiple(multiple: Int) =
    {max: Int, value: Int->
        when {
            value/multiple * multiple == value && value > max-> value
            else                                              -> max
        }
    }
```

抽象总是要做的。例如，在这里，对于所有程序员来说，将 value/multiple * multiple == value 抽象为对 rem 函数的调用是很常见的，用 % 运算符的中缀表示法表示：

```
fun isMaxMultiple(multiple: Int) =
    {max: Int, value: Int->
        when {
            value % multiple == 0 && value > max -> value
            else                                 -> max
        }
    }
```

现在可以对函数进行单元测试了。isMaxMultiple 函数在测试中：

```
fun test(value: Int, max:Int, multiple: Int): Boolean {
    val result = isMaxMultiple(multiple)(max, value)
        ... check properties
}
```

可以找到几个属性来测试。

- result > =max。
- result % multiple == 0 || result == max。
- result % multiple == 0 && result > = value) || result % multiple ! = 0。

还可以找到其他属性。理想情况下，应该以确保结果正确的最小属性集结束。实际上，有无冗余并不重要。冗余属性是无害的（除非需要很长时间进行检查）。丢失属性才是一个更大的问题。但是一个巨大的好处是现在可以进行测试了！

B.4 基于属性的单元测试的依赖

要用 Kotlin 编写单元测试，可以使用各种测试框架。它们中的大多数都以某种方式依赖于著名的 Java 测试框架，比如 JUnit。要实现基于属性的测试，可以使用 Kotlintest。Kotlintest 依赖于 JUnit，并添加了领域特定语言（*Domain Specific Languages*，DSL），允许在许多测试风格中进行选择，包括基于属性的测试。要在项目中使用 Kotlintest，请将以下行添加到 build. gradle文件的 dependencies 块中：

```
dependencies {
    ...
```

```
    testCompile("io.kotlintest:kotlintest-runner-junit5:${project
                            .rootProject.ext["kotlintestVersion"]}")
    testRuntime("org.slf4j:slf4j-nop:${project
                            .rootProject.ext["slf4jVersion"]}")
}
```

注意标识版本号的变量的使用。将这些行添加到所有模块构建脚本中。为了避免必须更新所有模块中的版本号，将以下定义添加到父项目的构建脚本中：

```
ext["kotlintestVersion"] = "3.1.10"
ext["slf4jVersion"] = "1.7.25"
```

testRuntime 对 Slf4j 的依赖不是强制性的。如果省略它，将出现警告消息，但测试仍然有效。

Kotlintest 使用 Slf4j 进行日志记录，默认情况下是冗长的。如果不希望对测试进行日志记录，可以使用 slf4j-nop 依赖项来关闭日志记录和日志记录错误。还可以选择任何喜欢的日志实现方式，并提供相应的配置来满足需求。

B.5　编写基于属性的测试程序

测试是在与标准 JUnit 测试相同的地方创建的：在每个子项目的 src/test/kotlin 目录中。如果读者正在使用 IntelliJ，需要单击要测试的函数，按 < Alt + Enter > 组合键，然后选择 Create Test。在对话框中，选择 JUnit 的一个版本。IntelliJ 会提示这个版本不存在，并建议修复这个问题。忽略此错误，并检查目标包是否位于正确的分支中（如果是混合项目，在 java或 kotlin 中）。如果需要，可以更改类的建议名称，但不要选择要测试的函数，然后单击 < OK > 按钮。IntelliJ 会在正确的包中创建一个空文件。

每个测试类都有如下结构：

```
// example01 test
import io.kotlintest.properties.forAll
import io.kotlintest.specs.StringSpec

class MyClassTest: StringSpec() {
    init {
        "test1" {
            forAll {
            //检查此处的属性
            }
        }
    }
}
```

或者，可以指定要运行的测试数量（默认为 1000）：

```
import io.kotlintest.properties.forAll
import io.kotlintest.specs.StringSpec
class MyClassTest: StringSpec() {

        init {
```

```
        "test1" {
            forAll(3000) {
            //检查此处的属性
            }
        }
    }
}
```

forAll 函数的最后一个参数是一个函数，该函数应该返回 true，以便测试通过。这个函数可以接受几个自动生成的参数。例如，可以使用：

```
// example01 test
class MyKotlinLibraryTest: StringSpec() {
    init {
        "isMaxMultiple" {
            forAll {multiple: Int, max:Int, value: Int->
                isMaxMultiple(multiple)(max, value).let {result->
                    result > =value
                        && result % multiple ==0 ||result ==max
                        && ((result % multiple ==0 && result > =value)
                                        ||result % multiple ! =0)
                }
            }
        }
    }
}
```

测试的名称是"isMaxMultiple"。名称用于显示结果。可以将其中几个块放入 init 块中，但是它们必须具有不同的名称，因为名称是通过内省法找到的。在编译时不强制使用不同的名称，但是如果在运行时发现几个具有相同名称的测试，将出现 IllegalArgumentException 异常，其中包含一条消息“无法使用相同的名称 isMaxMultiple 增加测试”，并且不会执行任何测试。

作为 forAll 函数的参数传递的 lambda 的所有参数都由 Kotlintest 提供的标准生成器生成。不过这可能并不需要。对于整数，默认生成器由 Gen.int( ) 函数提供。之前的测试相当于：

```
class MyKotlinLibraryTest: StringSpec() {

    init {
        "isMaxMultiple" {
            forAll(Gen.int(), Gen.int(), Gen.int())
                {multiple: Int, max:Int, value: Int->
                    isMaxMultiple(multiple)(max, value).let {result->
                        result > =value
                            && result % multiple ==0 ||result ==max
                            && ((result % multiple ==0 && result > =value)
                                            ||result % multiple ! =0)
                }
```

```
            }
        }
}
```

如果显式地指定一个生成器，则需要指定所有生成器。默认的 Gen.int()生成器生成 0、Int.MAX_VALUE、Int.MIN_VALUE 和许多随机 Int 值，以指定默认的 1000 个测试或测试数量。每个生成器都会尝试生成极限值和随机值。例如，String 生成器总是生成空字符串。如果运行这个测试，它将失败，并显示以下错误消息：

```
Attempting to shrink failed arg-2147483648
Shrink #1: 0 fail
Shrink result = > 0
...
java.lang.AssertionError: Property failed for
Arg 0: 0 (shrunk from-2147483648)
Arg 1: 0 (shrunk from-2147483648)
Arg 2: 0 (shrunk from 2147483647)
after 1 attempts
Caused by: expected: true but was: false
Expected :true
Actual   :false
```

这意味着测试失败了。在这种情况下，Kotlintest 尝试缩小值，以找到导致测试失败的最小值。

这对于在值过高时失败的测试非常有用。仅仅报告失败是不现实的，需要尝试最低的值来找到故障点。这里，可以看到所有参数都收缩到 0，而没有通过测试。事实上，如果第一个参数是 0，测试会一直失败，因为 0 不能作为除数。

这里需要的是非零整数的生成器。Gen 接口为各种用途提供了许多生成器。例如，可以使用 Gen.positiveIntegers()生成正整数：

```
// example02 test
class MyKotlinLibraryTest: StringSpec() {
    init {
        "isMaxMultiple" {
            forAll(Gen.positiveIntegers(), Gen.int(), Gen.int())
                {multiple: Int, max:Int, value: Int->
                    isMaxMultiple(multiple)(max, value).let {result->
                        result > =value
                            && result % multiple ==0 ||result ==max
                                && ((result % multiple ==0 && result > =value)
                                        ||result % multiple ! =0)
            }
        }
    }
}
```

现在测试就能成功了。

B.5.1　创建自定义生成器

Kotlintest 为大多数标准类型（数字、布尔值和字符串）以及集合提供了许多生成器。

但有时需要生成自创类的实例时需要自定义生成器。过程很简单，仅需实现以下接口：

```
interface Gen<T> {
    fun constants():Iterable<T>
    fun random(): Sequence<T>
}
```

constants 函数生成一组极限值（如为整数生成的 Int.MIN_VALUE、0 和 INT.MAX_VALUE）。通常会让它返回一个空列表。random 函数返回随机创建的实例序列。

创建实例是一个递归过程。如果想要生成实例的类的构造函数只接受 Gen 中已经存在的生成器的参数，那么就直接使用它们。对于其他类型的参数，可以使用自定义生成器。

尽可能避免从头创建生成器。所有数据对象都是由数字、字符串、布尔枚举和其他对象组成的。可以通过组合现有的生成器生成任何对象。最佳方法是使用它们的 bind 函数之一，例如：

```
data class Person(val name: String, val age: Int)

val genPerson: Gen<Person> =
        Gen.bind(Gen.string(), Gen.choose(1, 50))
        {name, age-> Person(name, age)}
```

B.5.2 使用自定义生成器

作为一个用例，如果已经存在自定义生成器，那么读者可能想要使用它，但是想要避免一些特定的值，或者想要在生成的值上包含一个条件。更不常见但更有用的情况是，希望能够对生成的值进行一些控制。

例如，如果需要编写一个程序来计算字符串中使用的字符集，那么如何验证随机生成的字符串的结果是否正确呢？可以设计测试标准，如下所述。

- 结果集中的所有字符必须存在于输入字符串中。
- 输入字符串中的所有字符都必须存在于结果集中。

这非常简单。但是，假设函数不是生成一个集合，而是生成一个映射，其中字符串中使用的每个字符作为映射中的键，该字符出现的次数作为值。例如，假设需要编写一个程序，该程序接受一个字符串列表，并对由完全相同的一组字符组成的字符串进行分组。可以写成：

```
// example03
fun main(args: Array<String>) {
    val words = listOf("the", "act", "cat", "is", "bats",
                "tabs", "tac", "aabc", "abbc", "abca")
    val map = getCharUsed(words)
    println(map)
}

fun getCharUsed(words: List<String>) =
        words.groupBy(::getCharMap)

fun getCharMap(s: String): Map<Char, Int> {
    val result = mutableMapOf<Char, Int>()
```

```
    for (i in 0 until s.length) {
        val ch = s[i]
        if (result.containsKey(ch)) {
            result.replace(ch, result[ch]!! +1)
        } else {
            result[ch] = 1
        }
    }
    return result
}
```

这个程序将返回以下内容：

```
{
    {t=1, h=1, e=1} = [the],
    {a=1, c=1, t=1} = [act, cat, tac],
    {i=1, s=1} = [is],
    {b=1, a=1, t=1, s=1} = [bats, tabs],
    {a=2, b=1, c=1} = [aabc, abca],
    {a=1, b=2, c=1} = [abbc]
}
```

该程序要如何测试？可以使用几个单词列表来测试，但并不能保证程序适用于所有的组合。这时最好使用基于属性的测试，即生成随机字符串列表，然后检查一些属性。但是如何设计一组好的属性呢？那样的属性会很复杂。

比起设计复杂的属性，可以为字符串创建生成器。这些生成器会在更新映射时向生成的字符串随机添加字符，在生成结束后输出 Pair<String, Map<Char, Int>>。有了这个输出，只需要测试一个属性：测试程序生成的映射必须与生成器生成的映射相同。下面是一个生成器的例子：

```
// example03 test
val stringGenerator: Gen<List<Pair<String, Map<Char, Int>>>> =
        Gen.list(Gen.list(Gen.choose(97, 122)))
                .map {intListList->
                    intListList.asSequence().map {intList->
                        intList.map {n->
                            n.toChar()
                        }
                    }.map {charList->
                        Pair(String(charList.toCharArray()),
                                makeMap(charList))
                    }.toList()
                }
fun makeMap(charList: List<Char>): Map<Char, Int> =
                    charList.fold(mapOf(), ::updateMap)
fun updateMap(map: Map<Char, Int>, char: Char) =  when {
    map.containsKey(char)-> map + Pair(char, map[char]!! +1)
    else-> map + Pair(char, 1)
}
```

这个生成器生成了一个由列表组成的序列，其中的每个列表包含一个随机字符串和一个映射，映射将字符串中的所有字符作为键，将每个字符的出现次数作为值。注意，映射不是通过分析字符串得到的。字符串是由与映射相同的数据构建的。

因为只需要测试一个属性，使用这个生成器可以很容易地测试 getCharUsed 程序。虽然这个属性看起来仍然有点复杂，但是至少不需要大量的属性，而且能够实现彻底的测试：

```
// example03 test
import io.kotlintest.properties.forAll
import io.kotlintest.specs.StringSpec
class SameLettersStringKtTest:StringSpec() {
    init {
        "getCharUsed" {
            forAll(stringGenerator) {
                list: List<Pair<String, Map<Char, Int>>>->
                    getCharUsed(list.map {it.first}).keys.toSet() ==
                        list.asSequence().map {it.second}.toSet()
            }
        }
    }
}
```

注意，在进行比较之前，需要将列表转换为集合。这是因为考虑到生成的字符串列表中同一字符串可能会多次出现。生成器会生成最多 100 个字符串（每个最多 100 个字符）的列表。如果想对这些值进行参数化，可能需要从头编写一个新的生成器，例如：

```
// example04 test
class StringGenerator(private val maxList: Int,
                      private valmaxString: Int) :
                      Gen<List<Pair<String, Map<Char, Int>>>> {
    override
    fun constants():Iterable<List<Pair<String, Map<Char, Int>>>> =
                    listOf(listOf(Pair("", mapOf())))
    override
    fun random(): Sequence<List<Pair<String, Map<Char, Int>>>> =
      Random().let {random->
        generateSequence {
            (0 until random.nextInt(maxList)).map {
                (0 until random.nextInt(maxString))
                    .fold(Pair("", mapOf<Char, Int>())) {pair, _->
                        (random.nextInt(122-96) +96).toChar().let {char->
                        Pair("${pair.first}$char",updateMap(pair.second, char))
                    }
                }
            }
        }
}
```

可以对生成的字符串中字符的最大值和最小值执行相同的操作。但是更好的方法是创建一个修改过的列表生成器：

```
class ListGenerator<T>(private val gen: Gen<T>,
```

```
                private val maxLength: Int) : Gen<List<T>> {

    private val random = Random()

    override fun constants():Iterable<List<T>> =
            listOf(gen.constants().toList())

    override fun random(): Sequence<List<T>> = generateSequence {
        val size = random.nextInt(maxLength)
        gen.random().take(size).toList()
    }

    override fun shrinker() = ListShrinker<T>()
}
```

这个生成器也可以用作字符串的生成器：

```
fun stringGenerator(maxList: Int,
        maxString: Int): Gen<List<Pair<String, Map<Char, Int>>>> =
    ListGenerator(ListGenerator(Gen.choose(32, 127), maxString), maxList)
            .map {intListList->
                intListList.asSequence().map {intList->
                    intList.map {n->
                    n.toChar()
                    }
                }.map {charList->
                    Pair(String(charList.toCharArray()), makeMap(charList))
                }.toList()
}
```

生成的字符串的长度可以通过向外部的列表生成器（生成字符串列表）添加一个过滤器来限制。但是这样完全没有效率，因为只有1/10000000的字符串能通过过滤器，所以生成会很慢。而且，这种过滤只限制了生成字符串的长度，而没有限制字符串列表的长度。

以下是这个生成器的使用方法：

```
class SameLettersStringKtTest:StringSpec() {
    init {
        "getCharUsed" {
            forAll(stringGenerator(100, 100)) {
                list: List<Pair<String, Map<Char, Int>>>->
                getCharUsed(list.map {it.first}).keys.toSet()
                 == list.asSequence().map {it.second}.toSet()
            }
        }
    }
}
```

解决这种测试问题的另一种方法是通过进一步抽象，正如本附录开头所展示的那样。

B.5.3　通过更进一步抽象来简化代码

getCharUsed 函数已经使用了两种抽象：groupBy 函数和 getCharMap 函数。这个函数实际上可以进一步抽象：

```
// example05
fun getCharUsed(words: List<String>): Map<Map<Char, Int>, List<String>> = words.groupBy(::
                                                                          getCharMap)
fun getCharMap(s: String): Map<Char, Int> = s.fold(mapOf(), ::updateMap)
fun updateMap(map: Map<Char, Int>, char: Char): Map<Char, Int> =
    when {
        map.containsKey(char)-> map + Pair(char, map[char]!! +1)
        else-> map + Pair(char, 1)
    }
```

getCharUsed 函数已经使用了两种抽象：一个是 fold 函数，不需要测试；一个是 updateMap 函数，唯一一个需要测试的函数。找到要测试的属性是容易的。

- 对于任何 char 和将 char 作为键的 map，getCharMap(map, char)[char] 应该等于 map[char] +1。
- 对于任何 char 和不包含 char 的键的 map，getCharMap (map, char) [char] 应该等于 1。
- 对于任何 char 和 map，将 char 键从 getCharMap(map, char)[char]和从 map 移除的结果应该相等（这个属性可以验证映射是否做过其他改动）

这个测试需要生成随机数据组成的随机映射。可以编写以下 MapGenerator（在[a..z]范围生成字符）：

```
// example05 test
fun mapGenerator(min: Char = 'a', max: Char = 'z'): Gen<Map<Char, Int>> =
    Gen.list(Gen.choose(min.toInt(), max.toInt())
            .map(Int::toChar)).map(::makeMap)
```

然后，就可以像以下测试一样使用：

```
// example05 test
class UpdateMapTest: StringSpec() {
    private val random = Random()
    private val min = 'a'
    private val max = 'z'
    init {
        "getCharUsed" {
            forAll(mapGenerator()) {map: Map<Char, Int>->
                (random.nextInt(max.toInt()-min.toInt())
                                          + min.toInt()).toChar().let {
                    if (map.containsKey(it)) {
                        updateMap(map, it)[it] ==map[it]!! +1
                    } else {
                        updateMap(map, it)[it] ==1
                    } &&updateMap(map, it)-it == map-it
                }
            }
        }
    }
```

```
}
```

注意，最大抽象原则也适用于测试。可以抽象每个 Char 的生成。Gen 接口没有提供 Char 生成器，但是可以轻松地创建一个。因为可能只想生成一些特定的字符，所以还可以将字符选择抽象为一个单独的函数：

```
// example06 test
fun charGenerator(p: (Char) -> Boolean): Gen<Char> =
        Gen.choose(0, 255).map(Int::toChar).filter(p)
```

现在可以重写一个更简洁的测试：

```
class UpdateMapTest: StringSpec() {
    init {
        "getCharUsed" {
            forAll(MapGenerator,
            charGenerator(Char::isLetterOrDigit)) {
                map: Map<Char, Int>, char->
                    if (map.containsKey(char)) {
                        updateMap(map, char)[char] == map[char]!! +1
                    } else {
                        updateMap(map, char)[char] == 1
                    }
                    &&updateMap(map, char)-char == map-char
            }
        }
    }
}
```

不过仍然可以通过使用映射的默认值来简化代码。对于在映射中没有查找到的字符，值应该设为 0。这是有意义的，因为这代表了其出现的次数。

但需要调用 getOrDefault 函数或 [] （相当于 get 函数），而不是将每个可能的字符都归到 0 次来初始化映射。

```
// example06 test
class UpdateMapTest: StringSpec() {
    init {
        "getCharUsed" {
            forAll(MapGenerator,
                charGenerator(Char::isLetterOrDigit)) {
                    map: Map<Char, Int>, char->
                    updateMap(map, char)[char] == map.getOrDefault(char, 0) +1
                    &&updateMap(map, char)-char == map-char
            }
        }
    }
}
```

现在已经将要测试的部分减到最少，并设置了一种有效的方法来测试结果。通过在每次构建中运行测试并生成数千个值，很快就可以用数百万个数据用例测试程序。因为主程序和测试都使用 updateMap 函数，所以可能需要将它放在一个公共模块中。

B.6 小结

本附录介绍了如何编写有效的测试，并使用基于属性的测试使程序更便于测试。讲解了如何做到以下几点。

- 设计一组程序结果必须满足的属性。
- 先编写接口，然后测试，最后再实现。这样测试就不会依赖于实现。
- 通过删除确信的部分，使用抽象来简化测试。
- 编写生成器为测试生成随机值，以及可用来检查属性的伴随值。
- 设置包含上千输入数据的测试，并在每次构建之前运行。